FUNDAMENTALS OF RAILWAY TRACK ENGINEERING

궤도역학 1

궤도역학 1

초판 1쇄 인쇄일_ 2009년 6월 25일
초판 1쇄 발행일_ 2009년 6월 30일

저 자_ Arnold D. Kerr
역 자_ 서사범
펴낸이_ 최길주

펴낸곳_ 도서출판 BG북갤러리
등록일자_ 2003년 11월 5일(제318-2003-00130호)
주소_ (우) 150 · 871 서울시 영등포구 여의도동 14-5 아크로폴리스 406호
전화_ 02)761-7005(代) | 팩스_ 02)761-7995
홈페이지_ http://www.bookgallery.co.kr
E-mail_ cgjpower@yahoo.co.kr

ⓒ Arnold D. Kerr, 2009

값 25,000원

* 저자와 협의에 의해 인지는 생략합니다.
* 잘못된 책은 바꾸어 드립니다.

ISBN 978-89-91177-79-6 93530
ISBN 978-89-91177-78-9 93530 (세트)

궤도역학 1

Fundamentals of Track Dynamics

− 자갈궤도의 역학

Arnold D. Kerr 저 / 서사범 역

북갤러리

원저자 서문

철도의 개발은 약 5세기 이전에 시작되었다. 서서히 발전된 궤도구조는 처음에 석재 블록으로, 그 다음에 종(縱) 목―침목, 이어서 횡(橫)침목, 그리고 더 근래에 철근콘크리트 슬래브로 지지된 두 레일로 이루어져 있다.

현재 가장 많이 사용되는 시스템은 횡―침목 궤도이다. 이 궤도는 주로 시행착오를 거쳐 발달된 비교적 단순한 구조이며, 목―침목 궤도와 콘크리트침목 궤도가 있다.

1800년대 말기와 1900년대 초기 동안 차량하중과 이동속도가 계속 증가됨에 따라 궤도를 공학구조로서 다루기 위하여 궤도해석을 발전시키려고 시도되었다. 이들의 노력에서 하나의 목적은 궤도가 이동하는 열차와 어떻게 상호작용하고, 그들이 온도변화에 어떻게 응답하는지에 대해 보다 좋은 지식을 얻는 것이었다. 또 하나의 목적은 급속한 궤도열화를 방지하기 위하여 여러 가지 궤도 구성요소를 합리적으로 설계하는 방법을 개발하는 것이었다.

미국 정부는 제2차 세계대전 후에 고속도로와 공항의 집중적인 개발에 투자하기 시작하였다. 이 정세(情勢)는 초기의 수십 년 동안 부과된 규제압박과 관련하여 철도교통의 끊임없는 감소로 이끌었고, 그것은 파산선고와 철도 합병의 수를 증가시켰다. 이들의 경제적 실태는 기반시설의 축소와 노동력의 감소로 이끌었으며, 이 상태는 1982년에 Stagger 결의서(Act)가 통과될 때까지 지속되었다.

이들의 감소는 또한 철도기술자[*]와 궤도보수 요원에도 영향을 미치었다. 제2차 세계대전 후 약 30년 동안은 많은 철도들이 과잉 인원의 철도기술자를 가졌으며, 일반적으로 새로운 기술자의 보충에 관심을 갖지 않았다. 결과로서 미국의 대학교와 공학기술 학교는 철도기술자 과정을 단계적으로 폐지하였다. Urbana주의 Illinois에 있는 Illinois대학교에 마지막 남은 것으로 알려진 철도 프로그램은 1977년에 중지되었다.

이 정세(情勢)에 대한 또 하나의 이유는 철도공학을 연구하기 위한 예산의 전반적인 부족이었다. 대

---

[*] 이 책에서는 철도기술자(railroad engineer)를 공학기술학교(engineering school) 또는 대학교(university)에서 양성된 인력으로 정의한다.

학교 관리자들이 그들의 젊은 교수진들에게 "예산의 이용 가능성은 외부의 관심이 중요하다"와 "예산 투자가 불충분하기로 이름난 연구영역에 관심을 갖지 말라"고 충고한 점에 주목하면, 북미의 토목공학 교수들이 제2차 세계대전 이래로 이 학문분야를 기피하여 왔다는 것은 놀랄 일이 아니다. 이 주제에 관한 상세는 Kerr (1992)를 참조하라.

따라서 제2차 세계대전 후 수십 년 동안 공학교육과 연구의 다양한 부문이 급속히 진보되었음에 반하여 철도공학은 침체되었다. 이러한 추세 때문에 미국 토목공학 학생들의 거의 대부분은 철도공학 과정을 조금도 이수하지 않고 졸업하였다.

북미에서 철도수송에 관한 최근의 재건(특히, 전용철도 대중교통과 도시간 고속철도)은 잘 교육된 궤도기술자의 전반적인 부족으로 지장을 받고 있다. 이 상태는 철도 궤도 관련 과목에 관한 최신 서적의 거의 전적인 부족으로 더욱 악화되고 있다.

원저자(Kerr)는 1975년에 Princeton 대학교에서 철도 궤도공학의 1주 연속 교육과정을 강의하기 시작하였다. 이 과정은 철도회사, 엔지니어링 컨설턴트 및 주 정부와 연방 정부의 각종 지부에서 일하는 기술자들의 흥미를 끌었다. 따라서 원저자는 Northwestern 대학교와 Delaware 대학교에 이 과정을 제안하였다.

원저자는 1978년에 Delaware 대학교(UD)로 옮겼으며, 이때에 철도 궤도 과목에 관한 정규과정을 제안하였고, 이 영역의 대학원 연구 프로그램을 개발하였다. 이 프로그램은 처음에 연방철도청(FRA)에서 예산을 지원하였으며, 그 후 10년 동안 국립과학재단(NSF)에서 예산을 지원하였다. 지난 수 년 동안 원저자의 철도연구 활동은 다시 FRA에서 예산을 지원받고 있다.

원저자는 1980년 이후 Wilmington주 Delaware에 위치한 "철도공학협회(Institute for railroad Engineering, IRE)"를 통하여 화물과 여객 철도, 전용철도 대중교통 시스템, 엔지니어링 컨설턴트 회사 및 연방과 주의 철도청에서 일하는 기술자들에게 철도 궤도공학에 관한 1주 과정도 또한 강의하여 왔다.

원저자는 1980년대 말기에 최신 교육 자료의 부족 때문에《철도 궤도공학의 원리(fundamental of

Railway Track Engineering)》에 관한 강의록을 저술하기로 결심하였다. 이 10년에 걸친 노력의 주된 목적은 공학도(工學徒)용, 활동하고 있는 기술자들의 평생교육용, 철도보수 인력용 및 철도관리자용으로 종합적인 입문 교과서를 출판하는 것이었다. 본문은 철도 궤도의 발달과 관련된 공학원리를 포함하며, 그들이 궤도의 설계해석에서 어떻게 사용되는지를 나타낸다. 본문은 또한 부닥친 많은 궤도 문제의 이유를 설명하고 그들의 저감 또는 완전한 제거를 위한 개선책을 어떻게 궁리하는지를 설명한다. 궤도 보수 활동에 관한 지식도 또한 본질적이다. 이 노력은 이 책에서 완결되었다.

이 책의 일부는 지난 수 년 동안 원저자의 철도관련 과정의 강의록으로 사용되어 왔다. 따라서 그들은 강의실 용도로 상세히 논술하는 과정을 겪어 왔다. 원저자의 목적은 이 책을 철도 궤도공학의 정규 입문 과정용뿐만 아니라, 독습용의 도서로서도 적합하게 저작하는 것이었다. 원저자의 소망은 이 책이 이러한 목적을 충족시키는 것이다.

교수 Arnold D. Kerr 박사

역자 서문

철도(鐵道)의 역사는 레일(rail)의 발달로부터 시작되었다고 합니다. 철도(鐵道)는 그 발상지인 영국에서 railway(미국 : railroad)라고 부르고 있으며, 이것을 직역하면 "레일 길(rail, 道)"로 됩니다. 이 단어가 나타내는 것처럼 간단하게 말하면, 철도란 레일의 위를 달리는 교통기관이며, 레일은 철도에서 가장 중요하고 불가결 · 기본적인 부재입니다. 따라서 레일은 철도의 심벌이라고 할 수 있습니다. 철도 궤도의 성장은 레일과 지지체 재료의 역사입니다.

철도공학은 공학 분야에서 전문화된 기술로서 발전하기 시작하였습니다. "저탄소, 녹색성장" 정책의 추진과 함께 철도의 르네상스 시대를 맞이하여 철도기술에 대한 수요는 더 고급화된 전문 기술을 필요로 하고 있습니다. 철도를 더욱 발전시키고 해외 진출을 뒷받침하기 위해서는 철도기술 수준의 향상과 철도 전문 기술 인력의 양성이 더욱 중요합니다. 그러나 국내 철도기술을 살펴보면 외형적인 발전과는 다르게 기술적인 면에서 다소의 문제점과 어려움도 있는 것이 현실입니다. 특히, 과거에 도로공학과 함께 철도공학 강좌를 개설하였던 국내의 일반 대학교에서의 철도공학 관련 강좌는 일시기에 도로위주의 교통정책으로 철도산업이 위축됨에 따라 거의 중지되었습니다. 이에 따라 철도공학은 철도 종사자들을 중심으로 그 명맥을 근근이 이어 오던 중에 근래에 고속철도의 건설 · 개통과 함께 일부 대학교에서 철도공학 관련 학과를 개설하거나 철도공학 학과목을 개설하고 있습니다. 그러나 대학교 교재용으로서의 철도공학 관련 서적은 학과목별로 충분하지 못한 것이 현실입니다. 그 이유는 철도공학이 활성화되지 않은 것도 주요 원인이지만, 철도공학 서적의 구매자가 지극히 적은 점도 매우 크게 작용하고 있습니다.

이 책은 궤도의 일반적인 내용도 포함되어 있으나, 역학적 측면을 많이 다루고 있으므로 제목을 '궤도역학'으로 정하였습니다. 《궤도역학 1》(제 I ~ XI 장)은 자갈궤도의 기술문제를 좀 더 체계적이고 공학적으로 근본적인 원리를 다루고 있는 바, 궤도역학의 입문서로서 가치가 있는 것으로 생각되므로 저작권료를 지불하고 발간하였습니다. 한편, 콘크리트궤도의 여러 가지 장점 때문에 최근에 고속철도 등에서 콘크리트궤도의 채용이 늘어나고 있으므로 별책의 《궤도역학 2》는 콘크리트궤도의 일반론과 역학적인 문제를 다루었습니다. 아울러, 제VI.1절과 《궤도역학 2》의 제XII.3절은 궤도의 하부구조인 노반(토공구조)에 관하여 토질역학적인 관점에서 다루었습니다. 또한, 제XI 장은 레일을 금속학적인 측면에서 다루었고, 제IV.7~IV.10절은 레일응력과 레일강의 피로 등을 다루었습니다. 《궤도역학 1》(제 I ~ XI 장)은 원본대로 번역하여 이 책에 포함하였으므로 우리나라 철도의 실정에 다소 맞지 않는 부분도 있고, 단위가 피트·인치-파운드로 되어 있는 점을 양해하여 주시기 바라며, 권말에 단위의 환산표를 부기하였습니다. 당초에 《궤도역학 1·2》로 나누지 않고 단권으로 발간하려고 하였으나, 《궤도역학 1》 원저자의 요구에 따라 별권으로 발간하게 되었음을 양해하여 주시기 바랍니다.

역자는 오로지 철도기술의 발전에 조금이라도 도움이 되도록 수많은 시간과 노력을 들여 이 책을 번역하였으나, 오류나 용어의 부적합 등 많은 미비점이 있을 것으로 생각되니 여러분의 많은 지적과 조언을 부탁드립니다.

이 책에서 논의한 내용의 범위를 벗어나는 궤도구조의 좀 더 상세한 내용, 새로운 철도 선로기술에 관하여는 《선로의 설계와 관리(북갤러리에서 발간 준비 중)》, 《최신 철도선로》 및 《개정2판 선로공학》을 참고하시기 바라며, 그 외의 철도공학이나 선로관련 공학서적은 《철도공학》, 《궤도장비와 선로관리》, 《고속선로의 관리》, 《궤도 시공학》 및 《철도공학 개론》 등을 참조하시기 바랍니다. 상기의 책들은 각각 내용을 상술한 부분과 생략한 부분이 있고, 겹치는 부분이 있는 등 나름대로 특색이 있으므로 철도기술자, 컨설팅 엔지니어 및 학생들은 이를 종합적으로 활용하는 것이 좋겠습니다.

끝으로, 항상 저에게 도움을 주신 모든 분들과 이 책이 출간되도록 협조하여 주신 도서출판 〈북갤러리〉 임직원 및 관련회사 관계자, 자료 제공 등 저에게 도움을 주신 유진영을 비롯한 여러분에게 진심으로 감사드립니다.

2009. 4.

수락산 기슭에서 徐士範

목차

Ⅰ. 서론 / 19

Ⅱ. 철도의 초기 발달 / 23

Ⅲ. 궤도 구성요소의 발달

Ⅳ. 윤하중에 대한 궤도의 응답

IV.6 축력을 받는 궤도의 레일 ······ 106

V. 표준궤도 해석을 위한 레일지지계수 k의 사정

VI. 궤도 하부구조

VII. 레일의 축력, 궤도좌굴 및 파단

VIII. 궤도-차량 상호작용의 동역학 및 관련된 문제

IX. 횡-침목 궤도의 설계해석

X. 갖가지 궤도문제와 해석

XI. 강 야금, 레일제조, 레일용접 및 그들이 레일성능에 미치는 영향

Ⅰ. 서론

현재 사용 중인 철도궤도의 발달은 200년 이상 전에 시작되었다. 초기의 개발은 제Ⅱ장에서 기술한다. 각종 궤도 구성요소의 그 후 발달은 제Ⅲ장에서 기술한다.

궤도의 주요 기능은 열차에 대해 튼튼하고 원활한 주행 면을 제공하며 궤도에서 가장 약한 구성요소인 노반에 대해 충분히 낮은 압력으로 큰 윤하중을 분산시키는 것이다.

본선 궤도는 일반적으로 3 개의 주요 부분으로 이루어져 있다(**그림 I.1**).

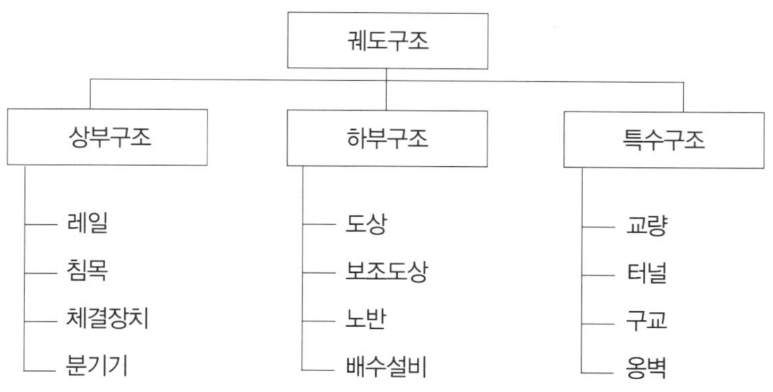

그림 I.1 궤도구조의 구성요소

궤도의 부담력과 장기 내구성은 열차가 주행할 때와 (강우, 동결 및 온도변화와 같은) 환경영향을 받을 때에 **상부구조**와 **하부구조**가 어떻게 응답하고 상호작용하는지에 크게 좌우된다.

철도궤도는 주로 시행착오를 거쳐 발달되었다. 기관차와 차량의 중량이 증가되고 기존의 궤도가 현저하게 손상되기 시작하였을 경우에 철도회사들은 궤도틀림 진행의 속도가 허용레벨로 감소될 때까지 레일과 침목의 횡단면적과 도상 층의 두께를 증가시켰다. 기관차와 차량 중량의 그 이상 증가는 또다시 궤도틀림의 진행속도를 증가시켰고 철도는 그에 따라서 반응하였다. 철도가 취한 열차하중 증가와 조정대책의 이들 사이클은 오늘날까지 계속되고 있다.

요즈음에 사용 중인 단선궤도의 전형적인 횡단면은 예를들어 **그림 I.2**와 같다.

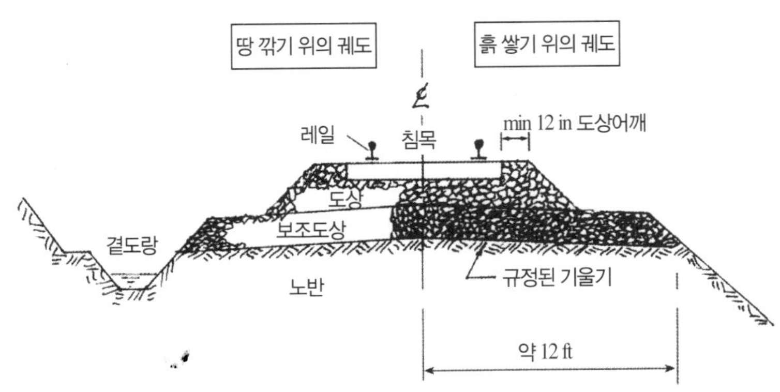

그림 I.2 미국에서의 단선 궤도 횡단면

노반은 통상적으로 자연 흙으로 이루어져 있으며 **보조도상**과 **도상**의 기초를 구성한다. 보조도상은 도상 층의 아래 쪽 부분이다. 보다 오래된 궤도에서의 보조도상은 노반의 상단에 위치하였던 도상의 아래 쪽 부분(zone)이다. 보조도상은 일반적으로 그 아래의 노반 흙, 그 위의 도상으로부터 닳아진 자갈, 바람에 날려 온 모래 및 통과 열차의 낙하물로 인해 오염된다. 새로 건설된 궤도에서는 통상적으로 별개의 보조도상 층이 노반 위에 놓인다 (**그림 I.2**).

오래된 궤도와 새로운 궤도 양쪽의 경우에 보조도상은 윤하중에 기인하는 노반 압력의 감소에 기여하고, 노반의 미립자가 큰 입자의 도상 안으로 침입하는 것을 방지하며, 그리고 노반 상단의 빗물을 배수시키는 상대적으로 불투수성의 층을 제공하여 노반의 적셔짐과 그에 관련된 노반강도의 감소를 방지하는 등 양쪽이 같은 기능을

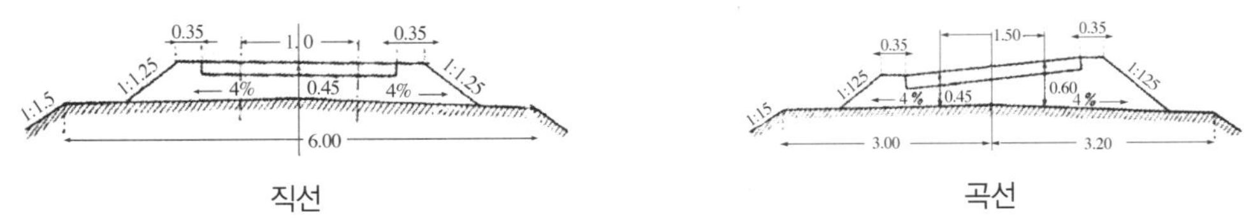

그림 I.3(a) 독일 철도의 궤도 횡단면

[Hanker (1952, p, 2), 치수단위 : m]

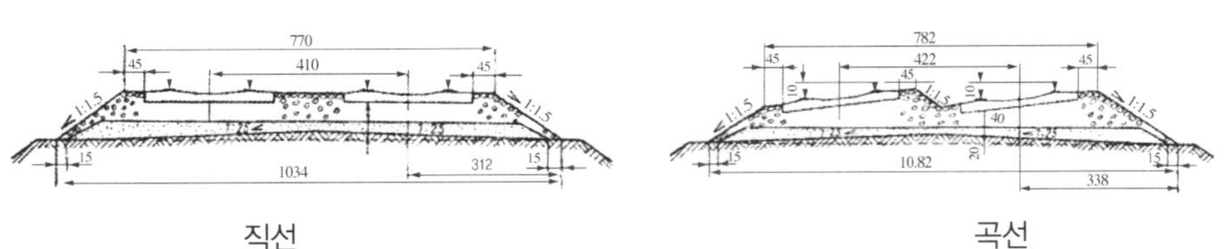

그림 I.3(b) 러시아 철도의 궤도 횡단면

[Amelin and Danovskii (1972, §14), 치수단위 : cm]

충족시킨다.

비교의 목적으로, 독일과 러시아에서 최근의 수십 년 동안 사용되어온 궤도 횡단면의 예를 **그림 I.3**에 나타낸다. 노반의 표면이 궤도중심으로부터 경사져있는 공통의 특징에 주목하라. 이 경사는 노반으로부터 가능한 한 빠르게 빗물을 제거하기 위하여 필요하다.

윤하중과 열차속도가 계속하여 증가됨에 따라 1800년대 말에 일부 기술자들은 열차의 차륜이 궤도를 주행할 때에 궤도와 그 구성요소가 어떻게 응답하는지의 더 좋은 지식을 얻기 위하여 궤도를 공학구조물로서 해석하려고 시도하였다. 그러한 해석에 관해서는 제Ⅳ장에서 나타낸다. 이들의 해석에 대입하는 중요한 궤도 파라미터는 **레일지지계수** k이다(흔히 **궤도계수**라고 부른다). 레일지지계수의 정의와 측정은 제Ⅴ장에 나타낸다.

제Ⅵ장은 관련된 토질역학의 원리와 조사결과를 기술하며, 노반, 도상 및 그들의 인터페이스 영역에서 발생되는 문제를 규명하고 종종 개선하는 데에 그들이 어떻게 사용될 수 있는지를 설명한다. 제Ⅵ장은 또한 수분이 노반강도에 미치는 불리한 영향을 나타내며 각종 배수유형의 교정을 논의한다. 또한, 바람직한 도상자갈의 성질과 이용할 수 있는 도상자갈 품질시험을 기술한다. 제Ⅵ장은 노반 보수방법의 간결한 서술적 묘사로 끝낸다.

제Ⅶ장은 이동하는 열차와 온도변화에 기인하는 "레일축력"의 발생을 주제로 하여 시작한다. 직선궤도와 곡선궤도 뿐만 아니라 분기기의 축력분포를 나타낸다. 제Ⅶ장은 "궤도좌굴", "파단(pull apart)" 및 이들 문제의 발생을 방지하는데(또는 적어도 감소시키는데) 필요한 수단에 관한 논의를 계속한다.

제Ⅷ장은 이동하는 열차에 기인하는 "동적 현상"과 그들이 궤도의 강성, 차량과 기관차의 현가장치 및 열차속도로부터 어떻게 영향을 받는지를 논의한다. 수직 궤도강성은 교량 어프로치, 건널목 및 터널입구와 같은 곳에서 갑자기 변화된다. 이에 대해 고안된 개선책을 개설한다.

제Ⅸ장은 제Ⅳ장에서 개발된 방법에 기초한 "궤도의 설계 해석"과 AREMA[1]이 권고한 설계기준을 나타낸다. 이들의 해석은 주어진 열차편성과 주요 속도에 요구된 레일단면, 목-침목 궤도에 요구된 타이플레이트 크기, 도상 층의 필요한 두께 등의 결정과 가정된 침목간격이 충분한지 여부의 검토를 포함한다. 또한, 100 톤에서 125 톤까지라고 하는 예기된 차량중량의 증가가 궤도에 미치는 영향을 나타낸다.

제Ⅹ장은 제Ⅳ장과 제Ⅸ장에서 설명한 해석에 기초하는 얼마간의 유익한 "궤도의 상세검토(study)"를 나타낸다.

제Ⅺ장은 "레일강 야금의 요소"를 다룬다. 이 논의는 레일의 성질을 이해하고 그들의 개량수단을 궁리하기 위하여 필요하다. 일례는 제조 프로세스 동안 또는 용접 후의 냉각속도가 사용 환경에서 레일의 경도, 인성(靭性) 및 내구성에 어떻게 영향을 미치는가이다. 또한, 레일성질에 미치는 합금의 영향 및 통과하는 열차의 개개 윤하중에 기인하는 레일강도와 파괴에 미치는 피로의 영향을 나타낸다. 제Ⅺ장은 최근에 발달된 레일관리방법을 간결하게 기술함으로써 끝낸다.

마지막으로, 제Ⅻ장은 최근에 고속철도 등에서 많이 부설되고 있는 슬래브궤도(콘크리트 궤도)의 일반사항, 제ⅩⅢ~ⅩⅤ장은 슬래브궤도의 역학적인 면을 다룬다.

---

[1] 미국철도기술협회(AREA)는 최근에 철도기술 · 보선협회(AREMA, American Railway Engineering and Maintenance of Way Association)로 개명하였다.

Ⅱ. 철도의 초기 발달

석재를 회반죽으로 바른 가이드웨이(미끄럼 홈)로서 만든 도로는 그리스와 로마 시대에 유래한다. 일례를 **그림 Ⅱ.1**에 나타낸다. Edeling (1982)은 약 2,400년 전에 부설된 이 도로가 로마 이전 시대에 로마 근처에 거주하였던 에트루리아 사람(Etruscan)들의 것이라고 주장하였다. 안내 홈 간의 간격은 약 1 m(3 ft)이다. 차도(roadway)의 광범위한 네트워크에서와 같은 '좌우 바퀴간의 간격(gauge)'은 로마제국의 여러 지방을 연결할 목적으로 로마사람들이 만들었다. 안내 홈이 처음에 이동하는 교통에 의해 생긴 것인지, 건설 시에 의도적으로 만들어 낸 것인지는 오늘날까지 잘 확인

그림 Ⅱ.1 이탈리아의 Cerveteri에 있는 오래된 에트루리(Etruscan) 도로의 유적 [Edeling (1982)]

되지 않고 있다. 그러나 안내 홈이 일단 형성되었다면 원활하고 견고한 가이드웨이가 마찰을 감소시키고 실질상 적은 노력으로 무거운 짐마차의 이동을 가능하게 만들었다는 점을 추정하는 것이 합리적이다. 이것은 안내 홈이 광범위하게 사용된 분명한 이유이다. 로마제국의 쇠퇴와 붕괴에 따라 이들의 도로도 쇠퇴되었다.

오늘날과 같은 철도의 기원은 독일과 영국의 탄광으로 거슬러 올라간다. Haarmann (1891, p. 10)에 따르면, 독일에서 원래 사용된 목재 가이드웨이는 이미 16세기에 Agricola (1537), Mnster (1550) 및 Ettenhardi (1556)의 저서에서 기술되었다. 차량의 안내는 아래 쪽 부분이 목재 가이드웨이의 가늘고 긴 틈(slit)에서 움직이는, 짐수레의 저부에 수직으로 붙인 네일(nail)이나 듀벨(dowel)로 제공되었다. 짐수레의 차륜은 플랜지가 없고 폭이 넓은 원통(cylinder)이었다.

이들 목재궤도의 지식은 1500년대 후반기에 독일 광부에 의해 영국으로 전해졌다. 가일층의 개발이 "빠르게" 진행되었다. 탄광의 소유주인 Baumont는 1630년경에 탄광에서 Tyne강까지 석탄을 수송하기 위해 **그림 Ⅱ.2**에 나타낸 목재궤도를 도입하였다. 궤도는 궤간을 유지하기 위해 횡-목재(cross-timber)에 못질하여 고정시킨 6 ft(1.83 m) 길이의 목재로 이루어졌다. 이 궤도에서는 그 시기의 보통 도로에서보다 4 배나 더 무거운 하중을

말이 끌 수 있었음이 분명하다.

시간이 지남에 따라, 그리고 이 궤도유형의 목재레일 보(beam)가 상부표면의 마모를 경험함에 따라, 그들은 상부 보 표면에다 못질하여 고정시킨 경재(硬材, hardwood) 판자로 보강되었다. 나중에는 마모를 더욱 줄이기 위하여 금속 띠를 목재레일의 상부에 붙였다. 짐마차의 탈선을 피하기 위하여 목재 판자를 레일에 수직으로 붙였다(**그림 Ⅱ.3**).

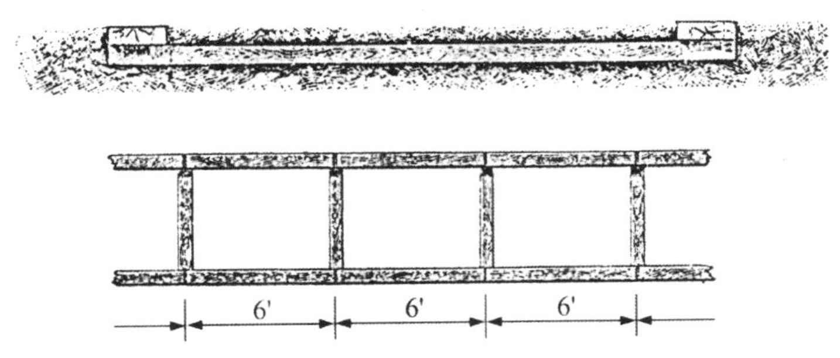

그림 Ⅱ.2 Baumont 목재궤도 [Haarmann (1891, p. 12)]

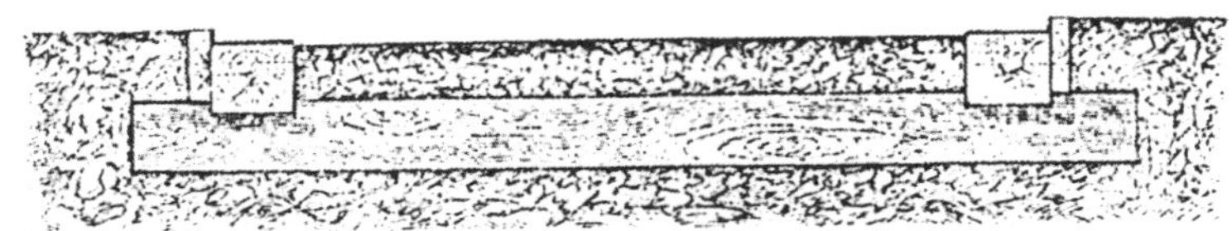

그림 Ⅱ.3 엣지(edge)가 있는 목재궤도 [Haarmann (1891, p. 15)]

그러나 긴 안목으로 보면, 일반적으로 사용되고 있는 무거운 석탄 짐수레용으로는 얇은 금속 띠가 너무 약하였다. Colebrook-Dale 제철소의 공동 소유주인 Reynolds는 1767년에 이 결점을 제거하기 위하여 무거운 주철 레일을 도입하였다(**그림 Ⅱ.4**). 이 기술혁신은 이 시기 동안에 생산된 주철의 과잉으로 가능하였으며 처음에는 임시로 보관할 의도였다. 각각의 이들 레일은 길이 5 ft(1.524 m), 폭 4 1/2 in(114.3 mm), 및 높이 1 1/4 in(31.75 mm)이었다. 이들 레일의 상부 표면에는 짐마차 차륜의 안내를 마련하기 위한 홈이 있었다. 이 안내 구조는 2,000년 전의 석재도로에 사용된 것들과 유사하다(**그림 Ⅱ.1**). 이들 레일의 각각은 못(nail)으로 종 방향 목재 보(beam)에다 그들을 붙이기 위한 3 개의 구멍이 있었다.

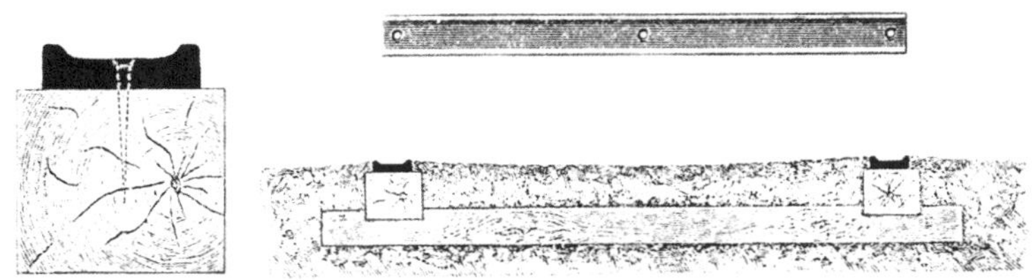

그림 Ⅱ.4 주철 Reynolds 레일의 목재궤도, 1767 [Haarmann (1891, p. 16)]

상대적으로 강한 이들 금속레일의 도입은 종 방향 목재 보의 기계적 마모를 감소시킴에 더하여 또한 차량이동에 대한 저항을 실질상 줄였다. 따라서 분명히 임시 수단으로써 의도되었지만 이것이 주요한 타개책임이 입증되었다. 뒤따른 궤도발전은 금속레일의 사용에 바탕을 두었다.

궤도발전의 다음 단계는 Curr가 1776년에 도입한 L 형상의 "주철" 레일이었다(**그림 II.5**). 이 설계는 안내를 개량하기 위해 수직 플랜지를 증가시키고 각각의 쪽에 대한 횡단면적의 반만을 사용하므로 Reynolds 레일의 변경으로 간주될 수도 있다. 이들의 레일은 처음에 목재 종 침목(tie)으로 지지되었다. 이들의 침목이 악화되었을 경우에 그들은 횡 보(beam)에 의해 그리고 단일 석재 블록에 의해서도 조력을 받았다. 이 성공적인 경험은 지지간격이 차량의 중량과 조화됨을 조건으로 하여 레일의 끝에서만 금속레일

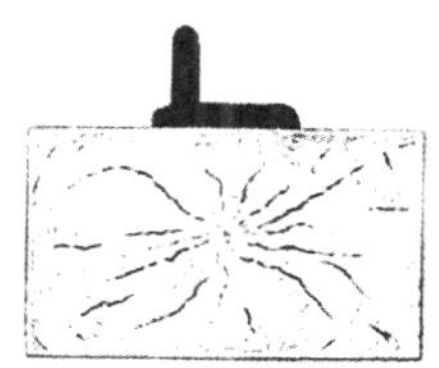

그림 II.5 Curr 레일, 1776
[Haarmann (1891, p. 17)]

을 지지하는 것이 충분할지도 모른다는 가능성을 제시하였다. 예를 들어 Curr (1797, p. 23)와 Haarmann (1891, p. 18)에 따르면, 주철레일의 길이는 4,410 내지 6,610 lb (2 내지 3톤)의 차량 중량에 대하여 약 12 ft (4 m)로 제한되었다. 더 무거운 하중을 받는 궤도에서는 레일의 길이가 짧아지고 그 수직단면(wall)이 증가되었다. 예를 들어, 1800년에 시작된 Merthyr Tydfil에서 Aberdare Junction (영국)까지의 마차(horse-powered) 철도는 레일단부가 석재 블록으로 지지된 1 yd (0.91 m) 길이의 레일을 이용하였다.

다음의 수십 년 동안 여러 가지 형상의 레일이 사용되었다. 그들은 목재 종 침목이든지, 목재 횡-침목, 또는 석재 블록으로 지지되었다.

얼마간의 궤도에서는 L 형상의 레일에 관하여 수직 플랜지가 안쪽에 위치하였고 그 밖의 것에서는 수직 플랜지가 짐마차 차륜의 바깥쪽에 위치하였다. 얼마간의 레일은 궤도의 휨 강도를 증가시키기 위하여 중앙을 향하여 플랜지 높이가 증가되도록 주조하였으며, 이것은 소위 "어복"레일이 생기게 하였다. 명백한 목적은 레일단부에서 단순 지지된 레일에서 생긴, 이동 하중에 기인하는 최대 휨모멘트 선에 따르는 것이었다. 이들 유형의 궤도를 **그림 II.6**에 나타낸다.

그림 II.6 L 형상 레일의 궤도들 [Pangborn (1894)]

기술된 궤도에서는 차량의 안내가 주로 레일의 수직 플랜지로 달성되었다. 이것은 **그림 II.7(a)**에 나타낸 주철

엣지 레일(edge rail)과 **플랜지 차륜**(flanged wheel)*을 Jessop가 도입한 1789년에 변화되었으며, 본질적으로 오늘날까지 사용되는 차륜-레일 시스템과 같은 것을 창조하였다. 따라서 현행의 차륜-레일 시스템은 200년 이상 오래되었다.

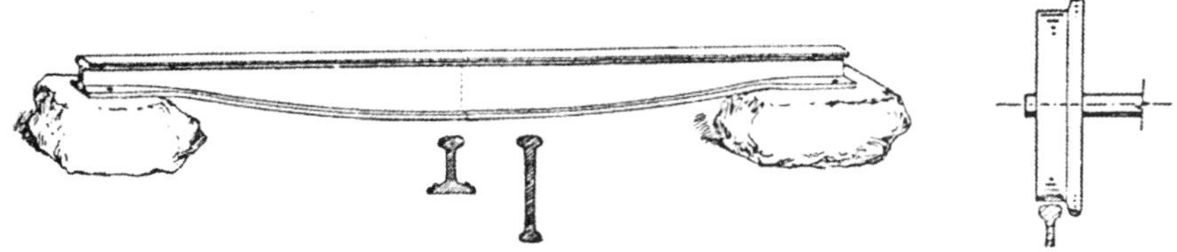

그림 II.7(a) Loughboroug Nanponton 철도의 Jessop 레일과 플랜지 차륜,1789[Watkins (1890)]

Jessop가 활약하던 시대에 이르기까지는 차륜간격이 표준이기만 하면 차량이 철도뿐만 아니라 보통의 도로에서도 사용될 수 있었던 점에 주목하라. 플랜지 차륜의 도입은 **"수송에서 도로와 철도 방식(mode)의 분리"**가 시작되었음을 의미하였다.

Haarmann (1891, p. 91)에 따르면, Jessop의 주철레일은 단부를 제외하고 원래 일정한 횡단면이었으며, 단부의 바닥은 지점에 걸친 접촉면적을 증가시키기 위하여 그리고 레일 전도의 가능성을 줄이기 위하여 넓히었다. 가일층의 개발은 **그림 II.7(a)**에 나타낸 것처럼 중앙을 향하여 복부높이를 증가시킴으로써 레일을 강해지게 하는 것이었다. 그러나 지점에서 넓혀진 바닥단부는 갈라지는 경향이 있다는 점을 곧 깨닫게 되었다. 그러므로 그들은 제거되었으며 레일단부는 **주철 체어**(chair) 안에 지지되었다. Jessop 레일은 길이가 3 내지 4 ft (0.91 내지 1.22 m)이고 주행면의 폭은 1 3/4 in (4.45 cm)이었다.

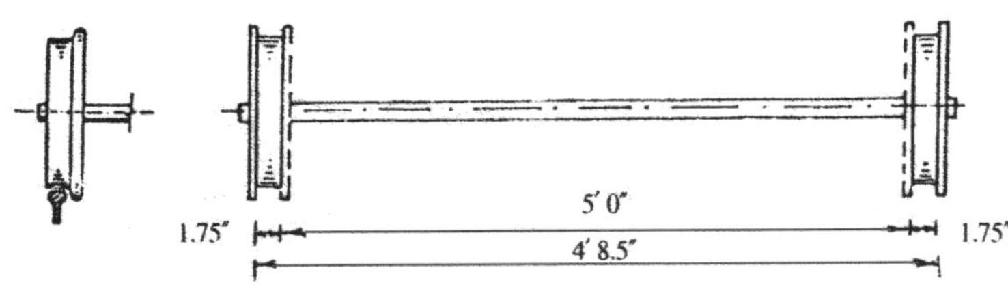

그림 II.7(b) 플랜지 차륜의 개발과 4 ft 8 1/2 in (1,435 mm)의 표준궤간

엣지 레일의 도입은 또한 4 ft 8 1/2 in (1,435 mm)의 소위 **표준궤간**을 확립시킨 것으로 보인다. Newland (1967)에 따르면, Jessop는 Loughboroug Nanponton 철도를 설계할 때 **그림 II.7(b)**에 나타낸 것처럼 하중지지 차륜 바깥쪽의 안내차륜과 함께 그가 새로 특허를 받은 엣지 레일을 사용할 것을 지시하였다. 이들의 설계는 차축이 곡선을 통과할 때에 안내차륜이 떨어지는 것을 방지하기 위해 안내 차륜을 하중지지 차륜의 안쪽에 배치함으로써 궤도의 건설 동안에 수정되었다. 그 때에 이들의 두 차륜을 하나의 단일체로서 주조하도록 결정하였으며, 따라서 그것은 단 하나의 **플랜지 차륜**으로 수직하중의 전달과 횡 안내의 기능을 결합하고, 본질적으로 현재 쓰이고 있는 것과 같은 형태의 철도차륜을 창조하였다. 궤도의 일부가 이미 건설되었고 **궤간**이 현재 레일

---

* Weigelt (1985, p. 24)에 따르면, 목재 궤도에 대한 목재 플랜지 차륜은 2 세기 이전에 탄광에서 사용되었다.

두부 안쪽면간의 간격으로 정의되어 있으므로, 이 간격은 **그림 Ⅱ.7(b)**[1]에 나타낸 것처럼 5 ft − 2 × 1.75 in = 4 ft 8.5 in으로 된다.

오늘날까지 플랜지를 차륜 답면의 안쪽 가장자리에 유지하는 주된 이유를 **그림 Ⅱ.8**에 나타낸다. 즉, 플랜지가 바깥쪽에 있을 때는 차량에 대한 횡력이 왼쪽의 안내 플랜지를 레일에서 들어 올리는 경향이 있으며, 이것은 탈선으로 이끌 수도 있다. 그러나 플랜지가 레일의 안쪽에(궤간 쪽에) 있을 때는 횡력이 왼쪽 차륜을 들어 올릴지도 모르지만 오른쪽 차륜은 안내 플랜지가 레일에 눌려져서 차륜이 레일에 머물도록 한다.

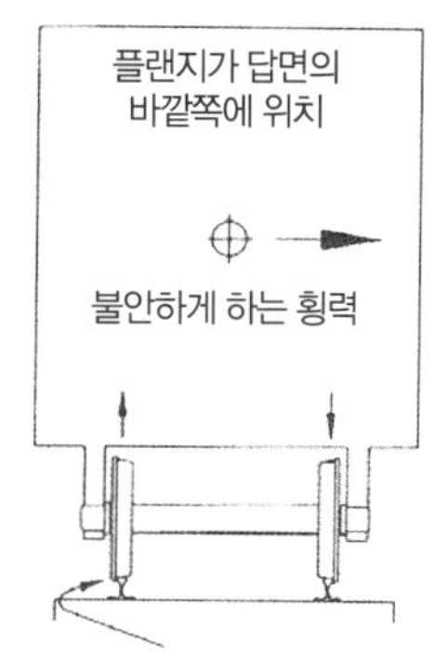

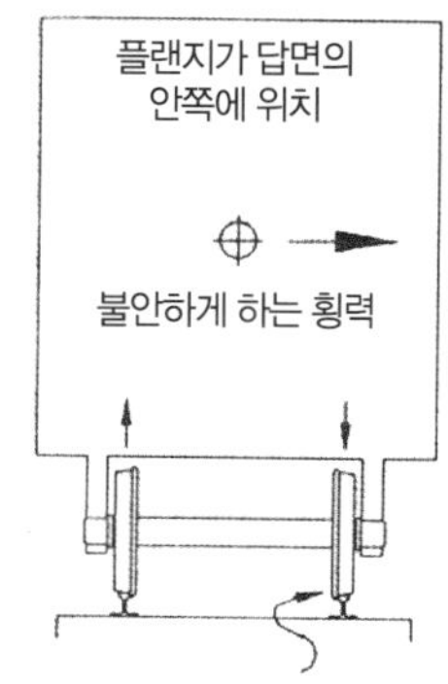

그림 Ⅱ.8 플랜지를 안쪽에 유지하는 이유 [Armstrong (2000, p. 4)]

플랜지가 있는 금속 차륜이 발전되는 동안의 플랜지 높이는 1 in (25.4 mm)이었다. 다음의 수십 년 동안 그것을 바꿀 이유는 실질상 발견되지 않았다. 그러므로 플랜지 높이는 최근까지 일반적으로 25 내지 36 mm의 범위 내에서 약 1 in로 남아있다. 가일층의 상세는 Hanker (1952, P. 5), Schramm (1995), Shakhunyants (1987, pp. 15 18), 및 Fastenrath의 Kurek (1981, Part 3)을 참조하라.

주철레일은 일반적으로 길이가 약 4 ft (1.22 m)이었다. 그러므로 궤도는 대규모의 보수문제를 일으키는 많은 이음매 지점을 필요로 하였다. 또한, 주철레일은 부서지기 쉽고 파괴되기 쉬우며, 따라서 레일재료로서는 적합하지 않다. 주철레일에 관한 문제는 철 기술이 급속히 발전됨에 따라 경감되었다.

철광석에서 철을 분리하는 프로세스는 "제련(smelting)"이라 부른다. "용매제(flux)"라 부르는 물질은 낮은 융점(融點) "슬래그"를 만들어내기 위해 첨가된다. 녹은 금속과 결과로서 생기는 슬래그의 비중 차이는 그들을 2개의 층으로 분리하였다. 액체의 철은 "주괴(pig)"로 주조되었다. 결과로서 생긴 금속은 "선철(銑鐵, pig iron)"이라고 불렀다.

선철의 원재료−광석, 코크스[2], 석회석 및 공기−로부터 선철의 생산은 괴철로(塊鐵爐), 또는 용광로에서 수행되었다. 코크스(또는 초기에 사용된 것처럼 목탄)는 탄소와 연료의 원천으로써 포함되었다. 석회석은 슬래그가 더 쉽게 흐르도록 만드는 용매제로서 첨가되었다.

---

[1] Winkler (1875, pp. 37, 38)는 이 궤간을 Stockton Darlington 철도에 귀착시켰다. 5 ft 0 in + 1 in − 2 × 2.25 in = 4 ft 8.5 in, 여기서 1 in은 공차이며 2.25 in은 **그림 Ⅱ.9**에 나타낸 Birkenshaw 레일의 두부 폭이다.

[2] 코크스(Coke)는 공기가 없는 오븐에서 석탄이 가열될 때 생기며, 따라서 여기에는 연소를 시작하기 위한 산소가 없다.

"용광로"는 상대적으로 높은 연료 대 광석 비율로 작업하였으며 녹은 철과 슬래그를 산출하였다. 액체의 철은 "주철"을 만들어내는 주형 안으로 흘러갔다. 결과로서 생긴 금속은 슬래그 불순물이 대단히 적었지만 탄소 함유량이 많았다. 즉, 중량으로 3.5 %~4.5 %이며, 그것은 오히려 주철을 부서지기 쉽게 만든다.

"괴철로(bloomery furnace)"는 더 낮은 연료 대 광석 비율로 작업하였으며, 철이 완전히 액화되지 않았기 때문에, 생산된 금속은 고체의 괴철(bloom)로서 꺼내어야 하였다. 또한, 철이 제련작업 동안에 완전히 용해되지 않았기 때문에, 결과로써 생긴 금속은 많은 슬래그 불순물을 내포하였다(그리고, 차례가 되어 슬래그는 높은 탄소 함유량을 가졌다). 탄소 함유량은 주철에서보다 훨씬 더 낮았지만, 결과로써 생긴 금속은 주철과는 다르게 연성(延性)이고 전성(展性)이 있었으며, 이 금속을 "가단철(可鍛鐵, wrought iron)"이라 불렀다.

Haarmann (1891, p. 38)에 따르면, **철의 압연**은 1500년대의 중기로 거슬러 올라간다. 1600년대 말기 무렵에는 물레바퀴로 구동된 압연기가 도입되었다. 압연기의 대규모 사용은 가단철로부터 봉(bar)을 제조하기 위해 홈이 있는 압연기를 도입한 Henry Cort의 작업에 주로 기인하여 1700년대 말기에 시작되었다. 압연기는 1800년대 말기 무렵에 충분한 크기와 강도의 강 롤러가 주조될 수 있고 압연기의 가동에 충분한 동력을 이용할 수 있게 되었을 때에 높은 수준의 개발에 도달되었다. 이들의 발달에 관한 상세는 Haarmann (1891)과 Tylecote (1976)의 책을 참조하라.

이 레일 압연기술의 초기 성과는 [Martell (1927)에 따르면] 1803년에 Nixon이 도입한 정사각형 횡단면을 가진 **"가단철 레일"**과 약 1811년에 Lord Carlisle의 Coal Works(석탄 작업장)에서 사용된 2 in × 1.25 in (50.8 mm × 31.8 mm) 직사각형 횡단면의 레일이었다. 이들의 가단철 레일은 종 침목으로 연속적으로 지지되었다.

영국 Durham의 Bedlington 제철소를 소유한 Birkenshaw는 광범위한 노력 후에 1820년에 압연 프로세스를 변경하는데 성공하였으며 직사각형보다 더 복잡한 횡단면, 즉 **T 레일**을 제조하였다. 이 레일은 넓고 둥글게 한 두부와 얇은 복부를 가졌다. 레일단부는 연결되었고 **주철 체어**(chair)로 지지되었다. George Stephenson은 1814년에 기관차의 도입과 함께 1825년에 복부가 어복 모양인 이 레일 횡단면을 Stockton Darlington 철도에 이용하였다(**그림 Ⅱ.9**).

주철 레일에 관한 이전의 경험에 의거하여 가단철이 주철보다 더 강하고 취성이 더 적은 재료였을지라도 특히 보다 큰 기관차 윤하중 때문에 가단철 레일은 지점 사이에서 어복형상으로 할 필요가 있다고 생각되었다. 압연 프로세스는 횡단면이 일정한 레일만을 생산할 수 있으므로 "압연된 철 레일"은 그 다음에 상응하는 후처리를 하였다[Haarmann (1891, p. 39)]. Stephenson은 또한 1829년에 Liverpool Manchester 철도에서도 유사한 궤도구조를 사용하였다.

이들의 T 레일은 길이가 15 ft (4.57 m)였지만 주철 체어 지점은 간격이 3 ft (0.91 m)뿐이었다. 따라서 각각의 레일은 5 개의 어복 부위를 포함하였다. 이들의 보다 긴 레일과 함께, 이음매의 수가 크게 줄어들었으며, 이들의 보다 긴 레일은 (단부에서만 지지되었던 더 짧은 주철 레일과는 다르게) 2 개 이상의 지점에 걸쳐 윤하중을 분포시켰다. 이것은 레일과 지점 간 및 지점과 노반 간의 지지압력을 감소시켰다. 이들 레일의 평균 단위중량은 약 35 lb/yd(17.37 kg/m)였다.

Birkenshaw T 레일은 재료분포가 나쁘다고 하는 고유의 단점을 갖고 있었다. 즉, 수평과 수직 무게 중심축에 관한 사용 횡단면적의 단면2차 모멘트는 상당히 작았으며 지점 간 좁은 복부의 저부 파이버에서의 인장응력은 컸다. 두 번째 단점은 좁은 레일복부와 지지 체어에서 생긴 높은 접촉응력 때문에 그곳이 과도하게 마모되었고, 그것이 이음매의 이완으로 이끈 점이다.

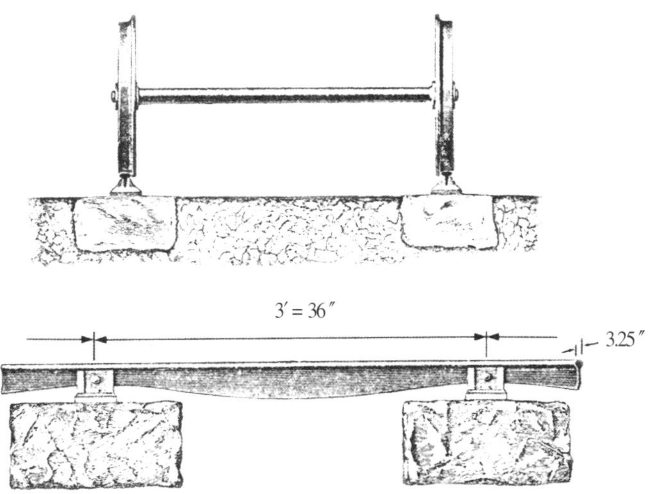

그림 II.9 Stephenson이 Stockton Darlington 선로에서 사용한 Birkenshaw T 레일, 1825[Haarmann (1902, p. 11)]

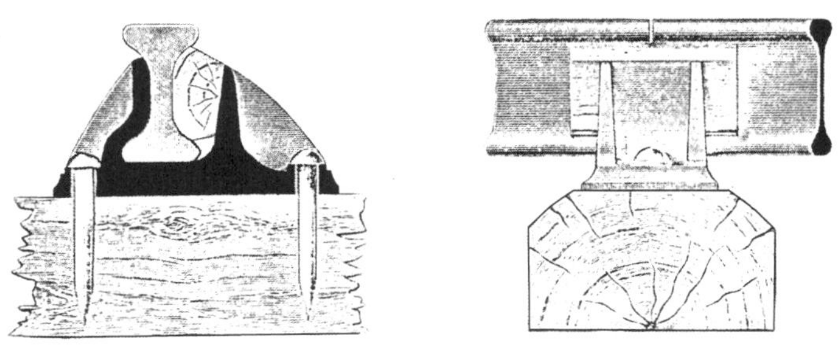

그림 II.10 London Birmingham 철도의 레일과 지지, 1838 [Haarmann (1902, p. 29)]

이들의 문제 때문에 레일 횡단면을 더 적합한 형상에 도달시키려고 시도하였다. 논리적인 접근법은 "재료의 일부를 레일저부에 배치함으로써 T 단면을 변경"하는 것이다. 이 접근법은 다음의 수십 년 동안 철도를 특징지은 두 종류의 레일단면이 개발되도록 이끌었다. 즉, 영국에서 광범위하게 사용되었던 **쌍두**(雙頭) **레일**과 현재 세계도처에서 사용 중인 레일로 서서히 발전된 **평저**(平底, wide-base) **레일**이다.

쌍두(雙頭) **레일**은 1835년에 Manby와 Locke가 개발하였으며 3년 후에 Robert Stephenson이 London Birmingham 철도에 사용하였다(**그림 II.10**). 이들의 레일은 그 시기에 T 레일에서 통상적인 실행이었던 것처럼 체어로 지지하였다. 그러나 레일지지는 큰 목재 쐐기의 사용으로 변경되었다. 이음매는 횡-침목 위에 배치하였으나 이음매판은 사용하지 않았다. 이 레일은 같은 횡단면적의 T 레일보다 더 큰 단면2차 모멘트를 나타내었다. 체어는 일반적으로 주철로 만들었으며 그 중량은 각각 20 lb에서 30 lb까지(역주 : 9.1~13.6 kg)였다 [Gillespie (1853, p. 301)].

레일의 양쪽 두부는 처음에는 형상과 크기가 같았다(**그림 II.10**). 그 목적은 위쪽 두부가 마모된 후에 레일을 회전시켜서 아래쪽 두부가 새로운 주행 면을 마련하도록 하는 것이었다. 그러나 체어 안의 아래쪽 두부의 마모가 울

퉁불퉁한 주행 면을 초래하였고 마모된 위쪽 두부가 체어 안에서 잘 맞지 않았기 때문에 이 실행은 중단되었다. 그 결과로써 레일단면은 위쪽 레일두부의 크기를 증가시키고 아래쪽 레일두부의 크기를 감소시키는 것으로 변경되었으며 소위 "**우두**(牛頭) **레일**"을 형성하였다. 이 변경의 예를 **그림** Ⅱ.11에 나타낸다.

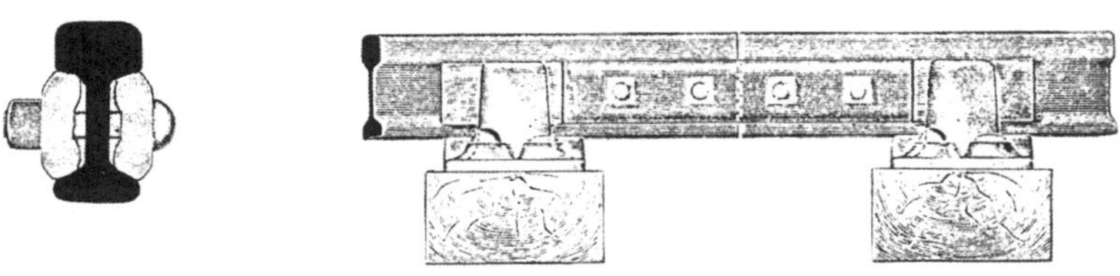

그림 Ⅱ.11 Midland 철도, Derby-London, 1896 [Haarmann (1902, p. 152)]

이 레일이 제2차 세계대전 후인 1949년에 본선부터 단계적으로 철거될 때까지 이 초보적인 레일단면형상은 영국철도에서 수십 년 동안 사용되었다. 이 레일의 최종폐기에 대한 주된 이유의 하나는 불충분하고 값비싼 레일-침목 연결, 즉 주철 체어의 필요 및 지점에 관련된 레일마모 때문이었다.

다른 하나의 더 성공적인 레일단면인 "**평저**(平底, wide-base) **레일**"은 대략 같은 시기에 도입되었으며, Robert L. Stevens가 미국 New Jersey에 있는 그의 Camden and Amboy 철도에 사용하기 위하여 1830년에 설계하였다. 최초의 증기기관차 "Best Friend of Charleston"가 1831년에 미국 궤도에서 영업을 시작하였던 점은 주목할 만한 가치가 있다.

Watkins (1890)에 따르면, Camden and Amboy 철도의 사장 겸 선임기술자였던 Stevens는 1830년에 영국을 방문하여 "완전히 철로 된 레일"을 구매하도록 그의 중역회의에서 지시받았으며, 경영진은 오히려 띠 철(鐵)로 판을 댄 목제레일을 좋아하였다. 압연 프로세스는 1800년대 초기에 영국에 도입되었고 그 세기의 처음 수십 년 동안은 미국에 제철공장이 없었기 때문에 영국까지 항해가 필요하였다.

Stevens는 영국의 많은 철도에서 사용된 Birkenshaw T레일을 잘 알았고 있었지만 이들의 레일을 제 자리에 유지시키는 주철 체어의 상대적으로 높은 가격과 이에 관련된 보수비 때문에 그 레일이 미국에서는 부적합하다고 생각하였다. 또 하나의 관심사는 영국으로부터의 (중량에 좌우되는) 레일의 해상 운반비를 최소화하는 것이었다. 그러므로 Stevens는 체어의 필요성을 제거하기 위해 T 레일에 저부를 추가하도록 대서양을 항해하는 동안 결정하였으며 이리하여 철도들이 오늘날까지 사용하는 **초보적인 工 레일**을 창안하였다. 그는 원래 접촉범위를 증가시키기 위하여 저부가 지점에서 더 넓은 것을 제안하였다(**그림** Ⅱ.12). 그러나 압연기는 단속(斷續)적으로 변화하는 이들의 횡단면을 제조할 수 없기 때문에 Stevens는 일정한 횡단면의 레일을 불만스럽지만 받아들

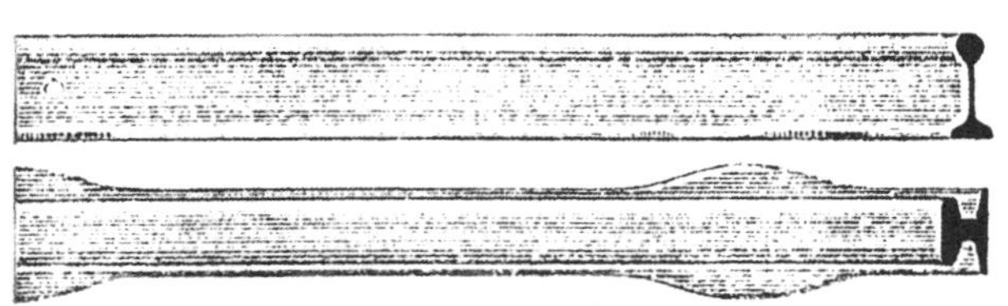

그림 Ⅱ.12 원래 제안된 대로의 Stevens 레일, 1830 [Haarmann (1891, p. 53)]

여야만 하였다. 이것은 침목간격을 줄임으로써 줄곧 증가되는 윤하중에 쉽게 적응시킬 수 있으므로 오랜 기간에 걸쳐 대단히 유리함이 입증되었다. Stevens는 목-침목에 Stevens 레일을 고정하기 위해 그 이후 줄곧 사용된 본질상 **"스파이크**(cut spike, 개 못)"인 "갈고리 머리"의 스파이크도 또한 설계하였다.

그 시대(1830년대)의 레일기술에 관한 초기 형편을 통찰하는 데는 Watkins (1890)의 설명서가 유리하다. 처음에는 Stevens가 제안한 레일주문에 대해 영국 압연공장으로부터 호의적인 대답을 받지 못하였다. Stevens 레일용 압연기가 한 제조공장에서 마침내 완성된 후에, 소유주는 압연기계의 있음직한 손상 때문에 사용하기를 주저하였다. 레일생산이 시작될 수 있기에 앞서, Stevens는 압연기가 손상된 경우에 압연기를 수리하는 비용을 보장하는 상당한 양의 자금을 공탁하여야만 하였다. 압연기계는 몇 번 고장이 났다. 또한, 레일은 처음에 압연기를 통하여 뒤틀려 나왔으며, 그것은 레일이 냉각되자마자 레일을 똑바르게 펴는 기술을 압연직원들이 습득하는데 얼마간의 시간이 걸리게 하였다.

최초의 Stevens **철 레일**의 중량은 42 lb/yd(20.8 kgf/m)이고, 레일의 길이는 16 ft(4.88 m)였다. 레일은 목재 횡-침목에 직접 스파이크로 체결하였다. 이것은 처음에 Sing Sing으로부터의 석재블록 획득이 지연됨에 따른 임시의 해결책으로써 Camden and Amboy가 고려하였다. 그러나 시간이 지남에 따라 목재 횡-침목이 레일지지에 더 적합하다는 점이 발견되었고 모든 석재블록은 목재 횡-침목으로 교체되었다. Watkins (1890)에 따르면, Camden and Amboy 철도는 목재 횡-침목에 스파이크로 체결한 工 레일로 구성되어 있는 오늘날 여전히 사용 중인 궤도를 세계에서 처음으로 도입하였다.

Philadelphia Wilmington Baltimore, Baltimore Ohio, 및 New England의 다수 철도들과 같은 미국의 몇몇 철도회사는 1840년에 이르기까지 Stevens 레일을 사용하였다. Charles Vignol은 1836년에 Stevens 레일을 영국에 도입하였다. Leipzig Dresden 철도는 1838년경에 유럽대륙에서 처음으로 Stevens 레일을 사용하였다. 보다 가벼운 레일단면(감소된 금속소비), 목재 횡-침목에다 보다 쉬운 체결, 및 수직과 수평 평면에서 큰 휨 강성 등 많은 장점 때문에 Stevens 레일은 그 후에 유럽의 많은 철도에서 채택되었다. 예를 들어, 목재 횡-침목 위의 工

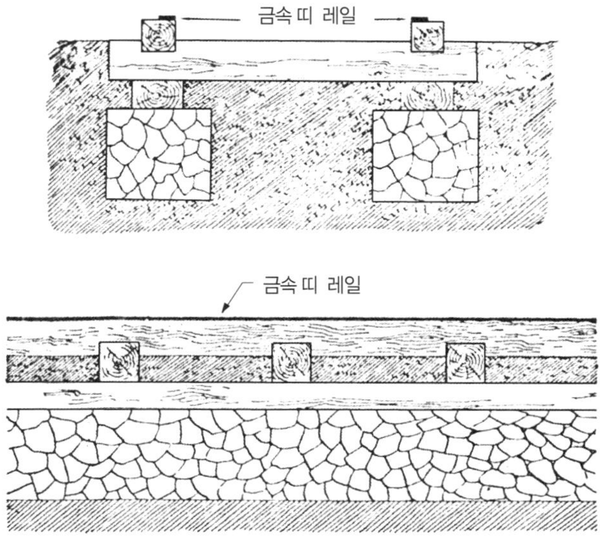

그림 II.13 Albany & Schenectady 철도, 1837 [Watkins (1890, p. 15)]

레일은 1840년경 이후에 독일에서 주요한 궤도 시스템이었다.

ㄱ 레일이 얻은 인기에도 불구하고 수십 년 동안 그 밖의 많은 레일단면이 개발되어 북미와 유럽의 철도들이 사용하였다. 일례는 목재 종-침목 또는 석재블록 위에 부설된 금속 **띠 레일**이다(**그림 Ⅱ. 13**).

이 유형의 궤도는 다수의 미국 철도에서 수십 년 동안 사용되었다. 그들은 목재가 풍부한 덕택에 건설하기가 상대적으로 비싸지 않았으며 그리고 그들의 단순한 설계 때문에 대단히 **빠르게** 건설할 수 있었다. 예를 들어, Haarmann (1891, p. 41)에 따르면, 21 mi(34 km) 떨어져 위치한 두 도시 Saratoga와 Schenectady는 1831년에 이 유형의 궤도로 연결 철도를 건설하기로 결정하였다. 궤도의 건설은 1831. 9. 1에 시작하여 1년 이내에 완료되었다. 이들 띠 레일 궤도의 일부는 1800년대 말에 여전히 영업 중이었다.

띠 레일과 종-침목은 비록 보다 짧은 기간 동안이었을지라도 유럽에서도 또한 사용되었다. 사례는 독일의 Leipzig Dresden 선로와 오스트리아의 Kaiser Ferdinand~Nordbahn이다[Haarmann (1891, p. 45), (1902, p. 38). 더 뒤의 설계에서는 침목에 대한 레일체결의 마모를 줄이기 위하여 체결장치를 주행표면으로부터 멀리 옮기었다(**그림 Ⅱ.14(b)**).

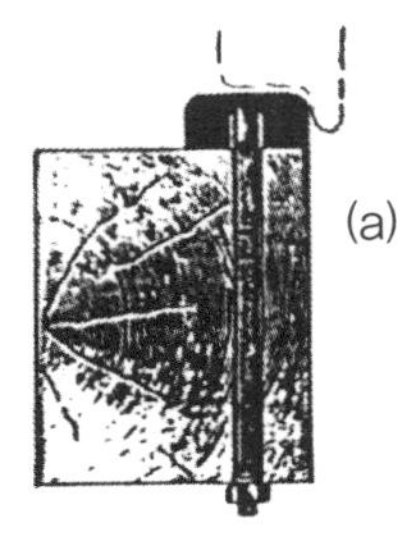
Leipzig Dresden, 1837

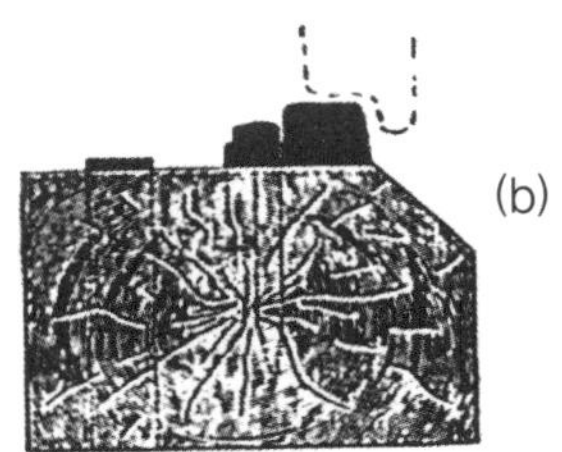
Georgia~Central, 1851

그림 Ⅱ.14 종-침목 위 압연 띠 레일의 진보된 설계

띠 레일 궤도는 건설하기가 쉬울지라도 특히 금속 띠 레일의 낮은 휨 강성 때문에 대규모 보수를 필요로 하였다. 띠는 차륜 하에서 목재 종-침목 안으로 내리눌러졌으며 이동하는 차륜 영역의 밖에서는 들려지는 경향이 있었다. 이것은 연속하는 교통과 함께 띠-침목 부착의 이완을 야기하였다.[1] 특히 위험한 상태는 열차의 통과 동안에 발생되었다. 띠 레일의 한쪽 끝이 일단 종-침목에서 분리되면 흔히 그 자체가 다시 굽이쳐서 설비에 손상을 주고, 여객에게는 상해를 입혔으며, 때때로 탈선으로 이끌었다.

또 하나의 레일단면인 ⅃ 레일은 미국의 Strickland가 설계하였으며 Susquehanna Wilmington 철도에서 1835년에 처음 사용되었다. 1840년대에 Baltimore and Ohio 철도에서 사용된 유사한 레일단면을 **그림 Ⅱ.15(a)**에 나타낸다. 이것은 미국에서 압연된 최초의 **철 레일**이다. 그 중량은 42 lb/yd(20.8 kg/m)였다.[2]

"**브리지**(bridge) **레일**"이라 불렀던 이 레일은 Brunel이 영국에 도입하였고 그 다음에 유럽 대륙에도 또한 도입되었다. 그들은 종-침목 또는 목재 횡-침목에 설치되었다. 이 레일단면과 각종 개량의 상세에 관하여는 Winkler (1875, pp. 71~72)와 Haarmann (1891, pp. 62~64)을 참조하라. 레일두부의 종 방향 분열 및 레일

---

[1] 유사한 경향은 스파이크 체결장치를 가진 현행의 궤도에서도 발생되고 있다. 이 현상에 대한 이유는 제Ⅳ장에서 논의한다.
[2] 미국 연방국회는 1842년에 자국의 압연공장의 설립을 촉진하기 위해 수입 레일에 대해 높은 관세를 제정하였다.

저부와 목–침목 간의 과도한 마모와 같은 갖가지 단점 때문에 그들의 사용은 그 후 몇 년 이내에 단계적으로 폐지되었다.

그 밖의 레일단면 개발은 환경에 노출되고 이동 윤하중을 받으면 급속하게 질이 저하되는 목–침목을 제거함으로써 고갈되는 삼림을 절약하도록(그리고 금속의 판매를 증가시키도록) 유럽의 설계자들이 시도한 결과로써 생기었다. 일례로서, 영국의 Barlow가 1856년에 설계한 **새들 레일**(saddle rail)을 **그림 Ⅱ.15(b)**에 나타낸다. 그것은 **그림 Ⅱ.15(a)**에 나타낸 브리지 레일의 경미한 개량이었다. Barlow의 아이디어는 레일중량을 약간만 증가시키면서도 레일저부 면적을 증가시킴으로써 목–침목을 제거할 수 있다는 것이었다[Haarmann (1891, pp. 65; 1902, p. 76)과 Bianculli (2003, p. 107)]. 영국과 프랑스 철도에는 1858년까지 1,000 마일(역주 : 1,609 km) 이상의 Barlow 레일이 부설되었다. 그러나 레일두부의 마모, 관련된 레일두부의 종(縱)분열, 및 레일 이음부분의 과도한 마모 등의 경험 때문에 그들의 사용도 또한 중단되었다.

그림 Ⅱ.15(a) ∏ 레일 궤도, 1844
[Pangborn (1894, p. 85)]

그림 Ⅱ.15(b) Barlow
[Pangborn (1894, p. 108)]

1845년에는 Pennsylvania와 New England의 압연기들을 이용하여 Stevens형 **철 레일**을 압연하기 시작하였다. 이 시기 동안에 미국에서 제련된 철은 영국에서 제련된 철보다 열등하였으므로 원래의 Stevens 레일은 서양 배(梨, pear) 형상의 두부(**그림 Ⅱ.16**)를 도입함으로써 보다 큰 강도를 마련하도록 변경되었다. 그러나 이 레일 형상은 레일 이음매를 고안하면서 문제를 일으켰다.

그림 Ⅱ.16 배(pear) 형상의 철 레일

역사적인 관심은 다음의 개발에도 주어진다. Watkins (1890)에 따르면, Camden and Amboy 철도는 1848년 동안에 높이 7 in (17.8 cm), 저부 폭 4 5/8 in (11.8 cm), 중량 92 lb/yd(역주 : 45.4 kg/m)의 Stevens형 레일(**그림 Ⅱ.17**)을 압연하기 위해 Trenton 제철소에서 Cooper & Hewitt와 협정하였다. "높이가 큰(tall)" 레일을 제작하는 명백한 목적은 레일두부와 저부 사이에 증가된 공간에다 더 큰 이음매판을 사용함으로써 더 강한 이음매를 만드는 것이었다. 다음 해 동안 15 마일의 궤도가 이 레일로 부설되었다.

그러나 이 레일은 도입된 후 얼마 안 되어 레일단부를 손상시키는

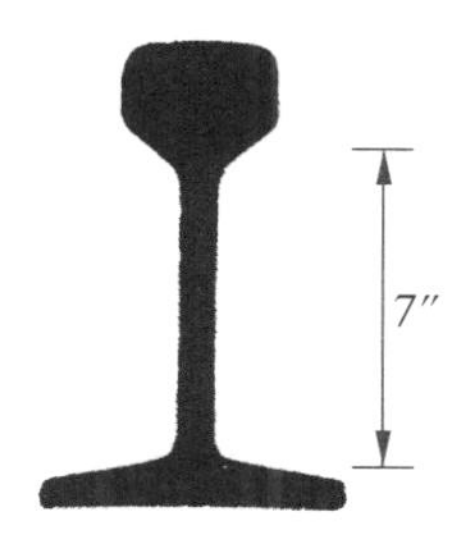

그림 Ⅱ.17 "높이가 큰(tall)" 레일

큰 동적 차륜 힘을 발생시키는 대단히 딱딱한(stiff) 궤도를 만들어내는 점이 발견되었다. 그러므로 이들의 레일은 나중에 곧 궤도에서 철거되어 그 후에 Pennsylvania주 Philadelphia의 United States Mint(미국 조폐국)에서처럼 빌딩용 보(beam)로 사용되었다. 높이가 큰 이들의 레일단면을 압연하는 것이 가능하고 그들이 빌딩에 성공적으로 사용되었다는 사실은 현재 일반적인 건설용 금속 I 빔의 도입으로 이끌었다.

레일재료를 개량함에 있어 다음의 주된 단계는 그 시기에 개발되고 있었던 강(steel)의 사용이었다. 이 강은 오늘날의 강과는 다르게 상당한 양의 탄소를 함유하였으며, 그것은 대부분이 저탄소 연강(軟鋼){현재의 가단철(wrought iron)에 상당}이었다. 강은 며칠을 계속하는 복잡하고 긴 프로세스를 이용하여 주철 또는 가단철로부터 생산하였다. 그러므로 강의 가격은 주철이나 가단철보다 훨씬 더 비쌌으며 강의 사용은 도구, 나이프 등등의 생산으로 제한되었다.

강 생산의 주요한 돌파구는 1850년대 동안에 일어났으며, 그때 Henry Bessemer가 강 제조의 단순한 프로세스를 발명하였다. 이 발명의 중요한 특징은 공기 분사를 이용하는 전로(轉爐) 내 금속 배쓰(bath, 槽)를 통하여 산소를 강제함으로써 "녹은 선철을 30분 이내에 강으로 만드는" 것이다. 이 방법에서는 금속을 녹은 상태로 유지하기 위해 필요한 열을 산소가 발생시키므로 외부의 연료가 필요하지 않으며 결과로써 생긴 반응은 탄소, 망간 및 규소 함유량을 요구레벨까지 줄인다. 그 다음에 그들은 슬래그의 형태로 제거되었다.

"Siemens의 평로(平爐) 프로세스"는 Bessemer의 발명을 뒤따랐으며 선철의 충전(充塡)에 더해진 산화철에 함유된 산소에 의해 선철의 산화가 유발된다. 그러나 반응의 열이 금속을 녹은 상태로 유지하기에 충분한 속도로 전개되지 않았으므로 외부의 근원으로부터 추가의 열을 공급하여야만 하였다. 이 프로세스는 "Bessemer 공법"의 30분에 비교하여 10 시간이 걸렸다. 그러나 보다 시간이 걸리는 프로세스는 강 제조 작업의 컨트롤을 개량하고, 그러므로 보다 믿을 수 있고 균질한 연성의 재료를 일관되게 생산하는 것을 가능하게 만들었다.

Bessemer와 Siemens가 이룩한 이들의 발명은 합리적인 비용으로 많은 양의 강을 생산할 수 있게 만들었으며 현재까지 계속되는 "강철 시대(Steel Age)"가 시작되었다. 이들의 개발에 관한 상세는 Tylecote (1676)를 참조하라.

최초의 **강 레일**은 1855년에 Wales의 Ebbv-Vale Works에서 압연되었다. 북미에서는 최초의 강 레일이 1865~1867년 사이에 압연되었다.

레일의 발전은 강하게 계속되었다. 예를 들어, 얼마간의 레일단면 개발은 "복합"의 금속 레일단면을 형성함으로써 목-침목을 제거하려는 시도의 결과였다. 그러한 예의 하나로서 1865년에 독일 Braunschweig 철도의 Scheffler가 고안한 레일-침목의 예를 **그림 II.18**에 나타낸다. 그것은 본질적으로 가단철 종-침목에 설치되고 고정된 간격으로 볼트와 너트로 함께 체결된 강 T 레일이다. 3개의 주요 구성요소로 이루어져 있는 이 레일설계는 흔히 볼트구멍으로부터 퍼진 균열에 기인하여 레일이 파괴되는 경향이 있으므로 충분한 것으로 입증되지는 않았다. 또한, T 레일 복부, 볼트구멍, 및 볼트의 마모가 과도하였다. 게다가, 구성요소들 간 접촉부위의 마모는 종 방향으로 지지된 그 밖의 "복합" 금속궤도의 결함이었다. Haarmann (1902, pp. 84 85)에 따르면, Scheffler 궤도의 보수비는 처음의 기간 후에 이웃의 횡-침목 궤도보다 3배 이상으로 더 많았다.

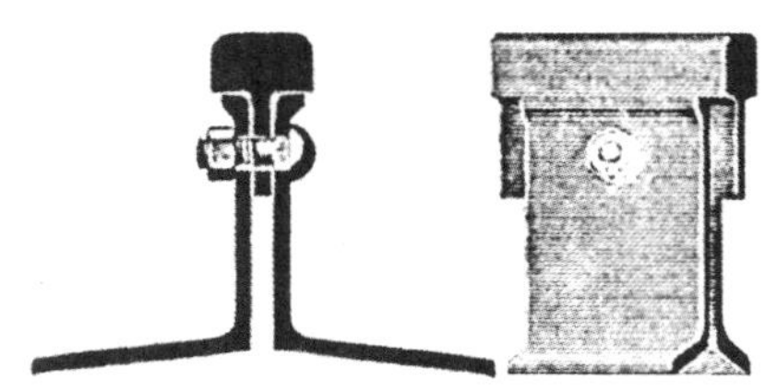

그림 II.18 Scheffler 레일-침목, 1865
[Haarmann (1902, p. 82)]

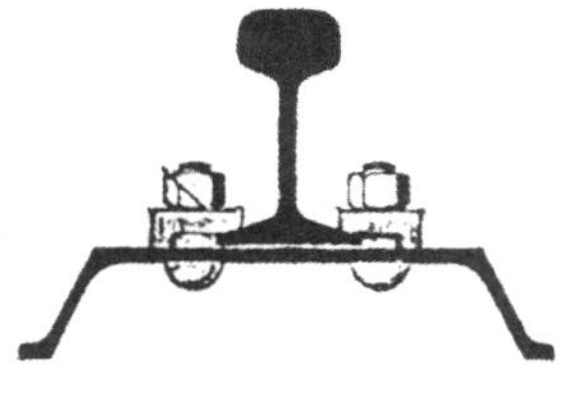

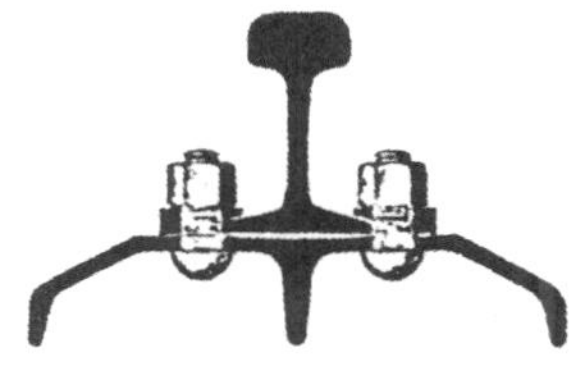

그림 Ⅱ.19 금속 종-침목의 예 [Haarmann (1902, pp. 89)]

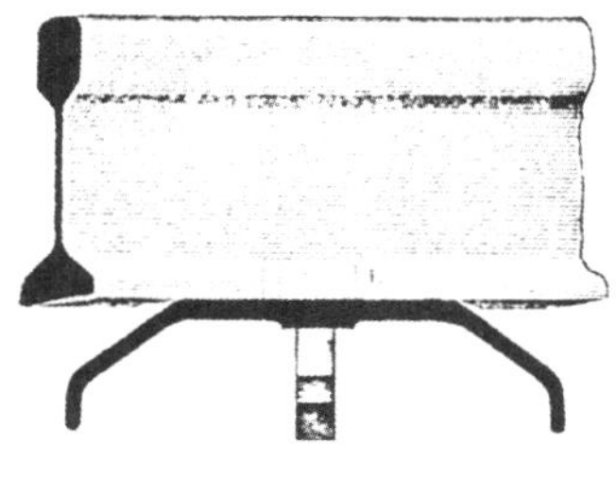

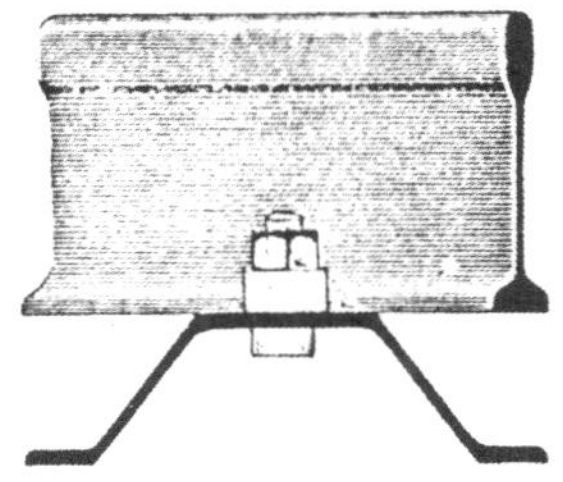

그림 Ⅱ.20 금속 횡-침목의 예 [Haarmann (1902, pp. 106과 114)]

이 기간 동안에 그 밖의 많은 종 방향 레일-침목 시스템이 설계되고 시험되었다. 두 예를 **그림 Ⅱ.19**에 나타낸다. 이들과 그 밖의 "금속 종-침목"에 관하여는 Winkler (1875, pp. 191~205)와 Haarmann (1891, pp. 639~701, 1902, pp. 76~101)을 참조하라.

광범위한 설계와 시험의 노력은 목재 횡-침목을 "금속 횡-침목"으로 교체하려는 목적도 있었다. 두 예를 **그림 Ⅱ.20**에 나타낸다.

여러 철도들이 안출하여 사용되고 시험된 다수의 "금속 횡-침목"들 및 (부식과 체결장치 지역으로부터 퍼진 균열의 형성과 같은) 부닥친 문제들의 논의에 관하여는 Winkler (1875, pp. 178~ 190), Haarmann (1891, pp. 558~638, 1902, pp. 101~1132) 및 Zolotarskii 등 (1967, pp. 5~6)을 참조하라. 제2차 세계대전 직전의 독일에서는 30,000 km 이상의 본선에서 금속 횡-침목을 사용하였다는 점을 주목할 필요가 있다.

1830년대에 시작된 각종 레일-침목 시스템의 실험은 압연기의 발명 이후 수십 년간 계속되었다. 세기의 말까지는 횡-침목 위의 Stevens 강 工 레일(**그림 Ⅱ.21**)이 가장 유력한 궤도구조로 판명되고 있었음이 분명하다. 그러므로 다음의 세기인 1900년대 동안 대부분의 노력은 이 궤도 시스템과 그 구성요소를 개량하고 세련되게

그림 Ⅱ.21 횡-침목과 工 레일의 궤도

하는 쪽으로 향하였다. 이것은 다음 장에서 논의될 것이다.

초기 궤도개발의 상세에 관하여 독자들은 Gillespie (1853), Winkler (1867), Haarmann (1891, 1902), Pangborn (1894), Weigelt (1986), 및 Bianculli (2003)이 지은 책, 뿐만 아니라 Watkins (1890), Martell (1927), 및 Schmitt (1987)의 출판물을 참조하라.

철도궤도의 초기 발전을 고찰할 때에 1800년대 동안의 유럽에서뿐만 아니라 미국에서는 주로 개인회사가 철도들을 건설한 점과 처음에 철도들이 서로 연결되지 않았던 점을 주목하라. 이 개발은 "갖가지 레일단면"의 사용뿐만 아니라 "가지각색의 궤간"의 채택으로 이끌었다. 선로가 경쟁체제로 전환되고 있었기 때문에 이것은 다소간의 경우에 사업을 유지하기 위해 고의로 행하여졌다. 다음의 수십 년 동안 철도들이 급속히 확장되었으며 1800년대 말까지 중앙유럽에서 대다수의 철도들은 4 ft 8.5 in (1,435 mm)의 표준궤간과 함께 국유철도로 합병되었다. 유럽에서 오늘날까지 주목할 만한 예외는 5 ft (1,524 mm) 궤간을 사용하는 러시아 철도들이다.

Stover (1993)에 따르면, 미국에서 철도부설 사업의 초기 수십 년 동안은 가지각색의 궤간이 사용되었다. 예를 들어, 선구적인 Baltimore & Ohio는 1830년대 초기에 다수의 그 밖의 철도와 함께 4 ft 8.5 in의 영국(나중에 '표준'으로 불렀다) 궤간을 사용하였다. 그러나 많은 그 밖의 선로들, 특히 Potomac과 Ohio 강을 따라가는 선로들은 오히려 다른 궤간을 좋아하였다. 예를 들어, South Carolina의 Charleston & Hemburg 철도는 1830년대에 5 ft 궤간을 채택하였다. 이 광궤는 그 후에 가까운 주(州)들의 철도에서 사용되었다. 뉴욕의 Piermont-on-Hudson에서 Lake Erier까지의 선로를 건설할 목적으로 허가에 의해 1832년에 설립된 New York & Erier 철도는 어떤 경쟁 연결철도로도 교통이 흡수되는 것을 방지하도록 6 ft(역주 : 1,828.7 mm)의 광궤를 선택하였다. 그러나 시간이 지남에 따라 궤간을 표준화할 필요가 생겼다. 미국의 철도는 다양한 시도 후에 1886년 6월초까지는 4 ft 8.5 in의 균일한 궤간을 달성하였다. 그러나 얼마간의 나라에서는 **표 Ⅱ.1**에 나타내는 것처럼 더 넓거나 좁은 궤간을 여전히 사용하고 있다.

표 Ⅱ.1 각 국의 궤간

궤간 유형	국가	궤간	
		mm	ft-in
광궤	스페인, 포르투갈, 인도	1,767	5′ 6″
	아일랜드, 오스트레일리아	1,600	5′ 3″
	러시아와 구소련, 핀란드	1,524	5′ 0″
표준궤간	중앙유럽, 미국, 캐나다, 일본(신칸센)	1,435	4′ 8.5″
협궤	남아프리카, 일본, 스웨덴, 노르웨이	1,067	3′ 6″
	스위스 일부, 인도	1,000	3′ 3.4″
	러시아의 협궤철도	750	2′ 5.4″

궤간의 역사나 논의에 관하여는 Winkler (1875, pp. 37~40), Von Littrow (1927), Smirnov (1964), Edeling (1982) 및 Stover (1993)를 참조하라.

Ⅲ. 궤도 구성요소의 발달

Ⅲ.1 침목

침목의 세 가지 주요한 목적은 다음과 같다. (1) 규정된 궤간과 수직 위치로 레일을 견고하게 고정한다. (2) 교통하중을 감소된 접촉압력으로서 도상으로 전달한다. (3) 횡과 종 방향 이동에 대해 레일-침목 구조(궤광)를 고정시킨다. 궤도개발의 초기 수십 년 동안은 종-침목 궤도가 지배적인 시스템이었다. **종-침목 궤도**는 올바르게 건설되고 잘 보수되는 경우에 레일이 단속적(斷續的)으로 지지된 궤도와 비교하여 상대적으로 원활한 승차감을 마련하였다. 이것은 초기의 시대 동안 레일이 가볍고, 윤하중이 작으며, 지점이 약 3 ft (1 m)로 멀리 떨어져 있었기 때문이었다.

종-침목 궤도는 얼마간의 단점을 가졌다. 하나의 문제는 양쪽 긴 침목들 사이의 우수 퇴적이며, 그것은 레일-침목 구조가 열등한 투수성의 기초에 위치할 때는 언제나 발생되었다. 물은 노반을 약화시키기 때문에 노반의 강도를 감소시키며, 그것은 차례로 줄(방향)과 면(고저) 틀림의 진행을 촉진시킨다. 물은 또한 목-침목의 열화에도 기여한다. 또 하나의 단점은 침목과 도상 간의 상대적으로 작은 접촉 면적이며, 그것은 도상표면에 대해 더 높은 응력으로 이끈다. 마지막으로, 건조되는 동안에 생긴 목재 종-침목의 뒤틀림은 궤간문제를 야기할 수도 있다.

다른 한편, **횡-침목 궤도**의 침목은 우수의 배수를 방해하지 않으며 그들의 뒤틀림은 궤간에 영향을 끼치지 않는다. 그들은 궤간을 유지하고 레일 수직중심선의 규정된 경사를 유지한다. 있음직한 단점은 큰 침목간격과 가벼운 레일에 대하여 침목들 간에 2차 처짐이 생기는 점이다. 대단히 작을지라도 (일정한 침목간격에 대하여) 그들 발생의 주기성은 공진에 관련된 현저한 동적 효과를 일으킨다. 또한, 큰 침목간격에 대해서는 침목이 그들의 장축(長軸)에 관하여 심하게 회전되고 침목 마모를 일으킬 수도 있다.

Winkler (1875, §159)는 목재가 침목에 사용되는 경우에 목재의 뒤틀림 때문에 횡-침목 궤도가 선택되어야 하는 반면에 금속이 사용될 때는 종-침목 궤도가 우선의 시스템이어야 한다고 결론지었다. (1875년 당시는 콘크리트침목이 아직 선택되지 않았다.) 그리고, 실제로 제2차 세계대전 말까지는 목재가 세계 도처에서 사용된 지배적인 침목재료였으며 횡-침목 궤도는 지배적인 궤도 시스템으로 되었다.

횡-침목 궤도는 대단히 융통성이 있으며 많은 장점을 갖고 있다. 예를 들어, 정적 차륜 힘이 1880년대의 약

9,000 lb (40 kN)로부터 1980년대의 32,000 lb (142 kN)까지 계속 증가됨에 따라 이 차량중량 증가는 침목중심 간격을 감소시킴으로써, 그리고 침목크기를 증가시킴으로써 적응되었다. 이들의 조치는 궤도중심선의 단위 길이 당 침목저면/도상 간 접촉면적의 증가로 이끌었으며, 따라서 침목이 도상에 가하는 압력을 알맞게 낮추었다. 이것은 차례로 도상과 노반 열화의 속도를 적당한 범위 이내로 유지할 수 있게 만들었다.

목-침목 궤도의 침목중심 간격은 1875년에 0.95 m (37.4 in)였다. 침목중심 간격은 1910년경에 0.75 m (30 in)였고, 1980년대 이후는 북미에서 약 0.50 m (20 in), 차륜 힘이 더 작은 중앙유럽에서 약 0.60 m (24 in)였다. 현행의 도상다짐 작업 때문에 침목들을 서로에 대해 얼마만큼 가깝게 배치할 수 있는가에 대하여는 제한이 있다.

현재 일반적으로 사용 중인 목-침목의 크기는 예를 들어 **그림 Ⅲ.1**과 같다.

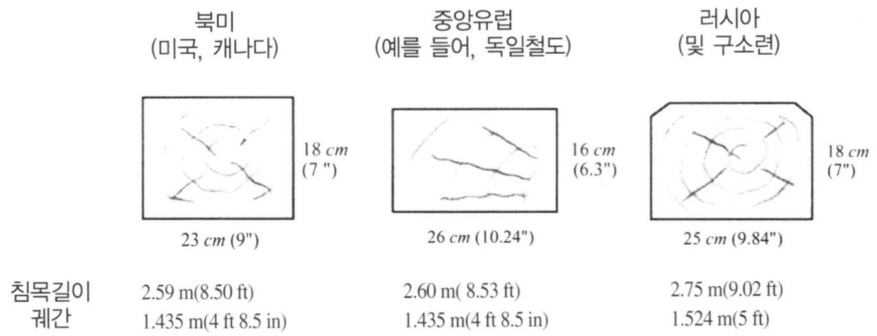

그림 Ⅲ.1 북미와 유럽에서 사용하는 침목치수의 비교

이들의 치수는 비록 그들을 해석적으로 결정하려고 시도하여 왔을지라도 시행착오 접근법으로 점진적으로 발전되어 왔다. 관련된 출판물에 관해서는 Hanker (1925), Saller (1934), Pirath (1934), Deischl (1973) 및 Dimberger와 Pospischil (1989)를 참조하라.

횡-침목 궤도의 기타 장점은 다음과 같다. (1) 침목이 배수를 방해하지 않는다, 및 (2) 침목이 손상되든지 시기 상조로 열화되었을 경우에 개개의 침목을 옆으로 당기고 새 침목을 삽입함으로써 쉽게 교체할 수 있다. 이 특징은 북미 철도들에서 광범위하게 사용되는 궤도보수의 "침목삽입과 국부적인 면(고저)맞춤" 방법에서 이용된다.

궤도의 발달에서 다음의 주요 단계는 **침목재료**로서 **콘크리트**의 도입이었다. 이것을 개발한 이유의 하나는 많은 국가들에서 목재의 점차적인 감소, 및 종이와 화학 산업용뿐만 아니라 건설용 원재료로서 그들의 증가된 이

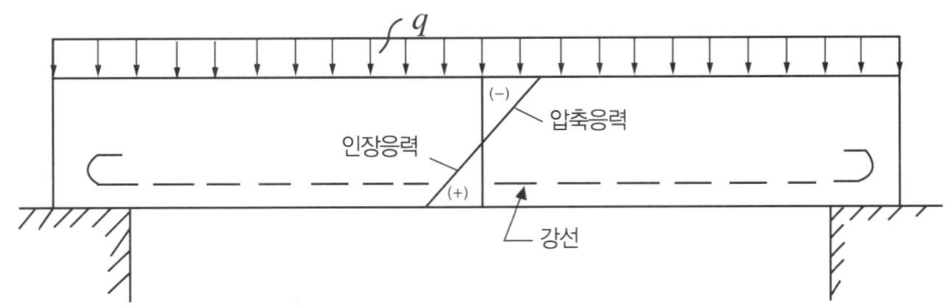

그림 Ⅲ.2 균질한 보의 휨 응력

용 때문이었다.

콘크리트의 사용을 고려할 때는 콘크리트의 인장강도가 콘크리트 압축강도의 약 1/10뿐이라는 점에 유의하라. 다른 한편으로, 강은 인장뿐만 아니라 압축에서도 강하지만, 콘크리트보다 훨씬 더 비싸다. 이것은 **그림 Ⅲ.2**에서 점선으로 나타낸 것처럼 인장응력을 커버하기 위해 강선의 배치를 제시하였다. 이것은 "철근콘크리트"의 기본 아이디어이다. 철근콘크리트를 구조적 용도로 사용한 것은 1800년대 하반기 동안에 시작되었으며 그때부터 그것의 사용이 빌딩, 교량 및 포장에 급속히 확대되어 왔다.

철근콘크리트를 횡–침목에 사용하려는 초기의 시도는 프랑스의 Monier가 1884년에, 그리고 미국의 Reading Railroad가 1893년에 꾀하였다. 그러나 이들의 시도와 다음의 수십 년 동안 행하여진 많은 그 밖의 시도들은 성공하지 못하였으며 따라서 목–침목에 대한 실용적인 대안을 만들어내지 못하였다. 하나의 이유는 레일좌면 아래와 침목 중앙부에서 균열의 형성이었다. 결국엔 이들의 균열이 금속철근을 부식시키는 물의 침투에 주로 기인하여 침목의 열화로 이끌었다. 금속이 부식될 경우에 그것은 보다 큰 공간을 차지하는 경향이 있고 그러므로 콘크리트에 추가의 압력을 가하는 점에 주목하라. 또 하나의 이유는 그 당시에 콘크리트침목에 적합한 레일–침목 체결장치의 결여였다.

침목은 침목 당 철근의 양을 증가시킴으로써 개량할 수 있었다. 그러나 이것은 흔히 목–침목 및 강–침목과 비교하여 콘크리트침목을 비경제적으로 만들었다. 또한, 이들의 추가 철근은 비록 침목을 강하게 하였을지라도 충분히 큰 윤하중에 대하여 레일좌면 아래와 침목 중앙부에서 균열의 발생을 방지하지 않는다.

헝가리 철도는 제1차 세계대전 후에 **그림 Ⅲ.3(a)**에 나타낸 설계를 사용하여 30년 이상 동안 철근콘크리트침목을 성공적으로 사용하였다. 이들의 궤도는 9톤 ($\sim 20,000$ lb)을 넘지 않는 윤하중과 80 km/h (50 mph)에 이르기까지의 열차속도에 이용되었다 [Zolotarskii 등 (1967, p. 10)].

철근콘크리트침목은 이 기간 동안에 이탈리아에서도 또한 사용되었다. 사용된 설계를 **그림 Ⅲ.3(b)**에 나타낸다. Bloss (1927)에 따르면 이탈리아 침목은 충분히 강하지 못하였으며 체결장치 문제를 경험하였다.

철근콘크리트가 수직하중을 받을 때의 균열에 대한 콘크리트의 성향은 보의 콘크리트가 인위적으로 압축응력을 받도록 함으로써 제거할 수도 있다. 이 방법은 기술문헌에서 **"프리스트레싱"**이라 부른다. 기본적인 아이디어를 **그림 Ⅲ.4**에서 설명한다.

그림 Ⅲ.4(a)에서 단순 지지된 직사각형 콘크리트 보는 인장 봉에 의해 발생되는 중심축 프리스트레싱 힘 N_0를 받는다. 단부지역을 제외하고, 콘크리트에서 결과로써 생기는 압축응력은 균등

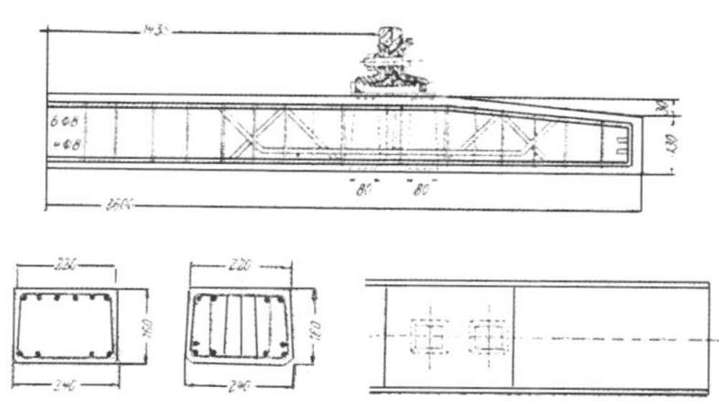

(a) 헝가리 철도 [Emperger (1928)]

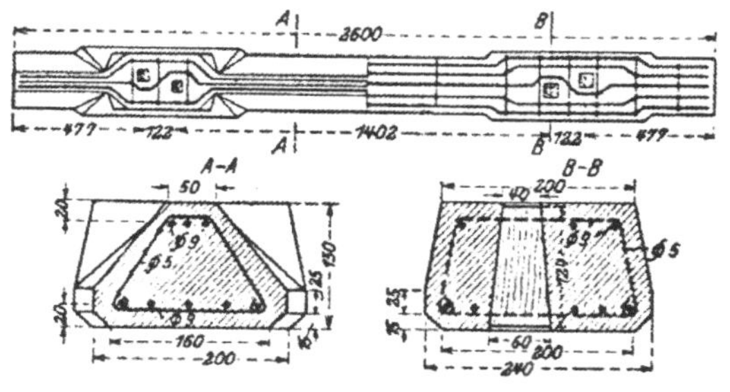

(b) 이탈리아 철도 [Bloss (1927, p. 54)]

그림 Ⅲ.3 철근콘크리트침목

하다. 압축응력은 $\sigma_p = -N_0/A$이며, 여기서 A는 콘크리트 횡단면의 면적이다. 다음에, 이 프리스트레스트 보는 수직하중 P를 받는다. 발생된 휨 응력 σ_b와 프리스트레싱 응력 σ_p에 대한 그들의 부가를 **그림 III.4(b)**에 나타낸다. 프리스트레싱이 콘크리트의 인장응력을 제거하는 점을 주목하라. 그러나 수직하중이 더욱 증가되고 프리스트레싱 힘 N_0는 그대로 남아있다면, 콘크리트에 인장응력이 발생될 것이다. 초과하중 때문에 보가 균열되는 경우에 고체재료가 형성된 균열로 지나가지 않는 것을 조건으로, 하중이 제거될 때에는 균열이 닫힐 것이다.

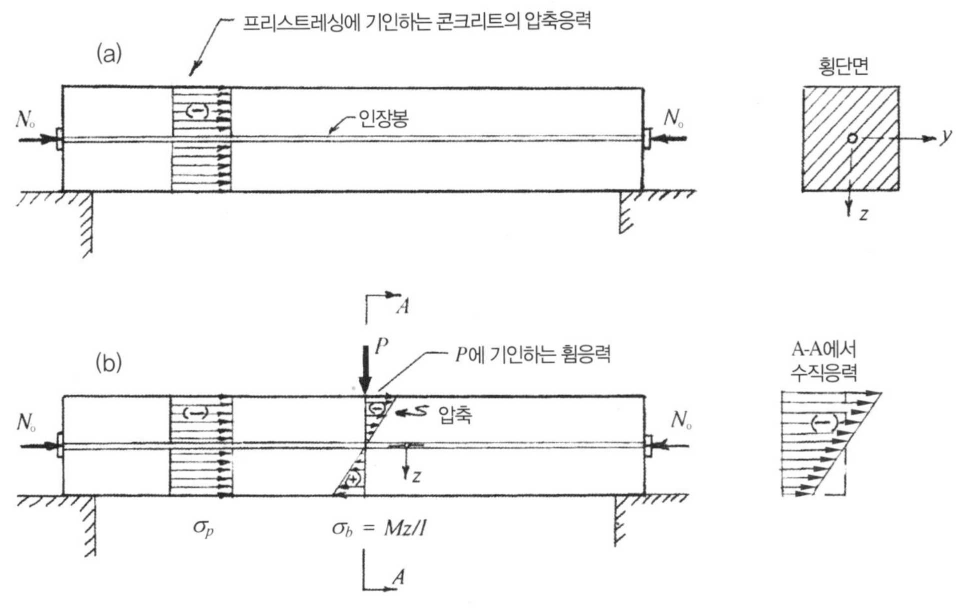

그림 III.4 콘크리트 보 응력에 대한 중심축 프리스트레싱의 효과

상기의 예로부터 프리스트레싱 방법을 유효하도록 하기 위해서는 예기치 않은 하중환경에서 콘크리트에 인장응력이 발생되는 것을 방지하도록 프리스트레싱 힘 N_0가 충분히 커야 한다는 점이 뒤따른다. 구조물의 프리스트레싱 방법에 관한 상세는 예를 들어 Nawy (1989)를 참조하라.

프리스트레싱을 사용하려는 초기의 시도는 독일의 Doering이 철선을 이용하여 슬래브의 프리스트레싱을 창안한 1888년으로 거슬러 올라간다. 독일의 Koenen은 1907년에 철근콘크리트에서 균열이 발생되는 것을 방지하기 위해서 프리스트레싱의 아이디어를 철도에 적용하려고 시도하였다. 그러나 이들의 초기 시도는 시간이 지남에 따른 프리스트레스의 손실 때문에 성공하지 못하였다.

다음의 수십 년 동안은 스트레스 손실을 극복하는데에 고강도 강을 이용할 수 없었다는 주된 이유 때문에 프리스트레스트 콘크리트 기술의 발전이 대단히 적게 이루어졌다. Nawy (1989, p. 6)에 따르면, 미국 Nebraska주 Alexandria의 R. E. Dill은 콘크리트의 수축과 크리프가 프리스트레스의 손실에 미치는 영향을 초기단계에 인지하였으며, "언-본드(un-bonded)" 봉의 "계속적인 포스트-텐션"에 의한 인장응력의 시간종속(time-dependent) 손실에 대한 보상의 아이디어를 개발하였다.

콘크리트가 장기의 하중을 받을 때에 천천히 그러나 영구히 변형되는 것(재료 크리프)을 발견함으로써 프리스트레스의 손실에 대한 이유를 프랑스의 Freyssinent가 명백하게 밝힌 1926년경에 프리스트레스트 콘크리트 기술의 주요한 진보가 이룩되었다. 그는 또한 수축과 함수량 증가에 기인하는 콘크리트의 변형도 명백하게 밝히고 설명하였다. Freyssinent는 이들의 발견에 의거하여 (그 사이에 이용할 수 있게 된) 고강도와 고-연성 강의 사용 및 콘크리트의 크리프와 수축으로 잃은 양이 포함된 높은 초기 프리스트레스 힘의 도입을 통하여 프리스트레스 손실을 극복하도록 제안하였다.

이 설명은 빌딩, 교량 및 유사한 구조물에서 프리스트레스트 콘크리트 기술의 급속한 개발과 사용의 길을 열었다. 그 사용의 범위에 관하여 독자들은 지난 수십 년에 걸쳐 출판된 프리스트레스트 콘크리트에 관한 회의의 많은 출판물과 회보를 참조하라. 지배적인 원리는 구조물의 사용수명 동안 인장균열의 발생을 방지하기 위해 요구된 레벨 아래로 떨어지지 않는 충분히 큰 프리스트레싱 힘을 사용하는 것이다.

프리스트레스트 콘크리트 횡-침목의 개발은 제2차 세계대전 후에 얼마간의 유럽 국가들이 그러한 침목을 궤도의 갱신에 사용하기로 결정하였을 때에 활발해졌다.

하나의 주목할 만한 기여자는 서독철도(DB)였다. DB의 결정 이유는 목재의 결핍이 늘어나고 계획된 장대레일(CWR)의 도입이 횡으로 보다 강한 레일-침목 구조(궤광)를 필요로 할 것이라는 견해 때문이었다. DB는 초기 단계에서 (목재 횡-침목과 유사한 형의) 모노블록 침목을 사용하기고 결정하였다. 이 개발의 일부로서 사용시험의 결과와 증가된 요구조건에 의거한 DB 횡-침목은 1948년 이후에 그들의 형상과 하드웨어에 관한 몇 가지 변경을 경험하였다. 예를 들어, 콘크리트침목의 길이가 증가되었다. 1948년에서 1960년까지는 침목유형 B6 내지 B55의 길이가 2.30 m (7.55 ft)였다. 1958년에서 1973년까지는 침목유형 B58의 길이가 2.40 m (7.87 ft)였고, 1970년부터 현재까지는 침목유형 B70의 길이가 2.60 m (8.53 ft)이다; 이것은 근래에 DB에서 사용 중인 "목-침목과 같은 길이"이다. B70 침목의 폭은 현재 사용되는 목-침목의 26 cm (10.2 in)보다 더 큰 30 cm (11.8 in)이다.

B70 치수를 증가시킨 이유는 도상에 대한 지지압력을 감소시키고 이에 따라 궤도열화와 보수비를 줄이도록 침목의 지지면적을 증가시키기 위한 것이었다. 침목중심 간격은 60 cm (23.6 in)가 선택되었다.

침목의 형상도 또한 중앙 구속(binding)이 B9 (1949) 내지 B 53 (1953) 침목에 미치는 영향을 줄이기 위하여 보다 가는 중앙단면을 나타내는 변화를 경험하였다. 이 특징은 1955년에 중지되었다. 침목의 중량은 일반적으로 증가되어 왔다. 예를 들어, 1948년에 B6의 중량은 207 kg (456.4 lb)이었던 반면에, 현재 사용되는 B70은 303.5 kg (700 lb)이며, 따라서 약 50 %만큼 증가되었다. B70 침목을 **그림 Ⅲ.5**에 나타낸다.

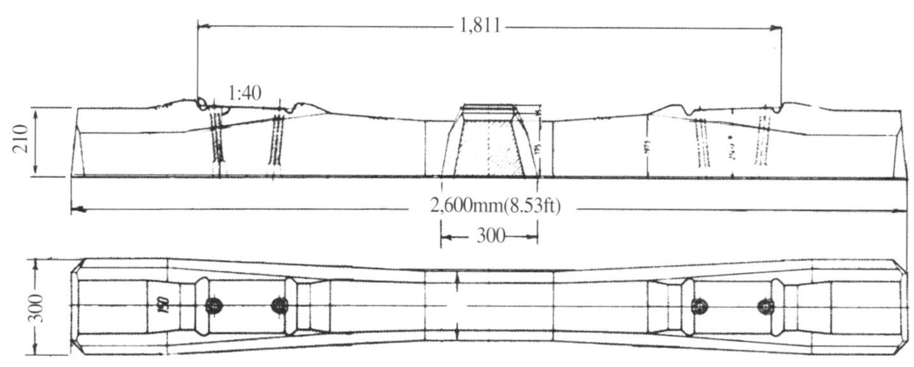

그림 Ⅲ.5 DB 프리스트레스트 콘크리트침목 B70 [Schultheiss (1981)]

프리스트레스트 콘크리트침목은 두 개의 다른 방법으로 생산할 수도 있다. 한 방법에서는 프리스트레싱 강선 주위에 콘크리트를 타설하기 이전에 독자적인 앵커들에 의지하여 강선을 "프리텐션"한다. 그 다음에 거푸집에 다 콘크리트를 타설한다. 콘크리트가 굳어지고 콘크리트 강도의 대부분에 도달된 후에 침목의 양쪽에서 강선을 절단하며, 그에 따라 콘크리트가 압축을 받는다. 강선에서 콘크리트로 힘의 전달은 강선과 둘러싼 콘크리트 사이의 접착을 통하여 일어난다. 두 번째 프리스트레싱 방법에서는 프리캐스트 콘크리트침목 내의 종 방향 덕트 안에 강봉을 배치한다. 그 다음에 강봉 끝에서 너트를 조임으로써 강봉이 "포스트-텐션"된다. 강봉의 프리스트레싱 힘은 단부 판을 통하여 콘크리트침목에 전달된다. 이 방법에서는 강봉이 스트레싱 이전에 접착되지 않는다. DB는 이들 두 방법 중 어느 한쪽으로 생산된 프리스트레스트 콘크리트침목을 사용한다.

DB 침목의 발달 및 관련된 침목해석은 Meier (1951, 1955, 1957)가 소개하였다. 추가의 정보는 Schultheiss (1981), Schultheiss와 Morgenschweis (1982), Eisenmann (1984) 및 Parzefall (1986)을 참조하라. 동독에서 서서히 발달된 모노블록 침목은 Fhrer (1987, pp. 38~42)를 참조하라.

콘크리트침목의 초기개발에서 또 하나의 주목할 만한 기여자는 영국철도(BR)이다. Pubrick과 Cope (1981)에 따르면, 영국 철도는 1939년에 시작된 제2차 세계대전 이전에 큰 몫의 침목수요를 커버하기 위해 목재를 수입하고 있었다. 전쟁 및 관련된 해군의 봉쇄 때문에 목재의 수입은 대단히 어렵게 되었고 대안의 재료를 구하여만 하였다. 그 당시에 강은 군용으로 대량의 수요가 있었고 콘크리트가 명백한 선택으로 되었다. 재래 철근 콘크리트를 사용하는 침목을 개발하려는 초기의 시도는 침목이 본선궤도에서 발생되는 동적 하중에 견디어낼 수 없었기 때문에 성공하지 못하였다. 그러므로 시도는 프리스트레스트 콘크리트침목의 개발에 초점을 맞추었다. 최초의 침목은 1943년에 궤도에서 시험되었다.

영국의 콘크리트 횡-침목은 원래 재래 목-침목에 대한 전시 대용품으로써 고려되었다. 그러나 전쟁 직후에도 여전히 목재가 부족하였으므로 콘크리트침목의 개발과 사용이 계속되었다. 이것의 발달에 기여한 것은 더 무거운 침목이 궤도의 횡 안정성을 증가시키고 따라서 궤도에서 이음매를 제거하여 장대레일(CWR)을 형성할 가능성을 마련한다는 사실을 깨달은 것이었다. 시험결과에 의거하여, 프리스트레싱 텐던을 콘크리트에 접착시키는 것이 유리할 것이라고 판정하였다. 침목 끝에서의 접착이완을 방지하기 위하여 강봉보다는 오히려 작은 직경의 강선을 프리스트레싱 텐던 용으로 사용함으로써 접착-전단 응력을 제한할 필요가 있다고 고려되었다. 이것은 차례로 프리스트레싱 강선을 콘크리트 횡단면 도처로 분포시키는 것을 가능하게 하였으며, 그것은 있음직한 탈선에 기인하는 충격손상에 대해 보다 큰 저항을 마련하였다. 탈선을 포함하는 모든 조건 하에서 궤간을 유지하도록 모노블록 침목을 선택하였다. 이들의 고려사항은 BR 침목의 기본특징을 확립하였다.

1964년과 1969년간의 영국철도 표준은 단부가 레일좌면에서 165 mm까지 하향으로 점점 작아진 F23 침목이었다. 더 최근의 표준은 F27 침목이며, 이 침목의 상부는 206 mm (8.1 in)의 침목단부 높이를 주도록 레일좌면으로부터 거의 수평으로 되어있다. 단부의 경사를 없앰으로써 레일-침목 구조에 대한 도상어깨의 횡 저항력이 증가되었다. F27 침목은 22 개의 프리스트레싱 강선을 사용하며, 길이가 2.51 m (8.2 ft)이고 레일좌면에서의 높이가 203 mm (8.0 in)이다.

Zolotarskii (1967, pp. 8~9)에 따르면, 러시아에서는 철근콘크리트 침목의 현장시험이 1900년대의 초기에 시작되었다. 1917년의 혁명 후에 이 활동은 증대되었다. 많은 유형의 침목이 10년 이상 동안 설계되고 시험되었을지라도 그들은 본선 궤도에 적합한 침목을 생산하지 못하였다. 프리스트레스트 콘크리트침목의 현장시험은 제2차 세계대전 후 1946년경에 시작되었다. 이들의 시험은 다음의 10년 동안 광범위한 연구 노력으로 보충

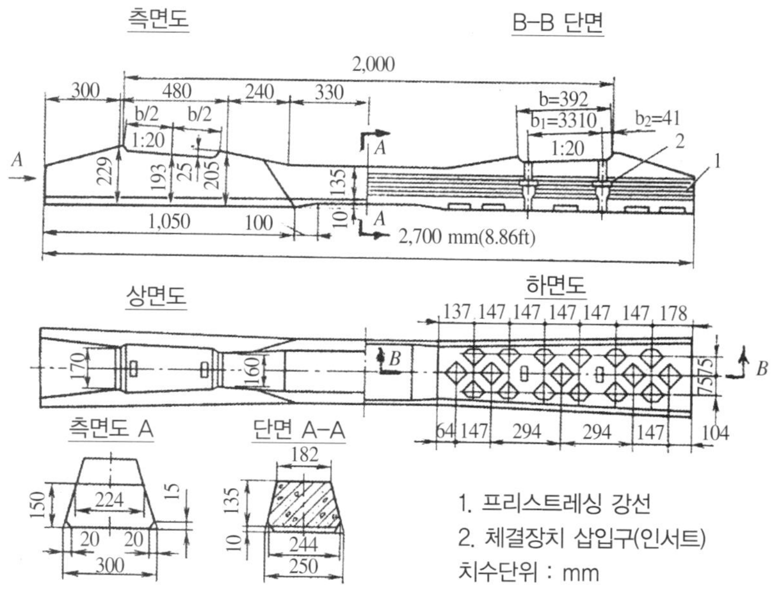

그림 Ⅲ.6 구소련의 프리스트레스트 콘크리트침목 [Albrekht와 Bromberg (1982, p. 26)]

되었다. 결과로써 생긴 구소련의 철도용 표준은 **그림 Ⅲ.6**에 나타낸 유형의 프리텐션 콘크리트 모노블록 침목이었다. 설계, 제작 및 보수의 상세에 관하여는 Amelitsev 등 (1979) 및 Albrekht와 Bromberg (1982)를 참조하라.

프랑스 국철(SNCF—SociétéNationale de Chemins de Fer)은 금속 봉으로 연결된 두 개의 철근콘크리트 블록으로 이루어져 있는 **철근콘크리트 듀오블록**(duo-block)**침목**을 주로 선택함으로써 다른 길을 걸었다. 영국 Stern 침목 (1915), 프랑스 Vangneux 침목 (1918) 및 독일 Lssl 침목 (1926)과 같이 많은 듀오블록 침목이 이전에 시험되기는 하였지만 SNCF가 제2차 세계대전 후에 Roger Sonneville이 설계한 침목을 1949년에 본선에 채택하게 됨에 따라 이 침목이 광범위하게 사용되었다. 2 개의 블록은 프리스트레스하지 않지만 철근으로 크게 보강된다. 이 듀오블록 침목의 주요 개량은 체결장치였다. 이것은 다음의 절에서 논의할 것이다. 이 침목의 한 버전을 **그림 Ⅲ.7**에 나타낸다. Sonneville (1961)에 따르면, 듀오블록 침목을 개발한 원래 이유는 침목생산의 경제성 및 중앙 구속에 관련된 프리스트레스트 콘크리트 모노블록 침목의 중앙부 균열 가능성 때문이었다. 도상에 대해 횡으로 미는 2 개의 단부표면에 의한 횡 궤도저항력의 증가는 이 선택

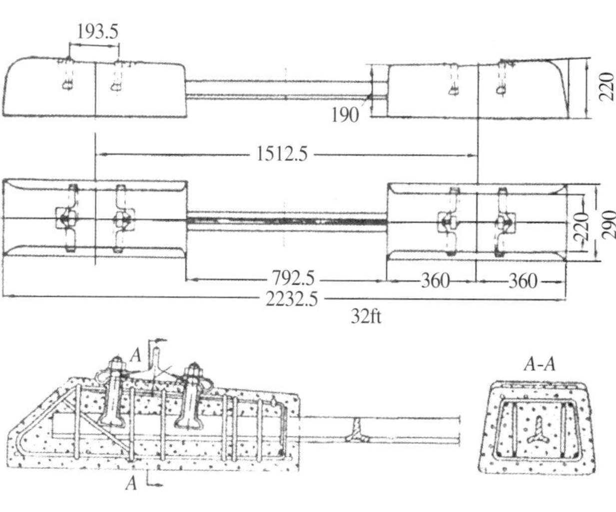

그림 Ⅲ.7 프랑스 철도의 RS 듀오블록 침목

의 "배후" 정당성이다.

레일은 원래 **그림 Ⅲ.7**에 나타낸 것처럼 콘크리트 블록에 걸쳐 중심에 위치하였다. 그러나 궤간확장이 생기므로 1966년경을 시작으로 각각의 블록을 바깥쪽으로 더 길게 만들면서 블록을 다시 설계하였다. 이 상태는 초기에 타이플레이트에서 부닥쳤던 것과 유사하며, 체결장치에 관한 다음의 절에서 논의될 것이다(**그림 Ⅲ.20과 Ⅲ.22 참조**).

재래 철근콘크리트 듀오블록 침목의 주요한 장점들은 다음과 같다. (1) 재래 철근콘크리트 듀오블록 침목은 생산공장의 낮은 자본지출에 기인하여 그리고 보통의 철근콘크리트에 요구된 콘크리트의 양이 프리스트레스트 콘크리트에 요구된 것보다 작게 크리티컬하기 때문에, 프리스트레스트 콘크리트 모노블록 침목보다 제작하기가 더 단순하고, 일반적으로 비용이 더 적게 든다. (2) 연결 강 타이-바는 모노블록 침목에서 발생될 수도 있는 중앙 구속 및 관련된 침목 균열의 가능성을 감소시킨다. (3) 듀오블록 침목은 모노블록 침목과 비교하여 2 개의 단부 면이 도상에 대해 횡으로 밀고 있기 때문에, 선로의 실패(좌굴 등)를 감소시키는데 필요한 횡 저항력을 더 크게 발생시킨다. (4) 듀오블록 침목이 같은 길이의 모노블록 침목보다 더 가볍다(약 400 lb 대 600 lb, 역주 181 kg 대 272 kg). 따라서 취급하기가 더 쉽다.

단점은 다음과 같다. (1) 중앙부를 없앰에 따라 궤도의 단위길이 당 더 작은 레일-침목 구조(궤광)와 도상 간 종 저항력. (2) 도상에 대해 더 높은 지지압력으로 이끌고, 궤도틀림 진행속도의 증가로 귀착될 수도 있는, 같은 침목길이와 재래 폭에 비하여 더 작은 침목 지지면적. (3) 금속 연결봉의 더 작은 휨 강성 때문에 (선로를 유지관리하고 궤도좌굴의 발생을 감소시키는데 중요한) 횡 평면에서 결과로써 생기는 레일-침목 구조의 휨 강성이 더 작다. (4) 수직 평면에서도 더 작은 휨 강성. 그것은 특히 무거운 윤하중에 대해 궤간문제를 일으킬 수도 있다. (5) 상대적으로 약한 연결봉이 예를 들어 탈선된 차량의 차륜에 의해 소성으로 휘어지는 경우에는 궤도에 궤간문제가 생길 수도 있다.

듀오블록 침목이 터널의 콘크리트 인버트와 같이 딱딱하고 강한 기초 위에 부설되고 동시에 콘크리트나 아스팔트와 같이 고체재료로 둘러싸일 때는 이들의 단점이 나타나지 않는다. 이것은 어째서 듀오블록 침목이 지하철 궤도에서 흔히 사용되고 있고, 영국해협 아래 50 km (31 mi)의 철도터널에서 선택되었는지의 분명한 이유이다.

SNCF는 자갈궤도에도 또한 듀오블록 침목을 사용한다(**그림 Ⅲ.8**). 그 밖의 국가들도 또한 듀오블록 침목을 사용하고 있다. 예를 들어, 네덜란드 철도(NS)는 금속 연결봉을 철근콘크리트로 채워진 합성 파이프로 교체한 침목을 사용한다(UIC 54 침목). 다

그림 Ⅲ.8 듀오블록 침목의 TGV 궤도
[Esveld (1989, p. 108)]

른 한편, 여러 해 동안 듀오블록 침목을 표준으로 사용하여온 스웨덴 국철은 표준을 프리스트레스트 콘크리트 모노블록 침목으로 바꾸기로 결정하였다.

SNCF에서의 듀오블록 콘크리트침목과 프리스트레스트 콘크리트 모노블록 침목의 개발에 관한 상세 정보는 Prud'homme (1977)을 참조하라.

미국에서 최초로 기록된 콘크리트 횡-침목의 사용은 1893년이었다. Weber (1978)에 따르면, 1893년과 1930년 사이에 150 유형 이상의 재래 철근콘크리트 횡-침목이 미국에서 설계되고 특허를 얻었다. 많은 철도들은 60 이상의 갖가지 시험시설을 건설하였다. 그러나 이들 침목 대부분의 성능은 부적당한 설계나 부적절한 레일 체결장치 또는 양쪽 때문에 만족스럽지 못하였다.

북미에서는 주로 적합한 목재의 충분한 공급과 목-침목의 사용수명을 늘린 개량된 보존방법 때문에 1930년부터 1957년까지 콘크리트침목의 개발이나 사용이 거의 없었다. 따라서 얼마간의 유럽 철도들이 콘크리트침목을 개발하여 그들의 선로에 부설하고 있었던 수십 년 동안 미국이나 캐나다에서는 상응하는 활동이 없었다.

미국철도협회(AAR)가 연구와 시험 프로그램을 시작한 1957년에 프리스트레스트 콘크리트 횡-침목의 개발에 관한 노력이 북미에서 시작되었다. 그 때의 목적은 목-침목의 대안으로써 콘크리트 침목을 개발하는 것이었으며, 결과적으로 목재공급의 환경과 침목가격의 구조가 바뀌었다. 이 노력은 침목의 현장사용 성능을 개량하기 위해 여러 번 변경된 일련의 침목설계로 귀착되었다. 그들은 모두 프리텐션 모노블록 침목이었다. 그러한 침목의 하나인 AAR 3형, 상업적으로는 MR3이라 불린 침목을 **그림 Ⅲ.9(a)**에 나타낸다. 그것은 4 개의 프리텐션 강연선만을 가졌고 중앙 구속의 영향을 줄이기 위해 침목 중앙에서는 쐐기모양의 바닥을 하였다는 특징이 있다.

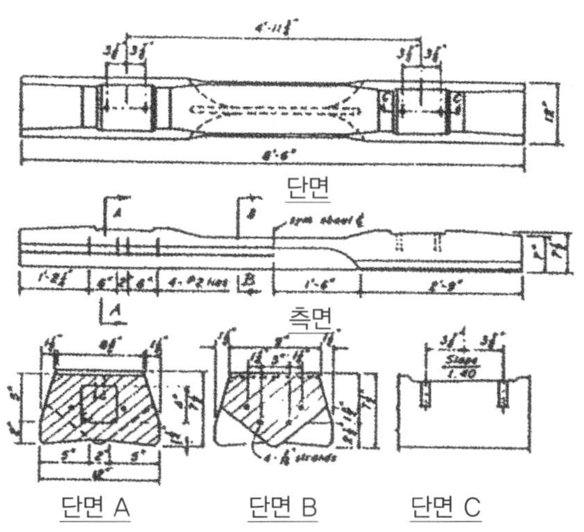

그림 Ⅲ.9(a) AAR 3형 침목 (MR3)

그러나 이 침목은 본선궤도에 부설되고 나서 초기설계와 유사하게 심각하게 곤란한 문제를 나타내었다. 그러므로 Portland 시멘트협회(PCA)는 1967년의 말에 그 문제를 규명하기 위한 노력으로 광범위한 조사를 수행하였다. 다음과 같은 곤란한 유형이 발견되었다. ⑴ 체결장치 삽입구(인서트)의 뽑힘. ⑵ 침목 중앙부분의 휨 균열과 비틀림 균열. ⑶ 레일 밑 부분의 침목 휨 균열.

"레일좌면 뽑힘"을 방지하기 위해서는 나삿니를 댄 삽입구의 매립깊이를 증가시켜야 한다고 단정하였다. 또한 "침목중앙의 쐐기모양 바닥"이 중앙부분을 약하게 하며 그것이 휨 균열과 비틀림 균열에 민감하게 만든다고 결론지었다. 쐐기모양의 바닥이 중앙 구속을 감소시키는데 있어 기대한 대로 유효하지 않으므로 침목 중앙부분에서 더 큰 횡단면적과 강도를 제공하는 평평한 바닥의 침목(AAR 4형)에 호의를 보여 그것을 없애었다.[1] "레일 아래 휨 균열"은 침목바닥 면에서 시작되어 상향으로 퍼지는 것을 알게 되었다. 이 상태에 대한 주요 원인은 강연선 단부와 둘러싼 콘크리트 간의 불충분한 접착에 기인하는 레일좌면 아래 프리스트레스의 감소였다.

따라서 금속 강연선과 콘크리트의 인터페이스에서 접착을 개량하여야만 하였다. 접착전달이 강연선의 표면거칠기 및 강연선이나 강선의 단위길이 당 표면면적에 좌우되므로 하나의 해법은 (초기에 개발된 BR 침목과 유

---

[1] DB는 상기에 기술한 것처럼 10년 이상 일찍부터 1949년과 1953년 사이에 중앙 구속을 방지하기 위하여 침목의 중앙부분에 더 작은 횡단면을 가진 프리스트레스트 콘크리트침목(B53을 포함하는 B9형)을 생산하고 시험하였다. 그러나 부닥친 가지각색의 문제 때문에 이 중앙부의 "가늘게 함"은 1955년에 도입한 B55형 침목부터 그만 두었다.

사한) 거친 표면을 가진 더 작은 강연선이나 강선을 많이 사용하는 것이었다. 대신의 접근법은 독일 철도(DB)에서 행한 것처럼 단부 플레이트와 함께 포스트-텐션 방법을 사용하는 것이다.

Florida East Coast 철도 (1977)에서 발달된 프리스트레스트 콘크리트침목은 이들 개발의 예이다. 프리스트레스트 콘크리트침목이 1964년에 처음으로 부설된 직후에 침목의 레일좌면과 중앙에서 균열이 나타났다. 레일좌면의 균열을 제거하기 위해 레일좌면 부분에 추가의 강 철근을 배치하였다. 비틀림 균열의 형성을 제거하기 위하여 상기에 기술한 것처럼 중앙단면의 쐐기 모양 방식을 중지함으로써, 그리고 레일 힘이 횡-침목의 중심축에 더 가깝게 작용하도록, 즉 더 작은 회전우력(토크)을 발생시키도록 폴리에틸렌 레일-침목 패드를 8 3/4 in(22.2 cm)에서 6 in(15.2 cm)로 줄임으로써 침목이 재설계되었다.

미국철도기술협회(AREA)는 북미에서 증대된 콘크리트침목의 개발과 가능한 사용에 응하기 위해 콘크리트침목 특별위원회를 구성하였다. 그 임무는 모든 유형의 콘크리트침목 모노블록과 듀오블록 침목 에 대한 성능시방서를 마련하여 "AREA 편람"에 포함시키는 것이었다.

예비적인 시방서는 1971년의 AREA 회보 제73권에 공표되었다. 그러나 이들의 시방서에 따라 생산된 침목이 본선 사용에 배치된 후에 심각한 문제를 경험하였기 때문에 개정된 버전이 1973년의 제75권에, 그리고 추가의 변경이 1974년의 제76권에 공표되었다. 그 다음에 이것의 마지막 버전은 AREA 편람 제1권 제3장 제3부에 포함되었다.

그 후에, 두 개의 새로운 프리스트레스트 콘크리트침목 설계가 개발되었다. 즉, Gerwick RT-75는 미국의 Santa Fe-Pomeroy가 개발하고 제작하였으며 CC244는 영국 런던의 Costain 콘크리트회사가 처음으로 설계하고 생산하였다. 이 두 번째 침목의 강화된 버전인 CC244C형은 나중에 캐나다의 Con-Force Costain 콘크리트침목회사가, 그리고 그 다음에 미국 워싱턴 주, Spokane의 CXT가 생산하였다.

이들의 개발은 북미 화물철도의 몇몇 본선에서 새로운 사용시험의 라운드로 이끌었다. 사용된 침목중심 간격은 일반적으로 24 in (61 cm)이었다. 침목은 잘 이용되었다. 이들의 개발에 관한 상세는 Weber (1978)를 참조하라.

주요 콘크리트침목 부설은 1964년의 Florida East Coast 외에도 1973년에 Canadian National (CN)의 North America, 1976년에 (Northeast Corridor에 대한) National Railroad Passenger Corporation 및 1986년에 Burlington Northern (BN)에서도 또한 시작되었다. 북미에서 현재 사용되는 전형적인 프리스트레스트 콘크리트침목 궤도를 **그림 Ⅲ.9(b)**에 나타낸다.

그림 Ⅲ.9(b) 북미의 콘크리트침목 궤도 (CN 철도의 CTX 팸플릿에서)

이 점에서 북미에서 콘크리트침목의 도입으로 이끈 주위사정과 이유를 살펴보는 것이 유익하다.

Bailey (1977)에 따르면, 상황은 디젤 기관차의 출현과 함께 전개되기 시작하였다. 이 기관차의 큰 장점 중의 하나는 다수의 디젤기관차를 총괄제어로 연결하고 그들을 하나의 기관차로서 운전하는 것이 가능하다는 점이다. 이것은 열차의 길이를 50에서 150 차량까지 증가시키는 용량을 마련하며, 기관차승무원 1명만으로 열차를 운전한다. 북미의 철도들은 1960년대 말과 1970년대 초에 경제적 어려움을 경험하고 있었으며 생산성을 높이고 운영비를 줄일 필요가 있었다. 경영진이 선택한 접근법은 더 긴 열차를 주행시킬 뿐만 아니라 차량의 중량을 증가시킴으로써 디젤 기관차의 용량을 충분히 활용하는 것이었다. 그 시기에 이르기까지 일반적으로 사용되던 화차의 용량은 70 톤 (63,504 kgf)이었으며 따라서 차량 당 평균 총중량은 약 220,000 lb (100,000 kgf)였다. 청동 마찰 베어링을 봉인 롤러 베어링으로 교체함으로써 약 260,000 lb (118,000 kgf)의 총중량과 함께 차량의 용량을 100 톤 (90,720 kgf)까지 증가시키는 것이 가능하였다.

이 개발은 차륜 힘의 증가를 일으켰으며, 그리고 그것은 도입된 "고정편성 화물열차[1]"와 함께 특히 곡선 구간에서 레일의 급속한 열화와 심각한 궤간문제로 이끌었다. 예를 들어, 1970년대 동안 CN 산악지역에서는 곡선 구간의 레일교체가 연간 5 마일(8 km)에서 40 마일(64.4 km)로 단계적으로 증가되었다. 빈번한 레일교체는 스파이크 지지불능 상태의 침목과 도상의 교란으로 이끌었다. 이 상태는 침목과 도상을 교란시키지 않고 레일을 교체할 수 있는 궤도구조가 필요함을 제시하였다. 쉽게 철거하고 다시 사용하는 스프링–클립 체결장치를 가진 콘크리트침목은 그 때에 이용할 수 있는 적절한 해법임이 분명해졌다.

Burlington Northern (BN)에서 콘크리트침목을 도입한 이유는 대단히 유사하였다. BN도 또한 처음에는 콘크리트침목의 설치를 높은 통과톤수의 지역과 곡선반경이 큰 구간으로 제한하였다.

National Railroad Passenger Corporation은 여객철도일지라도 그 철도의 Northeast Corridor에 서의 교통은 그 자신의 고속 여객서비스(Metroliners와 Acelas, 100 mph 이상, 즉 160.9 km/h 이상)로부터 화물철도만큼 낮은 속도의 높은 통과톤수 운영까지의 범위를 이루고 있다. 그 당시의 부사장 겸 선임기술자였던 Sulli-

(a) 지그재그 침목, 네덜란드(NS)

(b) 횡–침목 궤도, 오스트리아(ÖBB)

그림 Ⅲ.10 콘크리트를 이용하는 비(非)재래 궤도

---

[1] "고정편성 화물열차(unit train)"는 석탄, 가성 칼륨, 또는 인산염과 같은 특정한 벌크 서비스 전용의 동일한 다수의 철도차량으로 구성된다. 이 열차에서는 각 차량이 동일한 한계로 적재되며 열차는 적재, 수송 및 하화 작업 동안 내내 본질적으로 그대로의 편성이다.

van (1982)에 따르면, 콘크리트침목 궤도를 선택한 주요 이유는 고속 여객운행의 요구조건에 대처하는 것이었다. 이 결정에 영향을 끼친 이슈는 120 mph (193 km/h)에서의 승차감 품질이 궤도선형과 궤간에 크게 민감하다는 점과 콘크리트침목이 필연의 엄격한 궤도선형을 확립하고 유지할 능력이 있다는 점이었다. 또한, Northeast Corridor의 높은 교통밀도 때문에, 스프링-클립 체결장치의 콘크리트침목은 더 빠른 레일갱신과 궤도 면맞춤을 가능하게 만들었다.

목-침목은 톱으로 켜서 생산되고 강침목은 압연으로 생산된다. 그러므로 그들의 "고유형상은 일정한 횡단면의 모노블록이다." 그러나 "침목재료로서 콘크리트의 사용은 다양한 다른 침목형상의 생산을 허용한다." 최초의 콘크리트침목은 이전의 수십 년 동안 잘 확립된 목재 횡-침목의 모방, 즉 모노블록 침목이었다. 시간이 지남에 따라 그 외의 침목형태들도 서서히 발달되었다. 가변의 횡단면을 가진 모노블록 침목뿐만 아니라 상기에서 논의한 듀오블록 침목은 이 개발의 주목할 만한 예이다. 그 밖의 형상들도 또한 설계되고 사용되었다. **그림 III.10**은 두 가지의 그러한 예를 나타낸다. 그것은 네덜란드 철도(NS—Nederlandsche Spoorwegen)용으로 설계된 지그재그 침목 시스템과 오스트리아 철도(ÖBB—Österreichische Bundesbahnen)용으로 설계된 윙-침목 궤도이다. 지그재그 궤도는 레일-침목 구조(궤광)의 횡 강성을 증가시키기 위해 연결 경사재를 사용하는(트러스 작용) 본질적으로 투(two)-블록 침목의 개량이다. 윙-침목 궤도에서 "윙(wing)"의 목적은 도상에 대해 횡으로 미는 침목 면을 증가시킴으로써 도상이 레일-침목 구조에 가하는 횡 저항력을 증가시키는 것이다. 그러나 이들의 윙은 보강되지 않는 경우에 침목에서 떨어질 수도 있다.

추가의 콘크리트침목 형상에 관하여는 Zolotarskii 등 (1967), Zolotarskii (1980), 및 Fhrer (1987)를 참조하라.

횡-침목 궤도가 도입된 때는 윤하중이 작았으며 "침목간격"이 상대적으로 컸다. 이들의 하중이 점차적으로 증가됨에 따라서 침목 횡단면적은 증가되고 침목간격은 감소되었다. 현행의 궤도보수 작업 때문에 침목들 간의 간격은 소정의 한계를 넘어 감소시킬 수 없다. 이것과 (줄곧 증가되는 차축하중과 열차속도에 기인하는 궤도보

그림 III.11 영국 철도(BR)의 시험 슬래브 궤도

그림 III.12 Pere Marquette 슬래브 궤도

수의 절감에 대한 요망과 같은) 그 밖의 기계적 원인과 경제적 원인 때문에 최근의 수십 년 동안 횡-침목 대신에 **연속 철근콘크리트 슬래브**를 사용함으로써 침목간격을 전적으로 제거하려는 시도가 진행되어 왔다. 레일은 체결장치로 슬래브에 고정된다. 그러한 "슬래브 궤도"의 단면은 영국 철도(BR), 독일연방 철도(DB), 및 일본 국유 철도(JNR) 등과 같은 얼마간의 철도들이 설계하고 부설하였다. BR 궤도를 **그림 Ⅲ.11**에 나타낸다.

(무-도상 궤도라고도 부르는) 슬래브 궤도와 그들의 성능에 관한 상세는 Emmerich (1956), Birmann (1969), Lucas, Lindsay, 및 Aitken (1969), Kaess (1973), Miyamoto (1976), Bramall (1978), Eisenmann (1972, 1978), Leykauf (1989), 및 Eisenmann과 Leykauf(2000)를 참조하라.

"콘크리트 슬래브"에 체결된 레일로 이루어져 있는 시험궤도는 미국 Pere Marquette 철도 사장의 제안으로 그 철도에서 이미 1926년에 부설되었던 점을 주목하는 것은 흥미가 있다. 그 길이는 약 400 m (1/4 마일)였다. 이 궤도는 "Railway age" (1927)에 기술되어 있다. 그 궤도를 10년간 사용한 후 1936년에 보였던 그대로 **그림 Ⅲ.12**에 나타낸다. 이 새로운 구조는 그 당시의 통상적인 화물과 여객교통을 경험하였다.

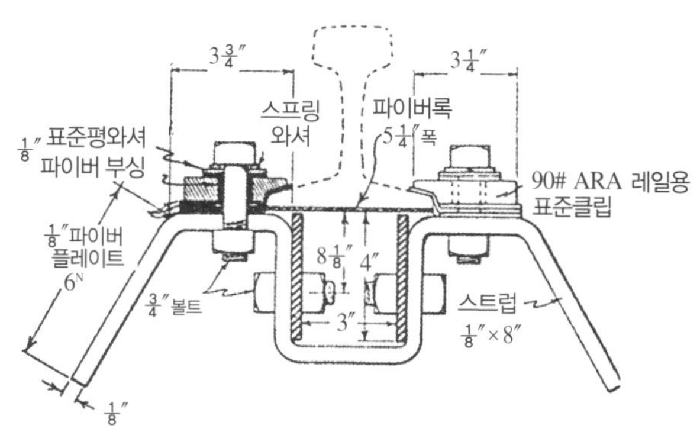

그림 Ⅲ.13 Pere Marquette 레일 체결장치
[Railway age(1938)]

"Railway age" (1938)에 따르면, 콘크리트 슬래브 궤도의 처음 10년 동안은 큰 문제가 관찰되지 않았다. 그 후 1937년에 볼트를 유지하는 체결장치 클립의 파손이 주로 오래된 구간에서 그리고 겨울철 동안에 증가하는 빈도로 발생하기 시작하였다. 이것은 1937. 12. 17에 탈선으로 이끌었다. 그 동안에 사장이 은퇴하였으므로 선임기술자는 이 슬래브 궤도를 목재 횡-침목 궤도로 교체하기로 결정하였다.

되돌아보면, "경성(硬性, rigid)"의 체결장치(**그림 Ⅲ.13**)가 각 차륜의 통과 후에 레일에 의해 들림 힘을 받아서 금속 피로와 부식에 기인하여 약해지고 체결장치 볼트의 응력집중(제Ⅳ.9절과 제Ⅳ.10절을 유의하라)에 의해 악화되었다고 결론짓는 것이 합리적이다. 콘크리트 플레이트가 10년 이상 사용된 후에 피로 (distress)의 징후를 나타내지 않았다는 사실은 만일 탄성 체결장치를 이용할 수 있어서 "경성"의 체결장치 대신에 이를 사용하였다면 그들은 훨씬 더 오래 견디었을 것이고 이 시험궤도가 미국과 그 외 나라에서 철도궤도의 발달에 강한 영향을 끼쳤을 것이라는 가능성을 제시한다.

Pere Marquette는 1929년에 **콘크리트 종-침목**을 사용하는 또 하나의 궤도구간을 설치하였다. 7년의 사용 후 모습을 **그림**

그림 Ⅲ.14 Pere Marquette
종-침목 궤도

Ⅲ.14에 나타낸다.

이 궤도는 종-침목의 양쪽에서 레일좌면 부분 아래의 도상이나 흙에 닿을 수 있기 때문에 보수하기가 더 쉬우며, 궤도검사가 슬래브 궤도의 검사와 유사하다. 레일저부 아래 7/8 in(22.2 mm) 두께의 판(삽입물)이 충격흡수 매개물로서 작용하고 있었고 쉽게 교체되었던 점에 주목하라.

이 궤도구조도 철거되어 목재 횡-침목으로 교체되었다. 가일층의 상세에 관하여는 1929년에 발행되기 시작된 AREA 간행물, 저널 "Railway age", 및 Portland 시멘트 협회의 보고서 (1037)를 참조하라.

콘크리트 종-침목 궤도는 미국의 한 회사가 "특권(liberty)의 궤도"로서 수십 년 전에 시장에 내놓았다. 이 궤도 시스템은 최근에 독일의 Eisenmann (1995)과 일본의 Wakui 등 (1996)에 의해 부활되었다. 일본 궤도시스템의 시험 프로그램은 Read 등 (1999)이 기술하였다.

또 하나의 주목할 만한 설계는 구소련에서 개발된 **철근콘크리트 프레임-궤도**이다. 그것은 모스크바 근교 Shcherbinka 시험 환상선과 구소련 남부의 본선에서 몇 년 동안 광범위하게 시험되었다. 이 시스템에서는 횡-침목 대신에, 듀벨(dowel)로 연결되는 프리캐스트 프리스트레스트 콘크리트 프레임(길이 2.50 m)이 도상 안에 놓인다(**그림 Ⅲ.15**). 이 궤도는 슬래브 궤도와 같이 높은 횡 강성을 갖고 있지만 더 가볍고 다루기가 더 쉬우며, 그러므

그림 Ⅲ.15 프레임 궤도(러시아 Shcherbinka)

로 보수하기가 더 쉽다. 그러나 프레임과 도상 간의 접촉면적은 횡-침목에서보다 더 작은 듯하며, 그것은 더 큰 접촉응력과 가속된 도상열화로 이끌 수도 있다. 이 궤도는 횡-침목 궤도와 슬래브 궤도 간의 중간 위치를 차지한다. 이 궤도의 기계적 성질과 상기에서 논의한 Pere Marquette 철도용 콘크리트 종-침목 궤도의 기계적 성질을 비교하는 것은 유익하다. 프레임 궤도의 상세는 Zolotarskii (1980)와 Shakhunyants (1987)를 참조하라.

종-침목 궤도, 또는 프레임 궤도는 잘 배수된 기초 위에 부설되어야 하며, 그렇지 않으면 침목들 간에 물이 집수되어 노반을 약화시키는 점에 유의하라. 그것은 그 다음에 시기상조의 궤도 열화로 이끌 것이다.

여러 국가에서 개발된 다수의 콘크리트-침목 시스템에 관한 소개와 논의는 Zolotarskii (1980)와 Fhrer (1987)를 참조하라.

궤도의 레일 지지구조를 바꾸려는 상기의 모든 시도는 오늘날까지 횡-침목 궤도에 대한 실용적인 대안으로 이끌지 않았다. 그러므로 횡-침목 궤도가 적어도 다음의 수십 년 동안 계속하여 지배적인 궤도구조일 것이라고 예기하는 것이 합리적이다. 그러므로 **횡-침목의 바람직한 성질**을 개괄하고 논의하는 것은 값어치가 있다. 그들은 다음과 같다.

(1) 침목바닥의 치수는 이동하는 차륜에 기인하는 수직 침목-도상 압력이 규정된 침목간격, 현재 약 48 내지 61 cm (19 내지 24 in)의 허용 한계 이내에 있도록 하여야 한다. 이것은 침목이 보다 큰 범위에 걸쳐 레일좌면

힘을 분포시킬 수 있도록 충분히 경성(stiff)이어야 함을 의미한다. 이 관점을 고려할 경우는 현행의 다짐작업 때문에 침목들이 서로 간에 너무 가깝게 간격을 두지 않아야 하며, 만일 그들이 너무 멀리 떨어져 있다면 침목들 사이에서 2차 레일 처짐이 생기고 그것은 이동하는 차량의 공진현상으로 이끌 수도 있다는 점에 유의하라.

  (2) 침목치수와 휨 강성은 규정된 궤간을 확보하도록 두 레일 바닥 간의 거리와 레일 수직중심선의 규정된 경사 위치를 지킬 수 있어야 한다. 이것은 **그림 Ⅲ.16(a)**에 나타낸 것처럼, 레일이 윤하중을 받을 때에 과도하게 회전되지 않는 것을 필요로 한다. 이 점을 설명하기 위해서는 침목이 레일 지지지역의 너머로 약간만 내민 경우에 침목과 레일이 **그림 Ⅲ.16(b)**에 나타낸 것처럼 변형되고 레일이 바깥쪽으로 회전되며 더 넓은 궤간을 야기할 수도 있다는 점에 유의하라. 다른 한편, 침목 끝이 너무 멀리 내민 경우에, 게다가 상대적으로 경성(硬性)인 침목과 소프트한 기초에서는 레일이 윤하중을 받을 때 **그림 Ⅲ.16(c)**에 나타낸 것처럼 레일이 안쪽으로 회전하여 더 타이트한 궤간을 야기할 것이다.

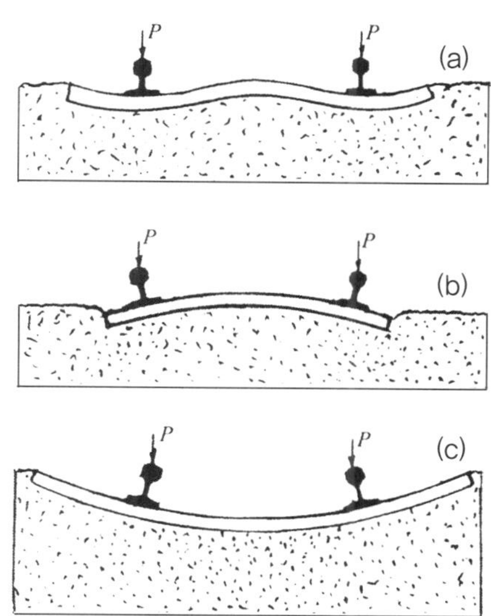

그림 Ⅲ.16 침목 길이가 레일위치에 미치는 영향

  침목이 레일좌면 지역의 너머로 약간만 내민 경우에는 통과하는 차륜이 또한 **그림 Ⅲ.16(b)**에 나타낸 것처럼 침목바닥과 도상 간에서 상대적으로 높은 수직 접촉압력을 발생시킬 것이다. 이것은 침목 외측 부분의 아래에서 더 크고 영속하는 도상침하로 이끌며, 도상지지를 침목 중앙부분으로 이동시켜 "중앙이 구속된" 침목의 형성을 가속시킨다. 침목 끝의 도상자갈은 도상입자가 고정화된 침목 중앙지역 안으로 이동하기보다는 일반적으로 침목 아래로부터 밖으로 이동하기가 더 쉽다는 사실에 의해 이 도상열화의 메커니즘이 조장된다. 그러므로 레일좌면 바깥쪽의 침목 길이와 도상어깨의 폭은 이 상태의 발생을 최소화하여야 한다.

  (3) 침목은 레일-침목 구조(궤광)가 도상 안에서 중심선 방향으로 또는 좌우로 이동하려고 할 때 큰 종 저항력과 횡 저항력을 발생시키는 치수와 형상인 것이 바람직하다.

  (4) 침목은 탄성적으로 응답하여야 하며 이동 차륜의 충격력을 흡수할 수 있고 영구변형을 일으킴이 없이 그들을 도상으로 전달할 수 있어야 한다. 목재 횡-침목은 이 임무를 상당히 잘 수행한다. 콘크리트 횡-침목은 훨씬 더 스티프하다. 그러므로 충격력을 줄이기 위해서는 없어진 탄성을 회복하도록 타이패드를 사용하여야 한다. 이 관점은 궤도 동역학에 관한 절에서 더 상세하게 설명할 것이다.

  (5) 횡-침목은 두 레일 및 체결장치와 협력하여 횡 궤도좌굴 및/또는 이동 열차에 기인하는 영구 횡 변형의 발생을 줄이도록 횡 평면에서 상대적으로 경성인 레일-침목 구조이어야 한다.

  궤도의 횡-침목을 고려할 때는 "침목바닥의 지지상태가 시간 및 통과톤수와 함께 변화된다"는 점에 유의하라. 그들은 **그림 Ⅲ.17**에 나타낸 것처럼 다짐 직후 레일좌면 지역 주위에 주로 집중된 지지로부터 상태가 열등한(구속된 침목) 궤도의 침목 중앙부분을 따르는 집중적인 지지로 변화된다. 이 지지강도의 재(再)분포는 주로 교통하중에 기인하며 높은 압력의 지역에서 낮은 압력의 지역으로 도상자갈을 강제로 이동시키는 교통하중에 관련된 진동에 의해 조장된다. 이들의 반작용 압력은 콘크리트침목을 설계하고 체크할 때에 고려되는 침목의 휨모멘트와

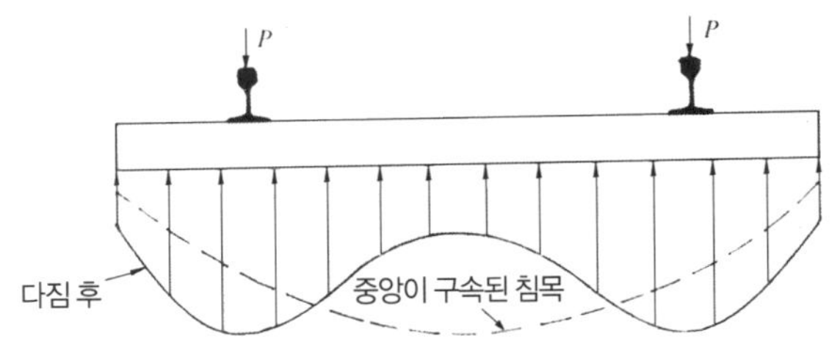

그림 Ⅲ.17 침목바닥에서의 접촉압력

응력에도 또한 영향을 미친다.

1800년대 하반기 동안 "목-침목의 초기 철거"는 주로 (1) 목재의 부식, (2) 레일좌면 지역에서 목재의 기계적 마모, (3) 반복된 스파이크 박기, 체킹(checking, 역주 : 표면에서 불규칙한 간격으로 균열의 발생), 쪼개짐, 및 탈선에 기인한 기계적 손상 등 세 가지 원인 때문이었다.

이들의 세 가지 문제 중에서 "목재의 부식"은 처음부터 침목을 더 오래 사용하기에 부적당하게 만드는 주된 원인이었다. 그러나 화학적으로 보호된 침목, 특히 부식에 더 저항하게 만든 크레오소트로 처리한 침목의 출현과 함께 침목부식이 별로 중요하지 않은 요인으로 되었다. 예를 들어, 1920년대에 미처리 레일의 사용수명은 8년까지임에 반하여 크레오소트로 처리한 침목은 일반적으로 25년 이상을 지속하였다 [Von Schrenk (1928)]. 줄곧 증가되는 윤하중과 함께 다음 단계는 레일좌면 지역의 침목 마모(wear)뿐만 아니라, 방부(防腐) 프로세스에 의해 부분적으로만 요인이 감소된 목-침목의 체킹과 쪼개짐의 발생을 줄이는 것이었다.

"레일좌면의 마모"는 상대적으로 강성이 큰 타이플레이트를 사용함으로써 해결되었다. 이들의 타이플레이트는 레일과 침목 간의 접촉면적을 증가시켰으며, 그에 따라 레일이 침목상면에 가하는 압력을 감소시켰다. 타이플레이트에 관한 상세는 제Ⅲ.2절을 참조하라.

이들 타이플레이트의 적당한 크기는 윤하중의 크기, 계획된 지배적인 열차속도 및 침목의 강도에 좌우된다. 필요로 하는 타이플레이트 크기의 결정은 제Ⅸ장에 나타낸다.

침목에 관한 논의를 마침에 있어, 콘크리트침목이 최근에 문제에 부닥쳤음을 주목하라. 한 부류의 문제는 **알칼리 골재 반응** 및/또는 **지체된 에트링가이드**(ettringite)[1] 형성에 기인하는 침목의 열화{노출된 표면의 반복 균열 또는 "팝 아웃(pop-out)[2]"}에 관련된다.

첫 번째 현상은 균열이 생기게 하고 확대하는 반응적인 골재 주위에 겔(gel) 같은 물질을 발생시키는 골재에서 시멘트 알칼리와 반응적인 실리카 간의 알칼리-실리카 반응에 기인한다. 이 반응은 실리카, 퓸(fume)[3], 플라이 애시, 및 빻은 낟알로 된 고로 슬래그와 같은 약간의 미네랄 혼합물을 가하여 상당히 줄일 수가 있다. 상세는 Kosmatka 등 (1994, p. 72)을 참조하라.

두 번째 현상, 즉 "지체된 에트링가이드 형성"은 콘크리트의 양생을 촉진하기 위해 (따라서, 제조공장의 생산성을 높이기 위하여) 제조 동안 가열 처리되고 그 다음에 몇 년 동안 궤도에서 야외 노화(습기 또는 젖은 환경)에

---

[1] 광물질의 고황산 칼슘 설퍼알루미네이트(3CaO · AL₂O₃ · 3CaSO₄ · 3O→32H2O)로서 모르터 또는 콘크리트 속에 자연적으로 존재하며, 황산염의 작용에 의해서도 생성된다.

[2] 콘크리트 속의 골재 동결작용 또는 알칼리 골재 반응 등에 의하여 팽창되어 콘크리트에서 빠져나오는 것

[3] 화학반응 등에 의해 형성된 고체나 액체의 증기가 응축되어 만들어진 미세한 고체입자

노출된 침목에서 근래에 나타났다. Hampton (1991)은 근래의 사례연구를 기술하였다. 이 현상의 상세는 Heinz와 Ludwig (1987) 및 Lawrence, Dalziel과 Hobbs (1990)를 참조하라. DB의 최근 콘크리트 시방서에 따르면, 지체된 에트링가이드 형성을 방지하는데 효과적인 개선책은 SO_3(삼산화황) 함유량을 제한하고 최고 양생온도 뿐만 아니라 양생 동안 온도변화의 속도에 한계를 두는 것이다.

또 하나의 문제인 **레일좌면 마손**(abrasion)은 북미의 화물선로와 그 밖의 중량견인 선로에서 무거운 윤하중에 기인한다. 그것은 레일저부와 콘크리트침목 사이에 놓이는 타이패드 아래에서 발생된다. 이들의 접촉 영역에서는 시멘트 풀이 문질러 닳게 되고 습기의 존재에 의해 촉진된다. 부분적으로 노출된 자갈골재는 그 때에 패드열화 및 스프링클립이 가하는 선단(先端, toe) 하중의 감소를 일으킨다. 초기에 시도된 개선책은 레일좌면 영역에서 잃은 시멘트를 대신하는 여러 가지 에폭시 수지를 사용하였다. 더 최근의 접근법은 레일-침목 접촉 영역 크기의 샌드위치형 패드를 사용하는 것이며 이 패드는 두 개의 패드와 그들 사이의 금속 플레이트로 이루어져 있다. 소프트한 폴리에틸렌 발포재료로 만든 하부패드의 목적은 레일좌면 지역을 밀폐하고 습기와 문질러 닳게 하는 재료의 침입을 방지하는 것이다. 상부와 하부패드는 콘크리트침목에 대한 충격을 줄이도록 함께 작용한다.

현장에서의 침목 마손에 관한 상세한 설명과 시도된 개선책은 Pandrol (1990), Reinschmidt (1991) 및 Reiff (1995)를 참조하라.

근래의 이 레일좌면 마손현상은 1800년대 말기에 일어났던 목침목의 레일-침목 깎임 현상에 상당하는 콘크리트침목으로서 고려될 수도 있다. 그것은 접촉응력을 줄이기 위하여 "레일-침목 접촉면적보다 더 큰" 금속 타이플레이트의 개발로 이끌었다. 이들의 초기 개발에 관한 설명은 다음의 절을 참조하라. 북미 화물선로에서 줄곧 증가되는 윤하중과 함께, 콘크리트침목에 대한 금속 타이플레이트의 재도입은 가능한 개선책으로 고려되어야 한다.

Ⅲ.2 목재 횡-침목용 레일-침목 체결장치

주철 "체어(chair)"를 이용하였던 초기의 체결장치는 제Ⅱ장에서 논의하였다. 그들은 T 레일과 관련하여 개발되었으며 그 때에는 **그림 Ⅱ.9, Ⅱ.10 및 Ⅱ.11**에 나타낸 것과 같은 우두레일용으로 사용되었다. 이들 레일의 사용중지와 함께 체어의 사용도 중지되었다. Stevens형 레일은 제2차 세계대전이 끝난 이후 수십 년 동안 세계 도처에서 사용 중인 표준 레일단면이다. 그러므로 레일 체결장치에 관한 다음의 논의는 이 레일 종류로 제한될 것이다.

Stevens는 제Ⅱ장에서 나타낸 것처럼 레일의 개발에 더하여 **그림 Ⅲ.18(a)**와 같은 스파이크의 기본형도 또한 설계하였다. 그 후에, 스파이크는 여러 가지의 변경, 특히 스파이크 두부에 대한 변경을 겪었으며, 그 결과 **그림**

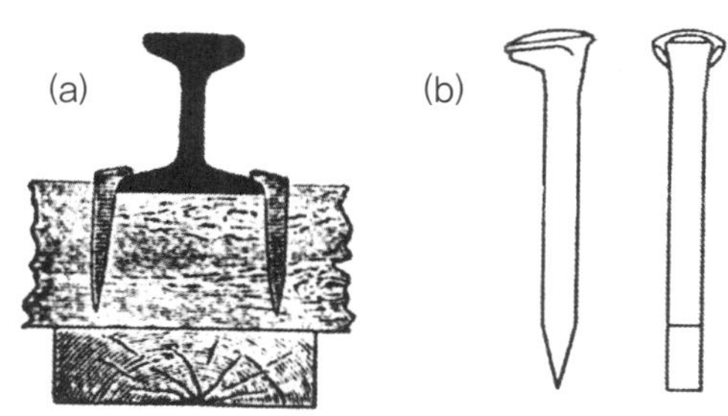

그림 Ⅲ.18 스파이크 발달

Ⅲ.18(b)에 나타낸 것처럼 궤도갱신 동안 스파이크를 쉽게 뽑을 수 있었다.

최초에는 레일이 목재 횡–침목 위에 직접적으로 놓였으며 각각의 레일은 오프셋 위치에서 스파이크로 침목에 체결되었다. 오프셋의 목적은 목–침목이 세로로 쪼개질 가능성을 줄이는 것이다. 스파이크는 증가하는 교통누적(통과톤수)으로 인해 침목에서 차츰 이완되는 경향을 갖고 있으므로 1870년대 말기에는 나사 스파이크가 프랑스에서 개발되어 사용되었으며 그 후에 독일 철도에서 채택되었다. 이 체결장치의 유형을 **그림 Ⅲ.19**에 나타낸다.

이 레일–침목 구조를 도입한 직후에, 레일이 침목의 레일좌면 지역을 손상시키고 있었다는 점을 알게 되었다. 유럽과 미국에서는 이 침목 마모를 줄이는 보호 장치로서 레일저부와 침목상부 사이에 얇은 판을 삽입하였다.

목침목 레일좌면의 기계적 마모를 줄이려는 초기의 시도는 French Eastern 철도가 1870년대 말기 동안에 레일과 목–침목 사이에 패드를 삽입함으로써 이루어졌다. 그들은 처음에 압축되고 크레오소트 처리된 펠트(felt, 역주 : 섬유에 열과 습기를 가하여 압축시킨 것) 패드를 사용하였다. 그 후에 그들은 더 좋은 성능과 더 낮은 비용 때문에 1885년부터 포플러 나무 패드(심·shim)의 사용으로 바꾸었다. 1903년에는 미리 압축시킨 포플러 타이패드가 개발되고 그 후에 현장에서 시험되었다. 그것은 우수한 성능 때문에 1914년에 French Eastern 철도의 전체 시스템에 도입되었다. 이 유형의 체결장치를 **그림 Ⅲ.19**에 나타낸다. 포플러 패드의 크기가 레일저부와 침목 간의 접촉면적과 같았다는 점에 주목하라. 얼마간의 독일 철도들은 1906년에 포플러 나무 패드가 있는 French형 체결장치를 사용한 궤도에 관해 실험하기 시작하였다.

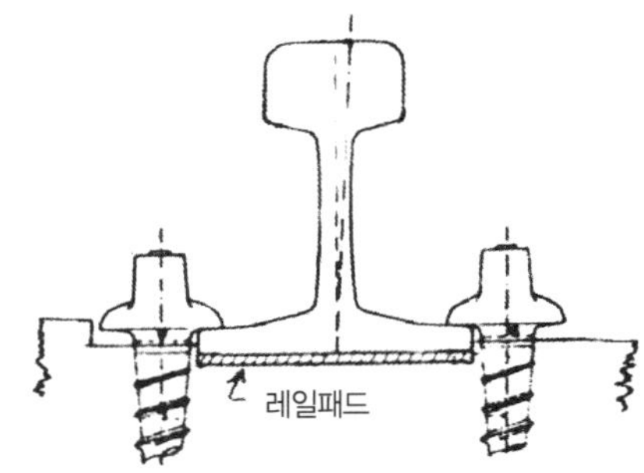

그림 Ⅲ.19 French Eastern 철도의 나사 스파이크
[von Schrenk (1928, p.114]

이들의 궤도가 "레일복진(creep)[1]"을 거의 나타내지 않는 점을 "나사 스파이크 체결장치"(**그림 Ⅲ.19**)의 초기 사용 동안에 인지하였다. 이 중요한 관찰은 레일저부 아래에서 타이트하게 압축된 패드가 "레일앵커"의 필요성을 제거하였다고 하는 체득 때문에 유럽의 체결장치 개발에 깊은 영향을 끼쳤다.

"타이플레이트"의 초기 설계자들은 침목의 레일좌면 지역에서의 기계적 마모가 침목에 걸친 레일의 "문질러 닳게 하는 운동"에 주로 기인하거나 타이플레이트의 운동에 기인하며, 접촉지역에 침투한 습기, 모래, 또는 잘게 부서진 도상입자에 의해 촉진된다고 믿었다. 그들은 타이플레이트 설계의 중요한 인자로서 접촉압력의 크기를 고려하지 않았다. 이것은 초기 타이플레이트의 대부분이 침목과 접촉하는 레일저부의 면적을 좀처럼 넘지 않은 점에 의해 입증된다. 이것은 또한 1890년대에 금속 타이플레이트의 초기 개발단계 동안 어째서 플레이트의 바닥이 뾰족한 끝(prong), 플랜지 또는 그 밖의 돌기(projection)로 마련되었는지에 대한 이유의 하나인 듯하다. 아이디어는 이들의 융기부(protrusion)가 목–침목의 상부 층에 꽂히고 따라서 타이플레이트의 횡 이동 및 관련된 침목 마손을 방지할 것이라는 점이었다. 타이플레이트의 표면이 평평하지 않은 또 하나의 이유는 궤간을 유지하

---

[1] "레일복진"은 일정한 속도와 제로 기울기(수평구간)에서조차 이동하는 열차에 기인하여 레일이 침목에서 종 방향으로 이동하는 것을 묘사하기 위해 북미 철도 문헌에서 사용된 용어이다.

는 것이었다.

　시간이 지남에 따라 그리고 차량과 기관차의 중량이 계속하여 증가됨에 따라, 레일좌면에서의 침목열화를 줄이기 위해서는 레일이 침목으로 전달하는 "압력을 줄이도록" 타이플레이트가 레일–침목 접촉면적보다 더 커야만 하는 점을 깨닫게 되었다. 이 발견은 레일좌면 힘이 가장 큰 이음매에서의 침목이 가장 빠르게 깎여진다는 관찰로 뒷받침되었다. 또한, 타이플레이트는 보다 큰 면적에 걸쳐 접촉 압력을 분포시킬 수 있도록 충분히 경성(stiff)이어야 한다고 결론지었다. 필요한 타이플레이트 크기의 해석적 결정은 "횡–침목 궤도의 설계해석"에 관한 제IX장에 나타낸다.

　교통누적으로 인해 빠지는 경향이 있는 스파이크를 사용하여 왔던 북미에서는 이들의 느슨한 타이플레이트가 여기저기로 이동하고 접촉지역에서 목재 섬유의 마손을 촉진한다는 점이 관찰되었다. 이것은 차례로 시기상조의 횡–침목 갱환을 필요로 하였다. 그러므로 1904년경 이후로는 돌기의 깊이를 점차로 감소시켰으며 1920년대까지는 대부분의 타이플레이트 바닥표면을 평평하게 만들게 되었다. 이들의 타이플레이트에 관한 상세는 von Schrenk (1928, 섹션 Ⅱ)를 참조하라. 북미에서 현재 사용 중인 전형적인 타이플레이트를 **그림 Ⅲ.20**에 나타낸다.

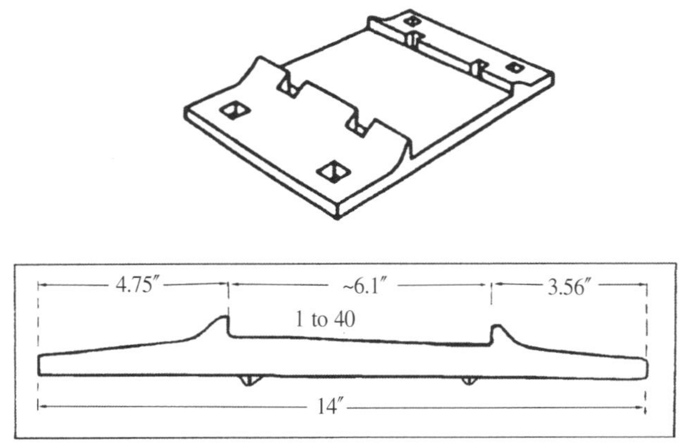

그림 Ⅲ.20 쌍 턱 AREA 14 in 타이플레이트

　흥미 있는 개발은 1882년에 후크가 있는 타이플레이트의 도입과 더불어 독일에서 일어났다 [Haarmann (1902, p. 115), Schramm (1973, 섹션 20)]. 두 예를 **그림 Ⅲ.21**에 나타낸다.

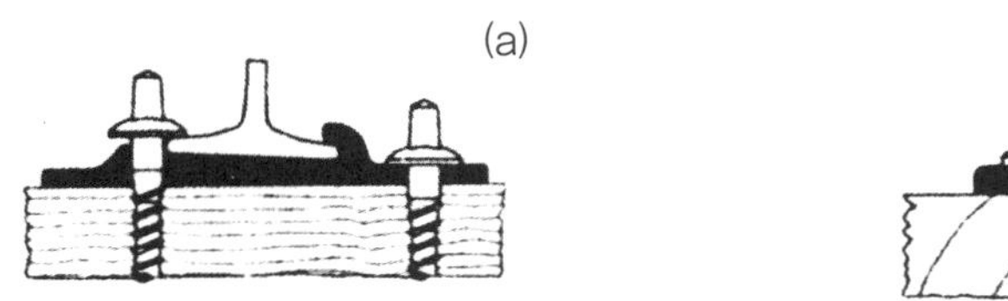

그림 Ⅲ.21 후크가 있는 타이플레이트 [Schramm (1973, p. 127)]

이 체결장치 유형의 주된 목적은 레일 양쪽 나사 스파이크들 간의 거리를 증가시킴(따라서, 그들에 작용하는 상향 힘을 줄임)으로써 그리고 기울어지는 지점을 레일저부의 가장자리에서 타이플레이트의 상응하는 가장자리로 이동시킴으로써 레일의 전도를 방지하는 것이었다.

그림 Ⅲ.21(a)에 나타낸 체결장치는 레일저부가 꽉 죄이게 끼워질 만큼 후크에 대해 견고하게 밀 수 없기 때문에 만족스럽지 못하였다. 이것은 접촉하는 금속표면의 과도한 마모와 레일 크리프로 이끌었다. 이 결함은 (b)에 나타낸 것처럼 쐐기 클립의 체결장치를 마련함으로써 어느 정도 제거되었다. (Saxony의 철도들과 같은) 일부 주의 철도들은 궤간 안쪽에 후크를 사용한 반면에 그 밖의 주(Prussia)들은 궤간 바깥쪽에 사용하였다.

설계 변화 (b)는 (나중에 논의하는) 본질적으로 K 체결장치의 도입 시까지 수십 년 동안 독일 철도에서 널리 사용되었다. 또한, 그 밖의 나라에서도 이 유형의 체결장치를 선택하였다.

1914년에 시작된 AREA의 침목 위원회는 타이플레이트와 체결장치의 설계에 관하여 반복하여 보고하였다. 특별히 중요한 것은 **침목에 대해 최소의 손상을 보장하도록 권고된 요구조건**들이다. 그들은 다음과 같다.

(1) 타이플레이트는 휨 및 침목 안으로의 과도한 박힘을 방지하도록 충분한 강도와 면적을 가져야 한다. 필요한 지압면적과 두께는 목재의 종류 및 교통의 특성과 양에 의해 지배되어야 한다.

(2) 레일저부의 양쪽을 넘어 타이플레이트를 넓힌 거리는 플레이트가 침목 안으로 고르지 않게 박힘 및 그 결과로써 생기는 레일의 롤링을 방지하도록 충분히 커야 한다. 이것은 (**그림 Ⅲ.22**와 관련하여) 다음에 논의될 것이다.

(3) 타이플레이트는 궤간을 유지하도록 턱(숄더)을 갖는 것이 중요하다. 턱은 레일로부터의 수평추력(thrust)이 스파이크에 의해 직접 저항되는 대신에 한 장치로서 턱의 지압면적과 스파이크를 통하여 침목으로 전달되도록 하기 위한 것이다. 이것은 쌍 턱(2중 숄더) 타이플레이트의 사용을 제시하였다.

(4) 목-침목 지압면적의 손상과 스파이크 구멍의 확대를 피하도록 타이플레이트와 침목 간의 이동이 없어야 한다. 이 손상은 침목 안쪽으로 물의 침투와 미처리 목재의 열화 및 이와 관련된 궤간문제로 이끌 것이다. 그것은 타이플레이트를 침목에 유지시키는 것이 유일한 기능인 체결장치를 사용함으로써 타이플레이트와 침목 간의 견고한 연결이 성취될 수 있음을 제시하였다. 이것은 체결장치 기능의 분리를 의미한다. 즉, 타이플레이트에 대한 레일의 체결 기능과 침목에 대한 타이플레이트의 개별적인 체결 기능이다.

북미 철도들이 사용하는 타이플레이트는 일반적으로 철도공학용 AREMA 편람, 제5장에 나타낸 시방서와 계획에 따른다. 예로서, 저부 폭이 6 in (15.2 cm)인 레일용의 14 in (35.5 cm) 타이플레이트를 **그림 Ⅲ.20**에 나타낸다.

이들의 플레이트는 요구조건 (1), (2), 및 (3)을 충족시킨다. 요구조건 (4)는 북미 철도들이 따르지 않으며, 그들은 타이플레이트를 통하여 레일을 목-침목에 체결하기 위해 일반적으로 2 내지 4 스파이크를 사용하여 왔다.

이들의 표준 타이플레이트에 더하여 특별한 위치에서는 다른 것이 사용된다. 예를 들어, "이음매 타이플레이트"는 이음매에서 사용되며, 그곳은 이음매판의 선단이 표준 타이플레이트를 방해한다. "교량 타이플레이트"는 접촉응력 및 이에 관련된 침목 손상을 줄이기 위하여 폭이 넓고 더 무거우며, 개상(開床) 교량에서 폭이 넓은 침목에 배치된다. 그 밖에 "분기기 타이플레이트" 및 "크로싱과 가드레일 타이플레이트"가 있다.

타이플레이트의 설계 및 이에 관련된 시험결과에 관하여는 예를 들어 Magee (1946)와 AAR 연구 보고서 (1963)를 참조하라.

그림 Ⅲ.20의 타이플레이트는 요구조건 (2)에 따라서 대칭이지 않은 점과 레일이 플레이트 위에 중심을 달리해서 배치되는 점에 주목하라. 이 편심에 대한 이유를 이해하기 위해 **그림 Ⅲ.22**에 나타낸 단순한 두 가지 경우를 고려하자.

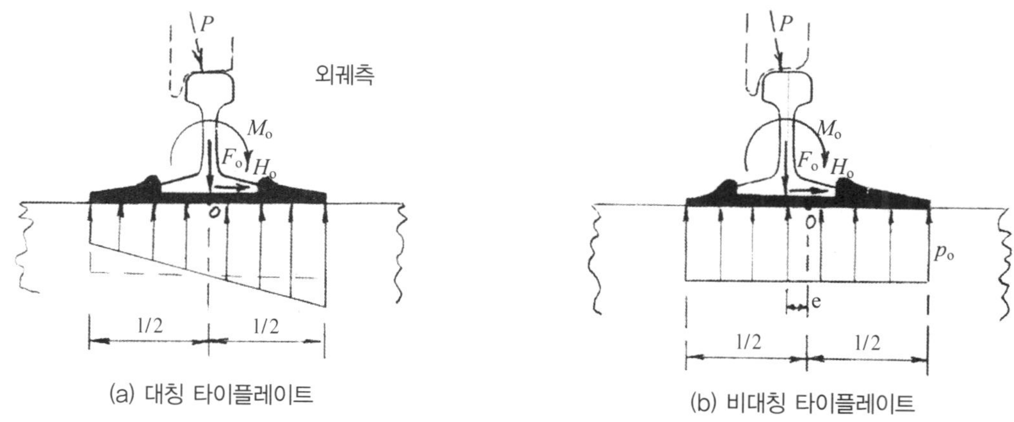

그림 Ⅲ.22 타이플레이트 접촉압력

경우 (a)에서는 타이플레이트가 대칭이다. 윤하중이 수직이 아니고 레일두부의 중심에 작용하지 않으므로 레일저부는 타이플레이트에 수평과 수직 힘, H_o와 F_o 및 모멘트 M_o를 가한다. 결과로써 생기는 타이플레이트와 침목 간의 힘을 **그림 Ⅲ.22(a)**에 나타낸다. 가장 큰 응력은 플레이트의 궤간 바깥쪽에서 생긴다. 통과 차륜에 기인하는 이 상태의 반복은 플레이트의 궤간 바깥쪽 아래에서 목재섬유의 깎임을 촉진하며 궤간의 영구변형과 침목손상으로 이끈다.

경우 (b)에서 레일좌면 힘은 같지만 결과로써 생긴 수직 접촉응력은 균등하다(또는 더 정확하게, 그들은 거의 대칭이지만 반드시 균등하지는 않다). 타이플레이트의 기하학적 중심에 관한 모멘트 평형은 압력분배의 기여가 제로이기 때문에 다음으로 귀착된다.

$$F_o e - M_o = 0$$

상기의 평형방정식을 e에 대해 풀면 필요한 편심거리는 다음과 같이 된다.

$$e = M_o / F_o$$

결과로써 생기는 접촉압력 분포는 더 균등하며 따라서 목–침목에 대한 손상을 적게 일으킨다. 실제의 상태에서는 차륜이 레일에 가한 힘이 변하며 그러므로 타이플레이트(및 그 편심거리 e)의 설계는 현장의 평균적인 조건에 의거하여야 한다.

유사한 상태는 듀오블록 침목에서도 생기며, 거기서는 **그림 Ⅲ.22**에 나타낸 접촉압력이 콘크리트 블록과 도상기초 사이의 것들이다. 이것은 원래 대칭인 블록(**그림 Ⅲ.7**)이 어째서 궤간 바깥쪽으로 더 길게 만든 침목블록으로 다시 설계하여야만 하였는지의 이유이다.

타이플레이트의 또 하나의 특별한 특징은 **캔트**(역주 : 레일경사)이며 이것은 레일저부와 접촉하여 있는 타이플레이트 상면의 경사로 이루어진다. 이하에서는 이 특징의 더 좋은 지식을 얻도록 캔트의 발달과 목적에 관하여 기술한다.

(안정된 주행을 위하여 필요한) 차륜의 답면구배 때문에 레일이 안쪽으로 경사져야 하는(**그림 III.23**) 점을 철도개발의 초기에, 즉 1800년대 상반기 동안에 깨닫게 되었다. 예를 들어 Gillespie (1853, p. 308)에 따르면, 통상의 경사는 1 : 29에서 1 : 20까지였다. 이 경사는 차륜–레일 접촉지역을 궤간에서 다른 곳으로 레일두부의 중심을 향하여 이동시킴으로써 차륜과 레일 간에 더 넓은 지압면적이 생기게 하고 따라서 레일두부와 차륜답면 간의 마모패턴을 개량하기 위한 것이었다.

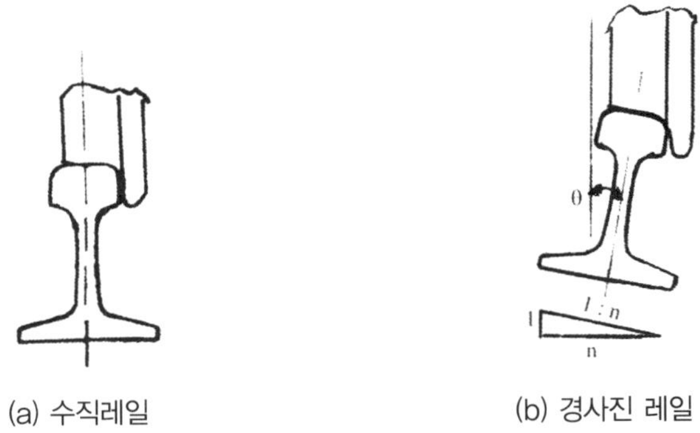

(a) 수직레일   (b) 경사진 레일

그림 III.23 차륜–레일 접촉에 대한 레일 경사의 효과

이 캔트붙임은 침목에 대한 윤하중의 더욱 똑바른 전달도 또한 촉진할 것이며 교통 하에서 궤간확장을 방지하는데 도움이 될 것이라고 기대하였다. 그러나 레일의 캔트붙임에 대한 반대도 있었다. 그들은 레일에 대한 각 윤하중의 합력이 타이플레이트의 중심을 지나서 통과할 만큼 치수를 정한 비대칭 타이플레이트를 이용하여 더 좋은 결과가 얻어질 것이라고 주장하였다. 또한, 마모된 차륜답면이 대단히 다양하고 차륜 횡력의 방향과 크기에 영향을 주는 궤도와 차량의 상태가 아주 잘 변하기 때문에 상기에 열거한 장점을 달성할 만큼 레일에 캔트를 붙이기가 불가능하다. 상세는 Talbot (1925, 섹션 III.18)를 참조하라.

얼마간의 철도가 사용한 초기의 방법은 목–침목을 경사지게 깎아냄(**그림 III.24**)으로써 또는 캔트를 붙인 포플러나무 심(shim)을 이용함으로써 레일좌면 지역에 캔트를 붙이는 것이었다.

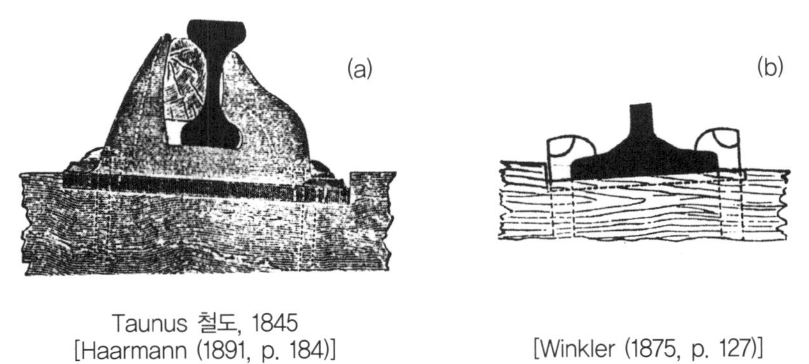

Taunus 철도, 1845
[Haarmann (1891, p. 184)]   [Winkler (1875, p. 127)]

그림 III.24 목–침목 레일 경사의 초기 세대

레일두부의 주행표면에 캔트를 붙이고 침목에 대한 하중전달을 단순화하기 위한 하나의 시도에서는 복부를 경사시키고 궤간 바깥쪽의 저부를 확장함으로써 레일이 비대칭 횡단면으로 압연되었다(**그림 Ⅲ.25**). 상세는 Haarmann (1893, pp. 61 62)을 참조하라.

목-침목에서 가장 넓게 사용된 방법은 타이플레이트의 캔트(**그림 Ⅲ.20**)를 포함하며, 그것은 침목을 경사지게 깎아냄을 필요로 하지 않기 때문이다. 이 접근법은 목-침목에서 뿐만 아니라 콘크리트침목에서도 타이플레이트가 사용되는 경우에는 모든 주요 철도에서 현재 사용되고 있다.

ASCE-AREA 특별위원회는 1920년대 초기에 타이플레이트의 **캔트**와 **편심**이 궤도의 응답과 마모에 유익한 영향을 미치는지의 여부를 명백히 하기 위하여 북미 철도들의 얼마간의 본선에서 시험을 수행하였다. 시험은 직선과 곡선 궤도에서 진행되었다. 일부 구간에서는 레일이 평평한 플레이트에 놓이고 그 밖의 구간에서는 캔트를 붙인 플레이트에 놓였다. 캔트를 붙인 모든 플레이트는 1 : 20의 기울기를 가졌다. 이 광범위한 시험 프로그램과 얻어진 결과는 Talbot (1925, 파트 Ⅲ)가 기술하였다.

이들 시험의 한 그룹은 차륜-레일 접촉 지역의 위치에 대한 플레이트 캔트와 편심의 효과를 사정하는데 초점을 맞추었다. 다음의 시험방법이 사용되었다. 직경 0.1 in (2.4 mm)의 소프트한 동선(銅線)을 **그림 Ⅲ.26**에 나타낸 것처럼 레일두부를 가로질러 배치하였다. 그 다음에, 통과하는 열차의 차륜은 동선을 평평하게 하였으며, 그것은 차륜과 레일 간의 지배적인 접촉지역의 위치와 접촉응력의 상대적인 세기를 나타낸다.

이 시험결과를 정량화하기 위해 동선을 따라 여러 지점에서 **그림 Ⅲ.27**에 나타낸 평평해진 동선 횡단면의 폭 d^*를 측정한 다음에 그것에서 초기 동선직경 d를 뺀 나머지($d^* - d$)를 레일두부에 걸쳐 플롯(plot)하였다. 5와 40 mph(8~64.4 km/h)의 열차속도에 대해 얻어진 결과의 전형적인 예를 **그림 Ⅲ.28**에 나타낸다.

1 : 20의 캔트를 붙인 타이플레이트가 사용되었을 경우에는 접촉지역이 게이지 코너로부터 레일두부의 중심 쪽으로 이동되는 점에 주목하라. 이 시험결과는 캔트를 붙인 플레이트의 사용이 위치와 세기에 관하여 차륜과 레일 간에서 대단히 유리한 접촉응력 분포를 만들어낼 것이라는 점을 제시하였다. 이 연구는 또한 캔트를 붙인 타이플레이트를 갖춘 직선궤도가 평평한 타이플레이트의 궤도보다 훨씬 더 좋은 상태임을 나타내었다. 이 광범위한 시험 프로그램과 얻어진 결과에 관한 상세는 Talbot (1925)를 참조하라.

이들의 발견은 북미 철도들의 표준 관례로 이끌었다. AREA 편람은 지난 수십 년 동안 1 : 40의 캔트를 붙인 비대칭 타이플레이트(**그림 Ⅲ.20**)의 사용을 권고하였다. 그러나 북미의 모든 철도들이이 기울기를 사용하는 것은 아니다. 예를 들어, 다음의 북미 철도들은 이 표준에서 벗어난다.

Union Pacific	1 : 30
Canadian Pacific	1 : 20

그림 Ⅲ.25 복부가 경사진 레일

그림 Ⅲ.26 레일두부에 걸친 동선

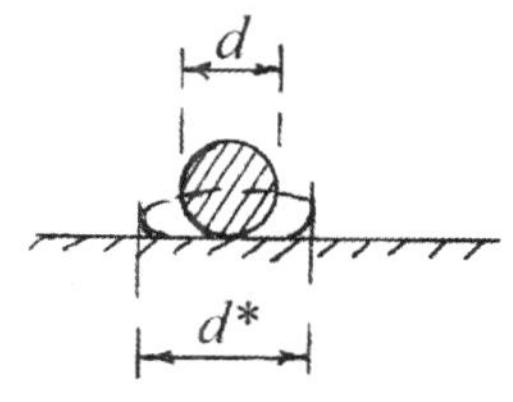

그림 Ⅲ.27 동선 횡단면

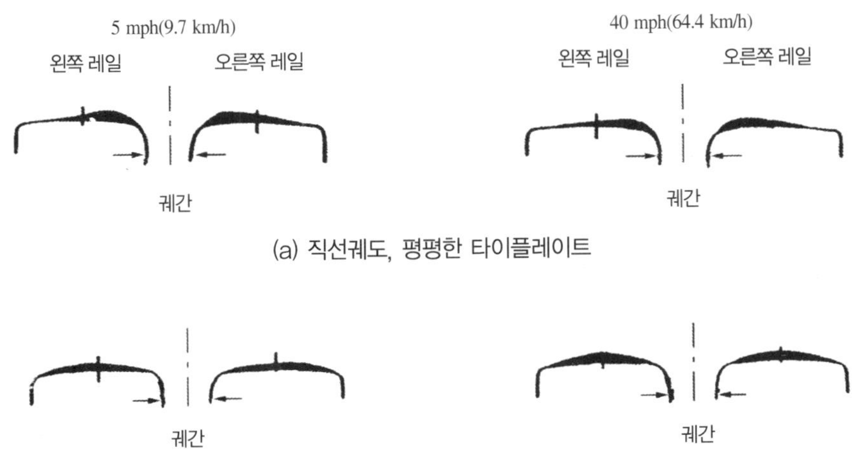

(a) 직선궤도, 평평한 타이플레이트

(b) 직선궤도, 캔트를 붙인 타이플레이트

그림 Ⅲ.28 B&O 철도에서 측정된 차륜-레일 접촉응력의 위치와 세기
[Talbot (1925, pp. 1204, 1205]

유사한 경우는 유럽에도 있다. 예를 들어, 유럽에서 대부분의 주요 철도들과 구소련은 1 : 20의 캔트를 사용함에 반하여 독일 철도들은 1 : 40을 사용한다. 제2차 세계대전 전에는 독일 철도들도 또한 1 : 20 캔트를 사용하였으나 전후에는 1 : 40으로 바꾸었다. 그 때에 북미 관례를 모방하려는 풍조를 제외하면 이 변경에 대한 기술적이나 경제적인 정당화는 명백하지 않았다.

Talbot 시험결과 (1925)는 캔트(레일경사)가 레일두부와 또한 차륜답면의 마모에도 영향을 끼치는 점을 나타내었다. 그러므로 같은 대륙에서 한 철도의 차량이 다른 철도의 궤도에 걸쳐 주행하는 경우에는 캔트가 같아야 한다. 그러나 상기에서 논의한 것처럼, 북미에서든 유럽에서든 사실은 그러하지 않다.

또 하나의 의문은 화물열차(큰 윤하중과 상대적으로 낮은 속도)와 여객열차(상대적으로 가벼운 윤하중과 높은 속도)에 대하여 어느 캔트가 기술적으로 경제적으로 가장 적당한가에 관하여 일어난다. 바람직한 캔트 값을 정립하는 최근의 연구는 없다. 이 문제는 명백해져야 한다. 그러면 레일두부 다시 다듬기에 대한 필요성과 범위를 결정할 때에 숙고에 들어갈 수 있다.

레일, 타이플레이트, 및 침목 체결의 분리를 제안하는 상기에 언급한 AREA 침목 위원회 (1920)의 요구조건 (4)는 북미 철도들이 목-침목에 대해 실시하지 않았으며, 오늘날까지 널리 행해지는 실행은 타이플레이트를 통하여 레일을 침목에 체결하기 위해 두 개나 세 개의 스파이크를 사용하는 것이다. 그러므로 반대의 예로서 독일 철도들의 상응하는 개발을 논의하는 것이 유익하다.

타이플레이트를 통하여 레일을 침목에 체결하는 스파이크뿐만 아니라 나사 스파이크가 교통누적(통과톤수)으로 인해 느슨하게 되는 점이 1800년대 말기와 1900년대 초기에 독일의 본선에서 관찰되었다. 이것은 차례로 궤간의 유지에 불리하게 영향을 미치는 과도한 타이플레이트 이동, 타이플레이트 아래에서 침목의 마손, 및 체결장치 금속 구성요소간의 마모를 일으켰다. 그 때에 체결장치 연결의 이완은 방지되어야 하며, 그리고 체결장치 기능을 분리함으로써, 즉 타이플레이트와 레일간의 체결 및 침목과 타이플레이트간의 체결을 각각 독립적으로 마련함으로써 이것이 성취될 수 있다고 결론지었다. 상기에 기술한 것처럼 AREA 침목 위원회 (1920)는 유사한 발견과 결론에 도달하였다.

제1차 세계대전 후 1920년대 초기에 독일 내 여러 주들의 철도들은 일반적인 표준화 프로세스를 시작한 새로운 구성체–독일 국철(DR)–로 합병되었다. 프로젝트의 하나는 타이플레이트–레일 체결과 침목–타이플레이트 체결의 분리를 나타내는 체결장치의 표준을 확립하는 것이었다.

이 결정은 다수의 경쟁하는 체결장치 설계의 고려, 및 기술문헌에서 집중적으로 검토한 체결장치의 장점과 단점의 고려로 이끌었다. 예에 관하여는 1925년, 1926년, 및 1927년 동안 독일 저널 "Die Gleistechnik"에 공표된 논문, 특히 Hartung (1926)의 해설과 Buchholz (1927a), Hartung (1927) 및 Buchholz (1927b)의 논문을 참고하라.

두 경쟁자는 O(Oldenbug)와 B(Baden) 체결장치 시스템이었다. 그들을 **그림 III.29**에 나타낸다.

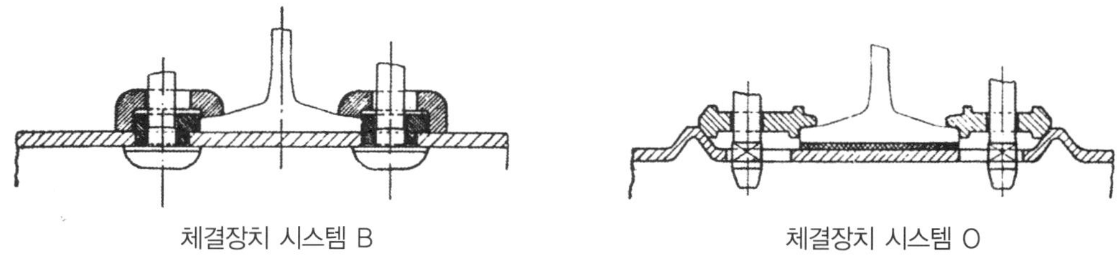

그림 III.29 레일–침목 체결장치 O와 B

독일의 체결장치 경쟁에서 또 하나의 경쟁자는 Hhne 이 제안한 "스프링" 클립이 있는 체결장치이며, **그림 III.30**에 나타낸다. 이 체결장치에 관한 논의는 Vogel (1926)과 Heinrich (1926)를 참조하라.

1925년에 도입된 또 하나의 경쟁자는 **그림 III.31(a)**에 나타낸 **K 체결장치**였다. 약 2년의 현장시험과 (레일저부와 타이플레이트 사이에 위치한, 크레오소트로 처리한 포플러나무 패드의 추가와 같은) 주요 변경 후에 그것은

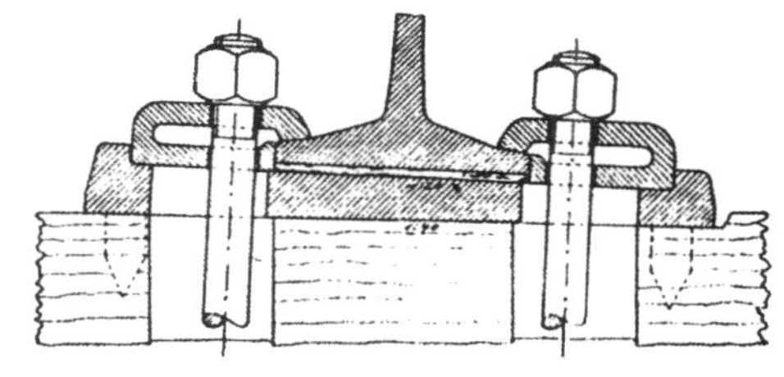

그림 III.30 Hhne 체결장치의 클립

DR 철도용 표준으로써 1928년에 DR가 선정하였다 [von Schrenk (1928, pp. 123, 179, 180)]. 이 체결장치는 목–침목에서 오늘날까지 사용되고 있다. 수직응답을 완화시키는 스프링 와셔를 포함하는 보다 최근의 체결장치에 관한 상세 그래프를 **그림 III.31(b)**에 나타낸다.

K 체결장치에서 상대적으로 높은 턱(숄더)이 있고 캔트를 붙인 타이플레이트는 미리 뚫은 구멍을 사용하여 4개의 볼트로 목–침목에 체결된다. 스프링 와셔는 타이플레이트와 침목 간의 영속하는 체결을 보장하도록 각각의 볼트머리와 타이플레이트 사이에 놓인다. 패드는 레일저부와 타이플레이트 사이에 놓인다. 그것은 처음에는 포플러나무로 만들었고 보다 최근에는 플라스틱으로 만든다. 레일은 각각 클립, 스프링 와셔, 및 너트를 갖추고 있는 (타이플레이트에 고정된) 후크볼트로 타이플레이트에 연결된다(**그림 III.31**).

이 체결장치의 장점은 다음과 같다. (1) 레일저부가 타이플레이트에 가하는 힘은 두 개의 너트를 죄임으로써 쉽게 유지할 수 있으며, 따라서 레일 복진(크리프)을 계속 컨트롤하기 위한 별도의 앵커가 필요 없다. (2) 레일–침목 구조(궤광)의 횡 강성 증가에 기여하는 체결장치의 비틀림 강성이 상대적으로 크며, 그것은 다음에 궤도 횡

좌굴의 가능성을 줄인다. (3) (레일절손 후와 같이) 장대레일을 응력해방(distress)하여야 할 때, 두 너트를 돌리어 레일을 조정하고, 그 다음에 너트를 다시 죄임으로써 각 체결장치를 쉽게 풀고 체결할 수 있다(너트가 풀려 있는 동안에, 높은 타이플레이트 숄더에 의해 옆에서 받쳐지고, 클립에 의해 수직으로 받쳐지며, 그리고 열차가 적당한 속도로 안전하게 그들의 위로 통과할 수 있다). 그리고 (4) 레일이나 패드를 교환하여야 할 때, 너트와 스프링 와셔를 쉽게 철거하고 나서 교환한 후에 다시 설치할 수 있다.

(a) K 체결장치, 초기 버전
[Buchholz (1927a, p. 105)]

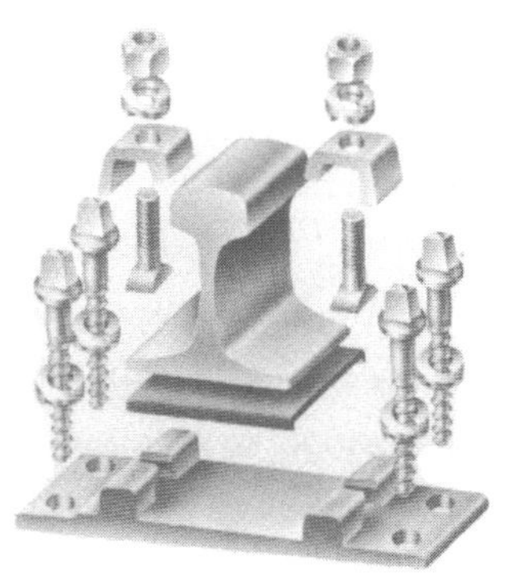

(b) K 체결장치, 최근의 설계
[Hoesch 팸플릿]

그림 Ⅲ.31 독일의 목-침목 궤도용 표준 체결장치

단점은 다음과 같다. (1) **그림 Ⅲ.31**에 나타낸 것처럼 체결장치가 많은 부품으로 이루어져 있다. (2) 초기 획득비가 상대적으로 높다. 그리고 (3) 그 조립과 유지관리가 숙련된 노동력을 필요로 하며 노동집약적이다. 이것은 스프링 와셔의 제한된 압축성이 너트의 반복된 죄임을 필요로 한다는 사실에 의해 심화되며, 단점은 경성(硬性)의 포플러나무 패드가 더 소프트한 플라스틱 패드로 교체되었을 때 부분적으로 제거되었다.

이들의 단점은 GEO라는 이름으로 북미에 도입된 K 체결장치가 어째서 미국과 캐나다 철도들에게 채택되지 않았는지에 대한 얼마간의 이유이다. 추가의 이유는 북미 화물열차의 무거운 축중 하에서 침목에 대한 비교적 경성인 레일 체결이 통과 차륜에 의해 도상에 대한 레일-침목 구조의 반복된 들림과 덜컥 내려짐을 일으키고, 따라서 도상과 노반 열화의 속도를 증가시킬 것이라는 믿음 때문이었다[Hay (1982, p. 581)].

그러나 K형 체결장치는 세계 도처의 많은 철도들에서 채택되었다. 주목할 만한 채택은 구소련의 광범위한 철도망이며, 그곳에서는 문자 KB로 표시된다. 또한, 오스트리아, 이탈리아, 스위스, 헝가리, 폴란드, 터키 및 많은 그 외 국가들의 철도도 K형 체결장치를 채택하였다.

줄곧 증가되는 윤하중과 열차속도 및 (많은 곡선을 가진 산악지역에서 특히) 상당히 자주 교체되어야 하는 레일의 관련된 마모뿐만 아니라 레일전도 발생의 증가 때문에 북미에서는 최근에 요구조건 (4), 즉 레일-침목 체결을 분리하려는 시도도 하고 있다. Pandrol 스프링-클립[1]용으로 특별히 설계된 타이플레이트에 기초한 두 가지 예를 **그림 Ⅲ.32**에 나타낸다. 이들의 Pandrol 체결장치는 K 체결장치의 대다수 장점을 계속 유지하지만(예

---

[1] 이들의 스프링은 원래 콘크리트용으로 개발되었다. 그들은 다음의 절에서 논의한다.

를 들어, 별도의 앵커를 필요로 하지 않는다), 부품의 수와 조립, 분해, 및 사용하는 동안의 보수에 관련된 노동
을 줄인 점에 주목하라.

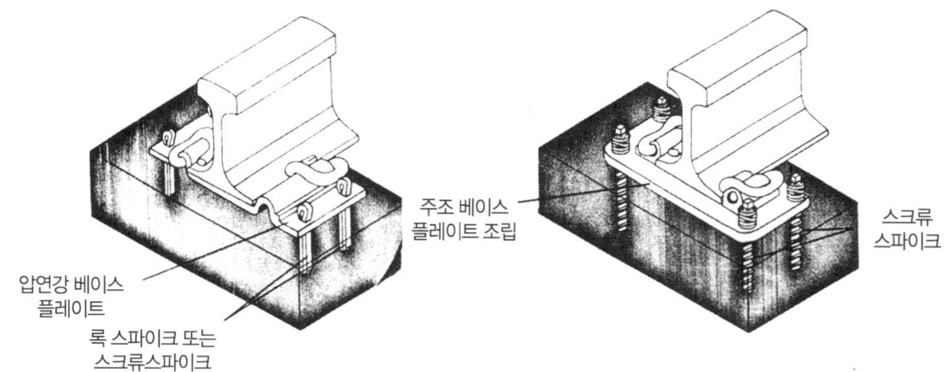

그림 Ⅲ.32 목-침목용 Pandrol 스프링-클립

K 체결장치는 또한 최근의 수십 년 동안 그것의 탄
성성질을 개량하기 위하여 독일에서 유사한 개발을 경
험하였다. 상대적으로 딱딱한(rigid) 레일클립 및 관련
된 스프링 와셔는 오늘날 더 큰 수직 레일움직임을 허
용하는, 특별히 설계된 레일클립으로 교체될 수도 있
다. 이 변경의 한 변형체를 **그림 Ⅲ.33**에 나타낸다. 이
설계는 탄성 체결장치 성질을 개량함에 더하여 체결장
치 구성요소의 수를 줄인다.

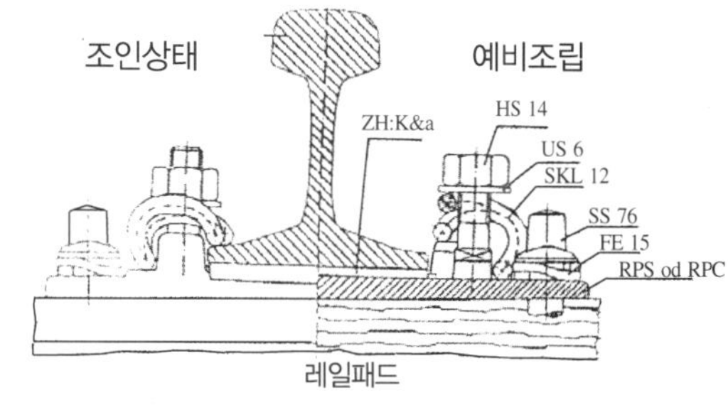

그림 Ⅲ.33 스프링-클립이 있는 K 체결장치

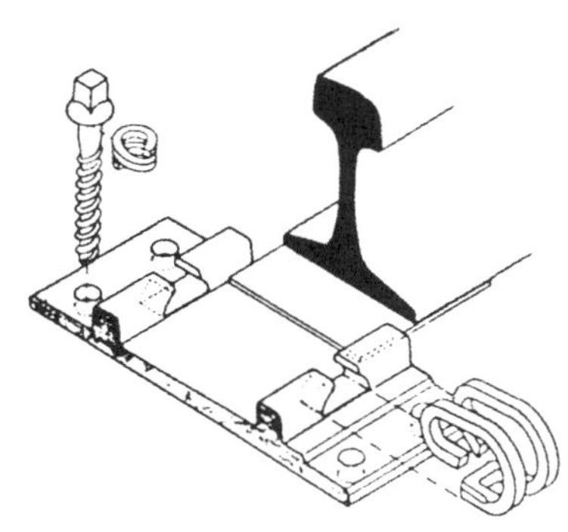

그림 Ⅲ.34 D.E. 스프링-클립 체결장치

그림 Ⅲ.35 Mckay-Safelok 체결장치

네덜란드 철도(NS)용으로 개발된 체결장치는 유사한 아이디어가 이용되었다. 그것은 **그림 Ⅲ.34**에 나타낸 것
처럼 K 체결장치의 기본 특징을 가진 타이플레이트를 이용하지만 D.E. 스프링-클립을 사용한다. Mckay-
Safelok 체결장치(**그림 Ⅲ.35**)는 변경된 D.E. 스프링-클립을 사용한다. D.E와 Mckay-Safelok 체결장치에 사

용된 유형의 스프링-클립은 형상에서 Hhne이 제안한 것과 유사하다는 점은 주목할 가치가 있다. **그림 Ⅲ.30**에 나타낸 Hhne 체결장치는 1920년대에 시험되었다.

Ⅲ.3 콘크리트침목 시스템용 레일-침목 체결장치

제Ⅱ장에서 설명한 것처럼 초기의 철근콘크리트 횡-침목에서 하나의 중요한 결함은 레일-침목 체결장치였다. 콘크리트침목에 스파이크를 박는 것이 불가능하고 콘크리트침목이 목-침목보다 더 무거우므로 레일을 침목에 체결하기 위해 다른 수단을 강구하여야만 하였다. 제2차 세계대전 후에 유럽의 국가들이 그들의 궤도를 갱신하기 위해 프리스트레스트 콘크리트침목을 사용하기로 결정하였을 때에 그들은 흔히 그들의 목-침목 궤도의 체결장치를 사용하기로 결정하였다. 예를 들어, 서독 철도(DB)는 약 1960년까지 그들의 콘크리트침목(B58을 포함하는 B9/91형)용으로 "캔트를 붙인 금속 타이플레이트"가 있는 K형 체결장치를 사용하였다. 구소련도 또한 오스트리아, 폴란드, 헝가리, 및 구 체코슬로바키아와 같은 그 밖의 유럽 국가의 철도에서처럼 콘크리트침목용으로 K형 체결장치를 광범위하게 사용하였다.

그림 Ⅳ.6에 나타낸 것처럼 통과하는 "차륜"(또는, **그림 Ⅳ.23**과 Ⅳ.24에 나타낸 것처럼 통과하는 "대차")의 양쪽에서 레일이 비-재하 수평 위치보다 위로 들려지기 때문에 목-침목과 K 체결장치의 경우에서와 같이 레일-침목 체결이 경성(stiff)이고 침목이 상대적으로 가벼운 때에는 레일이 침목을 들어 올리는 경향이 있다. 더 무거운 콘크리트침목의 경우는 이 경향이 볼트와 체결장치-침목 연결을 피로시킬 수도 있는 체결장치의 큰 수직 힘으로 이끈다. 이것은 상기에 논의한 Pere Marquette 슬래브 궤도(**그림 Ⅲ.12**)에서 명백히 생겼던 것이다. 또한, 도상에 대한 레일-침목 구조(궤광)의 반복된 들림과 덜컥 내려짐은 도상과 노반 열화속도의 증가, 따라서 궤도 보수비의 증가로 이끈다.

예로서, 구소련의 철도들이 부닥친 밀접하게 관련된 문제를 고려하자. 그들의 경성 KB 체결장치는 원래 콘크리트 안에 설치된 목재 또는 플라스틱 듀벨 안으로 볼트를 삽입함으로써 콘크리트침목에 체결되었다. 그러나 궤도에 설치되고 나서 큰 들림 힘을 일으키는 고속의 무거운 교통을 받은 후에는 볼트가 침목에서 빠지기 시작하였다. 이 상태를 피하기 위해 침목 체결장치의 체결은 (**그림 Ⅲ.7**에 나타낸 SNCF의 듀오블록 침목용으로 유사한 시스템을 설계한 R. Sonneville의 제안에 이어) **그림 Ⅲ.36**에 나타낸 것처럼 설계되었다. 횡-침목은 (하부 부분에서 원형으로 되는 상부 부분의 타원형 횡단면의) 원통 구멍을 포함하여 타설된다. 단부가 ㄴ 모양인 볼트는 이 타원 구멍 위쪽에서 삽입되고 나서 볼트머리가 특수 인서트(삽입물)에 대해 적당한 지압(支壓)을 얻도록 90° 만큼 회전되며, 인서트는 침목이 타설되기 전에 침목 거푸집에 배치된다. 이 설계구조에서 볼트가 절손되었을 (또는 떨어져 나갔을) 때는 침목 주위의 도상을 교란시킴이 없이 위쪽에서 쉽게 철거하고 새 볼트를 삽입할 수 있다. 상세는 Zolotarskii 등 (1967, 섹션1, § 4)을 참조하라.

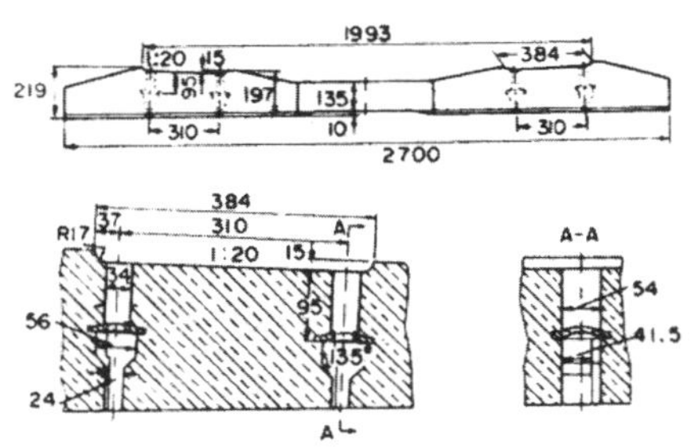

그림 Ⅲ.36 체결장치를 교환할 수 있는 콘크리트 횡-침목

매립 볼트 형의 체결장치는 콘크리트침목의 사용수명 동안 원래의 체결장치 구성을 그대로 두는 반면에, 이 체결장치-침목 간의 체결은 초기에는 매립 볼트보다 더 비쌀지라도 체결장치 유형을 나중에 바꿀 수도 있고 더 좋은 스프링-클립 시스템을 이용할 수 있게 될 것이라고 하는 추가의 장점을 갖고 있다. 이 체결장치의 단점은 누적된 교통으로 인해 체결장치가 이완될 수도 있는 점이다. 절손된 볼트의 교체가 시간 소비적일지라도 DB도 또한 체결장치 유형(**그림 Ⅲ.5와 Ⅲ.39**)의 변경을 허용하는 설계를 사용하는 점은 주목할 가치가 있다.

프리스트레스트 콘크리트침목의 초기 개발단계 동안, 특히 제2차 세계대전이 끝난 후에, 레일과 콘크리트침목 간의 큰 수직 들림 힘을 줄이기 위하여 (K 체결장치의 스프링 와셔보다 더 탄성인) 스프링 요소를 체결장치

(a) Pandrol 클립

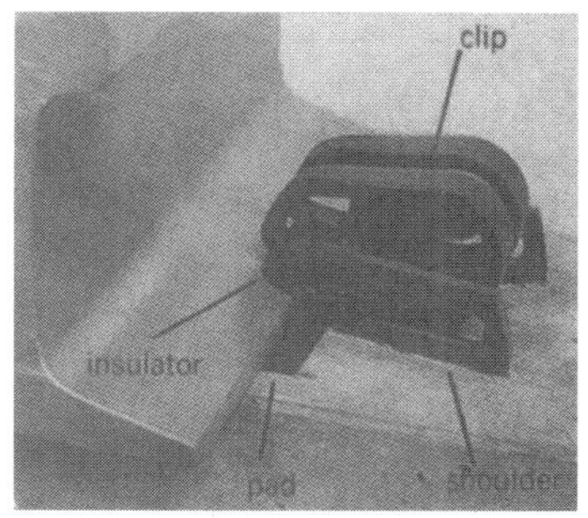

(b) Mckay-Safelok

(c) W 체결장치

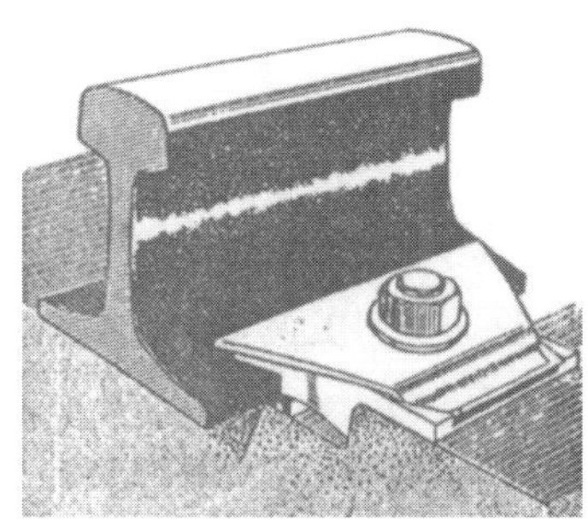

(d) RN-SNCF 체결장치

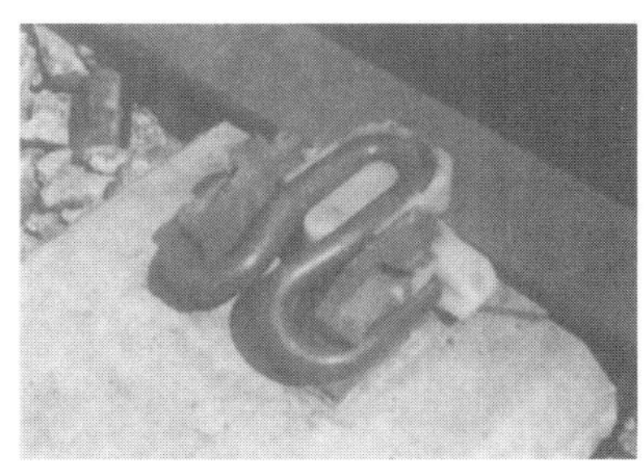

(e) Pandrol fast 클립

그림 Ⅲ.37 현재 사용 중인 콘크리트침목용 스프링-클립 체결장치

Linelock

Sidewinder

Fist BTR

DSA

그림 Ⅲ.38 지금까지 북미에서 광범위한 사용에 도달되지 않은 체결장치

에 넣어야 한다는 점이 실현되었다. 새 체결장치는 레일 복진(크리프), 따라서 별도의 앵커에 관한 필요성을 제거하기 위하여 (K 체결장치와 같이) 큰 밀림 저항력을 발생시키는 본질적 요소가 고려되었다. 이것은 스프링 요소가 레일저부에 큰 선단(先端, tow)하중을 가하는 것을 필요로 한다. 개발된 체결장치에 관해서는 수평 평면에서 레일과 침목 간에 큰 회전 저항력을 나타내는 것도 바람직하다. 이것은 궤도를 "똑바르게(inline)" 유지하고 궤도좌굴의 발생을 줄이도록 **횡으로 강성이 큰(stiff) 레일-침목 구조궤광**을 만들기 위해 필요하다고 생각되었다. 또 하나의 요구조건은 체결장치가 레일과 침목 간의 전기적 절연재로서 작용하여야 하는 신호 시스템의 요구조건이었다. 마지막으로, 체결장치는 오래 견디어야(즉, 최소의 마모를 경험하여야) 하고, 설치와 유지 관리가 쉬워야 하며, 그 부품은 재사용할 수 있어야 하고, 상대적으로 비싸지 않아야 한다. 콘크리트침목 기준의 초기 공식화에 관하여는 Meier (1951, 1957)와 Sonnoville (1961)을 참조하라.

다음의 수십 년 동안 이들의 기준을 충족시키려고 시도한 많은 체결장치 설계가 세계도처에서 전개되고 시험되었다. 이 활동은 오늘날까지 계속되고 있다.

얼마간의 이들 체결장치를 **그림 Ⅲ.37**과 Ⅲ.38에 나타낸다. 콘크리트의 경도와 강도 때문에 지나간 수십 년 동안 금속 타이플레이트가 제거된 점에 주목하라. 레일저부와 침목 간에 놓인 패드만이 사용되었다(줄곧 증가하는 윤하중에 때문에 이것이 변경될 수 있었을지라도). 밀림 저항력 외에 이들 패드의 또 하나의 기능은 콘크리트침목이 충격력에 잘 반응하지 않으므로 (자동차의 현가장치와 유사하게) 레일이 콘크리트침목에 가하는 "충격력을 줄이는" 것이다. 이것은 상대적으로 "소프트"한 패드를 필요로 한다.

밀림 저항력은 레일저부와 패드 간 및 패드와 침목 간의 마찰력에 의해 생긴다. 밀림 저항력을 발생시키기 위해 마찰계수가 높은 패드에 더하여 큰 선단하중이 요구된다. 이것은 차례로 상대적으로 "경성(stiff)"인 스프링-클립과 패드를 필요로 한다. 그러나 "경성"의 클립은 (K 체결장치를 가진 궤도에서와 같이) 각 차륜이나 대차의 통과에 따라 도상으로부터 침목을 들어 올리는 경향이 있는 체결장치의 높은 리프팅 힘을 발생시킨다. 이것은 차례로 클립과 볼트에 높은 응력을 발생시키며, 그것은 체결장치의 피로파손으로 이끌 수도 있다. 다른 한편, "소프트"한 스프링-클립의 사용은 필요한 높은 선단하중을 발생시킬 수 없게 됨에 더하여, 레일이나 침목 또는 양쪽으로부터 패드의 분리를 허용할 수도 있다. 이것은 차례로 축 방향 밀림 저항력의 격렬한 감소 및 이에 따른 레일 복진(크리프)으로 이끌 수도 있다. 또한, 이 분리는 문질러 닳아진 미세 도상입자가 접촉영역으로 침투하도록 허용할 수도 있다.

상기의 논의는 스프링-클립의 구성요소를 선택할 때 스프링-클립과 패드 성질 간에서 절충되어야 함을 제시한다. 관련된 문헌에 대하여는 Meier (1957)와 Hamilton (1980)을 참조하라.

그림 Ⅲ.37과 **Ⅲ.38**의 목적은 최근에 제안된 체결장치 설계의 일부를 나타내는 것이다. 그 외의 많은 것을 Washington, D. C.에 있는 미국 특허청의 파일에서 구할 수 있다.

이들의 체결장치 설계에서 궤간 및 레일과 침목 간의 큰 회전 저항력을 유지하는데 필요한 타이플레이트의 턱은 타이플레이트를 제거한 경우에 콘크리트에 매립된 숄더 또는 매립 볼트로 대체된다. **그림 Ⅲ.37**의 경우에 (c)와 (d)에서 W 체결장치와 RN–SNCF는 각각 후자의 그룹에 속한다. **그림 Ⅲ.37**과 **Ⅲ.38**에 나타낸 모든 그 밖의 체결장치는 회전에 저항하도록 매립 숄더가 있는 그룹에 속한다. 두 개의 "평판이 좋은" 체결장치 유형의 상세를 **그림 Ⅲ.39**에 나타낸다.

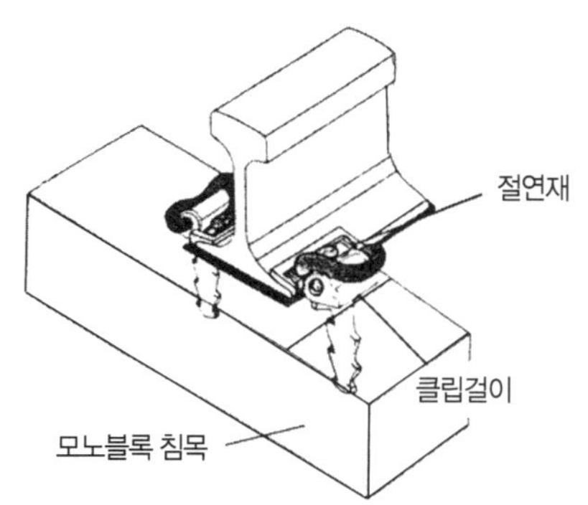

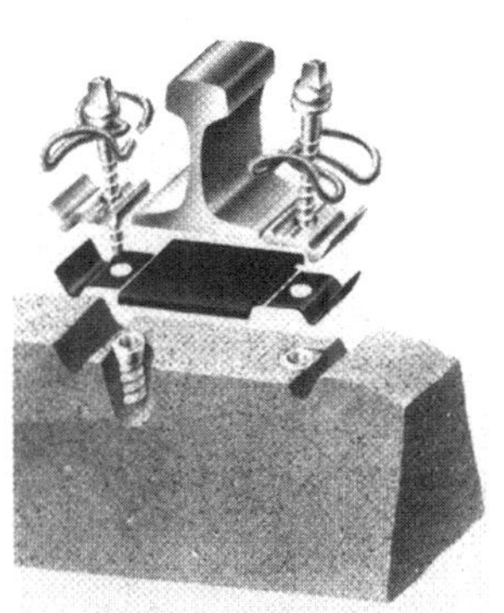

그림 Ⅲ.39 콘크리트침목용 Pandrol과 W 체결장치의 상세

그림 Ⅲ.37과 **Ⅲ.38**의 **스프링-클립**은 두 부류의 그룹으로 나눌 수도 있다. **그림 Ⅲ.37(a)**, **(b)**, **(e)**와 **그림 Ⅲ.38**에 나타낸 처음의 부류에서는 "스프링-클립이 **자체-스트레싱**된다." 즉, 스프링-클립의 기하구조는 최종 위치를 잡았을 때 요구된 밀림 저항력을 발생시키기에 충분히 큰 규정된 선단하중을 스프링-클립이 레일저부에 발휘할 정도이다. **그림 Ⅲ.37 (c)**, **(d)**에 나타낸 그 밖의 부류에서는 레일저부에 대해 클립을 누르는 "볼트와 너트에 의해 선단하중이 발생된다."

"자체 스트레싱 클립"의 장점은 설치가 대단히 단순하고, 큰 숙련을 필요로 하지 않으며, 사용하는 동안에 유지보수가 없다는 점이다. 단점은 (체결장치 접촉지역의 마모에 기인하여, 또는 스프링-클립의 금속피로나 패드의 마모와 영구압착에 기인하여) 선단하중이 감소될 때 이 저하를 정정하는 조정 메커니즘이 없으며 스프링-클립이나 패드 또는 양쪽이 교체되어야 할지도 모르는 점이다. 또한, 갖가지 기하구조와 강성을 가진 패드들의 필요한 변경은 필요한 선단하중을 유지하기 위하여 클립의 변경을 필요로 할지 모른다.

그림 Ⅲ.37의 (c)와 (d)에 나타낸, **클립**과 **볼트**로 이루어져있는 체결장치 그룹의 명백한 장점은 너트를 돌림으로써 필요시 선단하중을 쉽게 조정할 수 있는 점이다. 단점은 설치와 사용하는 동안의 유지관리가 더욱 노동 집중적인 점이다. 선단하중을 요구된 세기로 조정하는 것도 또한 숙련을 요한다.

이것은 미국과 캐나다의 철도들이 어째서 오늘날까지 Pandrol 및 Mckay-Safelok와 같은 자체 스트레싱 클립을 가진 체결장치를 오히려 좋아하는지의 이유이다. 다른 한편, 유럽의 독일 철도(DB)와 프랑스 철도(SNCF)는 **그림 Ⅲ.37**의 (c)와 (d)에 나타낸 것처럼 선단하중을 조절할 수 있는 체결장치를 주로 사용하여 왔다.

탄성 궤도 체결장치에 관한 추가의 코멘트는 Daniels (1992)를 참조하라.

Ⅲ.4 레일

레일의 초기 개발은 제Ⅱ장에서 논의하였다. 즉, "주철"의 사용으로부터 "가단철" 내지 "강"까지의 변천, 레일 횡단면의 발전, 및 1800년대 말기 이후 Stevens형 레일의 우월 등을 논의하였다. 레일 단면은 줄곧 증가하는 윤하중 때문에 **그림 Ⅲ.40**에 나타낸 것처럼 크기가 증가되었다.

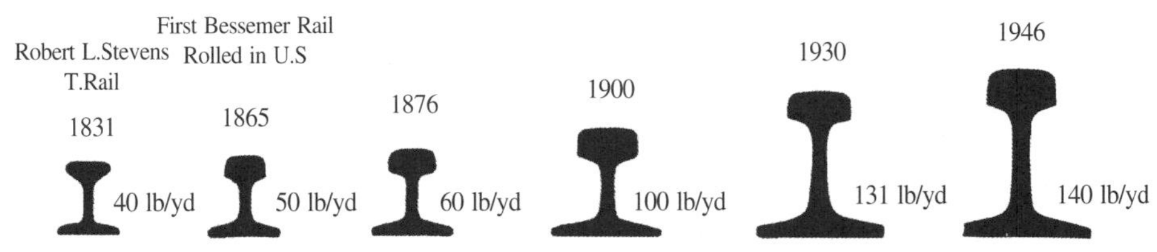

그림 Ⅲ.40 미국에서 레일 횡단면의 발달
[Sperry Rail Service에 의한 "레일손상 편람" (1989)으로부터]

북미에서는 1800년대 말까지 레일단면 설계의 획일성이 없었으며 100 개 이상의 갖가지 단면이 압연되었다. 미국 토목학회(ASCE)는 이 상태를 얼마간 정리하기 위해 레일제조를 표준화하여 그에 따라 단순화하고 생산비용을 낮추려는 노력으로 40에서 100 lb/yd까지(역주 : 19.8~49.6 kg/m) 비교적 적은 수의 레일단면을 설계하여 제안하였다. 이들의 레일설계는 일반적으로 철도들에게 받아들여졌다. 85 lb/yd(역주 : 42.2 kg/m)에 이르기까지의 ASCE 단면이 상대적으로 임무를 잘 수행하였다고 할지라도, 더 무거운 단면은 그렇지 않았다. 레일설계의 책임은 몇 년 뒤인 1915년에 RE 단면이라 알려진, 변경된 일련의 설계단면을 처음 발표한 미국철도기술협회(AREA)가 인계받았다. 현재 사용되는 RE 단면의 일부를 **그림 Ⅲ.41**에 나타낸다. 이들 개발의 상세한 설명은 "궤도 백과사전" (1985, pp. 158 159)과 Hay (1982, pp. 491 492)를 참조하라.

과거에는 레일단면 설계의 변경이 통상적으로 기존 설계단면의 빈번한 파손 때문에 필요하였다. 설계변경을 계획할 때는 얼마간의 관점을 고려하여야 한다.

첫 번째의 관점은 다음과 같은 명백한 특징을 포함한다. (1) 레일 두부의 주행 면은 차륜답면의 평균적인 윤곽에 순응하여야 한다. (2) 레일저부는 안정된 지지를 레일에 제공하고 스파이크나 스프링-클립으로 붙잡음을 허용하도록 충분히 넓어야 한다. 그리고 (3) 레일높이 및 복부와 저부의 두께는 예기된 서비스 하중을 지지하기에 충분하여야 한다. 또한, 두부에서 복부로 및 복부에서 저부로의 변화부에서의 필렛 반경은 두부~복부와 복부~저부의 분리(초기 레일에서 부닥친 문제)로 이끌 수도 있는 이 위치에서의 응력 집중을 줄이도록 충분히 커야 한다. 현재 사용 중인 각종 RE 레일의 기하 구조적 특징의 개관은 **그림 Ⅲ.41**과 AREMA 편람의 섹션 4를 참조하라.

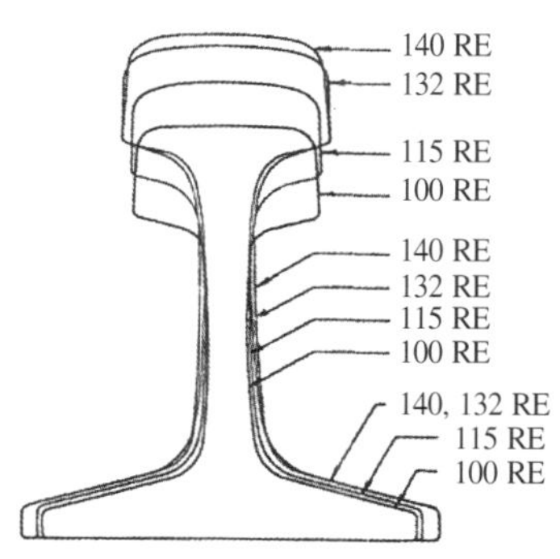

그림 Ⅲ.41 현재 사용하는
RE 레일 단면의 비교

철도기술자에게 즉각 명백하지 않은 레일단면 설계의 또 하나의 관점은 레일의 제조와 관련된 문제이다. 예를 들어, 레일 횡단면은 압연 동안 각각의 순간에 전체단면에 걸친 온도가 동일하도록 균형 잡히게 하여야 한다. 이와 관련하여, 얇은 저부와 얇은 복부가 압연 프로세스 동안 레일의 나머지 부분과 같은 온도를 유지하지 않는 점에 주목하라. 이것은 초기 ASCE 레일단면에 대한 문제였다. 관련된 문제의 광범위한 논의는 AREA 레일 위원회 (1908)와 Hay (1982, pp. 491 493, 496)를 참조하라.

레일 제작과 야금술, 및 레일성능과 레일용접에 미치는 그들의 영향은 제 Ⅺ장에서 논의한다.

Ⅲ.5 레일 이음매

제Ⅱ장에 기술한 초기 궤도는 레일단부를 서로 연결하는 데에 이음매판을 사용하지 않았다. 대신에, 레일은 끝과 끝이 맞대어 부설되었으며 레일을 지점 체결장치에 유지하는 능력은 선형을 유지하는데 의지가 되었다. 초기의 예에 관해서는 **그림 Ⅱ.10**을 참조하라.

레일의 수평과 수직 정렬이 레일의 손상을 줄이고 레일 이음매의 어긋남에 기인하는 탈선을 방지하는데 필수적이므로, 더 강한 이음매 연결의 추구는 거의 한 세기 동안 많은 철도에서 주요 활동이었다. Winkler (1875, p. 96)에 따르면, Mississippi 철도는 1839년만큼이나 일찍이 "이음매판"을 도입하였으며 Philadelphia, Wilmington & Baltimore 철도는 1845년에 도입하였다. 독일의 Cologne~Minden과 Hannover 철도는 1848년에 이음매판을 사용하기 시작하였다. 이들 이음매판의 사용은 1850년대 초기에 북미와 유럽의 많은 철도에 그들이 도입될 만큼 효과적인 것으로 알려졌다. 최초의 이음매판은 복부에다 볼트로 조인 단순한 **철의 띠**(스트랩)였다. 연결 판을 가진 초기 레일 이음매의 광범위한 논의에 관하여는 Winkler (1875, 제Ⅵ장)를 참조하라.

이음매판 발달의 다음 단계는 이음매 판이 연결 레일과 같은 강도와 강성을 갖고 있어야 한다는 합리적인 견해에 의해 지배되었다. 또 하나의 요구조건은 차륜에 대해 원활한 주행을 보장하도록 이음매가 수직과 수평으로 양 레일단부의 정렬을 유지하여야 하는 점이다[Webb (1911, p. 270)]. 이들의 요구조건을 충족시키려고 시도한 예를 **그림 Ⅲ.42**에 나타낸다. 이들의 이음매 조립품은 다양한 이유 때문에 통상의 사용에 부적합하다는 점이 판명되어 포기되었다.

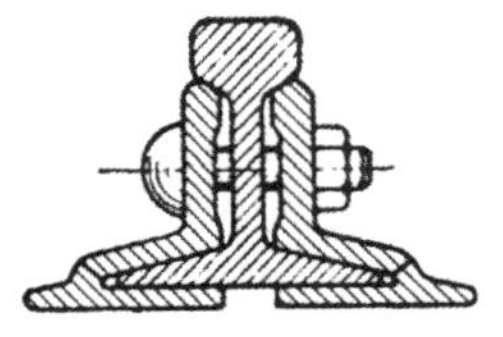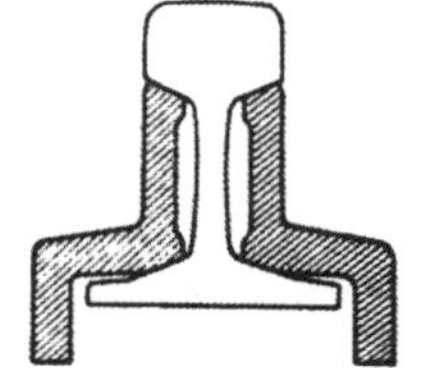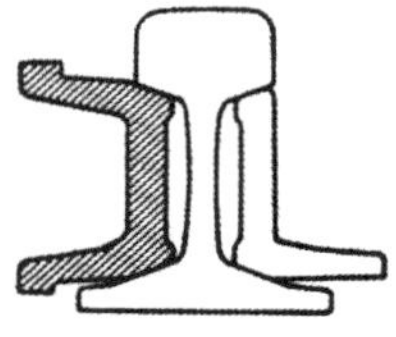

그림 Ⅲ.42 레일강성에 필적하도록 시도된 이음매판의 예

1800년대 말기에는 레일의 두부와 저부 사이에 단단히 끼우는 엣지 판이 개발되었다. 두 앵글 형의 이음매 판은 연결되는 레일보다 더 작을지라도 단순한 띠의 판보다 수직 평면과 수평 평면 양쪽에서 더 큰 단면2차 모멘트를 가졌다. 이들 이음매판의 현대적 버전을 **그림 Ⅲ.43**에 나타낸다.

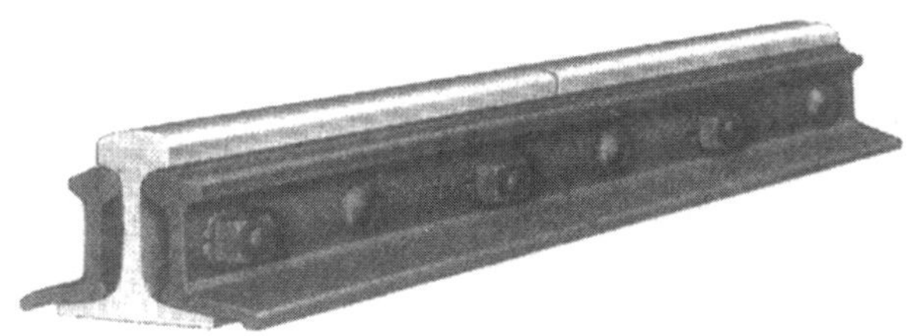

그림 Ⅲ.43 앵글-형 이음매 판이 있는 레일 이음매 [Portec 팸플릿 (1989)]

보통의 앵글 판이 여전히 사용되고 있을지라도 북미에서 현재 사용 중인 더 평범한 버전은 돌출된 푸트 (angled foot)가 없는 이음매 판이다. 그것은 "토(toe)가 없는 이음매판"이라 부른다. 토(toe)가 없는 이음매판의 레일 이음매를 **그림 Ⅲ.44**에 나타낸다.

그림 Ⅲ.44 토(toe)가 없는 이음매판의 표준 레일 이음매 [Portec 팸플릿 (1989)]

길고, 토(toe)가 없는 강 이음매 판들은 레일두부와 레일저부 사이에 끼워 맞추는 형상을 하고 있으며 레일복부를 통하여 4 개 또는 6 개의 볼트와 너트로 연결된다. 이음매판의 볼트구멍은 레일단부가 축 방향으로 이동함을 허용하도록 타원형 또는 과대 원의 형상을 하고 있다.

이음에서 **기하구조** 요구조건은 성취하기가 상대적으로 쉽다. 그러나 **강성**에 대한 요구조건은 이음매판의 횡단면이 충분히 크고 횡-침목을 방해하지 않으며 볼트가 단단히 체결되는 것을 필요로 하므로 문제를 일으킨다.

"AREA 편람" (1996)에 의거하여 레일 및 상응하는 토(toe)가 없는 이음매판의 단면2차 모멘트를 나타내는 **표 Ⅲ.1**에서 분명한 것처럼, 오늘날까지 "강성 요구조건은 충족되지 않는다."

표 Ⅲ.1 레일과 이음매판의 단면2차 모멘트(괄호 내의 값은 편저자가 환산)

레일 종류	115 (58 kg/m)	132 (65.5 kg/m)	140 (69.4 kg/m)
레일의 단면2차 휨모멘트, I [in⁴ (cm⁴)]	65.9 (2743)	87.9 (3659)	96.9 (4033)
두 이음매판의 단면2차 모멘트 [in⁴ (cm⁴)]	20.6 (857)	29.7 (1236)	31.9 (1328)

각각의 레일단면에 관하여 "이음매판 한 쌍의 단면2차 모멘트는 상응하는 레일의 I 값보다 훨씬 더 적은 약 1/3 뿐인 점에 주목하라. 그러므로 이음매 판이 레일에 단단히 체결되어 있을 때조차도 결과로써 생기는 이음매는 레일-침목 구조(궤광)에서 여전히 약한 지점이다. 이 약한 지역은 차륜이 이음매 위를 통과할 때에 이음매에서 증가된 수직 레일 처짐과 동적 힘으로 이끌며, 이음매 조립품의 이완과 열화, 유간 근처 레일두부의 손상 및 이음매 근처 도상과 노반의 열화, 따라서 높은 궤도 보수비를 초래한다.

볼트가 단단히 체결되어야 하는 필요는 딜레마이다. 즉, 볼트가 타이트할 때는 그들이 이음매에서 레일단부의 자유로운 축(종) 방향 이동이란 추가의 기계적 요구조건을 방해한다. 이 이동은 온도변화에 기인할 수도 있는 높은 축 방향 레일 힘(인장 또는 압축)의 발생을 방지하기 위해 필요하다.

여러 출처에 따르면, 이음매 궤도 구간의 보수는 궤도보수 예산의 약 반을 차지할 수 있다. 레일 이음매는 오늘날까지 보수비용이 많이 드는 레일-침목 구조의 약한 지점으로 남아 있다.

궤도에서 사용되고 있는 이음매 배치의 두 가지 유형을 **그림 Ⅲ.45**에 나타낸다.

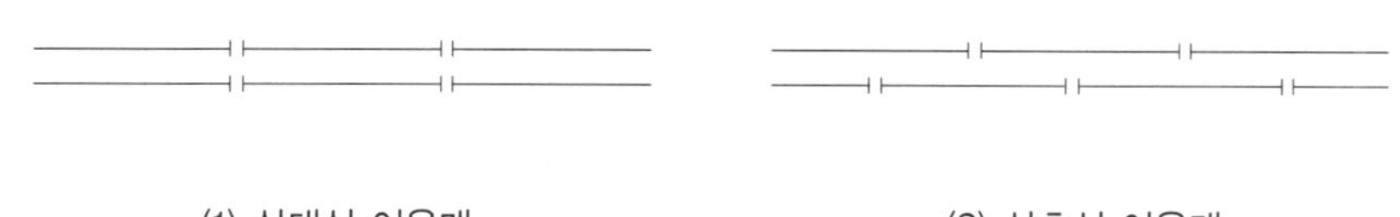

(1) 상대식 이음매　　　　　　(2) 상호식 이음매

그림 Ⅲ.45 궤도에 따른 이음매의 위치

상호식 이음매의 도입은 이 경우에 차축의 한 차륜만이 이음매에서 추가의 수직 처짐을 받고 있으므로 차량의 중력중심이 **상대식 이음매**에서의 값보다 약 반만큼 낮아지며 레일-침목 구조에 대한 차륜 충격을 감소시킨다는 견해에 의거하였음이 분명하다. 그러나 Saller (1928, p. 131)에 따르면 현장측정은 레일 이음매 맞은편의 레일도 또한 충격력을 받는 점을 나타내었다. 더욱이, "상호식" 이음매의 궤도에서는 "상대식 이음매"의 궤도와 비교하여 2 배만큼 많은 침목들이 충격을 받았다.

이들의 이음매에서 과도한 처짐을 줄이기 위해 사용되

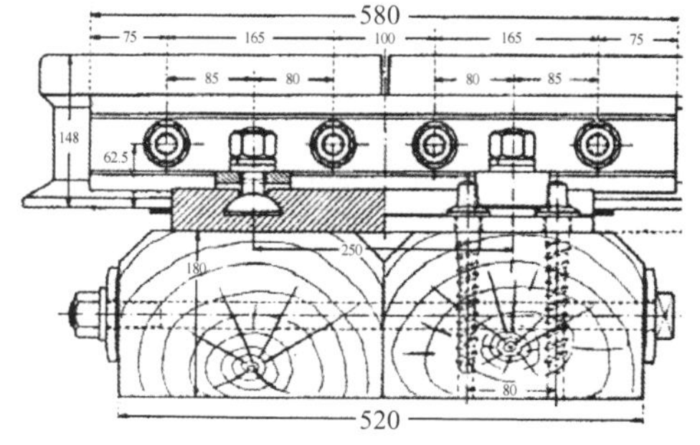

그림 Ⅲ.46 투윈(twin) 침목으로 지지된 이음매 [Saller (1928, p. 134)]

어온 하나의 수단은 **이음매 근처의 침목간격을 줄이고** 따라서 이들의 위치에서 레일 아래의 기초 강성을 늘리는 것이다. 관련된 수단은 **그림 Ⅲ.46**에 나타낸 것처럼 투윈(twin) 침목으로 이음매를 지지하는 것이다. 이들의 방법은 양쪽 레일의 이음매가 유럽 철도에서처럼 서로에 대해 마주보고 위치하였을 때 적당하다. 그들은 북미의 많은 철도에서 관례인 것처럼 이음매가 상호식일 때는 적합하지 않으며, 그 이유는 상호식 이음매에 마주보고 있고 레일이 연속되어 있는 레일지점의 수직강성을 국지적으로 증가시키기 때문이다.

상기의 논의는 이음매 궤도를 사용하고 산업 궤도와 짧은 선로처럼 기계적 탬퍼를 사용할 계획이 없는 철도의 경우에 이음매에서 침목간격을 줄임과 함께 상대식 이음매를 가진 궤도가 고려할만한 경제적 대안일 수도 있음을 시사한다.[1] 이 설계는 있어야 할 것이 없는 레일 휨 강성에 대한 대용으로써 이음매판에 대한 의지를 줄이고 이음매 조립품의 마모와 보수를 줄일 것이다.

레일 이음매의 발달 동안 이음매 지지의 두 주요 유형, 즉 (a) 지접법 이음매와 (b) 현접법 이음매가 서서히 발전되었다(**그림 Ⅲ.47**).

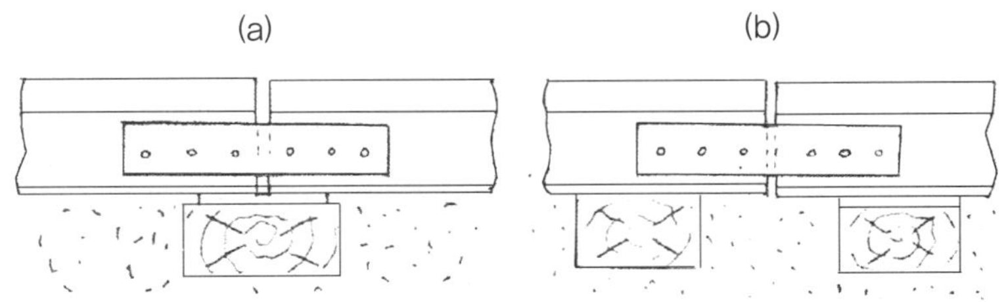

그림 Ⅲ.47 횡 침목 이음매 지지

그림 Ⅲ.46과 **그림 Ⅲ.47**(a)에 나타낸 "지접법 이음매"의 장점은 이음매에서 증가된 기초 강성 때문에 레일 처짐과 휨모멘트가 더 작은 점이다. 이것은 또한 이음매판 마모의 감소로도 이끈다. 단점은 이음매에서 더 큰 기초 강성 때문에 차륜 충격력이 더 크며 이것은 레일 배터(batter)로 이끌 수도 있다. "현접법 이음매"의 장점은 이 이음매가 더 소프트하기 때문에 차륜이 일으키는 충격력이 더 작고 레일과 차량에 대한 손상이 더 적은 점이다. 단점은 이음매판 뿐만 아니라 레일이 더 처지고 더 큰 휨모멘트를 받는 점이다. 그러므로 "현접법" 이음매에서는 이음매 판이 "지접법" 이음매의 경우보다 더 강하여야 한다.

이 이슈는 궤도 개발의 과정에서 철도들이 어째서 하나의 이음매 지지 시스템에서 다른 것으로 전환하였는지를 설명한다. 즉, 지접법 이음매로부터 현접법 이음매로의 변경은 레일단부에서 과도한 레일 배터를 피하기 위한 것인 반면에 지접법으로의 변경의 목적은 이음매판의 손상을 줄이기 위한 것이었다[Saller (1928, 파트 Ⅱ, 제4절)와 Hanker (1952, pp. 121~123)]. 유럽의 철도들은 "지접법" 이음매의 궤도를 광범위하게 사용하였던 반면에 북미에서는 "현접법" 이음매가 지배적이다.

철도들은 1 세기 이상 이전에 여러 가지 종류의 **이음매 유간**(gap)을 또한 시험하였다[Gillespie (1853, pp. 121~123)]. 이들 시도의 일부를 **그림 Ⅲ.48**에 나타낸다. **그림 Ⅲ.48** (1)과 (2)의 형상은 차륜이 이음매 유간을 걸쳐 전동할 때 유간에 기인하는 차륜 충격을 줄이려는 목적을 가졌다. 그러나 그들의 사용은 이들 유간에서 경험

---

[1] 궤도의 도처에서 침목간격이 동일할 때는 탬퍼의 생산성이 더 높으므로, 기계적 탬퍼의 사용이 도입된 유럽의 많은 주요 철도들은 이음매 근처의 침목간격을 줄이는 관례를 중지한 점에 주목하라.

한 레일두부 손상 때문에 그 시기에 중지되었으며 레일 중심선에 수직인 직각 이음매, 즉 변형체 (3)이 지배적인 유간 형상으로 되었다. 북미의 BNSF 철도는 최근에 유간 변형체 (1), 사접(斜接, miter) 이음매를 접착절연 이음매에서 시험하였다.

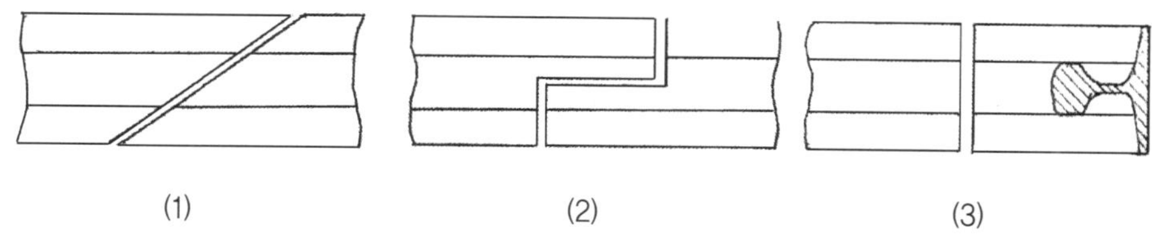

(1)   (2)   (3)

그림 Ⅲ.48 유간 형상

구형과 신형 이음매판의 중요 차이는 **두부-자유형 설계**이다. 구형 레일은 일반적으로 상대적으로 작은 두부-복부 필렛 반경을 가졌다. 두부의 비스듬한 하부에 잘 맞는 이음매판과 함께 이 작은 반경은 두부-복부 필렛 반경 지역의 응력집중과 레일의 자유단에서 두부-복부 분리로 인한 파손에 기여한다. 응력집중에 관한 논의는 제 Ⅳ장을 참조하라.

이 지역의 응력집중을 줄이기 위하여 필렛 반경이 더 큰 새로운 레일단면을 설계하였다. 예를 들어, 현행의 단면 115 RE와 132 RE는 구형 단면 112 RE와 131 RE의 변경된 버전이며 이 변화가 포함되었다. 이 변경을 완료하기 위하여 "두부-자유형 이음매판"이 설계되었다. 이 설계는 이음매판 두부와 레일두부 간의 접촉을 레일의 복부에 더 가깝게 이동시켰으며, 그에 따라서 크게 한 두부-복부 필렛 반경의 범위 이내에서 주로 접촉이 일어 났다. 이 조정은 이음매에서 접촉응력과 두부-복부 분리의 발생을 감소시켰다. **그림 Ⅲ.49는 두부-자유형**과 **두 부-접촉형** 이음매판의 비교를 나타낸다.

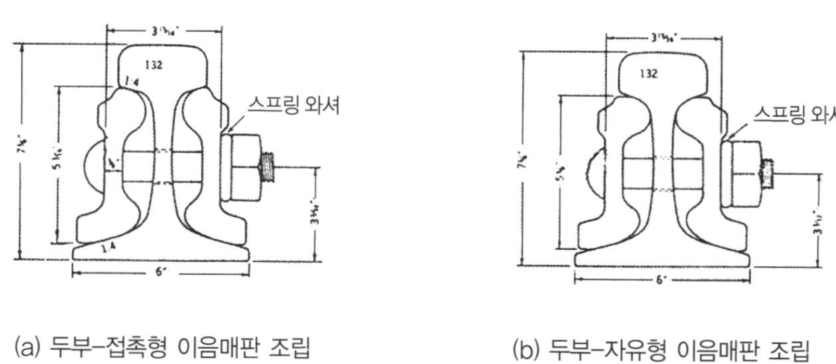

(a) 두부-접촉형 이음매판 조립   (b) 두부-자유형 이음매판 조립

그림 Ⅲ.49 최근의 이음매판 설계

이음매에서는 이음매판과 레일 간의 높은 접촉응력을 피하도록 접촉영역의 형상들을 합치시킨다. 또한, 견고한 끼워 맞춤을 보장하도록 이음매판을 레일두부와 저부 간에서 "쐐기"처럼 끼워 맞춘다. 이 설계의 접촉표면에 생기는 마모는 정기적으로 수행하여야 하는 볼트 죄임으로 처리된다.

볼트 죄임 힘 F가 이음매판을 통하여 어떻게 레일로 전해지는지를 더 좋게 이해하도록(접촉응력의 합력인) 힘 N_1과 N_2를 **그림 Ⅲ.50**에 나타낸다. 이들의 힘은 이음매판에 대한 평형조건에 상당하는 제시된 힘 다이어그램으

Ⅲ. 궤도 구성요소의 발달   **73**

로부터 평가될 수 있다. 규정된 죄임 힘 F에 대하여 경사 α와 β가 어떻게 접촉 힘 N_1과 N_2에 영향을 끼치는가에 주목하라.

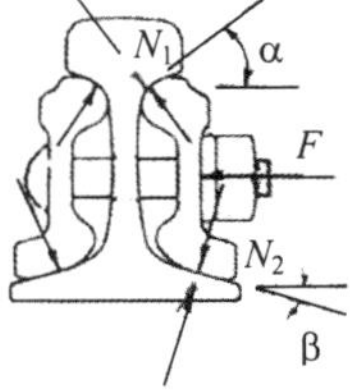
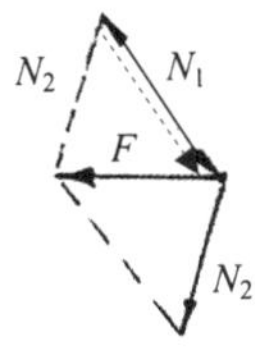

그림 Ⅲ.50 볼트 힘 F에 기인하는 레일과 이음매판 간의 접촉 힘

각각의 레일 이음매가 약한 궤도구조 부위를 만들기 때문에 20세기의 상반기 동안 더 긴 레일을 부설하거나 일부의 이음매에서 레일단부를 용접함으로써 또는 양쪽에 의하여 가능한 한 많은 이음매를 제거하려는 갖가지 시도가 행하여졌다. 이 노력은 제2차 세계대전 후에 드디어 **장대레일**(CWR)을 도입하게 되었다.

그러나 궤도의 각 구간이 궤도회로를 형성하고 신호가 진출·입 열차에 의해 현시되는 자동폐색신호 시스템 [Armstrong (1998, 제7장)]의 보유는 **전기절연 이음매**가 필요하게 만들었다.

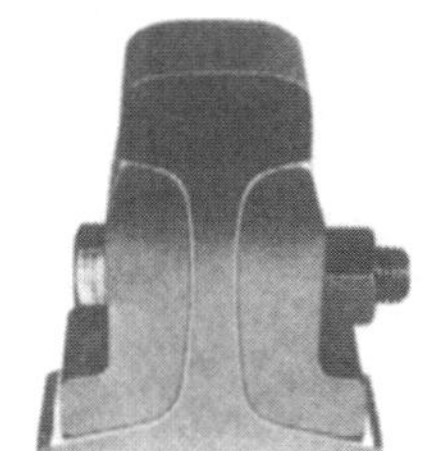
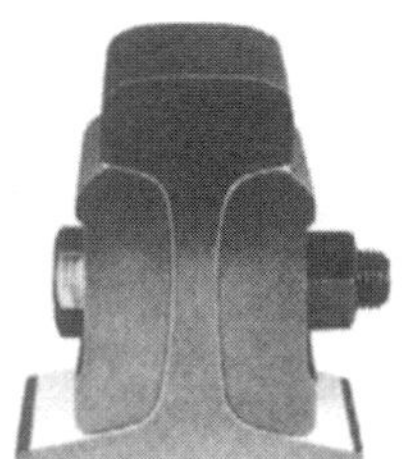

그림 Ⅲ.51 접착절연 이음매(Portec 팸플릿)

그림 Ⅲ.52 폴리우레탄 절연 이음매(Portec 팸플릿)

이음매를 절연하는 초기의 방법은 레일 단부들 사이 및 레일과 금속 이음매판의 표면 사이에 절연재료의 층을 삽입하는 것이었으며, 만일 그렇게 하지 않으면 이들 사이가 서로 접촉하게 될 것이다. 더 최신의 유형은 "파이

버글라스 이음매", "폴리우레탄 절연 이음매", 및 "접착절연 이음매"이다. 파이버글라스 이음매판은 유리섬유 재료의 고체블록으로 압연된다. 폴리우레탄 절연 이음매는 폴리우레탄의 절연 층으로 각각 완전히 감싼 두 이음 매판을 사용한다. 이들의 양쪽 이음매에서는 마치 보통의 강 레일 이음매에서처럼 볼트로 이음매판을 레일에 대고 있다. 접착절연 이음매에서는 얇은 파이버글라스 층으로 강 이음매 판이 절연되며 에폭시 접착제에 의하여 뿐만 아니라 볼트로 레일단부에 붙여진다. 이 이음매는 장대레일에 적합하게 사용하는데 필요한 높은 종(縱) 구속을 마련한다. 예로서, Portec 접착절연 이음매를 **그림 Ⅲ.51**에 나타낸다. 폴리우레탄 절연 이음매는 **그림 Ⅲ.52**에 나타낸다.

접착절연 이음매의 분석 및 얻어진 결과와 실제 이음매에 대한 시험결과의 비교는 Kerr와 Cox (1999)가 발표하였다.

Ⅲ.6 분기기

"분기기"는 이동하는 열차를 한 궤도로부터 다른 궤도로 전환시키는 것을 가능하게 한다. 두 개의 주요 구성 요소는 포인트(switch)[역주1]와 크로싱(frog)이다(**그림 Ⅲ.53**).

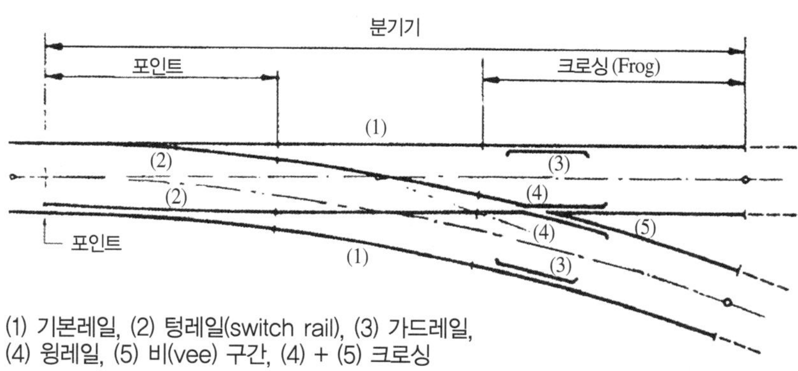

(1) 기본레일, (2) 텅레일(switch rail), (3) 가드레일,
(4) 윙레일, (5) 비(vee) 구간, (4) + (5) 크로싱

그림 Ⅲ.53 분기기의 개략도

"포인트(switch rail)"는 열차가 한 궤도로부터 다른 궤도로 갈아타도록 강제한다. 이것은 분기선의 한 레일이 기준선의 한 레일을 교차하는 것을 필요로 한다. 차륜의 플랜지가 이 교차점(crossing)을 통과하도록 허용하는 것을 크로싱(frog)이라 부른다.

하나의 유형인 **볼트 고정 크로싱**은 주강품으로 분리된 짧은 레일토막들이 단단한 단일체를 형성하도록 볼트로 함께 죄여져서 이루어져 있다(**그림 Ⅲ.54**).

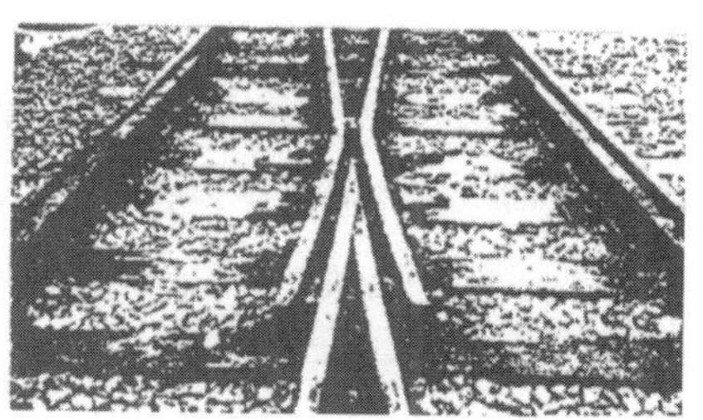

그림 Ⅲ.54 전형적인 볼트 고정 크로싱

[역주1] 분기기 구성요소의 용어는 다종다양하고, 나라마다 여러 가지로 사용하고 있다.

그렇지만, 플랜지웨이 틈은 차륜이 틈을 건널 때의 타격 때문에 레일이 빠르게 마모되는 영역을 초래한다. 이 지점의 마모를 줄이기 위하여 레일속박 **망간 크로싱을** 형성하는 망간강 주물을 틈의 근처에 삽입한다(**그림 Ⅲ.55**). 이들 크로싱 유형의 발달에 관하여는 Frank (1986)를 참조하라.

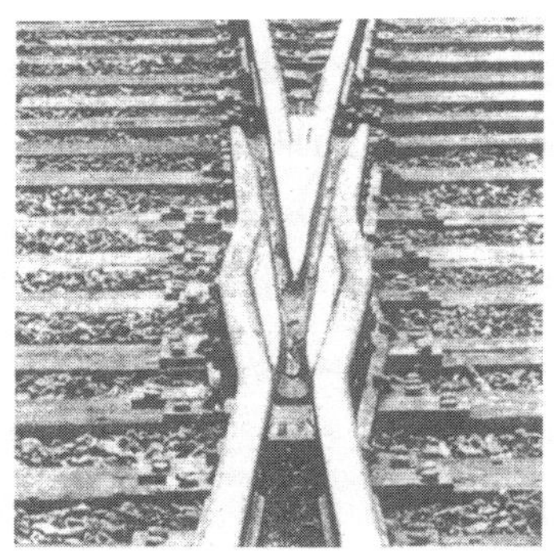

그림 Ⅲ.55 레일속박 망간 크로싱

그림 Ⅲ.56 가동 노스 크로싱

최근에 열차속도와 윤하중의 증가와 함께 이동하는 차륜 아래의 틈을 제거하려는 시도가 행하여지고 있다. 결과는 "가동 비(vee) 단면"을 가진 **가동 노스 크로싱(그림 Ⅲ.56)** 또는 **가동 윙 레일**을 가진 크로싱이다("RT&S" (1997. 6)를 참조하라).

이들의 크로싱은 분기기 전체에 걸쳐 연속된 주행 면을 제공하며, 이에 따라 승차감을 개량하고 레일 배터와 마모를 줄인다. 그러나 그들의 획득과 보수비용이 더 든다.

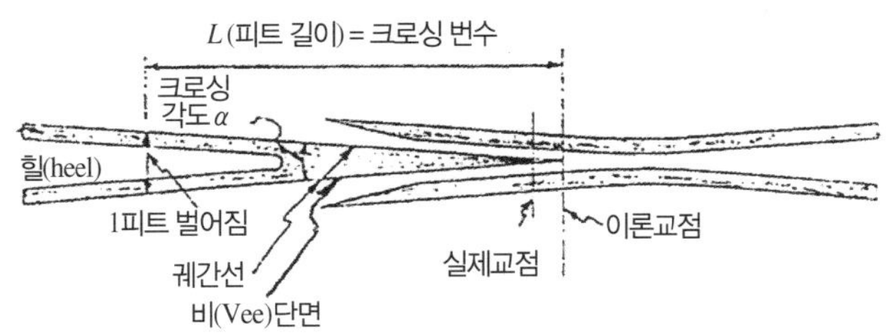

그림 Ⅲ.57 크로싱 번수의 결정방법

크로싱은 일반적으로 **그림 Ⅲ.57**에 정의한 것처럼 "벌어짐" 또는 "분기" 정도의 척도가 되는 "크로싱 번수" N, 또는 크로싱 각 α로서 부른다. 예를 들어, No. 20 크로싱에서 1 ft의 분기는 길이 l = 20 ft에 상당한다.

또 하나의 기술혁신은 **접선 기하구조 분기기**이다. 이 분기기에서는 텅레일이 곡선이며 텅레일 입사각이 사실상 제거된다. 이 설계는 차량이 분기기를 들어갈 때 생기는 횡 방향의 동하중을 상당히 감소시킨다. 곡선 텅레일은 기계적으로 완화곡선의 나선(스파이럴)과 비슷하다.

분기기의 최대 허용 통과속도는 분기기 내의 곡률에 의해 지배되며, 그것은 크로싱 번수 N과 텅레일의 곡률에 관련된다. 텅레일의 곡선화는 크로싱 번수의 증가와 함께 분기기의 속도 성능을 증가시킨다.

분기기에 관한 추가의 정보는 Hay (1982), Ahlf (1998), Fastenrath의 Morgenschweis (1981), Berg와

Henker (1986), AREA 편람 (1996), 및 "궤도작업 계획의 서류첩(Portfolio of Trackwork Plan)"을 참조하라.
분기기 설계와 현장시험의 최근 개발에 관하여는 Mitchel (1985), Frank (1986), Elkins 등 (1989), Sauer
(1990), "철도궤도와 구조(railway Track and Structure)" (1999, 1991, 1993), Holzinger (1991, 1994), Read
(1990), "국제철도저널(International Railway Journal)" (1994), Kramer (1996), 및 Judge (1999, 2001)를
참조하라.

Ⅳ. 윤하중에 대한 궤도의 응답

Ⅳ.1 서론

제Ⅱ장에서 기술한 것처럼, 19세기 동안 금속 레일의 도입은 **종-침목 궤도**와 **횡-침목 궤도** 등 두 가지 유형의 궤도로 이끌었다. 첫 번째의 경우에는 두 금속 레일이 종-침목에 의해 "연속적으로" 지지되는 반면에 두 번째의 경우에는 레일이 횡-침목에 의해 "단속(斷續)적으로" 지지된다.

철도궤도의 발달이 시행착오 접근법에 기초하여 주로 직관적이었을지라도, 1800년대 하반기 이후에 철도기술자들이 궤도 구성요소를 해석적으로 사정하려고 시도하였다.

"종-침목 궤도"에 관한 해석은 Winkler가 1867년에 지배 방정식을 도입함에 따라 상당히 순조롭게 발전하였다.

"횡-침목 궤도"에 관한 해석의 개발은 레일 지지의 단속(斷續) 특질에 기인하여 더 복잡하였다. 그것은 궤도의 레일을 단속 지지(강성 또는 탄성) 위의 보(beam)로서, 그 다음에 "연속적으로" 지지된 보로서 고려함으로써 시작되었다. 이 두 번째 접근법은 현재 철도공학에서 사용되는 지배적인 방법이다. 이들의 해석, 확장, 및 적용을 다음의 절들에서 기술한다.

Ⅳ.2 종-침목 궤도의 해석

Winkler (1867)는 각각의 레일을 연속적으로 지지된 보로서 고려함으로써 "종-침목 궤도 (**그림 Ⅳ.1**)"의 레일 응력을 해석하도록 제시하였다. 탄성 보의 휨 이론에 대한 미분방정식

$$EI\frac{d^4w}{dx^4} + p(x) = q(x) \qquad (\text{Ⅳ}.1)$$

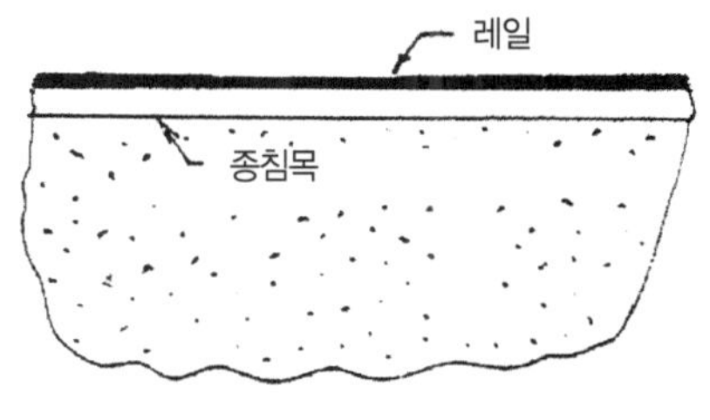

그림 Ⅳ.1 종-침목 궤도

은 이 시기에 정립되었다. 이 방정식에서 $w(x)$는 x에서의 수직 레일 처짐이며, $q(x)$는 수직 윤하중을 나타내고, EI는 레일과 종-침목의 결합된 일정한 휨 강성이며, $p(x)$는 종-침목과 기초 간의 연속 접촉압력이다(**그림 Ⅳ.2**). Winkler는 x에서의 압력이 x에서의 처짐에 비례한다고 가정하였다. 따라서

$$p(x) = kw(x) \qquad\qquad (\text{Ⅳ}.2)$$

여기서, 비례상수 k는 기초 파라미터이다. 이것은 잘 알려진 "Winkler 기초 모델"의 기원이다. 방정식 (Ⅳ.2)를 방정식 (Ⅳ.1)에 대입하고 d^4w/dx^4를 $w^{\text{Ⅳ}}$로 나타내면, 다음과 같이 레일-침목 구조에 관한 지배 방정식이 된다.

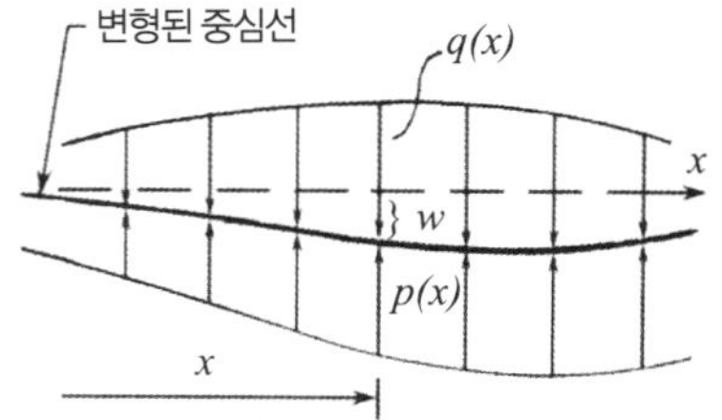

그림 Ⅳ.2 변형된 보의 평형 위치

$$EIw^{\text{Ⅳ}} + kw = q \qquad (\text{Ⅳ}.3)$$

이 식은 4계(階) 상미분방정식(常微分方程式)이다. 기계적으로, 그것은 밀접하게 간격을 둔 선형 스프링으로 이루어져 있는 기초에 부설된 보의 응답을 나타낸다.

종-침목 궤도의 레일 휨 응력을 논의한 Schweldler (1882)는 대단히 긴 레일-침목 보가 $x = 0$에서 집중 윤하중 P를 받을 때에 대한 방정식 (Ⅳ.3)의 해를 유도하였다(**그림 Ⅳ.3**).

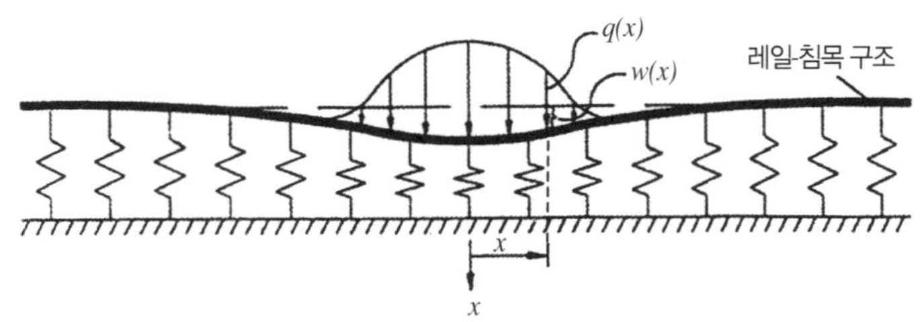

그림 Ⅳ.3 종-침목 궤도의 해석 모델

$$w(x) = \frac{P\beta}{2k} e^{-\beta x} \left[\cos(\beta x) + \sin(\beta x) \right] , \qquad\qquad x > 0 \qquad (\text{Ⅳ}.4)$$

그리고 다음과 같이 휨모멘트에 관련되는 식을 얻었다.

$$M(x) = -EIw''(x) = \frac{P}{4\beta} e^{-\beta x} \left[\cos(\beta x) - \sin(\beta x) \right] \qquad\qquad x > 0 \qquad (\text{Ⅳ}.5)$$

여기서,

$$\beta = \sqrt[4]{\frac{k}{4EI}} \qquad (\text{IV}.6)$$

종-침목 궤도에 대한 방정식 (IV.3)의 다수의 해는 Zimmermann (1888, 1941)[1]의 책에 포함되어 있다. 관련된 해설은 Kerr (1976a)를 참조하라.

IV.3 횡-침목 궤도의 해석

횡-침목 궤도의 레일에 관한 해석의 개발은 더 복잡하였다. 그것은 궤도의 레일을 "단속(斷續)" 강성지지 위의 보로서 고려함으로써 시작되었으며, 그 다음에 "단속" 탄성지지 위의 보로서, 그리고 최종적으로 "연속적으로" 지지된 보로서 고려하였다.

많은 단속 지지(받침) 위의 보에 관한 해석은 많은 동시의 대수방정식을 포함하고 있으므로 그 시기(1870년 이후 수십 년 동안)에 상당히 성가시었다. 그러므로 **횡-침목 궤도**에 대하여 레일이 **연속적으로 지지된** 보처럼 응답하는 것으로 가정하여 레일의 휨 응력을 해석하려고 시도한 것은 당연하였다.

이 접근법을 채택한 초기의 연구자들은 Flamache (1904), Timoshenko (1915) 및 Talbot가 위원장이었던 철도궤도에 관한 ASCE-AREA 특별위원회 (1918)이다.

그러나 "연속성" 가정의 도입은 알려진 몇몇 유럽 철도기술자들로부터 강한 이론(異論)에 부닥쳤으며 제2차 세계대전 때까지 철도 기술문헌에서 격한 찬반 두 갈래의 논쟁으로 이끌었다. 1945년 후에 "연속적으로" 지지

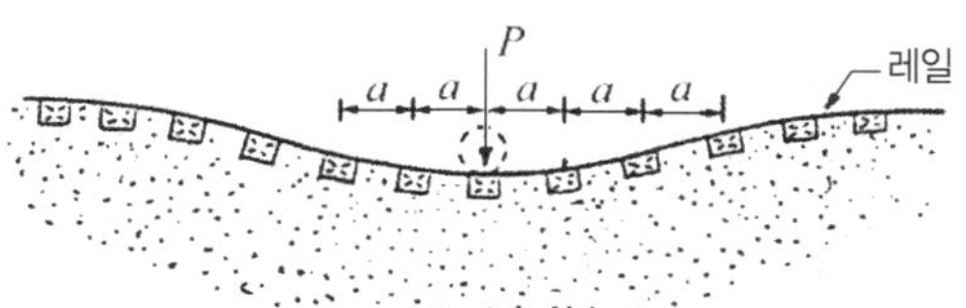

(a) 물리적인 문제

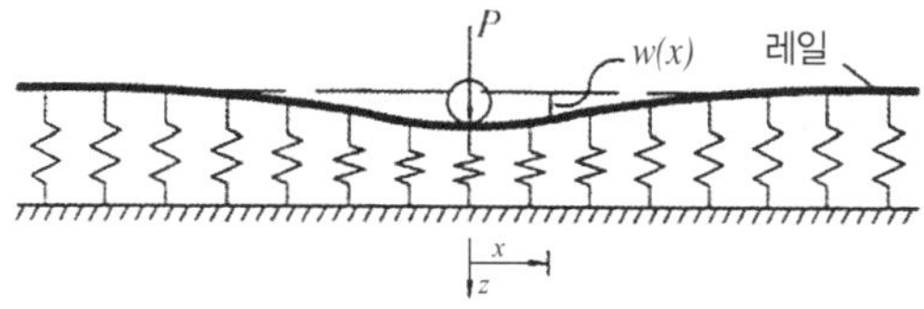

(b) 레일을 해석하기 위한 해석적 모델

그림 IV.4 횡-침목 궤도와 해석적 모델

---

[1] 1941년도 판은 원래 1888년에 발행된 책의 재발행이다.

된 레일은 궤도설계 목적용 해석모델로서 일반적으로 받아들여졌다. 끊임없이 증가되는 윤하중의 경향은 횡-침목 간격의 끊임없는 감소와 레일 횡단면적의 증가로 대처되어 왔으며, "연속성" 가정의 정당화를 높였다. 각 종 궤도응력 분석의 역사적 발달, 관련된 논쟁, 및 여러 가지 견해를 입증하거나 반증하는데 관련된 시험의 상세한 묘사는 Kerr (1976a)를 참조하라.

그림 Ⅳ.4(a)에 나타낸 레일저부 아래 횡-침목 지지는 일반적으로 **그림 Ⅳ.4(b)**에 나타낸, 근접하여 일정하게 간격을 둔 탄성 스프링으로 나타낸다.

그림 Ⅳ.4(b)에서 레일이 유일한 종 방향 요소인 점을 제외하고는 **그림 Ⅳ.4(b)**의 모델은 종-침목 궤도에 대해 **그림 Ⅳ.3**에 나타낸 것과 유사하다. 하나의 레일에 대한 지배 미분방정식은 방정식 (Ⅵ.3)에서처럼

$$EIw^{IV} + kw = q \qquad (\text{Ⅳ.7})$$

이다. 그러나 여기서, E는 레일 강에 대한 탄성계수이고, I는 수평 중심축에 관한 "레일"의 단면2차 모멘트이며, k는 레일지지의 수직 강성이다. 따라서 k는 횡-침목(횡-침목의 휨 강성, 레일좌면 지역에서 횡-침목의 수직 압축률 및 침목간격), 체결장치, 타이패드, 도상 및 노반의 효과를 나타낸다. 그것은 레일응답을 포함하지 않는다. 철도문헌에서는 k를 **레일지지계수** 또는 **궤도계수**라고 부른다(오래된 간행물에서는 그것을 흔히 U로 표시한다).

북미 레일에 관한 I 값은 AREA "철도공학용 편람"에 열거되어 있다. 그들을 **표 Ⅳ.1**에 나타낸다.

표 Ⅳ.1 북미 레일의 제원(괄호 내는 편저자가 환산)

RE 레일 (kg/cm)	A [in² (cm²)]	I [in⁴ (cm⁴)]	h [in (cm)]	c_o [in (cm)]	$Z = I/c_o$ [in³ (cm³)] 저부	상부
100 (49.6)	9.55 (61.6)	49.0 (2,040)	5.98 (15.2)	2.75 (7.0)	17.82 (292)	15.17 (249)
115 (57.0)	11.25 (72.6)	65.9 (2,743)	6.63 (16.8)	2.98 (7.6)	22.11 (362)	18.05 (296)
119 (59.0)	11.64 (75.1)	71.4 (2,972)	6.81 (17.3)	3.12 (7.9)	22.88 (375)	19.35 (317)
132 (65.5)	12.91 (83.3)	87.9 (3,659)	7.12 (18.1)	3.20 (8.1)	27.47 (450)	22.42 (367)
136 67.5)	13.38 (86.3)	95.0 (3,954)	7.31 (18.6)	3.35 (8.5)	28.36 (465)	23.99 (393)
140 (69.4)	13.69 (88.3)	95.9 (3,992)	7.31 (18.6)	3.37 (8.6)	28.46 (466)	23.34 (382)

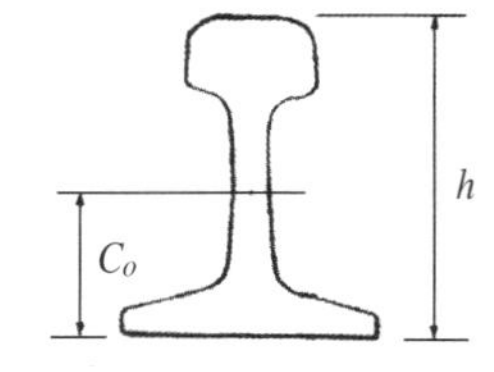

평형 방정식 (Ⅵ.7)에서 EIw^{II} 항은 레일 휨의 기여를 나타내고 두 번째 항은 레일저부에 대한 "연속적으로 분포된" 상향압력

$$p(x) = kw(x) \qquad (\text{Ⅳ.8})$$

을 나타내며, 세 번째 항 $q(x)$는 수직 윤하중을 나타낸다.

미분방정식 (Ⅵ.7)은 방정식 (Ⅵ.3)과 같은 형이므로, (Ⅵ.7)의 해는 방정식 (Ⅵ.4)에 주어진 것과 같다. 즉, 대단히 긴 레일에서 $x = 0$에 작용하는 하나의 윤하중 P에 대하여

$$w(x) = \frac{P\beta}{2k} \underbrace{e^{-\beta|x|}\left[\cos\left(\beta\,|\,x\,|\right) + \sin\left(\beta\,|\,x\,|\right)\right]}_{\eta\left(\beta|x|\right)} \qquad -\infty < x < \infty$$

$$\text{(IV.9)}$$

그리고

$$M(x) = -EIw''(x) = \frac{P}{4\beta} \underbrace{e^{-\beta|x|}\left[\cos\left(\beta\,|\,x\,|\right) - \sin\left(\beta|x|\right)\right]}_{\mu\left(\beta|x|\right)} \qquad -\infty < x < \infty$$

$$\text{(IV.10)}$$

여기서,

$$\beta = \sqrt[4]{\frac{k}{4EI}}$$

$$\text{(IV.11)}$$

방정식 (IV.9)와 (IV.10)에서는 그들의 유효 범위를 전체 레일로 넓히기 위해 절대부호를 사용하였다. 즉, |−x|=|x|. η와 μ에 대한 그래프를 **그림 IV.5**에 나타낸다.

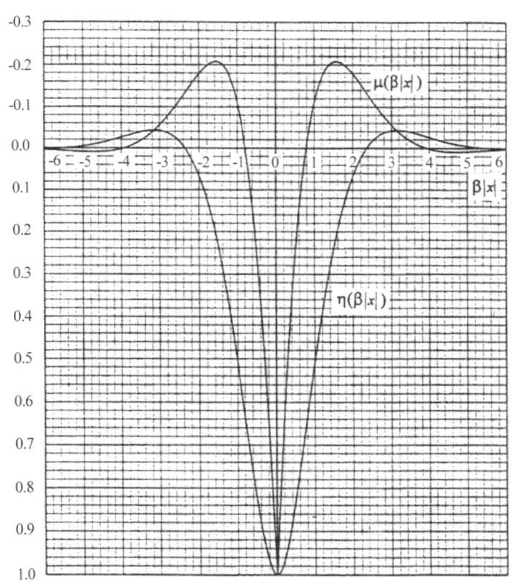

그림 IV.5 η(x)와 μ(x)에 대한 그래픽 표현

현장시험으로부터 k 값을 사정하는 방법은 제 V 장에 나타낸다. 그것은 다음에 설명하는 논의를 위하여 각종 본선궤도 상태에 대한 전형적인 값을 열거하기가 충분하다.

다짐 후의 목−침목 궤도	$k = 1{,}000\ \text{lb/in}^2$	$(6.9\ \text{N/mm}^2)$
교통에 의해 압밀된 목−침목 궤도	$k = 3{,}000\ \text{lb/in}^2$	$(20.7\ \text{N/mm}^2)$
교통에 의해 압밀된 콘크리트침목 궤도	$k = 6{,}000\ \text{lb/in}^2$	$(41.4\ \text{N/mm}^2)$
도상과 노반이 동결된 목−침목 궤도	$k = 9{,}000\ \text{lb/in}^2$	$(62.1\ \text{N/mm}^2)$

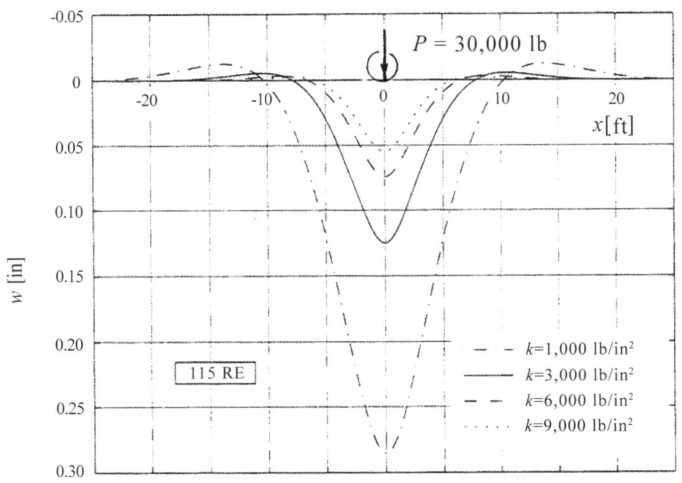

(a) 115 RE 레일과 각종 k 값에 대한 레일 처짐

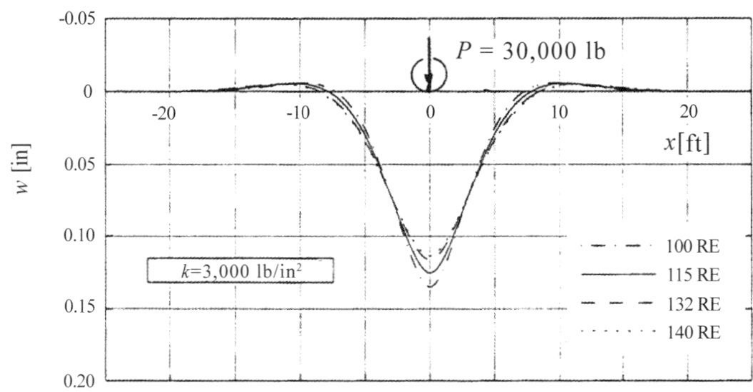

(b) 각종 레일단면과 k = 3,000 lb/in² (210.9 kgf/cm²)에 대한 레일 처짐

그림 Ⅳ.6 1축 대차에 의한 레일 처짐

궤도응답의 상세검토를 위한 식 (Ⅳ.8) 내지 (Ⅳ.10)의 효용을 나타내기 위하여 방정식 (Ⅳ.9)로 수치적으로 값을 구하여 얻어진 처짐을 **그림 Ⅳ.6**에 나타낸다.

상기의 해석에 따르면, 1축 대차에 대하여 가장 큰 처짐은 차륜 아래에서, 즉 x = 0에서 발생된다. 그것은 다음과 같다.

$$w_{max} = w(0) = \frac{P\beta}{2k} = \frac{P}{2k}\sqrt[4]{\frac{k}{4EI}} \qquad (Ⅳ.9')$$

처짐 종단면도는 차륜의 양쪽으로 약간 떨어진 거리에서 레일이 원래 위치보다 위로 들려짐을 나타내며, 그것은 체

그림 Ⅳ.7 스파이크가 이완된 재래 궤도

결장치에 대해 상향력을 일으킨다. 각각의 통과 차륜(또는 대차)으로 인해 발생되고 열차속도에 따라서 증가되는 이들의 힘은 스파이크를 이완시킨다. 전형적인 결과를 **그림 Ⅳ.7**에 나타낸다. 이것은 스파이크 체결장치의 주요 약점이다.

다음에, 레일이 침목에 가하는 "응력 분포"를 고려하자. 방정식 (Ⅵ.8)과 (Ⅵ.9)에 따르면,

$$p(x) = kw(x) = \frac{P\beta}{2} \underbrace{e^{-\beta|x|}\left[\cos(\beta|x|) + \sin(\beta|x|)\right]}_{\eta(\beta x)}$$

(Ⅳ.12)

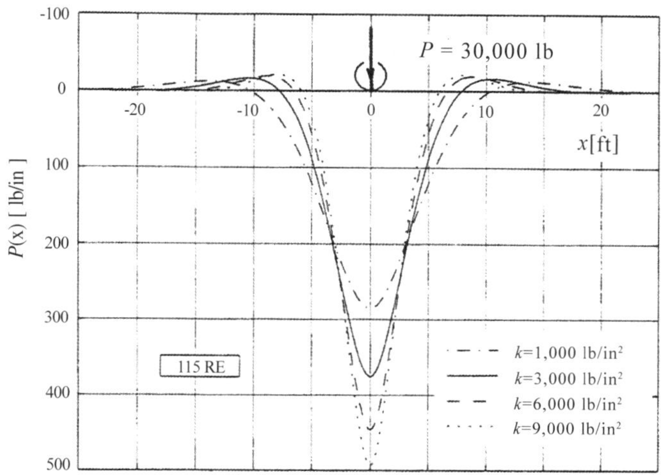

(a) 115 RE 레일과 각종 k 값에 대한 압력분포

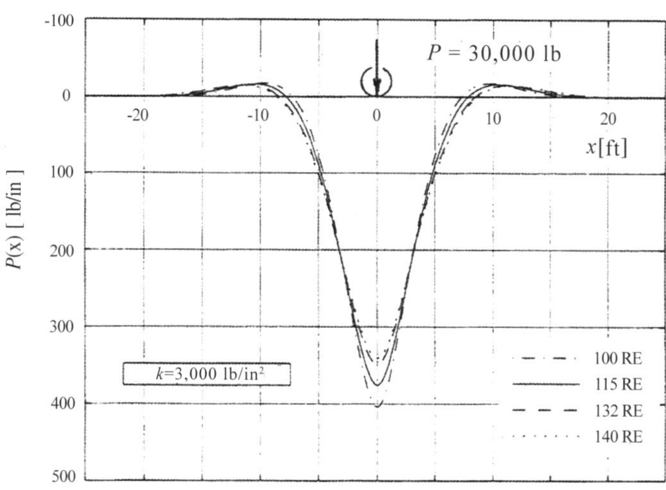

(b) 각종 레일단면과 k = 3,000 lb/in² (210.9 kgf/cm²)에 대한 압력분포

그림 Ⅳ.8 1축 대차에 의한 압력 분포

그러므로 $p(x)$의 그래픽 표현은 수직좌표가 각각의 k 값만큼 곱해져야 하는 점을 제외하고 **그림 Ⅳ.6**과 같은 형상이다. 예상한대로 1축 대차에 대하여 레일이 침목에 가하는 가장 큰 압력, p_{max}은 차륜 아래에서 일어난다.

그림 **Ⅳ.6(a)**와 **Ⅳ.8(a)**의 비교는 중요한 일반적 특징을 나타낸다. 즉, 수직 궤도강성(k 값)이 증가함에 따라 w_{max}은 감소하지만, p_{max}은 증가한다.

예를 들어, 목-침목이 콘크리트침목으로 바뀔 때, 결과로써 생기는 k 값은 약 2 배만큼 커지며, p_{max}은 약 20 %만큼 증가한다. 강성이 더 큰 궤도에 기인하는 차량의 동역학은 p_{max}를 더욱 증가시킨다. 이것은 도상의 마손과 파괴 속도를 줄이기 위해 어째서 더 단단하고 인성이 더 있는 도상자갈을 사용하여야 하는지의 주된 이유이다. 이들의 더 높은 압력은 또한 노반으로 전달되며 그들은 목-침목이 이용되었다면 존재하지 않을 노반파손으로 이끌 수도 있다.

레일이 **콘크리트 슬래브** 위(즉, 터널바닥이나 교량 위)에 직접적으로 놓일 때는 k 값을 허용 레벨까지 낮추도록 레일과 콘크리트 기초 사이에 탄성 패드를 삽입할 필요가 있다. 그렇지 않으면 레일과 "강성" 기초 간의 높은 압력이 접촉 지역의 콘크리트를 부수고 급속한 궤도 열화로 이끌 것이다.

상대적으로 얇은 도상 층이 레일과 (일부 도상 교량 위처럼) 강성 콘크리트 데크(deck) 사이에 놓일 때는 여전히 k 값이 상당히 높을 수도 있다. 이것은 차례로 도상자갈 사이뿐만 아니라 도상과 콘크리트 사이의 큰 접촉압력으로 이끌고 따라서 도상과 콘크리트 마손속도의 증가로 이끌 것이다. 그러한 상태를 피하는데 효과적인 수단은 생략된 노반의 응답을 흉내 내기 위해, 따라서 교량 구조물의 한 표면에 필적하도록 k 값을 줄이기 위해 도상과 콘크리트 상판 사이에 탄성 매트를 부설하는 것이다.

그림 **Ⅳ.8(b)**는 더 무거운 레일은 비록 충분하지 않을지라도 차륜의 최대 압력 p_{max}를 감소시키는 점을 나타낸다. 그러나 **그림 Ⅳ.6**과 **Ⅳ.8**을 비교하면, "k의 증가는 처짐 $w(x)$의 감소와 기초 압력 $p(x)$에 대해 레일 단면적의 증가보다도 더 강한 영향을 미친다"고 단정된다. 이것은 중요한 발견이다. 그것의 실제적인 밀접한 관계는 제Ⅹ.1절에서 논의한다.

다음에 방정식 **(Ⅳ.12)**를 사용하여 윤하중 P에 기인하는 레일좌면 힘 F_n (즉, 레일이 침목에 가하는 수직 힘)을 사정하자. 레일이 "연속적으로" 지지된다는 상기의 가정 때문에 결과로써 생기는 접촉압력 분포 $p(x)$도 또한 "연속적으로" 분포된다(**그림 Ⅳ.8**). 그러나 레일좌면 힘은 침목에서만 작용한다. 그러므로 레일좌면 힘은 **그림 Ⅳ.9**에 나타낸 것처럼 고려중인 침목에 대해 $p(x)$ 곡선의 적당한 부분을 배분함으로써 계산할 수 있다.

예를 들어, 최대 레일좌면 힘은 다음과 같다.

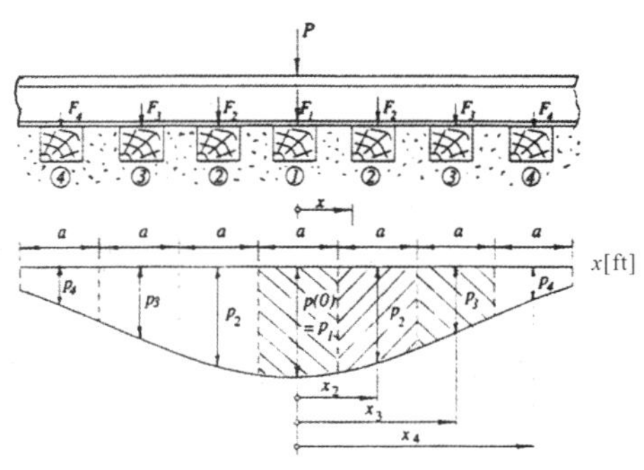

그림 Ⅳ.9 $p(x)$ 곡선으로부터 레일좌면 힘의 사정

$$F_{max} = F_1 \cong p(0)\, a = p_1\, a = \frac{P\beta}{2}\, a \tag{Ⅳ.13}$$

방정식 **(Ⅳ.11)**에 따르면, I = 65.9 in⁴(2,743 cm⁴), E = 30,000,000 lb/in² (2.1 × 10⁷ kgf/cm²)인 115 RE(57 kg/m) 레일 및 k = 3,000 lb/in² (210.9 kgf/cm²)에 대하여 다음과 같이 된다.

$$\beta = \sqrt[4]{\frac{3,000}{4 \times 30,000,000 \times 65.9}} \cong 0.025[1/\text{in}] \quad (0.01\ 1/\text{cm})$$

그리고 침목중심 간격이 a = 20 in(50. 8 cm)일 때, 방정식 (Ⅳ.13)은 다음과 같이 된다.

$$F_{max} \cong P\frac{0.025 \times 20}{2} = 0.25\ P \qquad (\text{Ⅳ}.14)$$

따라서 고려중인 레일에 대하여 차륜 직하의 목재 횡–침목은 윤하중 P의 약 25 %를 흡수한다. 예를 들어, 단일 정적 윤하중 P = 30,000 lb에 대하여 레일좌면 힘은 **그림 Ⅳ.10**에 나타낸 것처럼 F_{max} = 0.25 × P = 7,500 lb 이다.

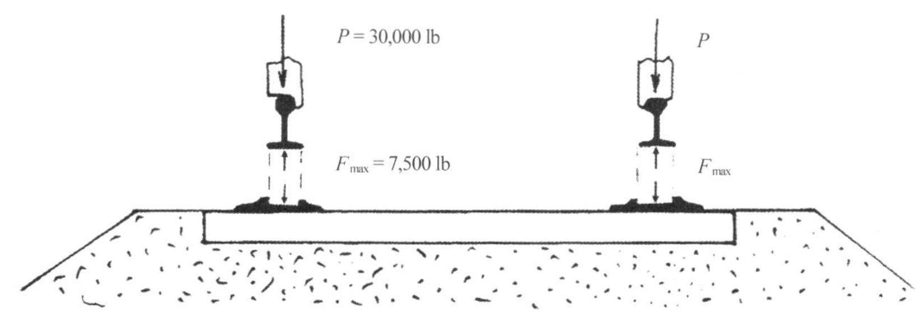

그림 Ⅳ.10 P와 F_{max} 간의 관계

방정식 (Ⅳ.13)에 따르면, F_{max}가 P에 비례적임을 주목하라. (예를 들어, 125 톤 차량의 도입으로) 윤하중 P가 증가됨에 따라 레일좌면 힘 F_{max}도 또한 증가한다. F_{max}가 타이플레이트의 크기, 침목과 도상 간의 압력(및 필요로 하는 도상 층의 깊이)을 좌우하므로 궤도가 이 윤하중 증가를 흡수하는 여분의 강도용량을 갖고 있지 않으면 궤도가 열화의 증가를 나타낼 것이다. 이 논점은 2축 대차를 고려할 때에 더 논의될 것이다.

115 RE 레일에서 k에 대한 F_{max}의 종속상태는 **그림 Ⅳ.8(a)**로부터 명백하다. 이 종속상태는 방정식 (Ⅳ.13)의 공식을 사용하여 132 RE 레일에 대해 다음과 같이 계산된다. 하나의 윤하중 P에 대한 결과를 **표 Ⅳ.2**에 나타낸다.

표 Ⅳ.2 132 RE 레일에 대한 최대 레일좌면 힘(괄호 내는 편저자가 환산)

k [lb/in² (kgf/cm²)]	1,000 (70.3)	3,000 (210.9)	6,000 (421.8)	9,000 (632.8)
F_{max} [lb (kgf)]	5,264 (2,388)	6,928 (3,142)	8,239 (3,737)	9,118 (4,136)
P에 대한 F_{max}의 %	17.5	23.1	27.5	30.4

레일지지계수 k가 레일좌면 힘 F_{max}를 어떻게 증가시키는지를 주목하라.

다음에, 115 RE 레일과 k = 3,000 lb/in²에 대하여 인접하는 침목의 레일좌면 힘을 사정한다. **그림 Ⅳ.9**에 따르면, n 번째 침목에 대한 힘은 $F_n \cong ap(x_n)$이다. 방정식 (Ⅳ.12)에 주어진 $p(x)$를 사용하면, 침목 n에 작용하는 레일좌면 힘은 다음과 같이 된다.

$$F_n \cong \left(\frac{P\beta}{2} a \right) \eta\left(\beta x_n\right) = F_{max} \eta\left(\beta x_n\right) \qquad \text{(IV.15)}$$

그림 IV.5의 수평좌표가 (βx)임을 주목하면 115 RE 레일, k = 3,000 lb/in², β = 0.025 [1/in], 및 a = 20 in의 궤도에 관한 계산은 **그림 IV.5**에 나타낸 η 곡선을 이용하여 **표 IV.3**에서 편리하게 수행된다.

표 IV.3 인접하는 침목에 대한 레일좌면 힘(115 RE 레일, β = 0.025 l/in)

침목	②	③	④	⑤
①로부터 거리, x_n [in]	20	40	60	80
βx_n	0.496	0.992	1.488	1.984
그림 IV.5로부터 (βx_n)	0.84	0.50	0.23	0.07
$F_n = F_{max}\, \eta(\beta x_n) = 0.025\,P\eta$	6,250	3,720	1,711	521
P에 대한 F_n의 %	20.8	12.4	5.7	1.7

I = 87.4 in⁴의 132 RE 레일과 k = 3,000 lb/in², β = 0.023 [1/in]에 대한 레일좌면 힘의 분포를 계산한 결과를 **표 IV.4**에 나타낸다.

표 IV.4 인접하는 침목에 대한 레일좌면 힘(132 RE 레일, β = 0.023 l/in)

침목	②	③	④	⑤
$F_n = F_{max}\, \eta(\beta x_n)$	5,865	3,588	1,863	759
P에 대한 F_n의 %	19.6	12.0	6.2	2.5

표 IV.3과 **IV.4**의 마지막 줄을 비교함으로써 F_n에 대한 레일 단면적의 작은 영향을 주목하라.

관계되는 **레일의 휨모멘트**는 방정식 (IV.10)에 주어진다. **그림 IV.6(a)**에 나타낸 k 값에 대해 이 식을 이용하여 수치적으로 값을 구한 결과를 **그림 IV.11**에 나타낸다.

레일 휨모멘트에 대한 레일 크기의 효과를 나타내기 위하여 방정식 (IV.10)으로 갖가지 레일단면과 k = 3,000 lb/in²에 대해 값을 구한 결과를 **그림 IV.12**에 나타낸다.

그림 IV.11과 **IV.12**에 따르면 최대 레일 휨모멘트 M_{max}는 윤하중 아래에서 생기는 점과 그 값은 다음 식과 같이 k의 감소와 EI의 증가와 함께 "증가"하는 점이 설계에서 중요하다. 이것은 방정식 (IV.10)에서도 이해된다.

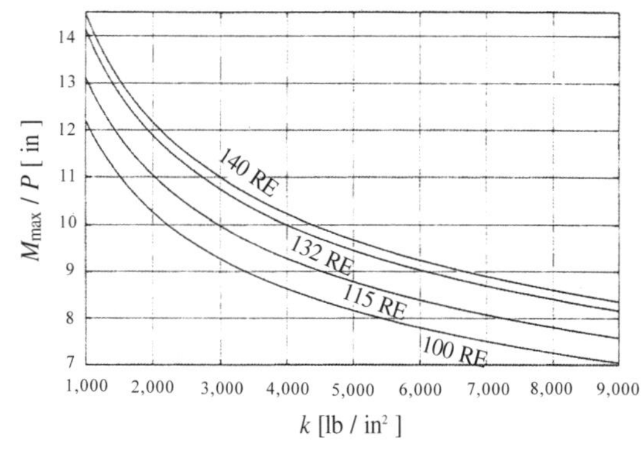

그림 IV.13 하나의 윤하중 P에서 레일단면과 k에 대한 M_{max}의 종속

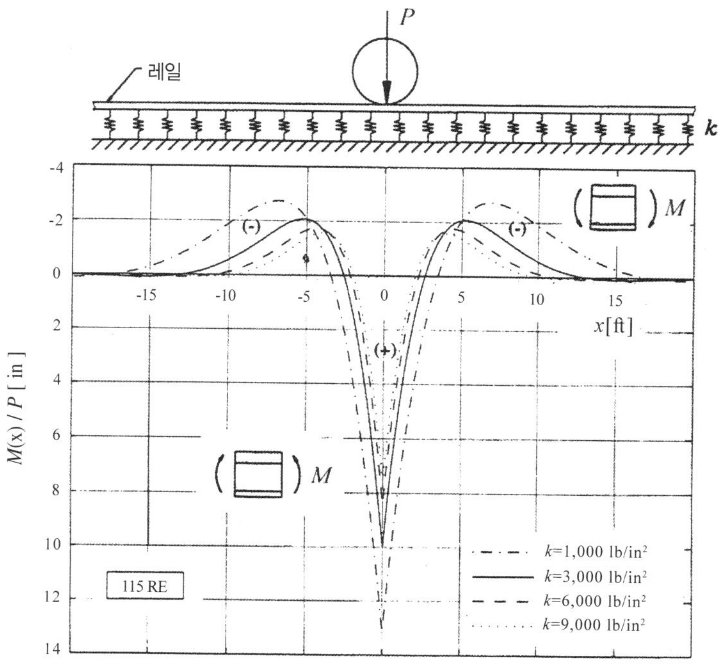

그림 Ⅳ.11 *k* 값 범위에서 *P*에 기인하는 레일 휨모멘트

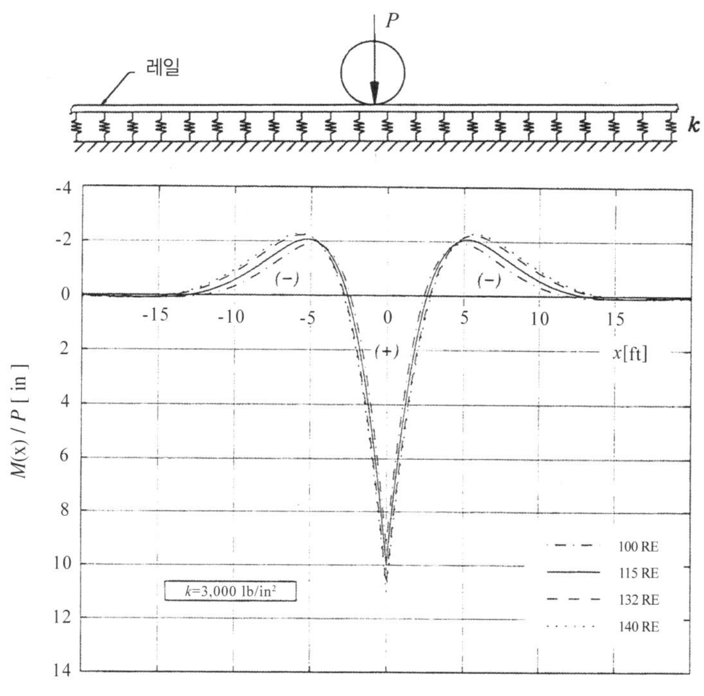

그림 Ⅳ.12 각종 레일단면에서 *P*에 기인하는 레일 휨모멘트

$$M_{max} = M(0) = \frac{P}{4\beta} = \frac{P}{4}\sqrt[4]{\frac{4EI}{k}} \qquad\qquad (\text{IV}.16)$$

방정식 (IV.16)의 그래픽 표현을 **그림 IV.13**에 나타낸다.

각 휨모멘트 분포는 차륜 아래에서의 양(陽)의 M_{max} 외에 음(陰)의 휨모멘트 영역도 또한 보이는 점에 유의하라. 방정식 (IV.10)에 따르면, 이 음 모멘트의 최대치는 레일중량이나 레일지지계수 k에 개의치 않고 $x = 0$에서의 양 M_{max}의 약 20 %이다. 이것은 **그림 IV.5**로부터도 명백하다. 음 휨모멘트의 영역은 2축이나 3축 대차가 사용될 때 M_{max}를 줄이는데 중요한 역할을 한다. 이것은 이 장의 마지막 부분에서 나타낼 것이다.

다음으로, **열등하게 유지 관리된 이음매**가 레일 처짐과 레일좌면 휨, 및 휨모멘트에 미치는 영향을 사정한다. 이음매 판이 한 레일단부로부터 다음 레일단부로 힘을 전달하지 않을 정도로 느슨할 때는 극단적인 경우가 생긴다. 이것은 전체 윤하중 P를 한쪽 레일단부만이 받는 상태(**그림 IV.14**)를 초래할 수 있다.

이 레일에 대한 지배 미분방정식은 $q(x) \equiv 0$의 경우에 방정식 (IV.7)과 같다. 자유단($x = 0$)과 이음매로부터 멀리 떨어진 곳의 경계조건은 다음과 같다.

$$w''(0) = 0 \quad ; \quad w'''(0) = P/EI \quad ; \quad \lim_{x \to \infty}\{w, w'\} \to 0 \qquad\qquad (\text{IV}.17)$$

이 문제에 대한 해는 다음과 같이 쉽게 얻을 수 있다.

$$w(x) = \frac{2P\beta}{k} e^{-\beta x} \cos(\beta x) \qquad\qquad 0 < x < \infty \qquad\qquad (\text{IV}.18)$$

여기서, β는 식 (IV.11)에 주어진다. 관계되는 접촉압력은 다음과 같다.

$$p(x) = kw(x) = 2P\beta e^{-\beta x} \cos(\beta x) \qquad\qquad 0 < x < \infty \qquad\qquad (\text{IV}.19)$$

그리고 레일 휨모멘트는 다음과 같다.

$$M(x) = -EIw''(x) = -\frac{P}{\beta} e^{-\beta x} \sin(\beta x) \qquad\qquad 0 < x < \infty \qquad\qquad (\text{IV}.20)$$

방정식 (IV.19)를 이용하여 115 RE 레일과 이전에 사용한 k 값에 대하여 수치적으로 값을 구한 결과를 **그림 IV.14**에 나타낸다.

최대 레일 처짐과 접촉압력은 예상한 것처럼 열등하게 유지 관리된 이음매의 부근에서 발생되었다. 이 증가를 정량화하기 위해서는 최대 레일좌면 힘이 다음 식과 같은 점에 유의하라.

$$F_{max} = F_1 \cong p_1 \times a \qquad\qquad (\text{IV}.21)$$

$x = 10$ in에서는, **그림 IV.14**로부터 또는 방정식 (IV.19)로부터 115 RE 레일, $k = 3{,}000$ lb/in^2, 및 $a = 20$ in에 대해 다음 식이 뒤따른다.

$$F_{max} \cong 0.038 \times P \times 20 = 0.76P \tag{IV.22}$$

따라서 첫 번째 횡－침목은 레일단부에 작용하는 윤하중의 76 %를 받는다(**그림 Ⅳ.14**).

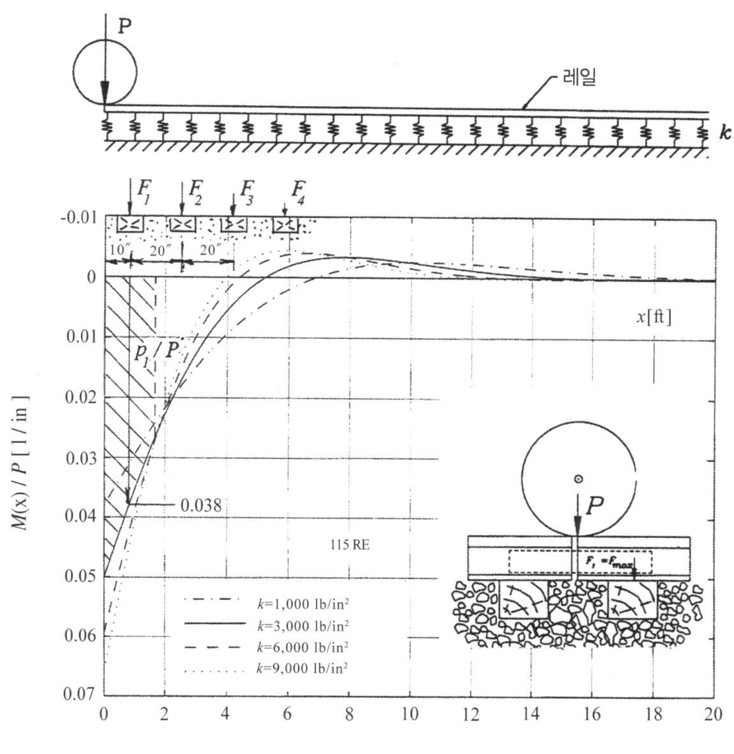

그림 Ⅳ.14 레일 아래의 압력분포

P가 이음매 근처에 작용하는 경우에 대해 사정한, (예를 들어, 약 5 mph에 이르기까지에 대해 **유효한**) 이 정적 값과 방정식 (Ⅳ.14)에 주어진 F_{max}를 비교하면, 열등하게 유지 관리된 이음매 근처의 첫 번째 횡－침목은 이음매에서 멀리 떨어진 침목이 경험하는 힘보다 적어도 3배 더 큰 레일좌면 힘을 받을 수도 있는 점을 나타낸다. 따라서

$$(F_{max})_{\text{at joint}} \cong 3 \times (F_{max})_{\text{away from joint}} \tag{IV.23}$$

그 밖의 극단적인 경우로서 이음매가 잘 유지 관리되고 이음매 판이 레일에 타이트하게 체결되어 있을 경우에, AREA 철도공학용 편람 (1995, 제4장)에 따르면, 두 이음매판의 수직 휨 강성은 상응하는 레일 강성의 약 1/3뿐이기 때문에 이음매에 근접한 레일좌면 힘(및 처짐)은 이음매로부터 멀리 떨어진 것들보다 여전히 더 클 것이다.

그러므로 차륜은 어떠한 이음매 조건에서도 이음매 지역에서 "잠시 내려졌다 올려질(dip)" 것이며 상기에서 사정한 정적 레일좌면 힘에 더하여 동적 수직 힘을 발생시킬 것이다. 이것은 궤도 동 역학에 관한 제Ⅷ장에서 더

그림 Ⅳ.15 레일 이음매에서 목-침목 궤도의 열화

그림 Ⅳ.16 콘크리트침목 궤도에서 이음매의 열화

그림 Ⅳ.17 레일 이음매에서 콘크리트침목 궤도의 열화
(구 체코슬로바키아의 Praga~Zilina 간의 철도)

상세히 논의될 것이다.

이 증가된 레일좌면 힘은 이음매 궤도가 어째서 흔히 이음매에서 열화를 나타내는지의 이유이다. "목–침목 궤도"에서 열등하게 유지 관리된 이음매의 영향을 **그림 Ⅳ.15**에 나타낸다. 더 큰 k 값을 가진 "콘크리트침목 궤도"에서의 이음매 영향을 **그림 Ⅳ.16**과 **Ⅳ.17**에 나타낸다. 이것은 "콘크리트침목 궤도에서는 이음매의 사용을 피하여야 한다"는 점을 시사한다.

이음매의 유지 관리는 노동 집중적이며 비용이 많이 든다. 그러므로 철도들은 레일단부를 서로 용접함으로써 이음매를 제거하려고 노력하여 왔다.

방정식 (Ⅳ.20)에 주어진, **열등하게 유지 관리된 이음매** 근처의 레일 휨모멘트에 관한 식을 이용하여 수치적으로 값을 구한 결과를 **그림 Ⅳ.18**에 나타낸다. 이들의 곡선에서 흥미 있는 특징은 사용된 k 값의 넓은 범위에 대해 "최대 휨모멘트가 이음매에서 멀리 떨어져 첫 번째와 세 번째 침목들 간의 좁은 범위에서 생긴다"는 점이다. **그림 Ⅳ.15**에서 분명한 것처럼, 동적 효과에 의해 증가된 이 유형의 휨모멘트는 열등하게 유지 관리된 이음매에서 레일단부가 어째서 하향으로 영구적으로(소성으로) 변형되는지에 대한 대강의 이유이다. 그러므로 궤도에 설치된 이음매는 이 유형의 피해를 피하도록 잘 유지 관리하여야 한다.

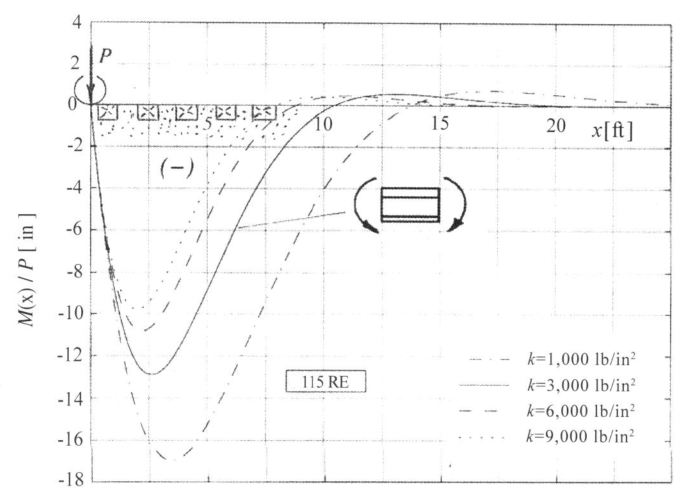

그림 Ⅳ.18 열등하게 유지 관리된 이음매 근처에서의 레일 휨모멘트

북미에서 대부분의 화차와 객차는 2축 대차로 받쳐진다. 그러한 차량의 예를 **그림 Ⅳ.19**에 나타낸다. 다음에, 제2 차축이 레일 처짐, 레일좌면 힘, 및 레일 휨모멘트에 미치는 영향을 사정한다.

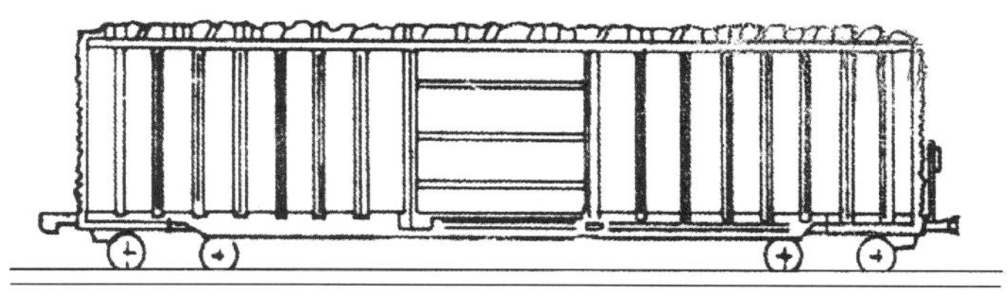

그림 Ⅳ.19 두 개의 2축 대차 위의 차량

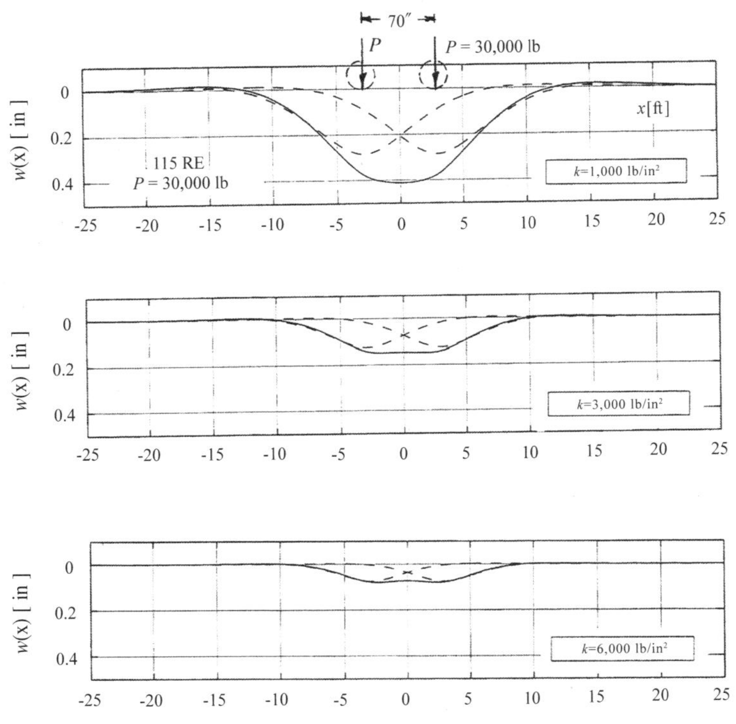

그림 Ⅳ.20 여러 가지 k 값에 대해 2축 대차에 기인하는 115 RE 레일의 처짐

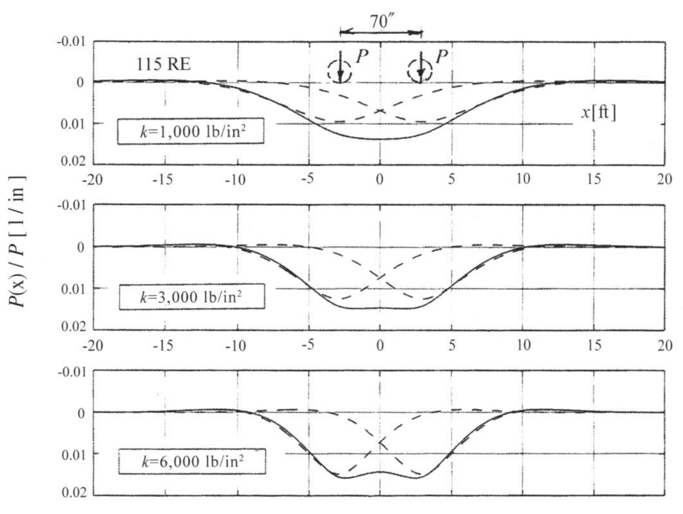

그림 Ⅳ.21 침목에 대해 상응하는 레일압력

레일에 대한 지배 미분방정식 (Ⅳ.7)이 선형이므로, 제2 차축의 영향은 두 윤하중의 영향을 포개 놓음(부가)으로써 포함시킬 수 있다. 대차 차축간격이 b = 70 in이고 윤하중이 P = 30,000 lb일 때, 115 RE 레일의 처짐, k 값의 범위에 대해 이것을 행한 결과를 Ⅳ.20에 나타낸다. 각 점선의 곡선은 하나의 윤하중 P에 대한 레일 처짐을

나타낸다. 실선은 이들 처짐의 합계를 나타낸다. 즉, 이것은 대차의 두 차륜에 기인하는 처진 레일 중심선이다.

각각의 k에 대하여 가장 큰 처짐 w_{max}가 차륜 아래에서 생기지 않는 점에 유의하라. 예를 들어, k = 1,000 lb/in^{2}에 대하여, 차륜들 사이의 중간에서 상당히 큰 처짐 w_{max} = 0.42 in이 발생한다. 그러나 k의 증가와 함께 w_{max}가 차륜을 향하여 위치를 옮긴다. 또한, k = 1,000 lb/in^{2}일 때, w_{max}에 대한 제2 차륜의 기여가 상당히 큰 반면에 k의 증가와 함께 제2 차륜의 기여가 줄어든다. k = 6,000 lb/in^{2}일 때, 그것은 거의 무시해도 좋다.

다음에, b = 70 in의 차축간격을 가진 대차의 두 차륜에 대해 레일이 침목에 가하는 압력 $p(x)$를 겹쳐 놓은 것을 Ⅳ.21에 나타낸다.

하나의 윤하중 P에 대하여는 최대 압력 p_{max}가 차륜 아래에서 발생되고 k의 증가와 함께 실질상 증가하는 반면에, 대차의 두 윤하중에 대하여는 p_{max}가 차륜 아래에서 발생되지 않으며 증가가 상당히 작다. **표 Ⅳ.5**는 I = 65.9 in^{4}인 115 RE 레일에 대한 p_{max}를 나타낸다.

표 Ⅳ.5 115 RE 레일의 최대 레일압력 p_{max}

k [lb/in^2]	1,000	3,000	6,000
한 차축에 대한 p_{max} [lb/in]	0.010 P	0.012 P	0.015 P
두 차축에 대한 p_{max} [lb/in]	0.013 P	0.015 P	0.016 P

침목중심 간격 a에서 2축 대차에 기인하는 "최대 정적 레일좌면 힘"은 다음과 같다.

$$F_{max} \cong p_{max} \times a$$

주어진 횡-침목 궤도에서 a가 일정할 때, 2축 대차에 기인하는 최대 정적 레일좌면 힘 F_{max}는 **표 Ⅳ.6**의 마지막 줄에 나타낸 것과 유사한 방식으로 변화한다. 115 RE 레일, a = 20 in, 및 윤하중 P = 30,000 lb에 대한 F_{max} 값을 **표 Ⅳ.6**에 나타낸다. 비교의 목적으로 또한 P = 30,000 lb을 가진 상응하는 1축 대차에 대한 F_{max} 값도 나타낸다.

표 Ⅳ.6 115 RE 레일의 최대 정적 레일좌면 힘 F_{max}

k [lb/in^2]	1,000	3,000	6,000
한 차축에 대한 F_{max} [lb]	6,000	7,500	9,000
두 차축에 대한 F_{max} [lb]	7,800	9,000	9,600

100톤 차량의 윤하중은 P = 32,500 lb이고, 125톤 차량의 윤하중은 P = 39,000 lb이다.[*] 따라서 윤하중이 P = 39,000 lb인 125톤 차량(100톤 차량의 P = 32,500 lb보다 20 % 증가)에 대한 F_{max}는 20 %만큼 증가할 것이다. F_{max}가 타이플레이트의 크기를 지배하므로, 이 윤하중의 증가를 흡수하는데 여분의 강도용량이 있거나 궤도 구성요소가 그에 따라서 증가되지 않는 한, 침목과 도상 간의 압력, 및 노반에 대한 압력과 도상 열화를 줄

---

[*] 용어 "100톤 차량"은 적재에만 관련된다. 빈 화차의 중량이 약 60,000 lb이므로, 100 톤 차량의 총중량은 약 260,000 lb이다. 그러므로 2축 대차 차량의 윤하중은 $P \cong 260,000/8$ = 32,500 lb이다. 125톤 차량의 윤하중은 $P \cong 312,000/8$ = 39,000 lb이다.

이기 위해 필요한 도상 층의 깊이가 증가할 것이다. 이것은 제IX장에서 해석된다.

설계와 응력검토의 목적으로 필요한 레일 응력을 사정하기 위하여 차량과 기관차의 차륜에 기인하는 **최대 레일 휨모멘트** M_{max}를 사정하는 것이 필요하다. 예로서, 중첩을 이용하여 2축 화물대차에 기인하는 M_{max}를 사정하는 절차를 132 RE 레일의 궤도에 대해 **그림 IV.22**에 나타낸다.

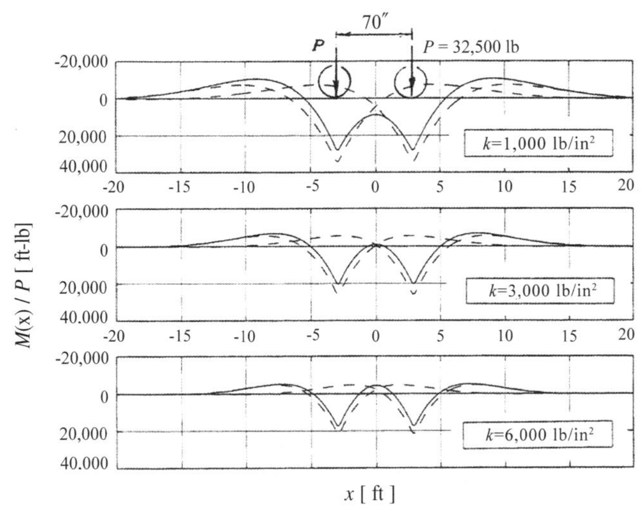

그림 IV.22 2축 대차에 기인하는 132 RE 레일의 휨모멘트

각 점선은 하나의 윤하중 P에 대한 휨모멘트의 분포를 나타낸다. 실선은 이들 모멘트의 합계, 즉 대차의 두 차륜에 기인하는 총 휨모멘트를 나타낸다. M_{max}가 항상 차륜 아래에서 발생되는 점에 주목하라.

이들의 그래프가 나타내는 중요한 특징은 "대차의 두 윤하중에 기인하는 M_{max}가 하나의 윤하중에 대한 M_{max}보다 더 작다"는 점이다. 따라서 총 하중이 2 × 32,500 = 60,000 lb인 화물대차의 두 차륜에 기인하는 레일의 휨 응력은 32,500 lb의 한 윤하중에 기인하는 응력보다 더 작다.

이 감소의 이유는 하나의 윤하중 P에 대한 휨모멘트 분포의 형상이다. **그림 IV.11과 IV.12**에 나타낸 것처럼, 이들의 곡선은 P 부근의 큰 양의 휨모멘트 외에도 음 모멘트의 영역을 나타내며 대차의 두 번째 윤하중(그것은 70 in 떨어져 있다)은 우연히 이 음의 영역에 걸쳐 위치한다. 이것은 차례로 첫 번째 윤하중에 기인하는 M_{max}를 감소시킨다. 이와 관련하여 3축 대차의 경우에는 세 번째 차륜이 M_{max}를 더욱 줄이는 점을 이해하라.

이것은 수십 년 전에 차륜들이 근접하여 있는 무거운 증기기관차가 어째서 상대적으로 가벼운 레일이 사용된 궤도 위로 주행할 수 있었는지의 명백한 이유이다. 이 현상은 1축 대차 차량의 사용을 고려할 때도 마찬가지로 고려하여야 한다.

다음에, 방정식 (IV.9)와 (IV.10)을 사용하여 두 번째 대차가 w 분포와 M 분포에 미치는 영향을 사정한 사례로서, 북미 목-침목 궤도에서 통상의 경우인 132 RE 레일과 k = 3,000 lb/in²에 대한 결과를 **그림 IV.23**에 나타낸다. **그림 IV.23**에 나타낸 것처럼, 사용된 대차간격에서 대차 II에 기인하는 레일 처짐과 휨모멘트(따라서, 휨 응력)가 대차 I 아래의 레일 처짐과 휨모멘트에 대해 대단히 작은 영향을 끼친다는 점에 주목하라.

훨씬 더 가깝게 서로 연결된 차량의 대차가 w_{max}와 M_{max}에 미치는 영향도 또한 중요하다. 132 RE 레일과 k = 3,000 lb/in²에 대해 얻어진 레일 처짐과 휨모멘트 곡선을 **그림 IV.24**에 나타낸다.

인접 대차가 w_{max}와 M_{max}에 미치는 영향을 정립하기 위하여 대차 II에 대해 **그림 IV.23**에, 대차 I에 대해 **그림 IV.24**에 나타낸 상응하는 값이 비교된다. 사용된 궤도와 차량 파라미터에 관해서는 w_{max}와 M_{max}가 인접 차량의 대차에 의해 영향을 두드러지게 받지 않는 점이 이들의 그래프로부터 명백하다.

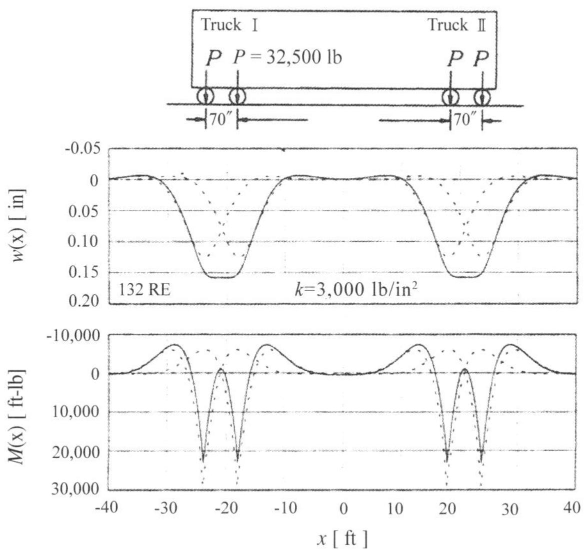

그림 IV.23 "100톤" 화차에 기인하는 레일 처짐과 휨모멘트

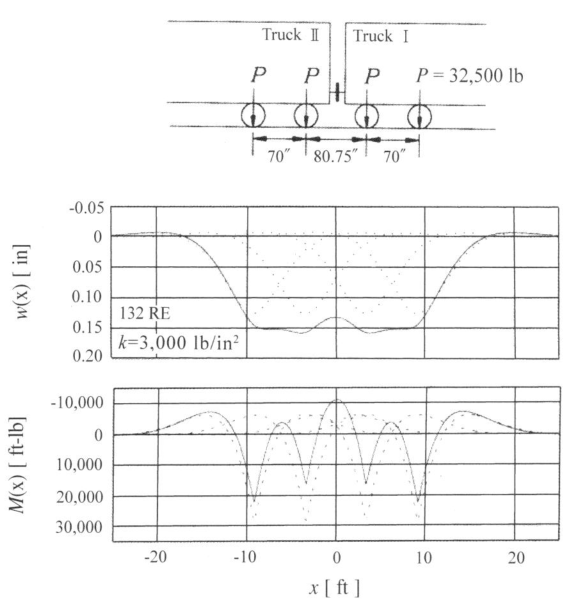

그림 IV.24 서로 연결된 "100톤" 화차의 대차에 기인하는 레일 처짐과 휨모멘트

다음에, (**그림 IV.14**의 삽입물에 나타낸) **"열등하게 유지 관리된 이음매 근처의 제2차축"**이 레일 처짐, 레일좌

면 힘, 및 레일 휨모멘트에 미치는 **영향**을 고려하자. 고려하려는 두 차륜의 위치를 **그림 Ⅳ.25**에 나타낸다.

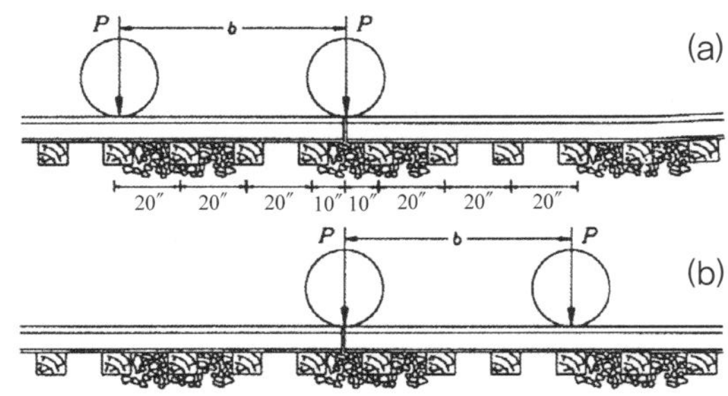

그림 Ⅳ.25 열등한 이음매 근처 두 차륜의 위치

정의에 의하여 "열등하게 유지 관리된" 이음매는 한 레일단부로부터 다른 레일단부로 전단력도 전달하지 못하고 휨모멘트도 전달하지 못하며, 인접하는 두 레일은 독립적으로 작용한다. 그러므로 재하 경우 (a)에 대해서는 오른쪽 레일에 대한 해석모델 및 상응하는 결과가 **그림 Ⅳ.14**와 **Ⅳ.18**에 나타낸 것과 같다.

재하의 경우 (b)에 대해서는 제2차륜이 레일단부로부터 거리 b에서 추가되어야 한다. 상응하는 해석모델을 **그림 Ⅳ.26**의 상부에 나타낸다. Kerr (1995)가 나타낸 것처럼 레일 처짐에 관한 식은 다음과 같다.

$$
\begin{aligned}
w(x) = \frac{P\beta}{2k} \Big\{ &4e^{-\beta x}\cos\beta x + e^{-\beta|x-b|}\big[\cos\beta\,|\,x-b\,|+\sin\beta\,|\,x-b\,|\big] \\
&+ e^{-\beta|x+b|}\big[\cos\beta\,|\,x+b\,|+\sin\beta\,|\,x+b\,|\big] \\
&+ 2e^{-\beta|x+b|}\big(\cos\beta x - \sin\beta x\big)\big(\cos\beta b - \sin\beta b\big)\Big\} \quad x>0
\end{aligned}
$$

$$\text{(Ⅳ.24)}$$

그리고 휨모멘트에 관한 식은 다음과 같다.

$$
\begin{aligned}
M(x) = -EIw''(x) = -\frac{P}{4\beta}\Big\{ &4e^{-\beta x}\sin\beta x + e^{-\beta|x-b|}\big[\sin\beta\,|\,x-b\,|-\cos\beta\,|\,x-b\,|\big] \\
&+ e^{-\beta|x+b|}\big[\sin\beta\,|\,x+b\,|-\cos\beta\,|\,x+b\,|\big] \\
&+ 2e^{-\beta|x+b|}\big(\cos\beta b - \sin\beta b\big)\big(\cos\beta x + \sin\beta x\big)\Big\}
\end{aligned}
$$

$$\text{(Ⅳ.25)}$$

레일이 침목에 가한 "분포" 압력은 $p(x) = kw(x)$이라는 점에 주목하라. 115 RE 레일, 현장에서 측정된 k 값의 범위, 침목중심 간격 $a = 20$ in, 및 차축간격 $b = 70$ in에 대하여 $p(x)$ 압력을 수치적으로 값을 구하여 얻은 결과를 **그림 Ⅳ.26**에 나타낸다.

두 번째 대차차축의 영향은 **그림 Ⅳ.14**에 나타낸 그래프와 비교함으로써 명백하게 된다. 사용된 k 값이 F_{max}에 미치는 영향은 일반적으로 대단히 작은 점에 주목하라. 특별한 경우 $k = 3,000$ lb/in^{2}에 대하여 최대 정적 레일

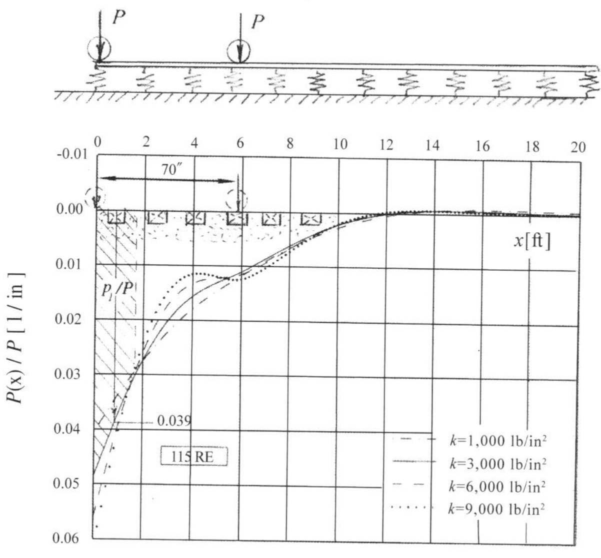

그림 Ⅳ.26 열등한 이음매 근처 레일 아래 압력분포에 미치는 2 차축의 영향

좌면 힘은 두 번째 차축의 영향을 거의 받지 않는다. 그것은 (1축 대차에 대한 $0.038 \times P \times a$와 비교하여) $F_{\max} \cong P_1 \times a \cong 0.039 \times P \times a$이다.

다음에, 방정식 (Ⅳ.25)에 주어진 열등하게 유지 관리된 이음매 근처의 레일 휨모멘트에 대한 식을 수치적으로 값을 구한 결과를 **그림 Ⅳ.27**에 나타낸다. 사용된 k 값의 범위에 대하여 최대 휨모멘트 M_{max}는 두 차축 사이에서 발생되었다. 이들의 결과를 **그림 Ⅳ.18**과 비교하면, 두 번째 차축이 $k = 1,000$ lb/in²에 대한 M_{max}를 감소시키고, $k = 3,000$ lb/in²에 대해서는 대수롭지 않으며, 더 높은 k 값에 대해서는 M_{max}를 증가시키는 점이 뒤따른다.

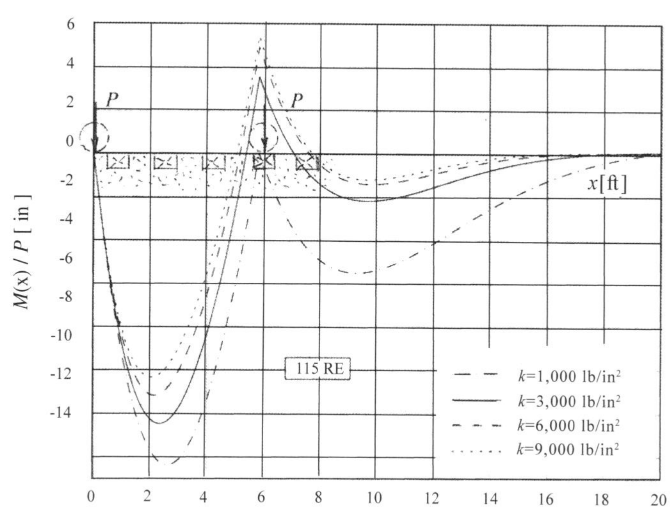

그림 Ⅳ.27 열등한 이음매 근처의 레일 휨모멘트에 미치는 2축 대차의 영향

레일 휨모멘트를 사정하는 목적은 **상응하는 레일 휨 응력**을 계산하려는 것이다. 재료강도에 관한 책에 따르면, 휨 모멘트 $M(x)$에 대한 레일의 축 응력은 **그림 Ⅳ.28**에 나타낸 것처럼

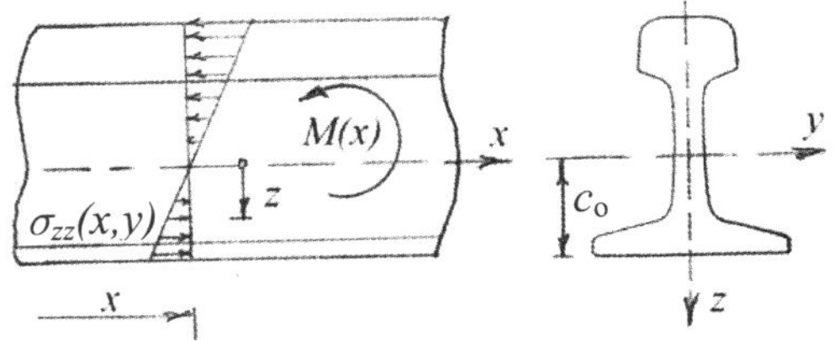

그림 Ⅳ.28 레일단면 성질

$$\sigma_x(x,z) = \frac{M(x)z}{I} \qquad (\text{Ⅳ}.26)$$

에 상당하며, 여기서 I는 레일의 수평 중심축에 관한 레일의 단면2차 모멘트이다(그들은 **표 Ⅳ.1**에 열거되어 있다).

접착절연 이음매(**그림 Ⅲ.51**)로 상호 연결된 레일의 해석과 시험은 Kerr와 Cox (1999)가 최근에 발표하였다.

그 다음에, 이동하는 열차와 온도변화에 기인하는 레일저부에서의 최대 레일응력은 예상된 교통에 대해 필요로 하는 레일 횡단면적을 결정하기 위하여, 또는 궤도 내 레일이 윤하중의 계획된 증가에 충분한지 아닌지를 검토하기 위하여 사용된다. 이것은 제Ⅸ장에서 설명될 것이다.

Ⅳ.4 사용된 해석의 타당성

상기의 해석과 궤도설계에 대한 그들의 의도된 사용은 방정식 (Ⅳ.3)과 (Ⅳ.7)이 실제 궤도해석용으로 충분히 정밀한지의 여부에 관하여 의문이 생긴다.

이 문제에 답하기 위하여 지난 수십 년 동안 많은 현장시험들이 철도들에서 수행되었으며 시험결과는 이들의 의문에 기초하여 얻어진 것들과 비교되었다. 예는 Zimmermann (1941, § 20)[*]이 발표한, 작은 화차를 받는 "종-침목 궤도"에 대해 **그림 Ⅳ.29**에 나타낸 레일 처짐의 초기 비교였다. 시험과 해석 결과의 상대적으로 아주 흡사한 일치는 방정식 (Ⅳ.3)이 종-침목 궤도에 적합하다는 점을 제시하였다.

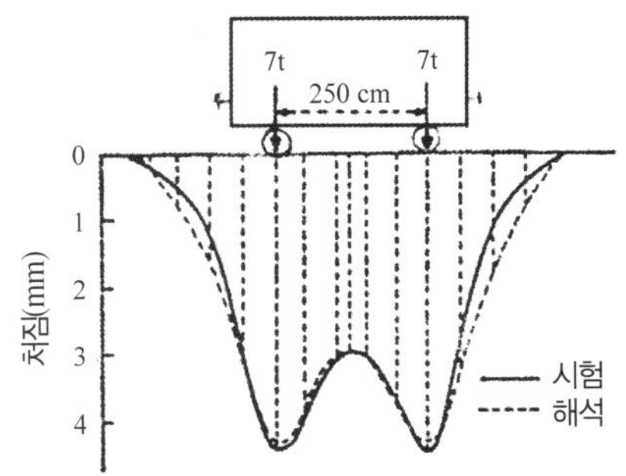

그림 Ⅳ.29 종-침목 궤도에 대한 비교

"횡-침목 궤도"에 대한 방정식 (Ⅳ.7)은 실제의 횡-침목에 "단속(斷續)적으로" 지지됨에 반하여 레일이 "연속적으로" 지지된다(**그림 Ⅳ.4**)는 가정에 기초하기 때문에, 이 방정식의 채택은 특히 유럽에서 초기에 저항에 부닥쳤다. 이것은 광범위한 시험 및 방정식 (Ⅳ.7)에 기초한 해석과의 비교로 이끌었다. 이들 결과의 대부분은 Talbot 위원회 (1918, 1919)와 Wasiutynski (1937)가 발표하였다. 전형적인 시험과 해석 결과를 **그림 Ⅳ.30**에 나타낸다.

이 그림에서, 그리고 Talbot 위원회 (1918, 1919)와 Wasiutynski (1937)가 발표한 다수의 그 밖의 논문에서

---

[*] 이것은 3차 개정판이다. 원래의 책은 1888년에 발행되었다.

상대적으로 유사한 일치는 특히 제2차 세계대전 후에 횡-침목 궤도의 해석에서 방정식 (Ⅳ.7)의 일반적인 수용으로 이끌었다. 이들 개발의 소란스러운 이력에 관하여는 Kerr (1967a)를 참조하라.

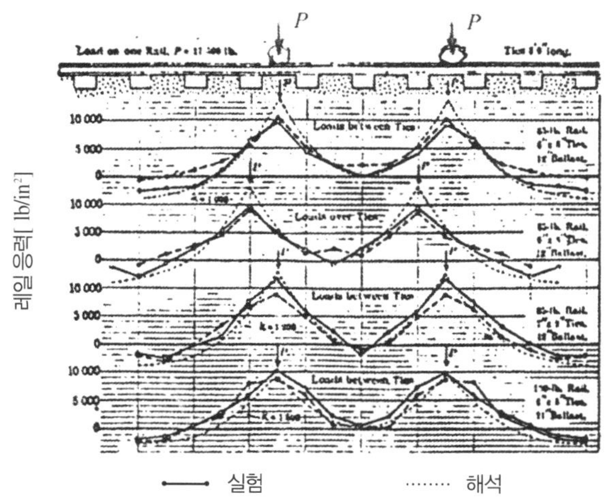

그림 Ⅳ.30 두 차륜에 기인하는 응력의 비교 [Talbot 위원회 (1918)]

Ⅳ.5 표준 해석의 단점

Ⅳ.5.1 레일 또는 레일-침목 구조 들림의 영향

레일의 처짐과 휨모멘트에 대한 이전의 해석들은 **그림 Ⅳ.3**과 **Ⅳ.4**에 나타낸 것처럼 전체의 레일-침목 구조 또는 레일이 기초에 부착되어있다고 하는 암묵의 가정에 의거하고 있다. 그러나 현장의 관찰에 따르면 기관차나 적재된 차량이 궤도를 따라 이동하면, 레일-침목 구조(또는 레일)의 구간이 흔히 **그림 Ⅳ.31**에 나타낸 것처럼 차륜으로부터 옆으로 짧은 거리에서 들려져서 그들의 기초로부터 분리된다.

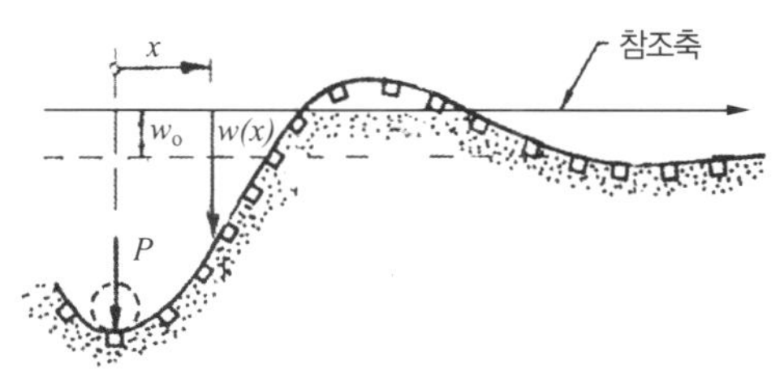

그림 Ⅳ.31 레일-침목 구조가 기초에서 분리된 궤도

Kerr와 Bassler (1982)는 들려짐의 개시에 대한 조건 및 들려짐이 레일 처짐과 휨모멘트에 미치는 영향을 해석하였다. 1축 대차에 대해 얻어진 해석결과와 실제의 궤도에서 기록된 상응하는 시험 데이터를 비교하였다(**그림 Ⅳ.32**). 휨모멘트에 대한 결과를 **그림 Ⅳ.33**에 나타낸다.

기록된 처짐들은 레일이 들려지는 상태에 대하여만 가깝게되어 있다는 점에 유의하라. 차륜의 부근에서 생기는 "최대 레일 처짐과 휨모멘트"는 레일-침목 구조의 들려짐으로부터 눈에 띄게 영향을 받지 않을뿐더러 스파이크가 느슨할 경우에 레일자체의 들려짐으로부터도 영향을 받지 않는다.

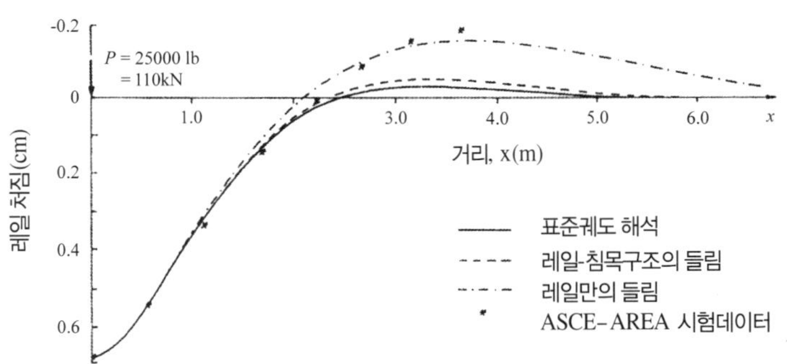

그림 IV.32 처짐의 비교

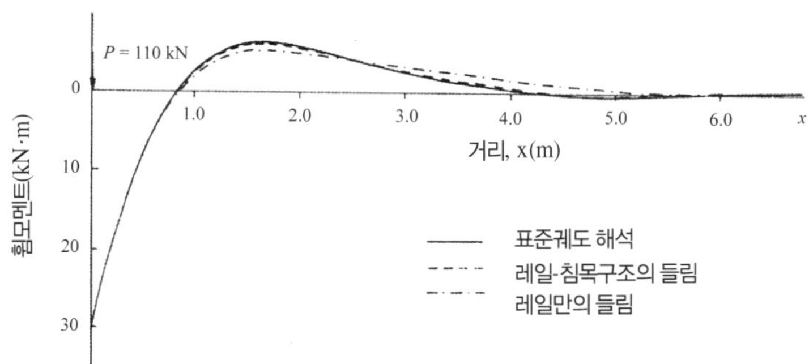

그림 IV.33 레일 휨모멘트의 비교

들려짐에 기인하는 비선형성 때문에 겹쳐 놓기가 유효하지 않다. 그러므로 레일이 대차의 두 차륜으로부터 영향을 받을 때는 개별적인 해석을 수행하여야 한다.

IV.5.2. 기초강성이 궤도 응력에 미치는 영향

미분방정식 (IV.7)에 의거하는 상기에 나타낸 궤도해석을 고려할 때, 이 방정식은 접촉압력 $p(x)$가 방정식 (IV.7)에 기술한 것처럼 레일 처짐에 비례한다고 가정하는 점에 유의하라. 그러므로 상응하는 해에서는 계산된 레일 처짐이 윤하중에 비례한다. 이것은 방정식 (IV.7)로부터 명백하다.

그러나 **그림 IV.34**에 나타낸 것처럼 윤하중의 증가와 레일 처짐이 선형으로 비례하지 않는 점을 Talbot 위원회 (1918, pp. 935~941)가 일찍부터 발견하였다. 따라서 응답이 "비선형"이다.

궤도의 현행 설계해석이 흔히 선형 방정식 (IV.7)에 기초하기 때문에 [예를 들어, AREA 편람 (1995, 제22장, 제3부), Frishman 등 (1968), Fhrer (1978), Kaess와 Gottwald (1979), 및 Shakhunyantz (1978, 제1.5.8)], "비선형 기초 응답을 나타내는 궤도에 대해 표준 선형 궤도해석을 사용할 경우에는 이 해석의 정확성"을 확립하는 것이 중요하다. 하나의 윤하중에 대한 이 문제는 Mair (1976) 및 Kerr와 Shenton (1986)이 연구하였다. 그들의 해석에서는 **그림 IV.34**의 시험 데이터가 "쌍선형(雙線形)" 응답으로 접근된다. Mair (1976)는 적재된 대표적

화차에 상당하는 윤하중을 사용하여 궤도 파라미터를 사정할 경우에 선형 해석이 안전 측의 레일 휨모멘트를 초래한다는 점을 발견하였다. 그러나 Kerr와 Shenton (1986)은 선형으로 예측된 휨모멘트가 안전 측에 있을지라도 상응하는 최대 레일좌면 힘 F_{max}가 "약 30 %만큼 과소평가"된다는 점을 나타내었다.

레일이 윤하중은 물론 레일-침목 구조(궤광)의 중량도 받는 경우에 대하여는 Kerr와 Eberhardt (1992)가 연구하였다. 2축 하중의 영향은 berhardt (1987)가 해석하였다.

궤도를 설계할 때는 예상된 차량중량에 대하여 최대 레일좌면 힘 F_{max}을 아는 것이 필수적이며, 그 이유는 이 정보가 타이플레이트 크기의 결정, 침목과 침목간격의 해석, 및 침목하면과 노반 간에 요구된 도상깊이의 결정에 필요

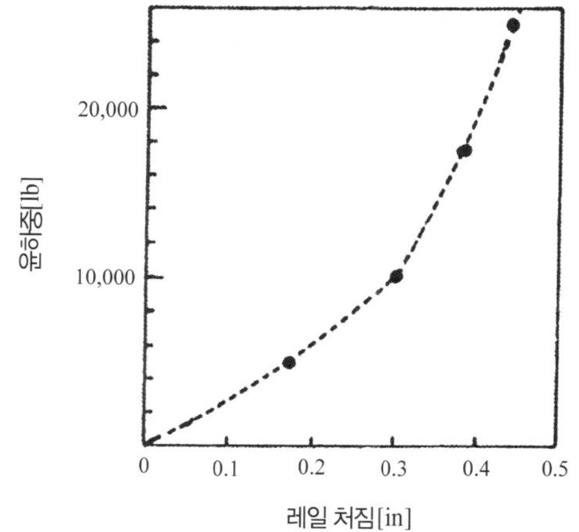

그림 Ⅳ.34 Talbot 위원회(1918,
pp. 935~941)가 얻은 결과

하기 때문이다. 그러므로 궤도의 설계해석에서 표준 선형해석으로 얻어진 F_{max} 값에다 1.5로 곱하는 것[*]이 제시된다. 이 1.5의 곱수(乘數)는 궤도 설계해석을 설명하는 제Ⅸ장에서 사용될 것이다.

Ⅳ.5.3. 침목회전이 도상저항의 궤도해석에 미치는 영향

미분방정식 (Ⅳ.7)에 의거하는 궤도해석에서 하나의 단점은 레일이 수직평면에서 처질 때 각각의 횡-침목이 수직으로 이동하는 외에 또한 그 자체의 중심선에 관하여 회전도 한다는 사실의 누락이다. 도상이 이들의 회전에 저항하므로 침목은 **그림 Ⅳ.35**에 나타낸 것처럼 레일에 대해 수직력 외에 모멘트도 또한 가한다.

Hanker (1938, 1952)는 단속(斷續)적인 회전 저항력이 각 침목에 작용한다고 가정하여 이 문제를 풀려고 시도하였다. Kerr (1974b, 1979a)는 반력 모멘트가 수직압력 $p(x)$와 같이 레일을 따라 "연속적으로" 분포된다고 가정함으로써 이 분석적 문제를 단순화하였으며 **그림 Ⅳ.35(b)**에 나타낸 것처럼 일반화된 해석모델을 제시하였다.

침목이 레일에 견고하게 체결되어 있고 지점 x에서의 분포 반력 모멘트 $\mu(x)$가 x에서의 레일 회전각에 비례한다고 가정하면, 다음과 같이 된다.

$$\mu(x) = s\frac{dw}{dx} \tag{Ⅳ.27}$$

Kerr는 방정식 (Ⅳ.7) 대신에 다음과 같은 미분방정식을 얻었다.

$$EI\frac{d^4w}{dx^4} - s\frac{d^2w}{dx^2} + kw = q \tag{Ⅳ.28}$$

---

[*] AREA 편람 (1991, p. 22-3-15)에는 "사용 시의 시험은 개개의 침목에 대한 하중이 탄성이론으로 계산한 정상치보다 2.7 배만큼 클 수 있으며 66 %의 하중증가가 빈번하고 아주 일반적이라는 점을 사정하였다"고 언급되어 있다. "2.7배"는 제Ⅷ장에서 논의하려는 플랫(flat) 차륜의 충격에 주로 기인하며, "66 %"는 궤도 기초의 비선형뿐만 아니라 이동하는 열차의 통상적인 동적 영향에 기인한다는 생각이 든다. 이들의 통상적인 동적 영향은 제Ⅸ장에 나타낸 것처럼 속도-효과 계수를 이용하여 설계해석에서 고려된다.

방정식 (Ⅳ.27)과 (Ⅳ.28)에서 파라미터 s는 x에서의 반력 모멘트 $\mu(x)$와 레일회전 간의 비례상수이다. 방정식 (Ⅳ.28)은 일정한 계수를 가진 4계의 선형 상미분방정식이며 쉽게 풀 수 있다. 그것은 방정식 (Ⅳ.7)과 같은 계(階)의 것이지만, 추가의 항 $s \cdot d^2 w/dx^2$를 포함하고 있다. 항 $kw(x)$는 방정식 (Ⅳ.7)에서와 같이 점 x에서 레일 기초에 대한 수직압력을 나타낸다.

1축 대차의 경우, 즉 하나의 윤하중 P가 $x = 0$에 작용할 때의 해는 다음과 같다.

$$w(x) = \frac{P}{2k}\frac{\beta^2}{\alpha\kappa} e^{-\alpha|x|}\left[\kappa\cos\left(\kappa|x|\right) + \alpha\sin\left(\kappa|x|\right)\right], \quad -\infty < x < \infty \tag{Ⅳ.29}$$

여기서,

$$\beta^2 = \sqrt{\frac{k}{4EI}} \qquad ; \qquad \left.\begin{array}{c}\alpha\\\kappa\end{array}\right\} = \pm\sqrt{\beta^2 \pm \frac{s}{4EI}} \tag{Ⅳ.30}$$

상응하는 휨모멘트는 다음과 같다.

$$M(x) = -EI\frac{d^2 w}{dx^2} = \frac{P}{4}\frac{1}{\alpha\kappa} e^{-\alpha|x|}\left[\kappa\cos\left(\kappa|x|\right) - \alpha\sin\left(\kappa|x|\right)\right] \tag{Ⅳ.31}$$

해석의 상세는 Kerr (1974b, 1979a)를 참조하라.

방정식 (Ⅳ.29)의 처짐 식 $w(x)$는 방정식 (Ⅳ.9)의 $w(x)$ 식과 같은 형이다. 그러나 방정식 (Ⅳ.9)의 식이 하나의 기초 파라미터만을 포함하고 있는 반면에 방정식 (Ⅳ.29)의 $w(x)$는 k와 s의 두 파라미터를 포함하고 있다. Kerr (1979a)는 현장시험으로부터 얻어진 레일 처짐과 방정식 (Ⅳ.29)에 의거한 상응하는 처짐을 비교함으로써 이들의 기초(base) 파라미터를 어떻게 얻는지를 나타내었다.

Andrews와 Kerr (2003)은 최근에 레일저부와 침목 사이에 놓인 패드의 압축률을 고려함으로써 **그림 Ⅳ.35(b)**에 나타낸 궤도모델을 일반화하였다.

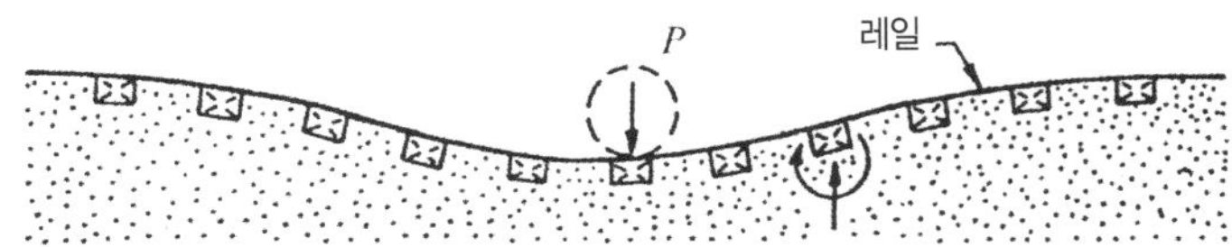

(a) 물리적인 문제

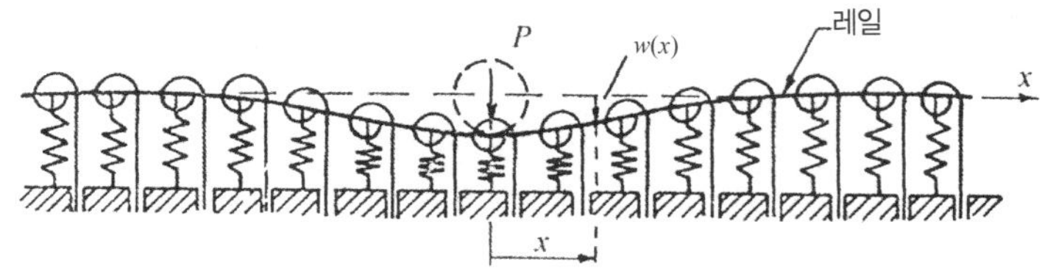

(b) 레일을 해석하기 위한 해석적 모델

그림 Ⅳ.35 레일을 해석하기 위한 개량된 해석적 모델

그림 IV.4에 나타낸 레일지지 모델에서는 근접하게 일정한 간격을 둔 "독립된" 수직 스프링으로 Winker 기초를 나타내었다. 그러나 "실제"의 도상-노반 기초에서는 수직 구성요소가 특히 전단으로 상호작용한다. 이 모델의 단순한 상호작용 메커니즘은 스프링에 "전단 층"을 첨부함으로써 발생될 수 있다(**그림 IV.36**). 결과로써 생기는 기초 모델은 역학문헌에서 파라미터가 k_P와 G_P의 두 개인 Pasternak 기초(foundation)로 알려져 있다. 이 모델의 개념과 해석의 상세는 Kerr (1964, 1985)를 참조하라.

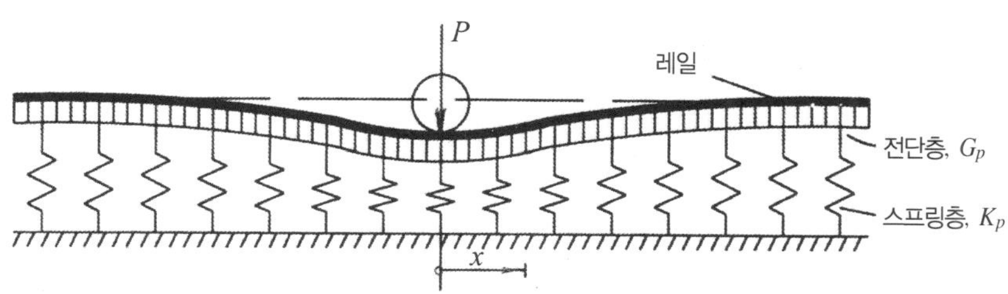

그림 IV.36 2차원 Pasternak 기초 위의 레일

이 경우에 레일에 대한 지배 미분방정식은 다음과 같다.

$$EI\frac{d^4w}{dx^4} - G_P\frac{d^2w}{dx^2} + k_P w = q \qquad (IV.32)$$

이것은 s가 G_P로 바뀔 때 방정식 (IV.28)에서와 같은 방정식이다. 그러므로 하나의 윤하중에 대한 해는 s를 G_P로 바꿈으로써 방정식 (IV.29)과 (IV.31)에서 같게된다.

레일이 2차원 Pasternak 기초에 부착되고 제IV.5.3항에서와 같이 침목 회전저항이 포함될 때, 레일에 대한 지배 미분방정식은 다음과 같이 된다.

$$EI\frac{d^4w}{dx^4} - (G_P + s)\frac{d^2w}{dx^2} + k_P w = q \qquad (IV.33)$$

이 방정식 (IV.33)은 방정식 (IV.28)과 (IV.32)에서와 같은 형이며 하나의 윤하중에 대한 해는 s를 $(G_P + s)$로 교체함에 따라 방정식 (IV.29)에서와 같다. 대차의 두 차륜에 대한 해는 예를 들어 **그림 IV.20**에 나타낸 것처럼 중첩으로 얻을 수도 있다.

실제의 궤도에서 기호는 3차원적이다. 이것은 해석하기 훨씬 더 어려운 문제이다. 그러나 파라미터(k_p, G_p)가 적당히 선택되는 것을 조건으로 2차원 모델을 1차(1st order) 근사로 고려할 수 있다.

Ⅳ.6 축력을 받는 궤도의 레일

궤도의 레일은 수직 윤하중 외에 "축력"도 받는다. 이들의 힘은 열차의 가속이나 감속, 레일의 온도변화, 또는 레일이 이동 차륜을 받을 때와 (건널목이나 교대와 같은) 특정한 장소에서 축 방향으로 구속될 때의 "레일 복진 (creep)" 때문에 발생될 수도 있다.

철도사업의 초기 단계에서 레일이 주요 교통의 방향으로 차차 이동하는 경향을 갖고 있는 점과 이들의 이동이 윤하중과 열차속도의 증가에 따라서 증가되는 점이 관찰되었다. 이 현상은 **레일 복진**이라 부른다. 이 레일이동을 방지하는 초기의 수단은 "안티클리퍼"를 사용하는 것이었으며, 그것은 오늘날의 레일 앵커로 발달하였다. 현재 사용 중인 앵커의 예를 **그림 Ⅳ.37**에 나타낸다.

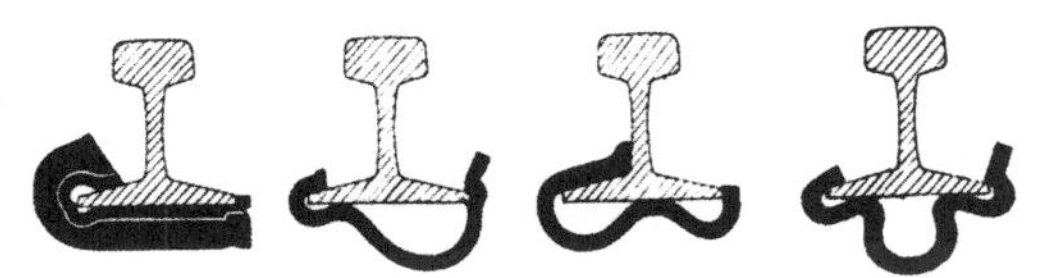

그림 Ⅳ.37. 최근의 수십 년 동안 사용된 레일 앵커

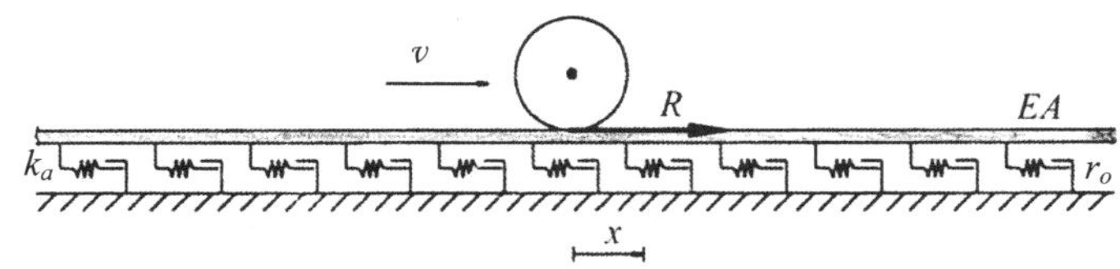

그림 Ⅳ.38 축 방향 레일 변형의 해석모델

레일이 체결장치 때문에 움직일 수 없을 때는 전체의 레일–침목 구조(궤광)가 열차이동의 방향으로 움직이는 경향이 있다. 이 복진 현상의 광범위한 논의와 그것이 레일에서 어떻게 축력을 발생시킬 수 있는가에 대하여는 Kerr와 Babinski (1997)를 참조하라.

온도변화에 따라 레일에 발생된 축력의 해석은 봄과 여름 동안의 열적 궤도좌굴과 추운 겨울 기간 동안의 레일파단에 관한 논의의 도입부로서 제Ⅶ장에 나타낸다. 그러므로 이하에서는 "열차의 가속이나 감속에 따라 장대레일에 발생된 축력"만을 논의한다.

예로서, 차륜과 레일의 인터페이스에서 축 저항력(종 저항력) R을 발생시키는 감속 차륜의 작용을 고려하자. 논증의 목적을 위해, 레일의 "상부"에서 움직이는 차륜에 기인하고 레일 "저부"에 발생된 저항력 r에 기인한 작은 휨모멘트를 무시하는 **그림 Ⅳ.38**에 나타낸 단순화한 해석모델을 선택한다. 각각의 기초 요소는 "탄성"의 축 방향 궤도저항력(궤도 종저항력)을 나타내는 파라미터 k_a를 가진 수평 스프링과 (체결장치에서나 침목과

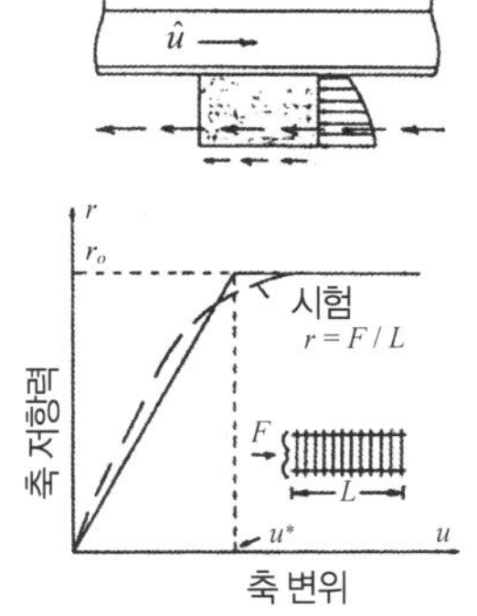

그림 Ⅳ.39 궤도 기초의 축 방향 응답

도상 간에서 어느 쪽이든지 더 작은) 미끄럼마찰에 기인하는 "소성" 변형을 나타내는 파라미터 r_o를 가진 마찰요소로 이루어져 있다. 이 축 저항력 응답은 **그림 IV.39**에 실선으로 나타낸다. 점선의 곡선은 실제 시험결과를 나타낸다.

첫 번째 예로서, 감속 힘 R이 상대적으로 작아서 기초의 소성변형을 일으키지 않는 경우 (따라서 $\hat{u}_{max} < u^*$, 및 마찰요소가 조금도 활동되지 않을 때)를 고찰하자. (^)는 레일 축(중심선) x에 관련된다. 그 때에 한 레일에 대한 지배 미분방정식은 다음과 같다.

$$\left.\begin{array}{ll} \hat{u}_r''(x) - \kappa^2 \hat{u}_r(x) = 0 & 0 \le x < \infty \\ \hat{u}_l''(x) - \kappa^2 \hat{u}_l(x) = 0 & -\infty < x \le 0 \end{array}\right\} \tag{IV.34}$$

여기서,

$$\kappa^2 = \frac{(k_a/2)}{EA} \tag{IV.35}$$

여기서, E는 레일 강의 영계수(탄성계수)이고, A는 한 레일의 횡-단면적이며, $k_a = r_o/u^*$는 궤도의 양쪽 레일에 유효하다. 파라미터 r_o와 u^*는 **그림 IV.39**에서 정의되며 분리된 궤도구간을 이용하는 시험으로부터 사정된다. 상응하는 4 개의 경계조건은 다음과 같이 $x = 0$에서 대응하는 조건

$$\left.\begin{array}{l} \hat{u}_l(0) = \hat{u}_r(0) \\ \hat{u}_l'(0) - \hat{u}_r'(0) = \dfrac{R}{EA} \end{array}\right\} \tag{IV.36}$$

과 $x = \pm\infty$에서 각각의 축 변위(종 변위)가 영으로 감소되는 조건들이다.

축 변위에 대해 결과로써 생기는 해는 다음과 같다.

$$\left.\begin{array}{ll} \hat{u}_r(x) = \dfrac{R}{2\kappa EA} e^{-\kappa x} & 0 \le x \le \infty \\[2ex] \hat{u}_l(x) = \dfrac{R}{2\kappa EA} e^{+\kappa x} & -\infty \le x \le 0 \end{array}\right\} \tag{IV.37}$$

그리고 상응하는 각 레일의 축력은 다음과 같다.

$$\left.\begin{array}{ll} \hat{N}_r(x) = EA\hat{u}_r'(x) = -\dfrac{R}{2} e^{-\kappa x} & 0 \le x \le \infty \\[2ex] \hat{N}_l(x) = EA\hat{u}_l'(x) = +\dfrac{R}{2} e^{+\kappa x} & -\infty \le x \le 0 \end{array}\right\} \tag{IV.38}$$

단면적이 A = 12.91 in^{2}이고 영계수가 E = 3,000,000 lb/in^{2}인 132 RE 레일과 한 레일에 대한 저항력이 $k_a/2$ = 50, 150, 및 300 lb/in^{2}일 경우의 레일 힘을 **그림 IV.40**에 나타낸다.

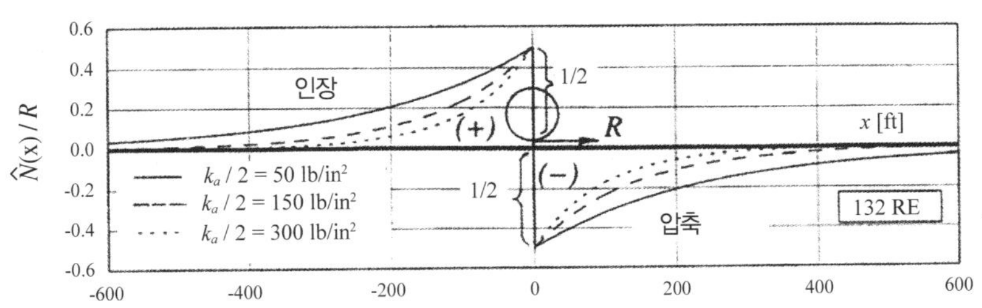

그림 Ⅳ.40 탄성 기초 저항력에 대해 R에 기인하는 장대레일의 축력

레일이 감속 차륜의 전방에서는 압축되지만 차륜 후방에서는 당겨지는(그것은 인장으로 된다) 점에 주목하라. 또한, 레일축력의 분포와 $\hat{N}(x)$에 대한 k_a 값의 영향을 주목하라.

방정식 (Ⅳ.37)로부터 최대 축 변위는 $x = 0$인 차륜 아래에서 생기는 점이 뒤따른다. 최대 축력은 다음과 같다.

$$\hat{u}_{max} = \frac{R}{2\kappa EA} \tag{Ⅳ.39}$$

다음에, 예기된 R과 궤도 파라미터를 방정식 (Ⅳ.39)에 대입하고 $\hat{u}_{max} \gtrless u^*$를 체크한다. 만일 $\hat{u}_{max}$이 u^*보다 크다면, **그림 Ⅳ.38**에 나타낸 것처럼 탄성-소성 기초 응답을 고려함으로써 일반화하여야 한다. 밀접하게 관련된 문제는 제Ⅹ.4절에서 논의한다.

차륜이 앞에 놓인 신축 이음매를 통과한 후에 갑자기 감속되는 경우(**그림 Ⅳ.41**)를 고찰하는 것은 유익하다. 이 경우에 이음매 후방(즉, 이음매의 왼쪽)의 레일에는 축력이 발생되지 않는 점에 주목하라.

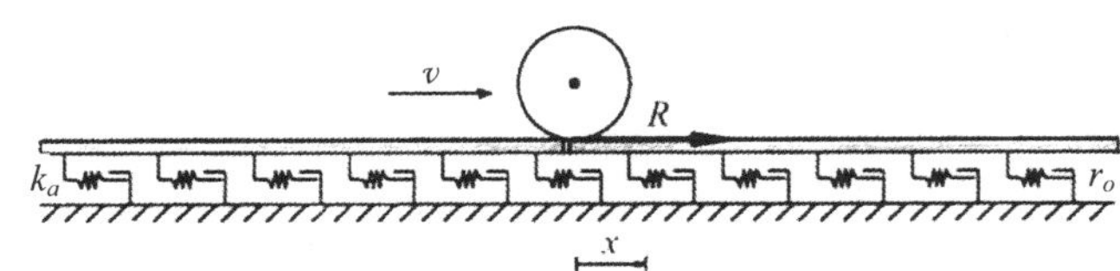

그림 Ⅳ.41 신축 이음매를 통과한 후에 감속하는 차축

$\hat{u}_{max} < u^*$을 일으키는 상대적으로 작은 R에 대하여, 오른쪽 레일에 대한 방정식은 다음과 같다.

$$\hat{u}''(x) - \kappa^2 \hat{u}(x) = 0 \qquad\qquad 0 \leqq x < \infty \tag{Ⅳ.40}$$

그리고 두 경계조건은 다음과 같다.

$$\hat{u}'(0) = -\frac{R}{EA} \qquad 및 \qquad \lim_{x \to \infty}\{\hat{u}(x)\} \to 0 \tag{Ⅳ.41}$$

해는 다음과 같다.

$$\hat{u}(x) = \frac{R}{\kappa EA} e^{-\kappa x} \qquad\qquad 0 \leqq x < \infty \qquad\qquad (\text{IV}.42)$$

최대 축 변위 $\hat{u}_{max} = \hat{u}(0)$은 방정식 (IV.39)에 주어진 연속 레일에서보다 2 배만큼 큰 점에 주목하라. 상응하는 레일축력은 다음과 같다.

$$\hat{N}(x) = EA\,\hat{u}'(x) = -Re^{-\kappa x} \qquad\qquad 0 \leqq x < \infty \qquad\qquad (\text{IV}.43)$$

축력분포의 그래픽 표현을 **그림 IV.42**에 나타낸다.

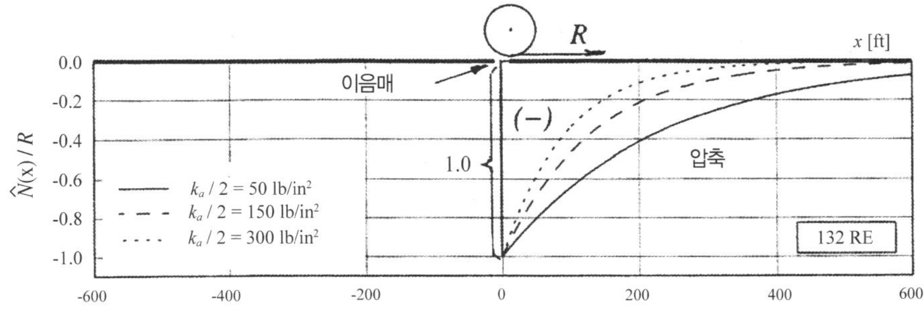

그림 IV.42 신축 이음매에서 R에 기인하는 장대레일의 축력

　　그림 IV.40과 **IV.42**, 또는 방정식 (IV.38)과 (IV.43)를 비교하면, R가 신축 이음매 직후에서 작용할 때는 감속하는 차륜의 전방에서 각 레일의 압축축력 $\hat{N}(x)$이 2 배만큼 크다는 점을 이해할 수 있다. 이것은 열차가 신축 이음매를 통과한 직후에 기관차 차륜을 제동시킴에 따라 갑자기 감속될 때 그것이 차륜의 전방에서 궤도의 좌굴에 실질상 기여할 수도 있는 점을 시사한다. 이것은 또한 신축 이음매의 설치를 계획할 때와 그것의 위치를 선정할 때도 고려하여야 한다.

　　철도문헌에서는 흔히 축 저항력(종 저항력)이 $r = r_o =$ "일정"하다고 가정하며, 따라서 탄성부분을 무시한다 (예를 들어, Wattmann, 1957을 참조하라). 상응하는 해석모델을 **그림 IV.43(a)**에 나타낸다. 이 가정은 상응하는 미분방정식을 사용함이 없이 **그림 IV.43(b)**에 나타낸 자유물체도(自由物體圖)에 대해 축(軸) 평형방정식을

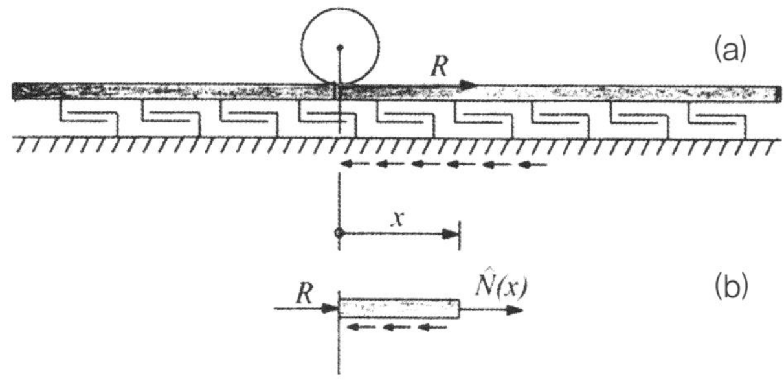

그림 IV.43 일정한 축 저항력 r_o에 대한 해석모델

직접 나타냄으로써 레일축력 $\hat{N}(x)$의 사정을 단순화한다.

축 방향 평형은 다음과 같다.

$$R + \hat{N}(x) - \frac{r_o}{2}x = 0 \tag{IV.44}$$

그러므로 신축 이음매 너머에서 레일의 축력분포는 다음과 같이 된다.

$$\frac{\hat{N}(x)}{R} = -\left(1 - \frac{r_o}{2R}x\right) \tag{IV.45}$$

그림 IV.44는 이 $\hat{N}(x) / R$식의 그래픽 표현을 나타낸다. 단순화하는 가정 $r = r_o$은 **그림 IV.42**에 나타낸 분포와 비교하여 {흔히 "신축구간(breathing region)"이라 부르는} $\hat{N}$ 분포의 "한정된" 영역으로 이끈다. 이들 두 그림의 비교는 유익한 연습이다.

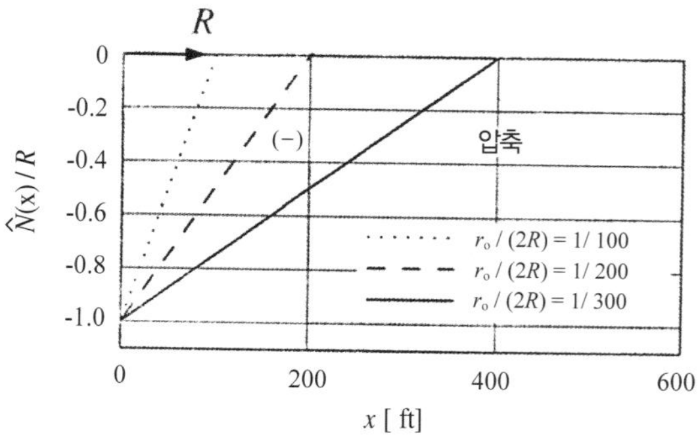

그림 IV.44 일정한 r_o에 대한 축력분포

레일은 일반적으로 휨모멘트 $\hat{M}(x)$뿐만 아니라 축력 $\hat{N}(x)$을 받는다. 재료의 강도에 따르면, **상응하는 응력**은 다음과 같다.

$$\sigma_{xx}(x,z) = \underbrace{\frac{\hat{N}(x)}{A}}_{\substack{\text{균등한}\\\text{인장능력}}} + \underbrace{\frac{\hat{M}(x)z}{I}}_{\text{휨응력}} \tag{IV.46}$$

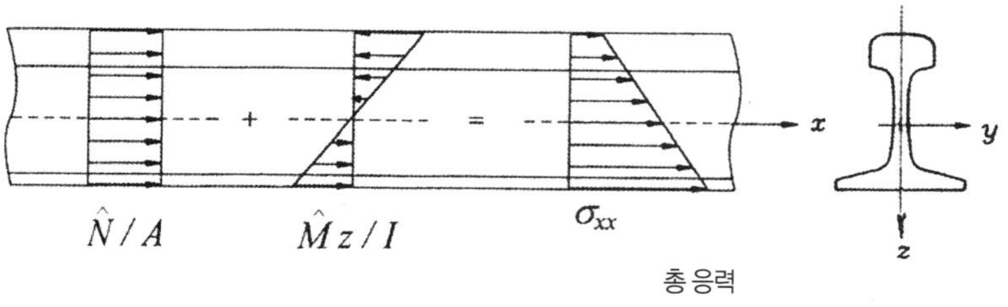

그림 IV.45 휨과 축력에 기인하는 레일의 응력

그들을 **그림 Ⅳ.45**에 그래픽으로 나타낸다.

Ⅳ.7 접촉압력 및 접촉압력이 레일손상과 마모에 미치는 영향

재하된 차륜이 궤도 레일에 놓일 때는 국부적인 변형의 결과로써 작은 접촉 표면이 형성된다. 이 표면에 걸쳐 생긴 응력을 "접촉압력"이라 부른다. 그들을 **그림 Ⅳ.46**에 도해적으로 나타낸다. 그들의 분포와 세기는 차륜과 레일의 마모 패턴에 좌우되며 그러므로 교통의 누적에 따라서 변화될 것이다. 이들의 접촉압력은 차례로 레일 안쪽에 응력을 발생시킨다. 이 유형의 응력분포는 지난 수십 년 동안 해석적으로와 실험적으로 연구되었다. 이 주제의 개관은 Paul (1978)과 Kallker (1979)가 발표하였다. 차륜-레일 점착에

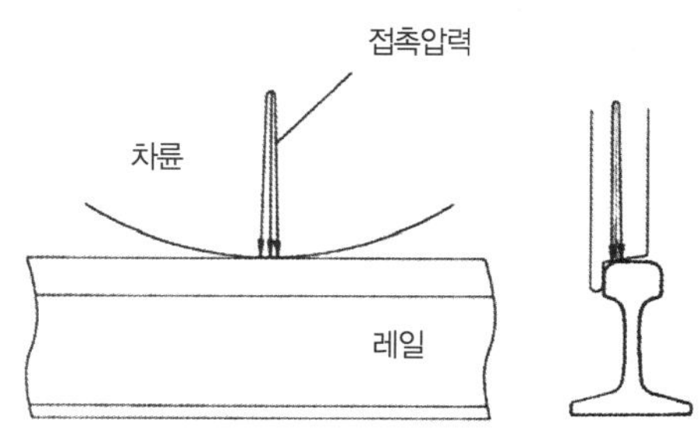

그림 Ⅳ.46 차륜-레일 접촉압력

밀접하게 관련된 논제의 개관은 Verbeeck (1973)을 참조하라. 보다 최근의 결과에 관하여는 예를 들어 "레일/차륜 시스템의 접촉역학과 마모에 관한 진행"의 논문 (1982, 1986 등)을 참조하라.

이하에서는 철도기술자들이 관심을 가져야 하는 본질적인 발견만을 논의한다. 접촉영역이 대단히 작고(예를 들어, 5 센트 동전의 크기, 즉 0.4 in² = 2.58 cm²) 윤하중이 약 40,000 lb(18.1 tf)이기 때문에 접촉영역의 정적 압축응력은 40,000 / 0.4 = 100,000 lb/in²(7.0 tf/cm²)의 오더이다. 이것은 상기에 논의한 휨 응력과 비교하여 흔히 동적 효과에 의해 확대되는 대단히 큰 응력이다. 보통 레일 강의 항복강도가 $\sigma_y \cong$ 70,000 lb/in²(4,700 kgf/cm²)인 점에 유의하면, 이 접촉응력이 레일두부에서 문제를 일으킬 것이라고 예상하는 것이 합리적이다. 실제로 문제를 일으켰고 여전히 일으키고 있다. 발생된 손상의 일부는 다음과 같다. (1) "헤드체크(head checks)"-레일의 게이지코너에서 작고 매우 가는 균열, (2) "스폴링(spalling)"-게이지코너로부터 금속조각의 떨어짐, (3) "플래킹(flaking)"-흔히 게이지코너 근처에서, 주행표면에 대한 작고 얇은 조각모양의 은빛 금속의 점진적인 분리, 및 (4) "쉘링(shelling)"-이동하는 큰 윤하중에 기인하여 게이지코너 근처의 레일두부에서 시작된 금속피로의 파손.

이 책에서 관련된 설명에 수반되는 손상과 파괴의 다양한 그림은 Sperry 레일서비스 (1989)와 Birmann (1981)이 작성한 통속적인 "레일손상 편람"에서 인용하였다. 파괴의 두 예, 즉 궤간 쪽의 헤드체크로부터 시작되

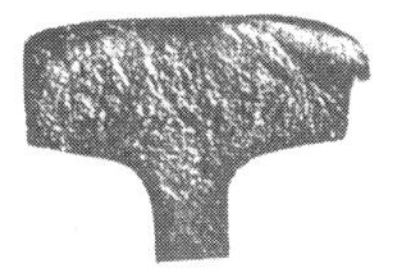
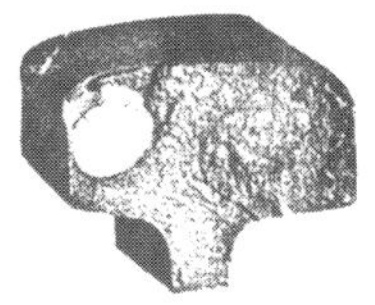

궤간 쪽의 헤드체크로부터 시작된 파괴　　　　궤간 쪽의 쉘링으로부터 시작된 파괴

그림 Ⅳ.47 레일 파괴 (Sperry "레일손상 편람", p.39에서 인용)

는 파괴와 쉐링에 기인하는 파괴를 **그림 Ⅳ.47**에 나타낸다.

플래킹을 나타내는 레일단면을 **그림 Ⅳ.48**에 나타낸다. 플래킹은 주행표면에서 생기는 반면에 쉐링은 레일두부 안쪽에서 일어나는 점에 유의하라.

쉐링 및 관련된 레일파손은 수십 년 전에 널리 조사되었다. 쉐링의 이해를 향상시키는 것을 목적으로 한 주요 연구는 광탄성 방법[*]을 이용하여 Frocht (1951, 1959)가 수행하였다. 이 방법의 유용한 특징은 응력 값의 사정 외에 레일 안쪽의 전단응력 분포의 그래픽 그림을 제공하고 최대 전단응력의 위치를 나타내는 점이다.

이 방법의 효용을 입증하기 위해서는 **그림 Ⅳ.49**에 나타낸 2차원적인 예를 고찰하라. 게이지코너 근처의 접촉영역 약간 아래에 있는 광선 줄무늬의 높은 집중에 주목하라. 이것은 레일두부의 최대 전단응력이 접촉표면 근처에서 생기는 점을 나타낸다. 또한, 이들의 응력이 급속하게 감소되고 레일두부의 하부 근처에서 대단히 작은 점도 주목하라.

레일두부 응력의 보다 정량적인 지식을 얻기 위해서는 접촉영역의 응력이 균등하게 분포될 경우의 반–무한 탄성영역에 대해 분석적으로 구한 응력의 분포를 고찰하라(**그림 Ⅳ.50**).

그림 Ⅳ.48 플래킹을 나타내는 레일의 단면
(Sperry "레일손상 편람", p.59에서 인용)

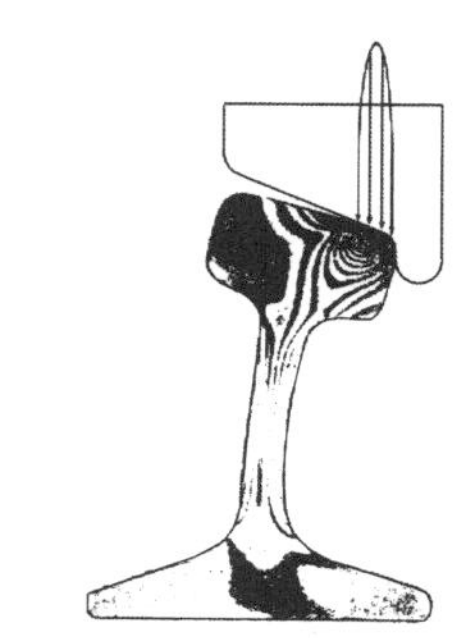

그림 Ⅳ.49 레일의 전단응력

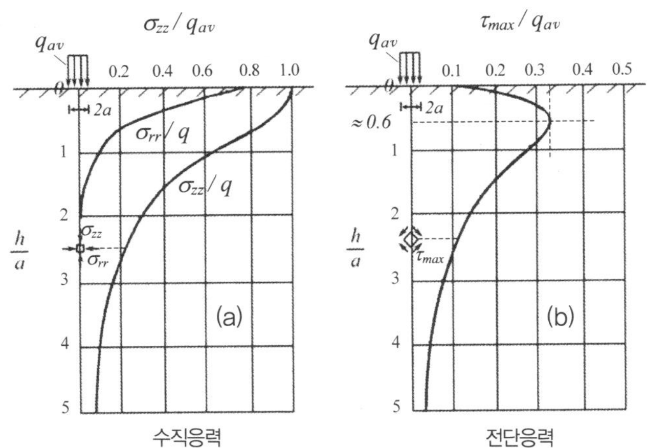

그림 Ⅳ.50 응력의 분포와 재하된 표

그림 Ⅳ.50(a)에서 응력 σ_{zz}과 σ_{rr}는 접촉영역으로부터 거리의 증가와 함께 급속히 감소된다. 예를 들어, $h/a = 4$일 때, $\sigma_{zz}/q_{av} \cong 0.08$. $a \cong 0.25$ in이므로, $h = 4 \times a = 4 \times 0.25 = 1$ in에서, 수직응력 σ_{zz}는 평균 접촉압력

---

[*] 이 방법은 (일부 에폭시레진처럼, 요구된 광학적 성질을 가진) 투명 플라스틱 박판이 응력을 받고 그 때에 그것을 통하여 전해진 편광에 의해 관찰될 때, 응력에 기인하는 "광선 줄무늬"의 패턴이 나타난다. 이들의 광선 줄무늬는 주(主) 전단응력의 위치를 나타낸다.

q_{av}의 약 8 %까지 감소됨을 알 수 있다. 또한, **그림 Ⅳ.50(b)**에 따르면, 최대 전단응력이 $\tau_{max} \cong 0.32\,q_{av}$인 점과 그것이 $h \cong 0.6\,a$에서 생기는 점에 주목하라. $a \cong 0.25$ in에 대하여, $h = 0.6 \times 0.25 = 0.15$ in. 따라서 최대 전단응력은 상부 레일표면에 아주 가까운 곳에서 생긴다. 이것은 **그림 Ⅳ.49**의 광선 줄무늬 패턴과 부합된다.

예를 들어, 115 RE 또는 132 RE 레일의 두부높이가 약 1.7 in이므로, 상기의 논의는 큰 수직응력과 전단응력이 레일두부의 윗부분에서만 일어나는 점을 나타낸다(**그림 Ⅳ.51**). 이 발견은 대체로 광탄성 광선 줄무늬 패턴과 일치한다(**그림 Ⅳ.49**).

만일 압력 q에 더하여 (예를 들어, 가속 또는 감속하는 기관차의 차륜에 기인하여) 접촉영역에서 접선응력도 또한 발생된다면, 최대 전단응력 τ_{max}는 표면에 더욱 더 가까이 작용할 것이다. 강의 강도가 일반적으로 "최대 전단파괴규준"에 의해 지배되므로 상기에서 논의한 여러 가지 손상은 레일표면에 가까운 곳에서 시작된다.

이들의 결과는 132와 140 RE 레일에 대한 레일두부의 접촉응력이 본질적으로 같을 것이라는 점을 시사한다. 따라서 132 RE 레일의 두부가 접촉응력에 기인하는 손상을 경험하는 경우에는 더 큰 두부를 가진 140 RE 레일로의 교체가 일반적으로 이 특정한 문제에 대해 적당한 해결이 아닐 것이다. 그러나 그것은 무엇보다도 피로한 상부 층을 제거하는, 더 빈번하고 광범위한 연삭을 허용하므로 간접적인 이익을 줄 것이다. 이것은 어째서 근년에 136 RE 레일을 사용하는 경향이 있는지의 이유인 듯하며 레일 금속품질(결정학적인 조직과 청결도)을 개량하는 것에 중점을 둔다.

상기의 논의는 궤도의 레일이 여러 종류의 응력을 받을 것이라는 점을 나타낸다. 독자들을 돕기 위하여 이들의 응력과 그들이 궤도구조에 미치는 영향을 제Ⅳ.8절에서 요약한다.

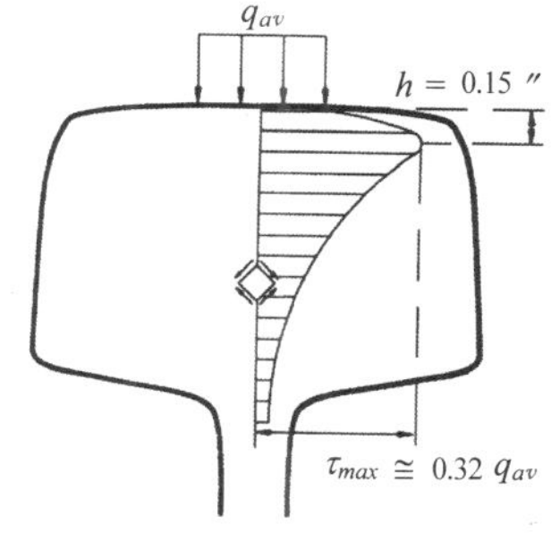

그림 Ⅳ.51 레일두부에서
대략의 전단응력 분포

Ⅳ.8 레일응력과 그 영향의 요약

이 장은 레일성능에 불리한 영향을 끼치는 응력집중과 레일피로, 및 그들이 레일파괴에 미치는 영향 등 응력에 관련되는 두 현상들을 고찰하는 것으로 끝을 맺는다.

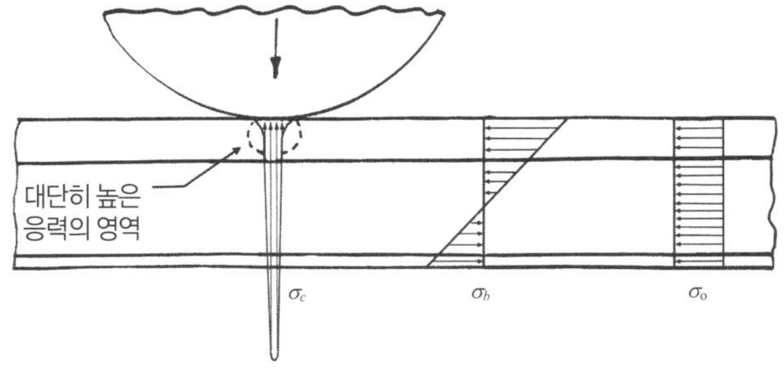

그림 Ⅳ.52 레일의 응력(표 Ⅳ.6 참조)

접촉응력 σ_c	휨 응력 σ_b	축 응력 σ_o
정적과 동적 윤하중에 기인	윤하중 및 불균등한 온도변화에 기인	불균등한 온도변화, 열차의 가속과 감속, 및 레일 복진에 기인
이 응력은 다음에 영향을 미친다. (1) 레일마모 (2) 레일피로와 쉐링 (3) 접촉지역에서 소성부위와 파상마모의 형성	이 응력은 다음에 영향을 미친다. (1) 레일크기의 선택 (2) 열등하게 유지 관리된 이음매에서 레일단면. 그것은 소성으로 변형될 수 있다(그림 Ⅳ.15)	이 응력은 다음에 영향을 미친다. (1) 궤도좌굴 또는 파단 (2) 레일앵커의 배치

F_{max}는 다음에 영향을 미친다.

(1) 타이플레이트의 크기

(2) 침목간격

(3) 도상 층의 깊이

(4) 침목의 치수

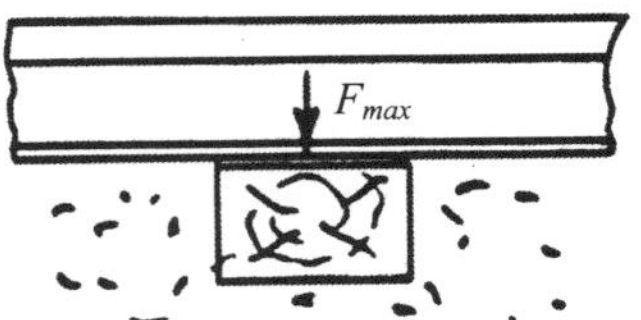

그림 Ⅳ.53 레일좌면 힘, F_{max}

Ⅳ.9 응력집중

응력집중의 현상을 설명하기 위하여 두 수직 평행 측면을 따라서 균등한 인장응력 σ_o를 받고 있는 작은 타원형의 구멍이 있는 플레이트를 고려하자(**그림 Ⅳ. 54**). 구멍이 없는 플레이트는 인장 응력을 도처에서 고르게 받는다. 그러나 구멍이 있는 플레이트에서는 공극 때문에 원래 평행한 "힘 선"이 틈 주위에서 "유동(flow)"하며, 그것은 구멍에 가까운 부근에 "몰려들게" 된다. 이것은 차례로 구멍에서 "응력집중"을 일으켜서 응력을 증가시킨다(**그림 Ⅳ.54**).[*] 그것은 타원형 구멍에 대한 최대 응력이 A와 B에 위치하는 점을 나타낼 것이다. 그들은 다음과 같다.

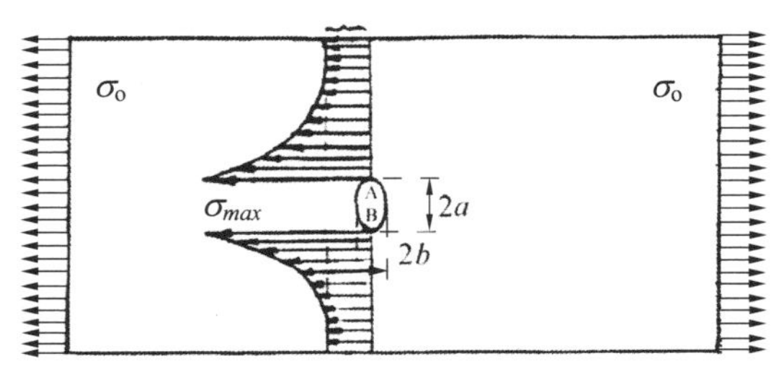

그림 Ⅳ.54 구멍 근처의 응력집중

---

[*] **그림 Ⅳ.54**의 힘 선 상태는 물이 불침투성의 장애물 주위를 흐르는 유선(流線) 상태와 유사하며, 이 경우에 흐름속도가 A와 B 부근에서 증가된다.

$$\sigma_{max} = \sigma_{0}\left(1 + 2\frac{a}{b}\right) \tag{IV.47}$$

원형 구멍에 대해서는 $a = b$이며 방정식 (IV.47)은 다음과 같이 축소된다.

$$\sigma_{max} = 3\sigma_{0} \tag{IV.48}$$

이 결과는 장대레일 복부의 볼트구멍이 추운 겨울철 온도 동안 구멍에서 멀리 떨어진 곳의 응력과 비교하여 약 3 배만큼 인장응력을 증가시킬 것이라는 점을 나타낸다. 이것은 차례로 구멍에서 시작하는 파괴와 레일 파단을 일으킬 것이다.

타원형 구멍이 좁을 때, 예를 들어 $b = a/4$일 때는 다음과 같이 된다.

$$\sigma_{max} = \sigma_{0}\left(1 + 2\times 4\right) = 9\sigma_{0} \tag{IV.49}$$

따라서 이 경우에 응력집중은 수직응력 σ_{0}보다 9 배 더 크다. 매우 가는 균열의 첨단과 같이 b가 더욱 더 작을 때는 결과로써 생기는 응력집중이 더욱 더 크며 이것은 파괴가 발생되기까지 균열 첨단을 앞쪽으로 보낼 것이다.

그림 IV.55에 나타낸 노치에서도 유사한 상태가 일어날 것이다. 노치가 가파를수록 σ_{max}가 더 커진다.

이 유형의 응력증가는 예를 들어 레일저부 가장자

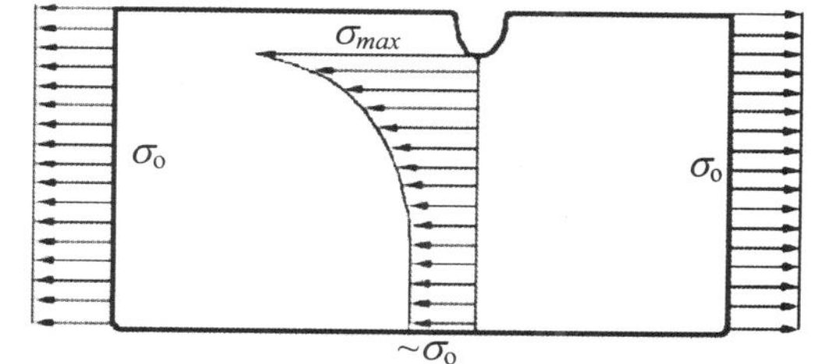

그림 IV.55 노치에 기인하는 응력집중

리의 예리한 골에서 일어난다. 이 위치에서 균열의 개시를 피하기 위해서는 매끈한 마무리를 위해 이 지역을 연삭함으로써 (밑바닥을 포함하여) 노치를 제거하여야 한다.

레일의 토치작업은 통상적으로 레일파괴로 이끄는 큰 응력집중을 일으키는 울퉁불퉁한 가장자리와 새터 크랙 (shatter crack)을 일으키기 때문에 피하여야 한다. 같은 이유 때문에, 예리한 도구는 균열을 일으킬 수도 있는 응력 상승요인의 형성을 피하기 위하여 어떠한 레일표면에 대해서도 표시 목적으로 사용하지 않아야 한다. 레일에는 분필, 크레용, 또는 레일표면에 손상을 주지 않는 그 외의 마커를 이용하여 표시하여야 한다. 또한, 용접이 완료된 후에는 응력집중을 피하도록 초과 금속(덧 살)을 제거하고 매끈한 마무리를 위해 용접표면과 레일을 연삭하는 것이 필요하다. 볼트구멍을 뚫은 후에는 추가의 응력 상승요인을 피하도록 리머(rimer)를 사용하여 형성된 구멍 표면을 매끈하게 하여야 한다.

마지막으로, 볼트구멍 지역의 "휨 응력"은 (**그림 IV.45** 또는 **IV.52**로부터 분명히) 아주 작을지라도, 그곳의 "전단응력"은 **그림 IV.56**에 나타낸 것처럼 크다는 점에 주목하라. 또

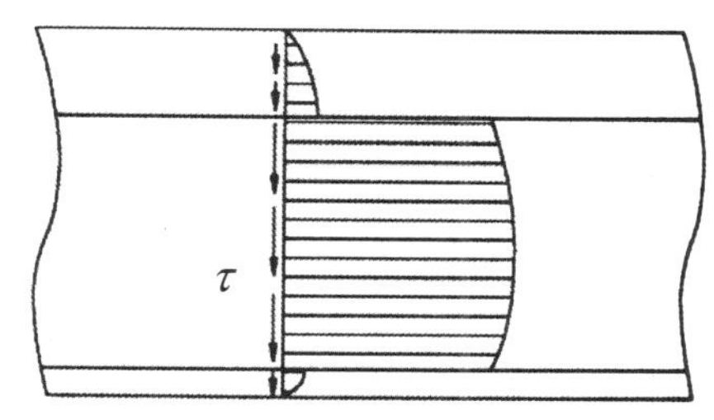

그림 IV.56 레일의 전단응력

한, 이들의 응력은 볼트구멍 부근에서 확대되며 레일파괴로 이끌 수도 있다. 따라서 사용하지 않는 볼트구멍은 제거하여야 한다.

IV.10 레일강의 피로 및 피로가 레일파괴에 미치는 영향

이동하는 윤하중은 궤도의 레일이 교호의 응력을 받게 한다. 이것은 "접촉압력"에 기인하는 레일두부 응력뿐만 아니라 이동하는 열차의 차륜들에 기인하는 "레일 휨 응력"에도 관련된다(예를 들어, **그림 IV.11**을 참조하라). 재료가 반복된 재하와 제하 사이클을 받을 때는 파손이 정적 극한강도보다 더 작은 응력에 기인할 수도 있다는 점은 공학에서 잘 알려져 있다. 누적된 응력 사이클에 기인하는 이 현상의 강도감소는 피로라고 부른다.

누적된 응력 사이클과 응력 세기에 대한 "피로강도"의 종속성은 단순한 회전-휨 "피로시험"을 이용하여 확인할 수 있다. 한 버전의 시험 기구는 한쪽 끝이 모터 조합에 연결되고 다른 쪽 끝에 매달린 수직하중 P를 받는 원형 캔틸레버 시편으로 이루어져 있다(**그림 IV.57**). 여러 가지 피로시험의 설명은 Moore와 Kommers (1927), Timoshenko (1954, § 78) 및 Mann (1967)을 참조하라.

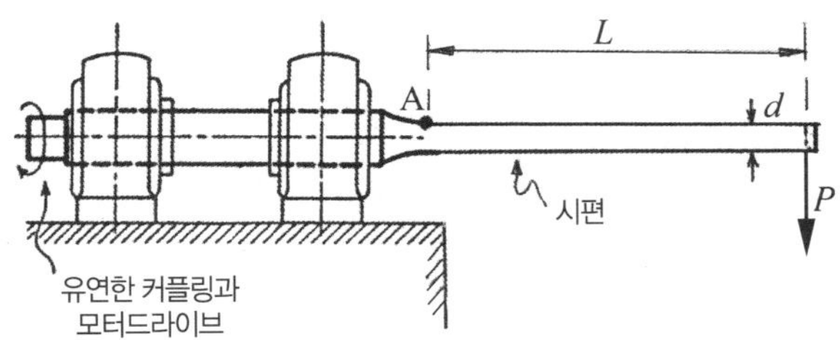

그림 IV.57 피로시험 기구

이 기구에서 매달린 하중 P는 시편이 회전하는 동안 하향으로 작용한다. 시편의 최대 휨모멘트는 PL이며 점 A에서 상응하는 축 "인장"응력은 다음과 같다.

$$\sigma_{max} = \frac{32PL}{\pi d^2} \qquad\qquad (IV.50)$$

여기서, d는 일정한 원형 횡단면의 직경이다. 점 A가 $90°$만큼 회전할 때, 그 응력은 0으로 된다. 더욱 $90°$만큼의 회전은 점 A에서 "압축"응력을 일으킨다. 따라서 각각의 완전한 회전과 함께 표면의 점 A는 인장으로부터 압축 내지 인장까지 완전한 사인파 모양으로 변화하는 응력(번갈아 일어나는 응력) 사이클을 경험한다. 시편의 피로 수명을 감소시키는 응력집중을 피하기 위하여 시편을 연삭하고 윤을 내어야 하는 것은 중요하다.

"피로수명" 곡선의 사정을 위해서는 몇 개의 동일한 시편을 필요로 한다. 첫 번째 시험에서는 "정적 극한강도"보다 약간 더 작은 하중 P, 따라서 더 작은 σ_{max}의 값을 선택한다. 그 다음에 시편이 절손될 때까지 시편을 회전시킨다. 파괴 순간에 누적된 사이클의 수를 기록한다. 그 다음에, 새로운 시편을 감소된 하중 P(따라서 더 작은

σ_{max})로 시험한다. 시편은 파손되기 전에 (통상적으로 더 큰) 사이클의 수 n을 받는다. 이 절차는 더 낮은 σ_{max}로 몇 개의 다른 시편에 대해 반복한다. 이들의 시험 동안 중요 온도를 일정하게 유지하고 기록한다. 얻어진 결과는 $\sigma^f\text{-}n$ 곡선으로 플롯한다. 스테인리스강에 대한 결과를 **그림 Ⅳ.58**에 나타낸다[Zambrow와 Fontana (1949, p. 498)]. 곡선 위, 또는 근처의 각 점은 하나의 시험에 해당된다.

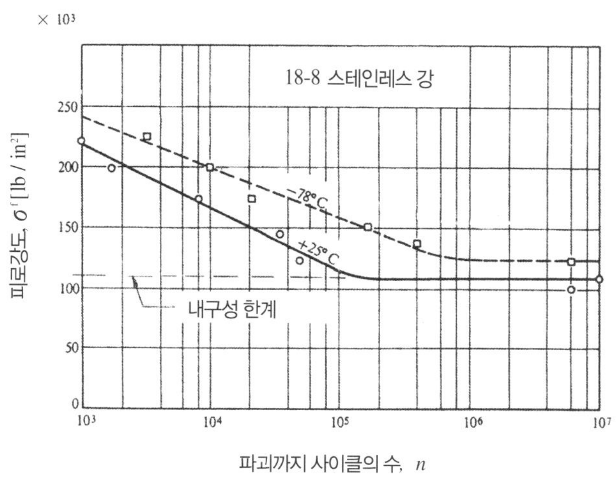

그림 Ⅳ.58 T_0 = 25 ℃(77 ℉)와 T_0 = −78 ℃(−108 ℉)에서 스테인리스강의 피로강도

강 시편이 절손되는 응력 σ^f는 누적된 응력 사이클 수 n의 증가에 따라 급속히 감소한다. 예를 들어, T_0 = 25 ℃(77 ℉)에서 약 200,000 사이클 후에는 감지할 수 있을 정도의 변화가 일어나지 않고 곡선이 $\sigma^f \cong$ 110,000 lb/in²의 수평선에 접근한다. 이 응력은 "피로한계" 또는 "내구한도"라고 부른다. 그것은 어떠한 사이클 수에서도 피로파손이 일어나지 않는 응력이다.

시험은 탄소강의 내구한도가 정적시험으로부터 얻은 극한강도의 약 1/2이라는 점을 나타내었다. 이것은 강의 인장강도가 증가될 때 그 피로저항력도 또한 증가된다는 점을 제시한다.

온도가 피로강도에 끼치는 영향을 주목하라. 강의 온도가 감소됨에 따라 피로수명과 내구한도는 증가된다.

피로파손을 설명하기 위해서는 "피로균열 개시와 성장"의 메커니즘을 이해하는 것이 필요하다. Felbeck과 Adkins (1984, p. 444)에 따르면, 피로는 절대적으로 매끈한 외부표면을 가진 완전히 균질한 재료에서는 아마도 일어나지 않을 것이다. 주기적인 응력을 받을 때 피로로 이끄는 것은 실재하는 재료의 불균등 및 관련된 응력집중이다.

비금속의 불순물이나 함유물을 함유하고 불완전하게 매끈한 외부표면을 가진 레일 강을 고찰하자. 이 레일이 탄성한계 내에서 응력을 받을 때 {소위 이동하는 전위(轉位)에 기인하는} 대단히 작은 거꾸로 할 수 없는 변화가 결정학적인 구조에서 일어난다. 이들의 변화는 응력−스트레인 시험에서 탐지할 수 있는 변화보다 처음에 훨씬 더 작으며, 따라서 첫 번째 재하−제하 사이클은 탄성인 것으로, 즉 "완전히 원래 상태로 돌아갈 수 있는" 것으로 간주할 수 있다. 실제로는 첫 번째 사이클조차 거꾸로 할 수 없는 약간의 국지적 변화를 일으킨다. 이것은 피로균열을 형성하는 최초단계이다.

만일 그 이상의 재하−제하 응력 사이클이 없다면 이 거꾸로 할 수 없는 변화의 효과는 무시할 수 있다. 그러나 만일 이 프로세스가 충분한 하중 사이클 동안 계속된다면 탐지할 수 있는 균열을 일으킬 것이다. 처음의 결함이 더 심할수록 처음의 피로균열이 더 빠르게 형성될 것이라는 점에 주목하라.

피로균열이 일단 일어나면 균열이 갑작스런 파손으로 이끄는 임계 크기에 도달될 때까지 하중 사이클의 증가하는 누적과 함께 피로균열이 점차로 성장될 것이다. 피로균열에 대한 추가의 설명에 관하여는 Felbeck과 Adkins (1984, 제18장)를 참조하라.

그러한 상태의 예를 **그림 Ⅳ.59** [Steele (1980)]에 나타낸다. 파괴는 왼쪽 게이지코너 근처 셀에서 시작되었다. 각각의 "링(ring)"은 Colorado주의 Pueblo에 있는 FAST 시험시설에서 이동 열차 방향의 반전에 기인하였다. 균열전파의 속도는 링의 "두께"로부터 대번에 알 수 있다. 그들은 주로 각 사이클 동안 누적된 통과톤수와 윤하중의 세기로부터 영향을 받는다.

그림 Ⅳ.59 횡 균열의 전파

상기의 논의로부터 "레일의 피로파손은 누적된 하중 사이클의 수와 윤하중 세기에 직접 관련"되며 레일이 사용된 시간의 길이 또는 레일의 경년에 관련된다는 점이 뒤따른다. 이것은 사용된 레일을 다시 부설하거나 구매할 때 고려되어야 한다. 이 상태에서는 그들에게 남아있는 사용수명을 평가하기 위하여 사용된 레일의 재하이력을 확인하는 것이 중요하다.

궤도의 레일이 열차의 이동하중을 받으므로 설계해석에 필요한 "레일 허용응력"의 결정은 "피로에 기인하는 감소"를 포함하여야 한다. 피로의 영향은 제Ⅸ장에 나타내는 것처럼 오늘날까지 "AREA 편람"에 명시적으로 포함되지 않고 있다. 피로의 영향을 포함하는 변경은 제Ⅸ장에서 보충설명(각주)으로써 나타낸다.

Ⅴ. 표준궤도 해석을 위한 레일지지계수 *k*의 사정

Ⅴ.1 서론

궤도해석에서 방정식 (Ⅳ.7)의 채택과 사용 이후로 k를 사정하는 여러 가지 방법이 지난 수십 년 동안 제안되었다. 이들 방법의 일부는 사용하기가 어렵거나 타당성이 의심스럽다. 여기서는 처음에 방정식 (Ⅳ.7)에 모순이 없는 단순하고 정밀한 방법을 나타내며 실용적인 예로 그 사용을 설명한다. 그 다음에, 발표된 그 밖의 방법을 개설하고 그들의 단점을 일부 지적한다.

첫 번째 접근법에서는 한 점에서 측정된 레일 처짐을 방정식 (Ⅳ.7)에 의거한 상응하는 해석 식과 동등하게 다룸으로써 k가 사정된다. 수십 년 동안은 Timoshenko와 Langer (1932)의 연구에 의하여 진척되었으며, 사용된 재하 장치는 "1 축"으로 이루어졌다. 이 절차에서는 윤하중 P에 기인하는 차륜 아래의 레일 처짐 w_m을 기록하고 그 다음에 $x = 0$에서 방정식 (Ⅳ.7)로부터 얻은 상응하는 해석 식과 동등하게 다룸으로써, 즉 $w_m = w(0)$로 되게 함으로써 구해진다. 결과로써 생기는 방정식은 다음과 같다.

$$w_m = \frac{P\beta}{2k} = \frac{P\sqrt[4]{\dfrac{k}{4EI}}}{2k} \tag{Ⅴ.1}$$

(Ⅴ.1)을 유일한 미지(未知)인 k에 대해 풀면 다음과 같이 레일지지계수에 대해 명백한 식이 산출된다.

$$k = \frac{1}{4}\sqrt[3]{\frac{P^4}{EIw_m^4}} \tag{Ⅴ.2}$$

"예"로서 윤하중 $P = 30,000 \text{ lb} = 15$ 톤인 1 축의 두 차륜으로 재하된 136 RE 레일의 목−침목 궤도를 고찰하자. P에 기인하여 기록된 처짐은 $w_m = 0.12 \text{ in}$이다. 방정식 (Ⅴ.2)에 따르면, 레일지지계수(즉, 한 레일에 대한 궤도계수)는 다음과 같다.

$$k = \frac{1}{4}\sqrt[3]{\frac{(30,000)^4}{30\times10^6 \times 95.00 \times (0.12)^4}} = 2,775\ lb/in^2 \qquad\qquad (V.3)$$

상기의 방법은 하나의 처짐 측정과 단순한 계산만을 필요로 하므로 대단히 간단하다. 또 하나의 장점은 도상–노반 조건이 레일의 휨 강성 때문에 영향을 받은 궤도구간에 걸쳐 결국 평균된다는 점이다. 방정식 (V.2)는 간단하기 때문에 보다 최근에 발행된 철도공학의 본문에서조차 궤도계수 k의 계산에 권고되고 있다. 예를 들어, Hay (1982, p. 262)와 Fastenrath의 Eisenmann (1981, p. 36)을 참조하라.

궤도계수 k를 사정함에 있어 방정식 (V.2) 사용의 주요 단점은 그것이 1축 윤하중을 가진 특수 시험 기구를 필요로 하는 점이다. 그러한 하나의 기구는 레일 처짐의 종단선형을 사정하기 위해 Talbot 위원회 (1918)가 사용하였다. 그것은 25 내지 50 톤의 무게를 가진 레일들이 적재되고 하중을 나타내는 스크류 잭을 갖춘 평판화차로 이루어져 있다(**그림 V.1**).

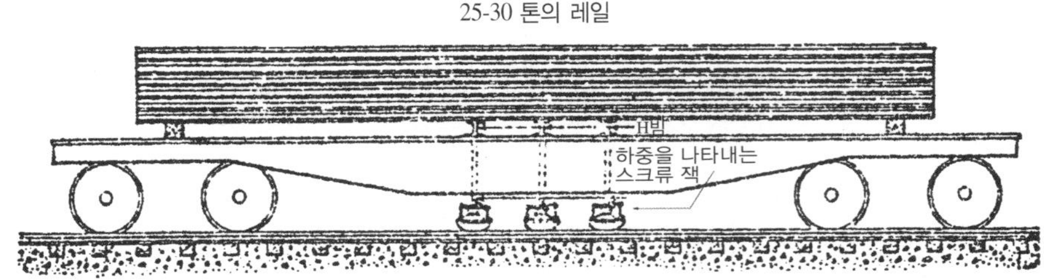

그림 V.1 1축과 2축용 Talbot 위원회 재하 장치 (1918)

바깥쪽 잭들은 2축 대차의 윤하중들을 모의실험하기 위하여 사용되는 반면에 중앙의 잭은 1축 하중을 모의실험하기 위해 사용된다. 서유럽 [Driessen (1937), Birmann (1957), Nagel (1961)]과 구소련 [Kuptsov (1975)]에서는 k 값을 사정하기 위해 1축 하중을 모의 실험함에 있어 같은 유형의 차량을 사용하여 왔다. 보다 근래에는 Chicago의 AAR 연구소에서 Zarembski와 Choros (1980)가 정적 1축 재하 장치를 사용하였다. 그러나 그러한 특수 1축 재하 장치는 일반적으로 철도기술자들이 이용할 수 없거나, 또는 그 문제에 관해서는 대부분의 철도 연구자들조차도 이용할 수 없다.

그러므로 상기 방법의 간단함을 계속 유지하지만 이용 가능한 어떠한 "2축 또는 3축 대차"의 차량이나 기관차라도 이용할 수 있는 절차를 정립하는 것이 중요하다. 이것은 Kerr (1983, 1987, 2000)가 행하였다.

V.2 차량이나 기관차를 이용하여 k를 사정하는 Kerr 방법

이 방법을 설명하기 위해 **그림 V.2**의 삽입물에 나타낸 "2축 대차"의 차량을 고찰하자. 대차 (Ⅰ)의 왼쪽 차륜에서의 레일 처짐에 관한 해석 식은 방정식 (Ⅳ.7)을 사용하여 중첩으로 얻는다. 각 대차의 윤하중은 같지만 각 대차에 가해진 하중은 다를 수도 있으므로, 다음과 같이 할당한다.

$$P_1 = P_2 = P \qquad\qquad \text{및} \qquad\qquad P_3 = P_4 = nP \qquad\qquad (\text{V}.4)$$

여기서, n은 기지(旣知)이다. 숫자 n은 무게를 잼으로써, 즉 계중대 위에 첫 번째 대차 (Ⅰ)를, 그 다음에 두 번째 대차 (Ⅱ)를 위치시킴으로써 구해진다.

두 대차의 모든 4 차륜에 기인하여 대차 (Ⅰ)의 왼쪽 차륜 아래에 생기는 "수직 레일 처짐"에 관한 해석 식은 방정식 (Ⅳ.7)에 주어진 상응하는 $w(x)$ 식을 겹쳐 놓음으로써 얻어진다. $l_1 = 0$이므로, 다음과 같이 된다.

$$\begin{aligned}
w(0) = {} &\frac{P\beta}{2k} + \frac{P\beta}{2k} e^{-\beta l_2} \left(\cos \beta l_2 + \sin \beta l_2 \right) \\
&+ \frac{nP\beta}{2k} e^{-\beta l_3} \left(\cos \beta l_3 + \sin \beta l_3 \right) + \frac{nP\beta}{2k} e^{-\beta l_4} \left(\cos \beta l_4 + \sin \beta l_4 \right)
\end{aligned} \qquad (\text{V}.5)$$

여기서,

$$\beta = \sqrt[4]{\frac{k}{4EI}} \qquad\qquad (\text{Ⅳ}.11)$$

레일지지계수 k는 이 처짐을 왼쪽 차륜에서 측정된 처짐 w_m과 나란히 놓음(동등하게 다룸)으로써, 즉 $w(0) = w_m$로 되게 함으로써 얻어진다. 이것은 다음을 가져온다.

$$\begin{aligned}
\frac{w_m}{P} = {} &\frac{\beta}{2k}\Big[1 + e^{\beta l_2} \left(\cos \beta l_2 + \sin \beta l_2 \right) \\
&+ ne^{\beta l_3} \left(\cos \beta l_3 + \sin \beta l_3 \right) + ne^{\beta l_4} \left(\cos \beta l_4 + \sin \beta l_4 \right)\Big]
\end{aligned} \qquad (\text{V}.6)$$

상기의 방정식에서 k를 제외한 모든 양은 주어진 현장시험에 대해 기지(旣知)이다. 이 방정식은 하나의 윤하중에 대한 방정식 (V.1)에 대응한다. 방정식 (V.1)이 k에 대하여 명확하게 풀린 반면에 방정식 (V.6)에 대하여는 이것이 가능하지 않다.

k에 대한 상기의 초월(超越) 방정식의 복잡한 해를 피하기 위하여 방정식 (V.6)의 오른쪽은 500 내지 9,000 lb/in^2 범위로 여러 가지의 k 값을 대입함으로써 주어진 $\{E, I, w_m, P\}$의 세트에 대하여 수치적으로 값을 구하였다. 차륜간격이 $l_1 = 0$, $l_2 = 5$ ft 10 in = 70 in, $l_3 = 46$ ft 3 in, 및 $l_4 = 52$ ft 1 in(대차중심 간의 거리 46 ft 3 in)인 화차로 가정하였다. 수치적으로 값을 구한 결과를 **그림 V.2**에 나타낸다.

결과에 대한 대차 (Ⅱ)의 효과를 체크하기 위하여 $n = 1.0$, 0.5 및 0에 대해 평가를 수행하였다. 사용된 차륜간격 l_3과 l_4에 대하여 대차 (Ⅱ)는 1,000 lb/in^{2}만큼 낮은 k에서조차 w_m/P 값에 대해 눈에 띄는 영향을 미치지 않았다. 따라서 대차 (Ⅱ)의 윤하중이 대차 (Ⅰ)의 윤하중과 같든지(즉, $n = 1$), 또는 그들이 대차 (Ⅰ) 윤하중의 대략 반만이든지(즉, $n = 0.5$) 아니든지 간에 **그림 V.2**에 나타낸 곡선은 여전히 유효하다. 재하된 차량, 또는 기관차가 그들의 대차에 가한 수직력이 일반적으로 다르므로 이것은 유용한 발견이다.

그림 V.2에 나타낸 그래프는 100 RE, 115 RE, 및 140 RE 레일에 대한 것이다. 그 밖의 레일크기에 대한 것들은 나타낸 곡선 사이의 공간제한으로 포함하지 않았다. 그러나 나타낸 곡선의 근접 때문에 이 빠뜨린 레일크기에 대한 값은 내삽법으로 쉽게 구해질 것이다. 마모된 레일에도 동일한 추론을 적용한다.

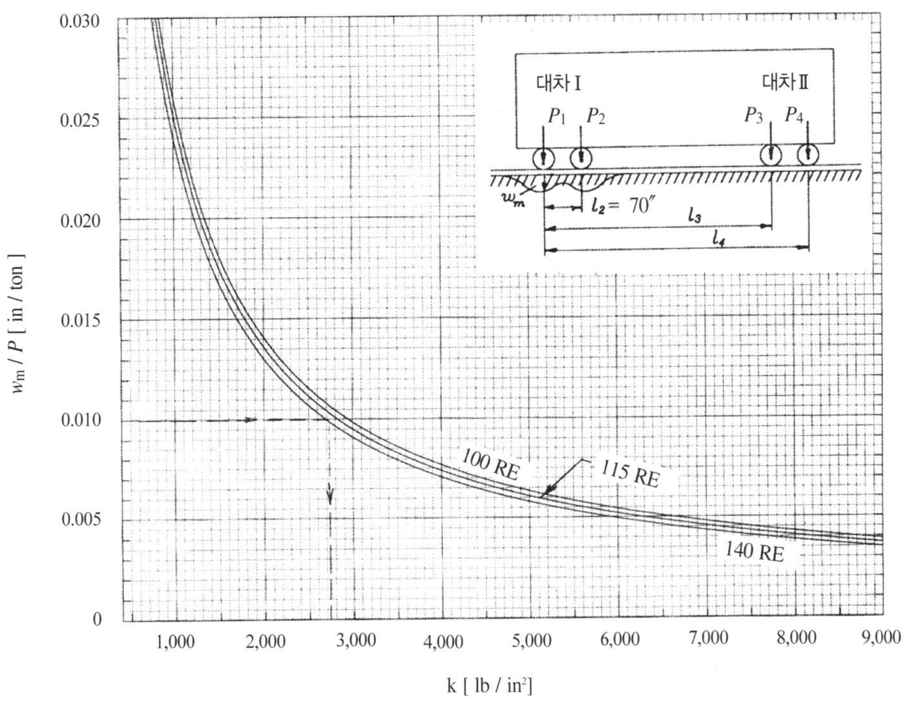

그림 V.2 2축 대차의 차량을 사용하는 k의 사정용 마스터 차트

k 계수의 사정에는 다음과 같이 **그림 V.2**의 그래프를 사용하도록 제한된다. 먼저, **그림 V.2**의 삽입물에 나타낸 윤하중 P_m을 가진 2축 대차의 차량에 기인하는 처짐 w_m을 측정한다. 그 다음에 w_m/P_m을 구성한다. 대응하는 레일에 대한 그래프는 k 값을 직접 산출한다.

수치적 예로서, 관심이 있는 궤도위치에서 수행하려는 현장시험용 재하 장치로는 2축 대차의 재하된 화차를 선택한다. 첫 번째 단계로서 한 대차, 예를 들어 대차(I)의 윤하중은 무게를 재기 위해 대차를 차량 계중대 위에 위치시킴으로써 사정된다. 그것은 118,000 lb인 것으로 확인되었다. 대차 (I)의 4 차륜 각각이 대략 같은 하중을 운반한다고 가정하면 윤하중 P_m은 다음과 같이 계산된다.

$$P_m = 118,400/4 = 29,600 \text{ lb} = 14.8 \text{ tons} \tag{V.7}$$

다음에, 자석이 있는 정교한 스케일을 관심이 있는 궤도위치의 레일복부에 붙인다. 그 다음에 시험 차량을 이 위치로 이동시킨다. 대차(I)의 전방 차륜이 스케일 위의 지점에 도달하였을 때 레일로부터 약 30 ft에 위치한 레벨을 사용하여 수직 레일 처짐을 기록한다. 예를 들어, $w_m = 0.15$ in이다. 그 때에 비율 w_m/P_m이 구성된다. 즉,

$$\frac{w_m}{P_m} = \frac{0.15}{14.8} = 0.0101 \ \text{in}\,/\,\text{ton} \tag{V.8}$$

시험은 작은 편의 마모를 나타낸 132 RE레일의 궤도에서 수행되었다. **그림 V.2**의 그래프는 132 RE 레일에 대하여 w_m/P_m = 0.0101 in/ton을 사용하여 직접 다음을 산출한다.

$$k \cong 2{,}730 \ \text{lb}\,/\,\text{in}^2 \tag{V.9}$$

이것은 이 위치에 대한 k의 사정을 완료한다. **그림 V.2**의 그래프를 사용함으로써 어떠한 추가의 계산도 없이 주어진 w_m/P_m 값에 대한 궤도계수 k가 얻어지는 점에 주목하라.

또 하나의 위치에서 k 값을 사정하기 위해서는 정교한 스케일과, 그 다음에 시험차량을 새로운 위치로 이동시켜서 w_m을 측정하고 w_m/P_m을 계산하여 **그림 V.2**로부터 대응하는 k 값을 얻는다.

2축 대차의 기관차를 이용하여 궤도계수를 사정하는 절차는 대차(Ⅰ)의 두 윤하중이 같은 경우에, 방정식 (V.6)이 차축간격 l_2 , l_3 , 및 l_4의 여러 값에 대하여 사정되어야 하는 점 외에는 상기에 논의한 것과 같다.

그림 V.2의 그래프는 흥미 있는 특징을 나타낸다. 지배 방정식 (Ⅳ.7)을 논의함에 있어 k 값(탄성 스프링 층의 강성)이 레일 아래 기초의 응답, 요컨대 횡－침목, 체결장치, 타이패드, 도상, 및 노반의 응답을 나타내지만, 레일응답을 나타내지 않는다는 점을 언급하였다. 그러나 방정식 (V.2) 뿐만 아니라 **그림 V.2**에 따르면, k는 비록 이 종속성이 대단히 작을지라도 레일크기에 좌우된다.

3축 대차의 기관차나 차량이 시험차량으로 사용되는 상태에서는 추가 차축의 영향을 포함함으로써 방정식 (V.2)를 확장하여야 한다. **그림 V.3**에 나타낸 윤하중을 다음(방정식 V.10)과 같이 표시하면, 방정식 (V.6)에 대응하는 공식은 방정식 (V.11)과 같이 된다.

$$\left.\begin{array}{lll} P_1 = P & ; \qquad P_2 = n_2 P & ; \qquad P_3 = n_3 P \\[2ex] P_4 = n_4 P & ; \qquad P_5 = n_5 P & ; \qquad P_6 = n_6 P \end{array}\right\} \tag{V.10}$$

여기서, n_2 , $\cdots$, n_6 값은 중량을 재는 스케일을 사용하고 $w(0) = w_m$로 되게 함으로써 얻어진다.

$$\begin{aligned} \frac{w_m}{P} = \frac{\beta}{2k}\Big[& 1 + n_2 e^{-\beta l_2}(\cos\beta l_2 + \sin\beta l_2) + n_3 e^{-\beta l_3}(\cos\beta l_3 + \sin\beta l_3) \\[1ex] & + n_4 e^{-\beta l_4}(\cos\beta l_4 + \sin\beta l_4) + n_5 e^{-\beta l_5}(\cos\beta l_5 + \sin\beta l_5) \\[1ex] & + n_6 e^{-\beta l_6}(\cos\beta l_6 + \sin\beta l_6)\Big] \end{aligned} \tag{V.11}$$

또 다시 l_1 = 0임을 유의하라.

다음에, 상기의 방정식은 이전에 방정식 (V.6)으로 행한 것처럼 여러 가지의 레일크기와 k 값의 범위에 대하여 수치적으로 값을 구하여야 한다. 값을 구한 결과는 **그림 V.2**에 나타낸 것과 유사한 마스터 차트의 그래프로서 플롯하여야 한다. 레일지지계수 k를 사정하는 절차는 상기와 같다. 먼저, 3축 대차의 시험차량을 관심이 있는 장소로 이동시킨 다음에 **그림 V.3**에 나타낸 하중 P_1 = P의 첫 번째 차륜에서 수직 처짐 w_m을 측정하고, 그 다음에 w_m/P를 구성하여 해당되는 그래프에서 k 값을 얻는다.

방정식 (V.11)은 차륜 처짐이 기관차나 차량의 첫 번째 또는 마지막 차륜에서 측정된 경우에 대하여 도출된 점에 유의하라. 만일, 그 대신에 어느 것이든지 그 외의 차륜에서 처짐을 기록하도록 계획한다면, 방정식 (V.11)은 그에 따라서 수정되어야 한다.

상기의 설명으로부터 "레일지지계수 k를 사정하기 위하여" 어떠한 차량이나 기관차도 재하 장치로서 이용할

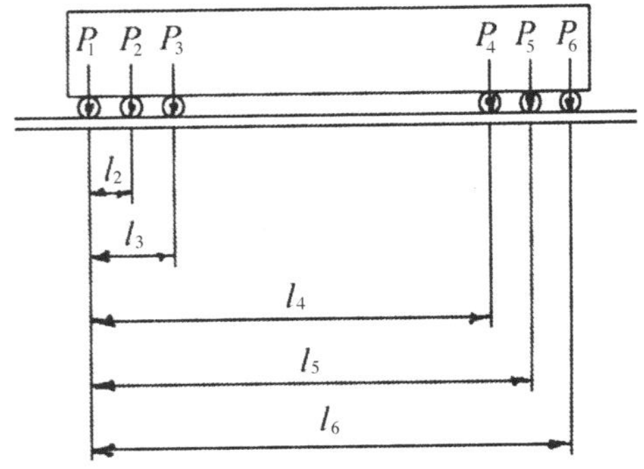

그림 V.3 3축 대차의 차량 또는 기관차

수 있다"는 점과 "측정된 하나의 레일 처짐 w_m만을 필요로 한다"는 점이 뒤따른다. 제안된 방법은 미지의 k에 대하여 복잡한 초월(超越) 방정식 (V.6) 또는 (V.11)의 수치적 "해법"을 피한다. 그것은 여러 가지 k 값에 대응하는 방정식의 오른쪽에 대해 수치적으로 "값을 구하는" 것만을 필요로 하며, 그것은 프로그램을 넣을 수 있는 포켓 계산기로조차 쉽게 수행할 수 있다. 선택된 차량이나 기관차의 이동성 및 측정된 하나의 처짐 w_m과 **그림 V.2**에 나타낸 형의 그래프로부터 레일지지계수를 결정하는 방법의 평이함은 여러 궤도위치에서 레일지지계수 k(즉, 궤도계수)의 빠르고 경제적인 사정을 허용한다.

V.3 k의 사정을 위해 제안된 그 밖의 방법

이 절에서는 철도문헌에서 제안되었지만 사용하기가 어렵거나 타당성이 의심스러운 그 밖의 k 사정 방법을 논의한다.

이들 방법 중의 하나에서는 체결장치를 철거함으로써 레일에서 분리된 "하나의 침목"만을 수직으로 재하하는 일과 침목–도상 압력이 균등하다는 가정 하에 방정식 (V.2)를 사용하여 기초 파라미터를 계산하는 일로 현장시험이 이루어져 있다. 일련의 한 시험에서는 두 개의 유압 잭(각 레일좌면에 하나)과 **그림 V.1**에 나타낸 것과 유사한 기구를 장치한 약 16 톤의 화차로 하중을 발생시켰다. 잭이 작동된 때는 침목을 내리누르고, 차량을 들어 올리며, 따라서 각 레일좌면에 약 8 톤을 가한다. Drissen (1937)에 따르면, 제2차 세계대전 전에 독일, 네덜란드, 및 스위스 철도들에서 상응하는 k 값을 사정할 목적으로 이 유형의 시험을 385 회 수행하였다. 이 노력은 의미심장한 결과를 산출하지 못하였기 때문에 성공하지 못하였다. Birmann (1957)과 Nagel (1961)이 기술한 것처럼, 1945년 이후에 독일철도(DB)도 또한 이 유형의 시험을 수행한 점은 주목할 만하다.

이 방법의 주요한 문제는 한 침목만을 재하하여 수행된 시험이 두 가지 주요한 단점을 갖고 있다는 점인 듯하다. "첫 번째" 단점은 도상과 노반의 입자적인 본질 때문에 그들의 재료성질이 궤도를 따라서 강하게 변화된다는 점이다. 그러므로 궤도의 여러 위치 중에서 "한" 침목의 재하는 얻어진 데이터의 넓은 분산을 필연적으로 나타낼 것이다. 이것은 Drissen (1937, p. 123)이 소개한 데이터에서 대단히 분명하다. "두 번째" 단점은 도상과

노반으로 이루어져 있는 연속 기초가 사용될 때 밀접하게 간격을 둔 개별적인 스프링으로 이루어진 층의 특성인 기초 파라미터 k가 재하면적의 크기에 좌우된다는 점이다[이 주장에 관한 근래의 입증에 관하여는 Kerr (1987, p.40)를 참조하라]. 따라서 한 침목만을 사용하는 시험은 실제상의 궤도에서 밀접하게 간격을 둔 침목의 열을 재하할 때와 똑같은 파라미터 k를 산출하지 않을 것이다. 이와 관련하여 Wasiutynski (1937)에 따르면, 한 침목만을 재하할 때 얻어진 k 값은 실제상의 레일–침목 구조를 사용할 때보다 2 배만큼 더 크다는 점에 유의하라. 상기의 논의는 k를 사정함에 있어 분리된 한 침목만을 재하하는 시험의 이용은 피하여야 한다는 점을 제시한다.

k를 사정하는 **또 하나의 방법**은 Talbot 위원회 (1918)와 Wasiutynski (1937)가 제안하고 사용하였다. 이 방법에서는 차량을 관심이 있는 장소로 이동시켜 생긴 각 침목에서의 수직 레일 처짐을 측정한다(**그림 V.4**).

Talbot 위원회 (1918)에 따르면, 그 때의 레일지지계수 k는 한 레일에 작용하는 윤하중들의 합계 ΣP를 변형되지 않은 똑바른 레일과 처진 레일 간에 형성된 면적 A_R로 나눔으로써 계산된다.

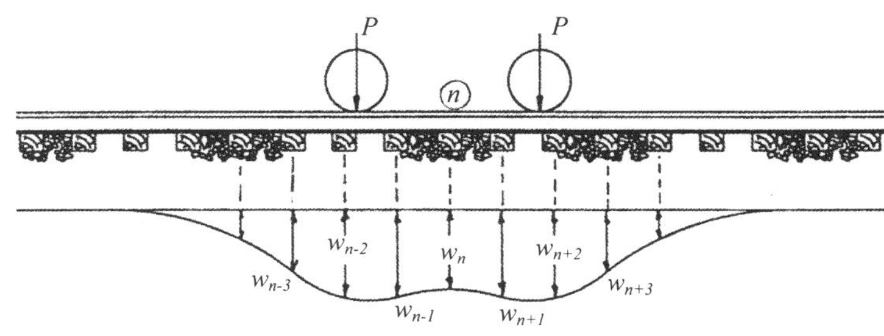

그림 V.4 내리눌려진 영역에서 기록된 레일 처짐

k의 사정에 관한 이 법칙은 레일의 수직 평형으로부터 도출되었다. $p(x)$가 레일 기초에 작용하는 압력(양의 상향)이라는 점을 주목하면, 다음이 뒤따른다.

$$\sum P - \int_{-\infty}^{\infty} p(x)dx = 0 \tag{V.12}$$

여기서, k는 궤도를 따라서 일정하며, 정의에 의해 한 레일에만 유효한 점과 $p(x) = kw(x)$를 주목하면, 상기의 방정식은 다음과 같이 된다.

$$\sum P - k \int_{-\infty}^{\infty} w(x)dx = 0 \tag{V.13}$$

k에 대해 풀면, 다음을 얻는다.

$$k = \frac{\sum P}{\int_{-\infty}^{\infty} w(x)dx} \tag{V.14}$$

분모의 적분이 처진 레일에 의해 형성된 면적 A_R이므로 상기의 k 식은 Talbot 위원회에 따른 법칙이 수직 평형

조건을 충족시키는 점을 입증한다.

그러나 제Ⅳ.2절에서 지적한 것처럼, Talbot 위원회 (1918, 제Ⅳ절)가 수행한 초기의 시험은 특히 열등한 상태의 궤도에서의 수직 레일 처짐이 윤하중의 증가와 함께 선형으로 증가되지 않는 점을 나타내었다(**그림 Ⅳ.34**). 양호한 상태의 궤도이지만 더 큰 윤하중에 대해 유사한 유형의 비선형 응답이 Zarembski와 Choros (1980)에 의해 근래에 기록되었다.

상대적으로 큰 윤하중에 대해 관찰된 **비선형성**은 주로 레일과 침목 간의 활동, 침목과 도상 간의 활동에 기인하며 또한 침목이 도상에서 충분한 지지를 취할지라도 침목의 휨에 기인한다. 무거운 윤하중의 경우에, 비선형 응답에 대한 추가의 기여자는 도상과 노반 층의 증가하는 압축에 기인하는 궤도의 딱딱해짐이다.

Talbot 위원회의 더 뒤의 논문 (1933, 세션 37)에서는 이 비선형성을 고려하기 위하여 방정식 (Ⅳ.7)에 의거한 선형 해석을 존속시키고 무거운 차량에서의 수직 처짐과 가벼운 차량에서의 수직 처짐 간의 차이를 이용하여, 요컨대 **그림 V.5**에 어둡게 나타낸 감소된 면적을 사용하여 레일지지계수 k를 사정하도록 권고하였다.

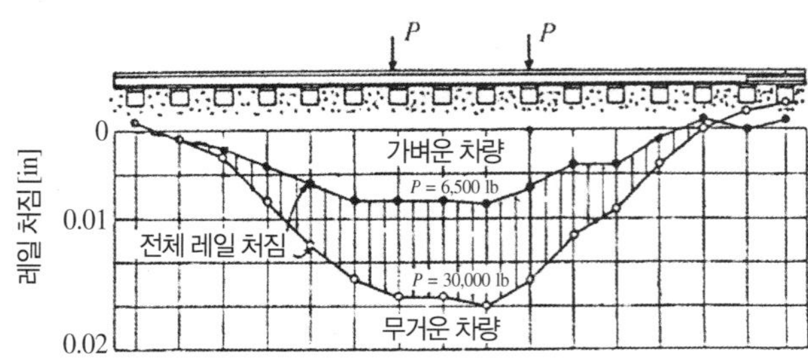

그림 V.5 감소된 처짐 면적

그들은 k의 사정을 위해 다음의 공식을 제안하였다.

$$k = \frac{\sum \left(P_h - P_l\right)}{a\sum_{i=1}^{m}\left(w_i^h - w_i^l\right)} \tag{V.15}$$

여기서, a는 침목중심 간격이며, h는 무거운 차륜에 상당하고 l은 가벼운 차륜에 상당한다.

이 공식의 정당성은 가벼운 윤하중은 내리눌려진 궤도영역의 모든 침목에서 느슨함을 제거할 것이라는 점과 가벼운 윤하중에 기인하는 처짐의 범위를 넘는 그 이상의 레일 처짐은 무거운 차륜이 발생시킨 추가 하중에 비례할 것이라는 점이었다. 추가의 상세에 관하여는 Kerr와 Shenton (1985)을 참조하라. 이 방법은 그 후에 많은 철도기술자들과 연구자들이 이용하였다. 그러나 그것은 다음에 설명하는 것처럼 개념상으로 부정확하다.

이 점을 입증하기 위하여 점 $x = 0$에서의 레일-침목 접촉압력 대 레일 처짐 곡선(**그림 V.6**)을 고찰하자. 처음에는 수평 점선으로 나타낸 것처럼, 균등하게 분포된 수직하중으로 각 레일이 프리로드 된다고 가정한다. 각각의 레일에 관련해서 생기는 수직 변위는 일률적이지만 그들은 케이스 Ⅰ, Ⅱ, 및 Ⅲ의 각각에 대한 크기에서 다르다. 모든 세 경우에 레일에는 휨모멘트가 발생되지 않는다. 그 다음에 각 레일은 "추가적으로" 윤하중 P를 받는다. 각 레일은 $k = \tan \alpha$에 따라서 선형으로 응답할 것이며, 이 추가적인 하중 P에 기인하는 레일 처짐과 휨모멘트는 모든 세 경우에 대하여 같을 것이다.

그러나 각 레일이 (크고 균등한 프리로딩이 없이) 무거운 윤하중 P 만을 받을 때 결과로써 생기는 처짐과 휨 모멘트는 상기에 기술한 것들과는 강하게 다를 것이다. 이것은 Kerr와 Shenton (1986)이 해석적으로 나타내었다. 따라서 기초가 비선형 응답(**그림 V.6**)을 나타내는 궤도에서 윤하중을 받는 레일, 특히 화물선로에서 부닥치는 상태를 고려할 때는 이 응답의 "소프트"한 부분을 무시하지 "않아야" 한다. 그렇지 않으면 "사정된 지지계수가 너무 높을 것이다."

상기에 기술한 "감소된 면적" 방법은 많은 레일 처짐 측정을 필요로 하므로 Selig와 Li (1994)는 증가하는 단일 윤하중을 사용하여 **그림 V.6**에서 Ⅲ형의 한 점에 대해 하중–처짐 곡선을 형성하는 시험을 수행함으로써 k의 사정을 단순화하도록 최근에 제안하였다. 그들은 $k = \tan \alpha$로서 레일지지계수 k를 사정하도록 제안하였으며, 여기서 α는

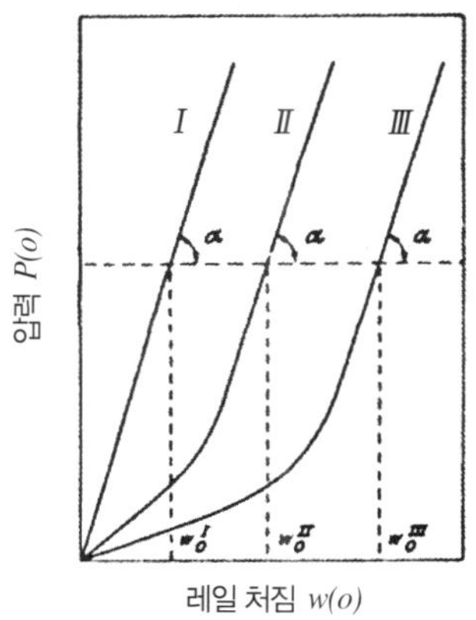

그림 V.6 접촉압력 대 레일 처짐

가파른 부분의 각도이다. 이 k 사정방법은 응답 곡선의 "소프트한" 부분을 무시하므로 정확하지 않으며, 따라서 "너무 높은" k 값으로 귀착될 것이다.

레일지지계수 k를 사정하는 더욱 **또 하나의 접근법**으로써 북미와 유럽의 여러 연구자들은 (패드, 침목, 도상, 및 노반으로 이루어져 있는) 레일 기초를 **그림 V.7**에 도식적으로 나타낸 것처럼 직렬로 배치된, 다른 강성을 가진 각 스프링의 층으로 나타낼 수 있다고 가정하였다. 결과로써 생기는 전체 기초의 레일지지계수는 다음과 같다.

$$k = \frac{1}{1/k_p + 1/k_t + 1/k_b + 1/k_s} \tag{V.16}$$

여기서, k_p는 패드(만일 사용된다면)의 상응하는 강성이고, k_t는 (레일좌면 영역의 목재 압축성과 침목 휨에 기인하는) 침목의 강성이며, k_b는 도상 층의 수직강성이고, k_s는 노반의 강성이다. 이 방법의 논의에 관하여는 Novichkov (1955), Luber (1962), Shchepotin (1964), Shakhunyants (1965), Birmann (1965~1966), 및 Ahlbeck 등 (1978, 242~243)을 참조하라.

이 접근법은 직관적으로 흥미를 끌지라도 실험실에서 시험된 (교란된) 도상 또는 노반 샘플의 응답과 실제상의 궤도에서 상응하는 k_b 또는 k_s 간의 상호관계 때문에 확실하지 않다. 또한, 도상과 노반의 성질은 일반적으로 궤도를 따라서 변화되며 그들의 응답은 비선형일 것이다. 그러므로 이 접근법은 실제 궤도의 k 값을 사정하는 데는 적합하지 않다.

마지막으로, **독일어 철도 문헌**에서 광범위하게 사용된 레일지지계수의 사정 **방법**을 논의하는 것이 유익하다. 이 접근법의

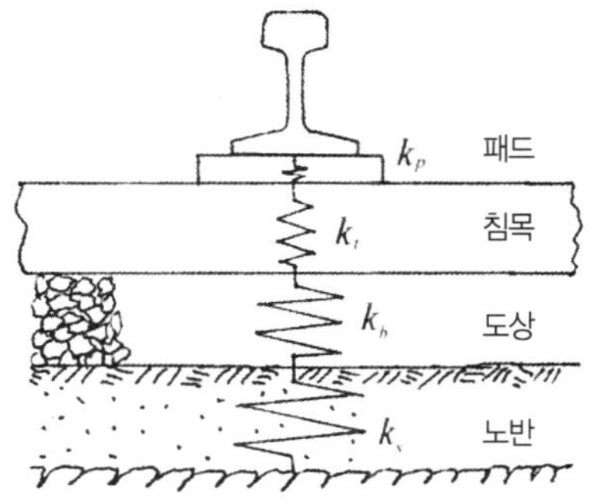

그림 V.7 스프링 층으로 이루어져 있는 궤도모델

예에 관하여는 Hanker (1952, 세션 V.3.d), Schoen (1967, p.263), Fastenrath의 Eisenmann (1977, 파트 2, 세션 3.1) 및 Führer (1978, 세션 3.1.2.1)를 참조하라.

그들의 접근법은 침목과 지지 간의 접촉압력이 다음과 같다는, "종–침목 궤도"에 대한 Winkler (1867, § 195)의 원래 가정에 기초한다.

$$p^*(x) = C\,w(x) \tag{V.17}$$

여기서, p^*는 "단위면적 당 힘"의 크기이고, C는 침목 폭에 무관한 기초 파라미터이다. 연속적으로 지지된 보에 사용된 미분방정식

$$EI\,\frac{d^4w}{dx^4} + p(x) = q(x) \tag{V.18}$$

에서 $p(x)$를 포함하는 각 항은 이 "단위길이 당 힘"의 크기에 관한 것이므로, Winkler 가정은 다음을 형성한다.

$$p(x) = b_o\,p^*(x) = b_o C w(x) \tag{V.19}$$

여기서, b_o는 종–침목의 폭이다. 방정식 (V.18)에 (V.19)를 대입하면 Winkler 가정은 방정식 (Ⅳ.3) 대신에 다음과 같은 미분방정식을 얻는다.

$$EI\,\frac{d^4w}{dx^4} + b_o C w(x) = q(x) \tag{V.20}$$

이 방정식은 그 후에 Schwedler (1882)가 적응시켰으며 종–침목 궤도에 대해 Zimmermann (1887, 1930, 1941)이 종종 인용한 책에서 실마리 역할을 하였다.

방정식 (V.19)에서 b_o로 곱셈한 것은 밀접하게 간격을 둔 "독립적인" 스프링으로 이루어져 있는 Winkler 기초에 대해 유효할지라도 종–침목이 도상과 노반으로 구성된 "연속" 기초 위에 놓일 때는 타당성이 의심스러운 것이다. 이것은 Kerr (1987, pp. 39~40)가 나타내었다.

독일과 오스트리아 철도기술자들이 "횡–침목 궤도"에 대해 방정식 (V.20)을 적응시켰을 때에 그들은 C와 b_o의 두 문제에 직면하였다. 파라미터 C는 침목 형상에 무관하다고 가정되었으므로 그들은 그것이 횡–침목 궤도에 대해 "유효 궤도 폭" b_o를 필요로 함을 발견하였다. Saller (1932)는 다음을 가정하였다.

$$b_o = \frac{2\ddot{u}b}{a} \tag{V.21}$$

여기서, $\ddot{u}$는 레일중심에서 침목단부까지의 거리이고 b는 횡–침목의 폭(**그림 V.8**)이며, a는 침목중심 간격이다(**그림 V.9**).

Hanker (1935)는 방정식 (V.21)에서 나타낸 b_o를 사정하

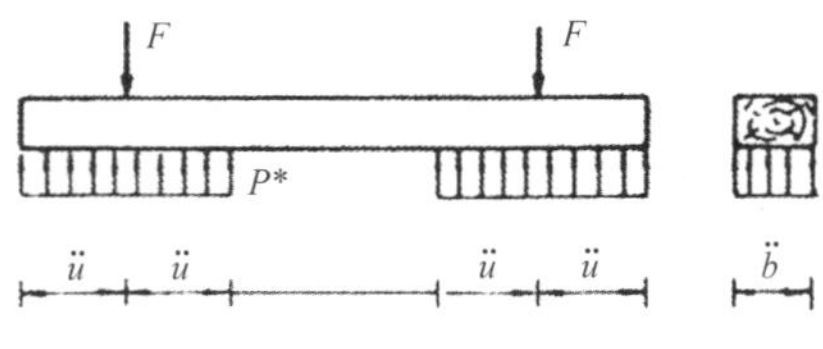

그림 V.8 Saller 가정

는 Saller 가정의 타당성을 입증(또는 정당화)하려는 시도에서 **그림 V.9**에 나타낸 도해에 따라서 횡-침목 궤도를 의사(疑似) 종-침목 궤도로 변환하였다. Hanker는 이 변환의 요소로서 양쪽의 경우에 대해 유효 침목-도상 "접촉면적"이 같다는 조건을 도입하였다. 즉,

$$ab_o = 2\ddot{u}b \qquad (V.22)$$

이 조건은 b_o에 대해 풀면 방정식 (V.21)의 Saller 가정을 직접 산출한다.

b_o에 대한 상기의 변환과 방정식 (V.21)은 독일어 철도문헌에서 일반적으로 용인되었다. 예를 들어, Hanker (1952), Schoen (1967), Fastenrath의 Eisenmann (1977, 세션 3.1) 및 Führer (1978, 세션 3.1.2.1) 및 Kaess와 Gottwald (1979)를 참조하라.

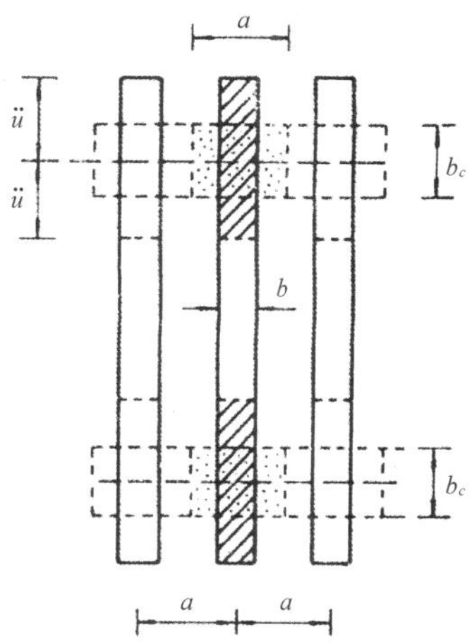

그림 V.9 종-침목 궤도로의 횡-침목의 Hanker 변환

"같은 접촉면적"의 조건은 수직평형의 고려에 의해, 그리고 주어진 레일좌면 힘에 대해 유효 침목-도상 접촉면적의 압력이 일정하고 같아야 한다는, 즉 $p_o a b_o = p_o 2\ddot{u}b$의 견해에 의해 분명하게 이해되었다. 이것은 밀접하게 간격을 둔 독립적인 스프링으로 이루어져 있는 Winkler 기초로 레일지지를 나타내는 경우이다. 그러나 상기에 기술한 것처럼 그것은 실제 궤도 기초에 대하여 진실이 아니다. 그러므로 **그림 V.9**에 나타낸 기하 구조적 변환은 실제 궤도 상태에 부합되지 않으며 철도공학의 목적에 대한 타당성이 의심스러운 것이다.

"유효 궤도 폭" b_o를 결정할 필요가 있는 것은 레일지지 기초에 대해 일정한 파라미터 C가 존재한다는 연역적 가정이 있는 미분방정식 (V.20)으로부터 생긴다. Kerr (1987)가 나타낸 것처럼, 이것은 실제상의 궤도에 대해 사실이 아니다. 두 번째 파라미터 b_o의 사정도 또한 상기에서 논의한 것처럼 타당성이 의심스러운 것이다. 그러므로 두 파라미터 b_o와 C와 관련하여 방정식 (V.20)의 사용은 정당화되지 않으며, 따라서 권할 만하지 않다.

레일지지계수의 사정에 대해 살펴본 방법들의 단점 때문에 "횡-침목 궤도에 대해 하나의 파라미터 k를 가진 미분방정식 (IV.7)을 사용"하는 것이 제안된다. 이 장의 앞부분에서 나타낸 것처럼, "이 파라미터는 1축 또는 2축 대차의 시험차량을 사용하여 하나의 현장측정으로 사정되어야 한다."

V.4 k를 사정할 때 고려하여야 하는 문제

상기에 논의한 것처럼, 시험은 수직 궤도응답이 일반적으로 "비선형"이라는 점을 나타내었다. 그러나 표준 궤도해석은 미분방정식 (IV.7)에 기초하고 있으며, 여기서 **그림 V.10**에 나타낸 것처럼

$$k = \tan\alpha = \frac{p_m}{w_m} \qquad (V.23)$$

이다. 이 k 값은 방정식 (V.2) 또는 **그림 V.2**에 나타낸 유형의 그래프를 사용하여 사정된다.

이 단계에서 사정된 k 값에 대한 시험 윤하중 크기의 영향을 명백하게 하는 것이 필요하다. 재하 장치로서 가벼운 객차가 사용될 때는 방정식 (V.23)에 따라 대응하는 $k = \tan \alpha_1$인 반면에, 더 무거운 화차가 사용될 때는 **그림 V.11**에 나타낸 것처럼 $k = \tan \alpha_2$이다. 따라서 같은 궤도에서 더 큰 값이 결과로써 생긴다. 그러므로 수직 궤도응답이 비선형일 때는 "재하차량의 중량이 가능한 한 예기된 교통의 하중에 유사하여야 한다."

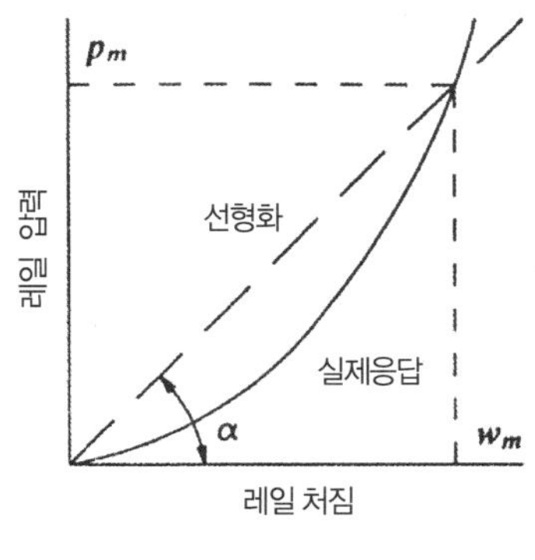

그림 V.10 처짐 대 압력

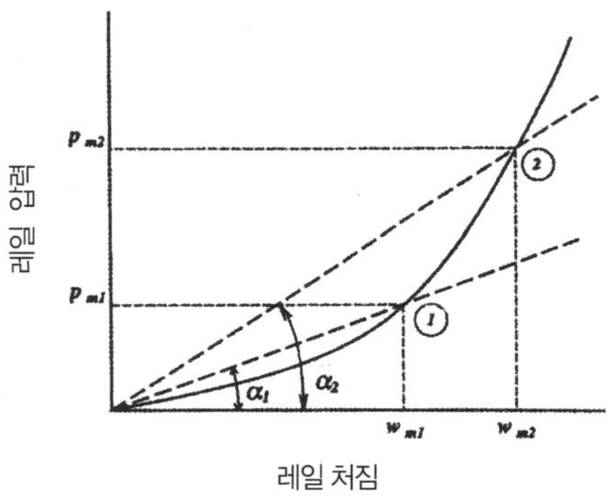

그림 V.11 레일 처짐 대 레일 압력

Mair (1976) 및 Kerr와 Shenton (1986)에 따르면, 이 절차는 안전 측의 "레일 휨모멘트"를 산출한다. 그러나 Kerr와 Shenton (1985, 1986)이 나타낸 것처럼, 필요한 타이플레이트 크기와 요구된 도상 층 깊이의 사정에 사용되는 상응하는 계산의 "레일좌면 힘" F_{max}는 전체적으로 과소평가된다. "선형" F_{max} 값은 실제상의 현장상태를 나타내기 위하여 1.5의 정정계수로 곱하여야 한다. 이것은 궤도의 설계해석에 관한 제IX장에서 설명한다.

k를 사정할 때는 그 밖의 **세 가지 문제**를 고려하여야 한다. 그들은 다음과 같다. (1) 시험차량이 관련 궤도위치에서 정지한 후에 차륜 가까이에서 연속적으로 증가하는 레일 처짐의 영향, (2) 축력을 포함하지 않은 방정식 (V.2) 또는 **그림 V.2**의 그래프를 사용하여 사정된 k 값에 대한 장대레일의 온도 인장력 또는 압축력의 영향, 및 (3) 레일지지계수 k에 대한 도상 교란의 영향.

(1)에 대하여 : k를 사정하는 얼마간의 재하시험 동안 시험차량이 대상 지역의 궤도에 위치한 후에 즉시의 레일 처짐에 더하여 특히 윤하중 부근에서 시간이 지남에 따라 레일의 처짐이 계속되는 점이 관찰되었다. 그러한 경우에 w_m은 얼마 만큼이고 그것을 언제 기록하여야 하는가? 에 대하여 의문이 생긴다.

하중이 놓인 후에 레일의 처짐이 계속될 때, 이것은 기초가 탄성이 아니라는 점을 나타낸다. 이것은 일반적으로 (점토 또는 실트와 같은) 열등한 투수성의 노반 층에 갇혀있는 물의 서서히 짜내어짐에 기인한다. 이들의 경우에 대하여 Winkler 모델 (**그림 IV.4**)의 탄성 스프링은 점성 요소를 포함함으로써 확대되어야 하며(**그림 V.12**), 그 때에 결과로써 생기는 지배방정식은 관심이 있는, 미리 정한 윤하중에 대하여 풀어야 한다.

그림 V.12의 양 모델은 순간의 탄성 처짐을 나타낸다. 그러나 경우 (a)에서는 처짐이 장기간 계속되는 (그것은 대단히 얇은 점토층에서 일어날 것이다) 반면에, 경우 (b)에서는 상대적으로 짧은 시간 후에 비탄성 처짐의 율이 실질상 감소될 것이다.

궤도계수 k는 흔히 "이동하는 열차" 하중을 받는 본선 궤도에서 필요하다. 이들의 경우에, 갇혀있는 물을 짜내는 시간이 충분하지 않으며, 궤도는 **그림 V.12**에 나타낸 양쪽의 경우에 대해 탄성적으로 응답할 것이다. 상응하는 레일지지계수 k는 "재하 직후"에 w_m를 기록한 다음에 **그림 V.2**를 이용함으로써 상기에서 논의한 것처럼 사정된다.

　그림 V.12의 모델과 같이 응답하는 기초와 함께 열차가 장기간 동안 궤도 위에 정지하는 경우에는 최대 레일 처짐과 휨모멘트, 따라서 레일응력이 탄성의 경우와 다를 것이다. 이 경우의 해석은 더 복잡하며 상기에서 언급한 것처럼 상응하는 점성-탄성 기초 위의 레일에 대한 해를 필요로 한다.

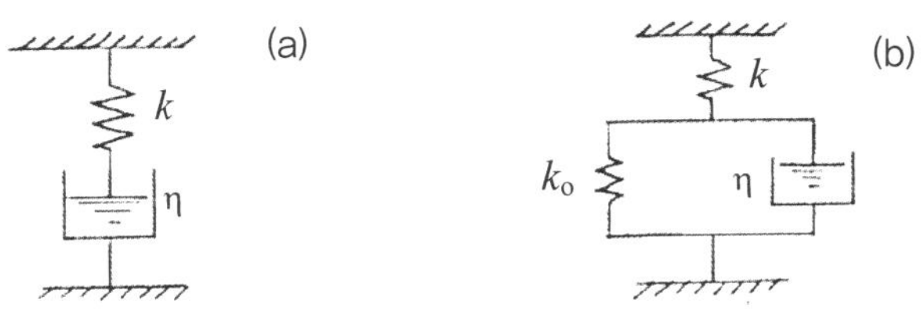

그림 V.12 시간-종속 기초 처짐에 대한 기초 모델

　(2)에 대하여 : 명백하게 설명하려는 두 번째 문제는 예를 들어 레일온도의 변화에 기인하는 k의 사정에 미치는 **장대레일 축력**의 영향이다. 이것을 행하기 위해 균등한 인장력 N_o와 윤하중 P를 받는 궤도 내 레일을 고려하자(**그림 V.13**).

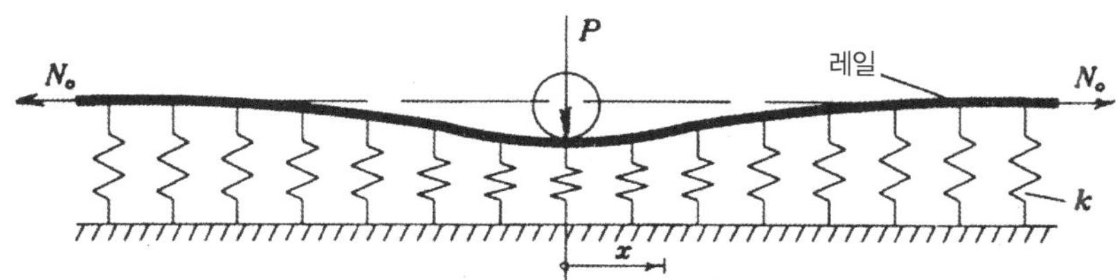

그림 V.13 축력 N_o와 윤하중 P를 받는 궤도의 레일

　레일에 대한 지배 미분방정식은 다음과 같다.

$$EIw^{IV} - N_o w'' + kw = q \qquad -\infty < x < \infty \qquad (\text{V}.24)$$

여기서, $N_o w''$는 축 인장력의 영향을 포함하기 위하여 방정식 (IV.7)에 추가된 항이다. 윤하중 아래에서 결과로써 생기는 처짐은 다음과 같다 [Hetényi (1947, 제VI장, p. 129)].

$$w(0) = \frac{P}{2k} \frac{\sqrt{k/(4EI)}}{\sqrt{\sqrt{k/(4EI)} + N_o/(4EI)}} \qquad (\text{V}.25)$$

$w(0) = w_m$으로 두면, 다음과 같이 된다.

$$\frac{w_m}{P} = \frac{1}{2k} \frac{\sqrt{k/(4EI)}}{\sqrt{\sqrt{k/(4EI)} + N_o/(4EI)}} \qquad (V.26)$$

$N_o = 0$일 때, 상기의 방정식은 예기된 것처럼 방정식 (V.1)로 축소된다. N_o이 압축력일 때는 상기의 방정식에서 N_o가 $(-N_o)$로 대체된다[Hetényi (1947, p. 135)].

방정식 (V.26)으로 115 RE 레일, $N_o = 0$과 $N_o = \pm$ 50 ton, k의 범위에 대하여 값을 구한 결과를 **그림 V.14**에 나타낸다.

$N_o = 50$ ton이 중립온도[1]로부터 약 40 °F의 온도변화에 상당하는 점을 주목하면, "온도변화의 예기된 범위에 대하여 축력 N_o는 방정식 (V.2)를 사용하여 사정된 k 값에 대하여 무시할 수 있는 영향을 끼친다"고 추정된다. 이것은 또한 2축 대차의 시험차량에 관한 **그림 V.2**에도 적용한다. 따라서 장대레일 궤도에 대한 궤도계수 k를 사정하는 시험은 임의의 온당한 대기온도에서 수행할 수 있다.

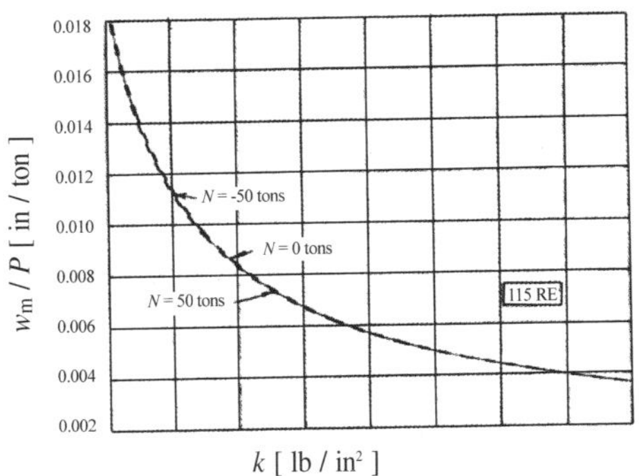

그림 V.14 N_o가 w_m/P에 미치는 영향 대 레일지지계수 k

(3)에 대하여 : 레일지지계수(궤도계수) k를 사정할 때는 만일 대상 지역의 **궤도 내 도상**이 (예를 들어, 침목 작업 후의 다짐과 국부 면 맞춤에 의하여, 또는 국부적 갱신에 의하여) **교란**된다면, **k 값**이 **감소**된다. 도상 교란에 의해, 그 다음에 이동 열차의 누적 통과톤수에 의하여 영향을 받은 궤도 위치에 대한 목–침목 궤도의 전형적인 k 값을 **그림 V.15**에 나타낸다. 궤도 교란이 k 값을 낮추는 반면에 이동하는 교통은 그것을 회복시키는 경향이 있는 점에 주목하라.

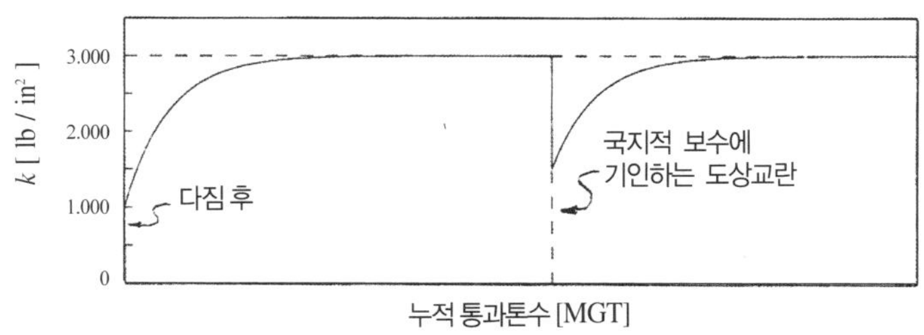

그림 V.15 궤도 위치에서 목–침목 궤도의 k에 대해 미치는 도상 교란의 영향

이들의 궤도응답은 철도궤도의 특정한 위치에서 k 값을 사정하려고 시도할 때 고려되어야 한다.

---

[1] 장대레일에 대한 "중립온도"(역주 : 우리나라에서는 "설정온도"라고 한다)는 레일의 축력이 0인 레일온도이다. 북미에서는 그것이 일반적으로 85 °F에서 115 °F까지의 범위를 갖고 있다. 그것은 고려중인 궤도구간의 지리적인 위치에 따라 변한다. 궤도좌굴을 피하기 위하여 적절한 온도관리가 요구된다. 레일축력, 궤도좌굴, 레일파단은 제Ⅶ장에서 다룬다.

Ⅵ. 궤도 하부구조

궤도는 본질적으로 레일, 침목, 체결장치, 도상, 및 노반 등 5 개의 기본 구성요소로 이루어져 있다. 레일, 침목, 및 체결장치의 발달은 제Ⅱ장과 제Ⅲ장에서 기술하였다. 그들은 일반적으로 "상부구조"라고 부른다. 도상과 노반은 "하부구조"라고 부른다. 그들의 공학적 성질, 관련된 궤도 문제, 가능한 개선, 및 사용된 보수방법의 일부를 이 장에서 설명한다.

Ⅵ.1 노반 : 공학적 성질과 문제

토질역학과 기초공학에서 정립된 개념은 노반과 도상이 교통과 환경의 영향을 받을 때의 거동을 이해하는 데에 대단히 유용하다. 이 지식은 궤도의 합리적인 설계, 건설 및 유지관리를 위하여 필요하다. 토질역학과 기초공학에 관하여는 많은 책이 있다. 하나의 예는 Terzaghi와 Peck (1948)이 지은 "공학수단의 토질역학"이다. 철도 기술자의 특별한 관심은 AREA 편람의 "노반과 도상" 및 미국해군 설계편람 (DM7)에 나타낸 재료에 관련된 보고에 주어진다.

Ⅵ.1.1 입도분포 곡선

입도분석은 흙을 구성하는 입자의 분포를 사정한다. 그들은 흙의 공학적 분류, 노반과 축제용 흙의 적합성 기준의 정립, 필터의 설계, 및 동결 작용에 대한 흙의 민감성 예측 등에 사용된다. 이용되는 방법은 $100 > D > 0.07$ mm에 대하여 체가름 시험, $D < 0.07$ mm에 대하여 비중계 분석이며, 여기서 D는 입경이다.

체는 직각의 구멍을 가진 짠 와이어로 만든다. 체는 흔히 **표 Ⅵ.1**에 나타낸 것처럼 체 번호로 나타낸다(1 mm = 0.04 in, 또는 10 mm = 0.4 in).

표 Ⅵ.1 체 번호

체 번호	4	10	20	40	60	100	200
체눈 크기 [mm]	4.75	2.00	0.840	0.435	0.250	0.150	0.075 (75 미크론)

기계적 가진기에 설치한 한 벌의 체를 **그림 Ⅵ.1(a)**에 나타낸다. 시험을 수행하기 위하여 대표적인 흙 샘플을 위로부터 체를 통하여 통과시킨다. 그 다음에, **그림 Ⅵ.1(b)**에 나타낸 것처럼 각 체에 남아있는 재료의 중량을 잰다. 그 다음에 그것을 총중량 W의 백분율로서 나타낸다. 고려된 시료에 대하여 $W = 475.0$ g이다. 계산은 100 %에서 시작하여 누적하는 절차로서 각 체에 남은 백분율(%)을 뺌으로써 수행된다. 즉, **표 Ⅵ.2**에 나타낸 것처럼, 통과된 % = 100 % − Σ 남아있는 %이다.

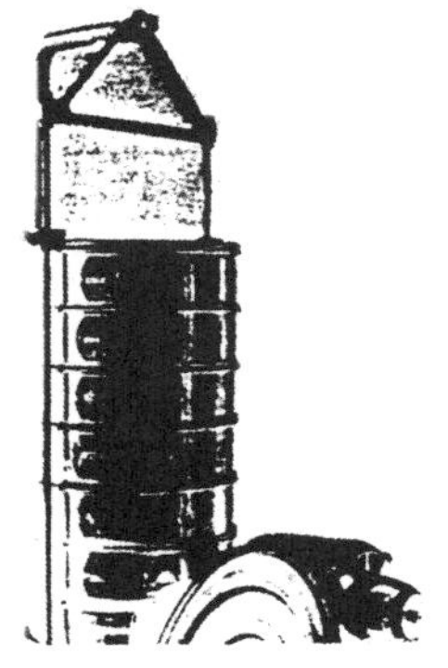

(a) 시험장치

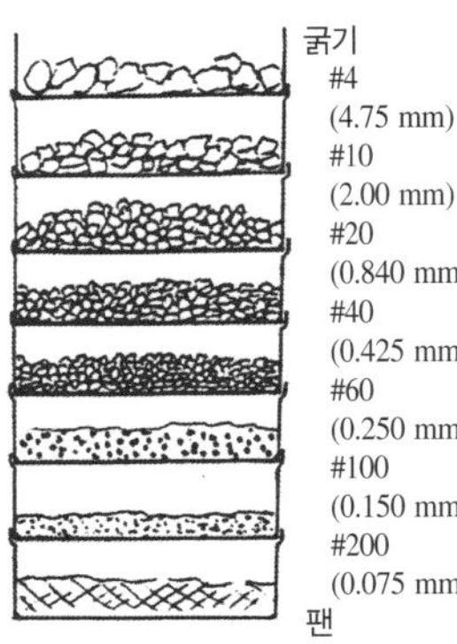

(b) 흙시료의 분리

그림 Ⅵ.1 체가름 분석시험

표 Ⅵ.2 입도 분석

체 번호	체눈 [mm]	각 체에 남은 중량 [g]	남은 %	Σ 남은 %	통과된 % = 100 % − Σ 남은 %
4	4.75	9.7	$\frac{9.7}{475} \times 100\,\% = 2.0$	2.0	98.0
10	2.00	39.5	$\frac{39.5}{475} \times 100\,\% = 8.3$	10.3	89.7
20	0.840	71.6	15.1	25.4	74.6
40	0.425	129.1	27.2	52.6	47.4
60	0.250	107.4	22.6	75.2	24.8
100	0.150	105.0	22.1	97.3	2.7
200	0.075	10.0	2.1	99.4	0.6
팬	-	2.3			

$\Sigma = 474.6 \cong 475.0$ g

그러한 시험의 결과는 **그림 Ⅵ.2**에 나타낸 것처럼 통상적으로 반대수 "입도곡선"으로 나타낸다. 입경 D에 대해 대수의 가로좌표를 선택한 이유는 미세 입자의 더 좋은 표시를 허용하기 때문이며, 그것은 비중계 분석의 결과도 또한 포함한다.

그림 Ⅵ.2에서 곡선보다 아래의 수직 세로좌표는 입도가 가로좌표에 표시한 크기보다 더 작은 재료의 중량 백분율을 나타낸다. 예를 들어, D_{60} = 0.2는 중량으로 입자의 60 %가 D = 0.2 mm의 체를 통하여 통과한 것을 의미하고 D_{10} = 0.03은 중량으로 입자의 10 %만이 D = 0.03 mm보다

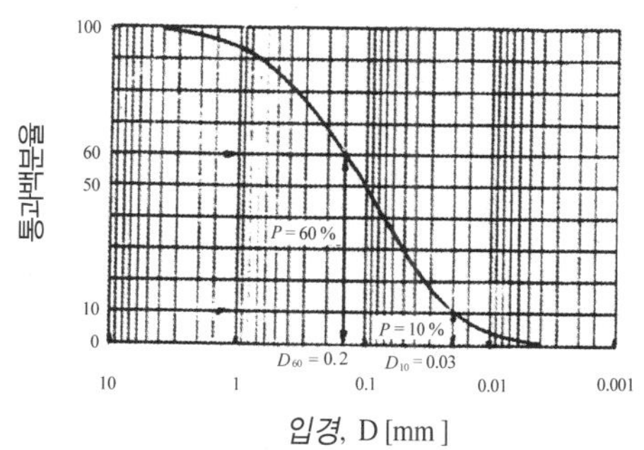

그림 Ⅵ.2 입도분포 곡선

더 작은 것을 의미한다. 거꾸로, 고려중인 흙 샘플에 대하여 D < 0.10 mm인 입자는 샘플 중량의 50 %를 구성한다.

샘플의 입경이 균일할수록(같은 크기), 곡선의 기울기가 더 가파르게 된다. 수직선은 같은 크기의 입자로 이루어져 있는 흙을 나타낸다(**그림 Ⅵ.3**).

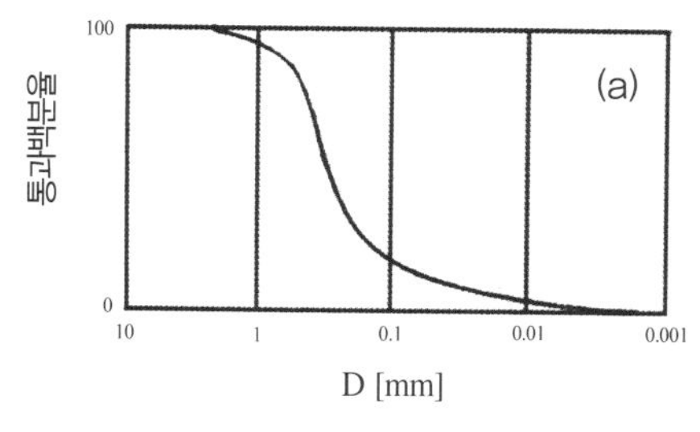
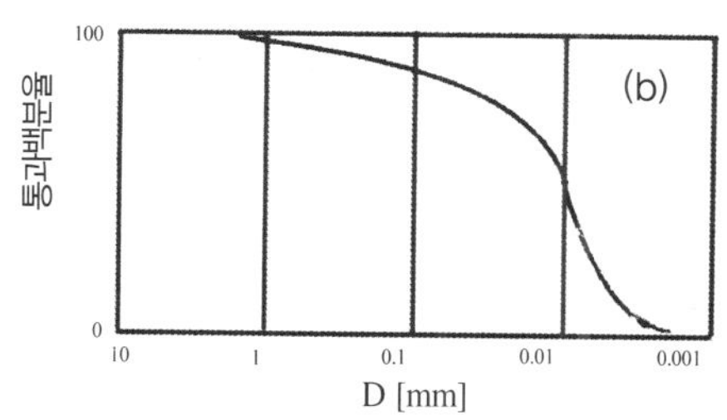

그림 Ⅵ.3

그림 Ⅵ.3(a)는 보다 굵은 입자(粗粒)가 거의 균등하며 보다 미세한 입자(細粒)는 넓은 범위에 걸쳐 변화하는 샘플을 나타낸다.

그림 Ⅵ.3(b)는 보다 굵은 입자(粗粒)가 크기에서 광범위하게 다르며 보다 미세한 입자(細粒)는 더욱 균등한 샘플을 나타낸다.

입도분포 곡선은 **그림 Ⅵ.4**에 나타낸 것처럼 흙을 분류하는데 사용된다.
흔히 이용하는 기술용어는 "균등계수"이다.

$$C_u = \frac{D_{60}}{D_{10}}$$

그것은 입도분포 곡선의 퍼짐을 나타낸다.

C_u < 5 　　　　　 균등한 흙(거의 같은 크기의 입자들 ; 열등한 입도)

5 < C_u < 15 　　　균등하지 않은 흙(좋은 입도)

C_u > 15 　　　　 대단히 균등하지 않은 흙

예로서, 상기에 나타낸 입도분포 곡선에 대하여

자갈에 대하여 $\qquad C_u \cong 12/4 = 3$

강모래에 대하여 $\qquad C_u \cong 0.27/0.06 = 4.5$

자갈-모래에 대하여 $\qquad C_u \cong 5/0.1 = 50$

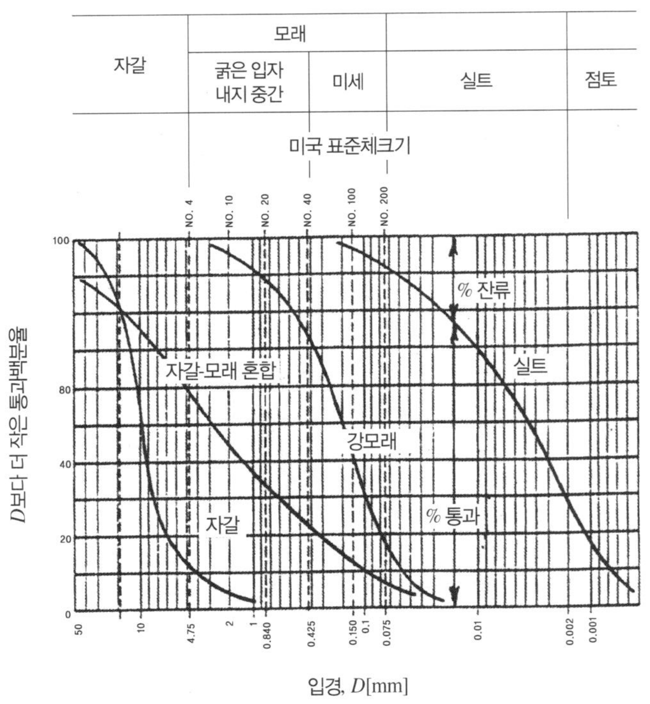

그림 Ⅵ.4 여러 가지 흙에 대한 입도분포 곡선

Ⅵ.1.2 흙 간극률과 함수비

흙의 "간극률"은 다음과 같이 정의된다.

$$n = \frac{\text{간극의 체적}}{\text{흙 입단(粒團, 흙덩이)의 총(總)체적}} = \frac{V_v}{V_o}$$

따라서 입자의 체적(固形物)은 다음과 같다.

$$V_s = V_o - V_v$$

"간극비"는 다음과 같이 정의된다.

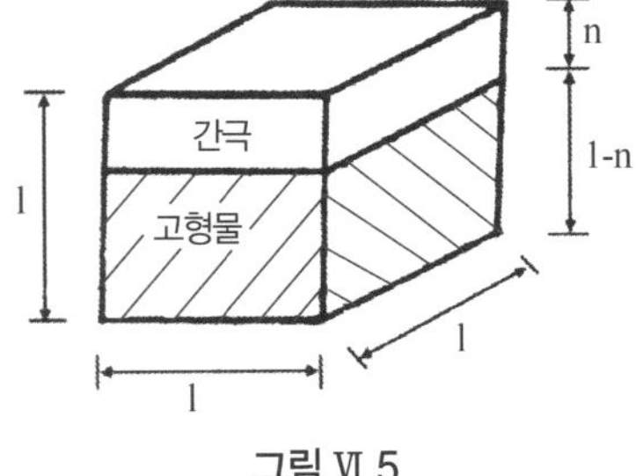

그림 Ⅵ.5

$$e = \frac{\text{간극의 체적}}{\text{고형물(흙 입자) 체적}} = \frac{V_v}{V}$$

따라서

$$e = \frac{V_v}{V_o - V_v} = \frac{V_v/V_o}{1 - V_v/V_o} = \frac{n}{1-n}$$

이 마지막 등식을 n에 대해 풀면, 다음과 같이 나타낼 수 있는 "간극률"이 뒤따른다.

$$n = \frac{e}{1+e}$$

예로서, 점착성이 없는 같은 구체(球體)로 이루어져 있는 흙의 간극률을 고려하자. 그것은 분명히 **그림 VI.6**에 나타낸 것처럼 구체의 배치에 좌우된다.

거의 균등한 모래에 대한 시험은 $n = 0.47$임을 나타내었다.

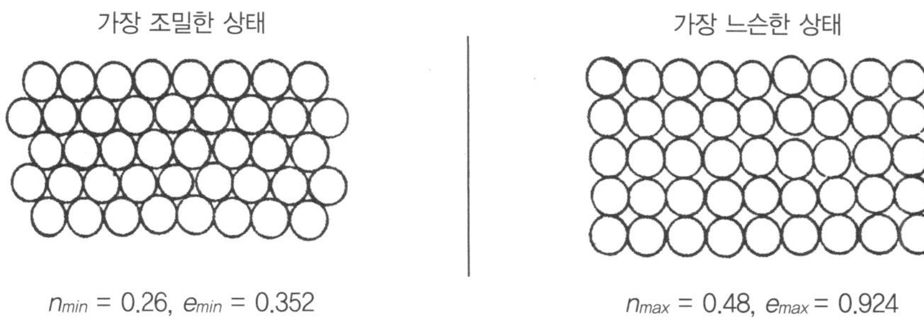

그림 VI.6

입자형상이 입단(粒團, 흙덩이)의 "간극률"에 미치는 영향을 사정하기 위하여 거의 균등한 모래를 엷은 조각 모양의 입자로 이루어져 있는 운모(雲母)의 (중량으로) 여러 가지 비율로 혼합하였다 [Terzaghi와 Peck (1948, 제 I 장)]. 이것은 **표 VI.3**에 나타낸 것처럼, 결과로써 생긴 입단의 느슨함으로 이끌었다.

표 VI.3 운모의 비율에 따른 간극률

중량에 의한 운모의 비율 (%)	0	2	10	20	40
결과로써 생긴 간극률 $n = V_v/V_o$	0.47	0.69	0.70	0.77	0.84

운모의 추가를 증가시킴에 따라서 간극률이 증가하는 점에 주목하라. 예를 들어, 40 %의 추가는 16 %의 고형물(흙 입자)만 함유하는 입단(흙덩이)의 단위용적으로 귀착된다.

흙의 함수비는 다음과 같이 정의된다.

$$W\,(\%) = \frac{\text{물의 중량}}{\text{입단의 건조중량}} \times 100\,\%$$

지하수위 위쪽에 위치한 모래에 대하여 간극의 일부는 물이 차지하고 일부는 공기가 차지할 것이다. "포화도"는 다음과 같이 정의된다.

$$S_r(\%) = \frac{\text{물이 차지한 부피}}{\text{공극의 부피}} \times 100\%$$

VI.1.3 점토 유형 흙의 컨시스턴시와 민감도

점성토의 "컨시스턴시"는 통상적으로 "소프트(soft)", "중간 (medium)", "스티프(stiff)", 및 "하드(hard)"로 표시된다. 컨시스턴 시의 정량적 척도는 "1축 압축강도"이며, 그것은 흙의 1축 원통형 샘플이 단순한 압축시험(**그림 VI.7**)에서 파손되지 않는 압력이다.

변화되지 않은 함수비에서 점토 유형 재료의 반죽 또는 리몰딩 (remolding)은 재료를 더 소프트(소성)하게 만들고 그 강도의 감소 를 일으킨다. 용어 "민감도"는 리몰딩이 점토 유형 재료의 컨시스턴 시(따라서 강도)에 미치는 영향을 나타낸다.

민감도는 다음과 같이 정의된다.

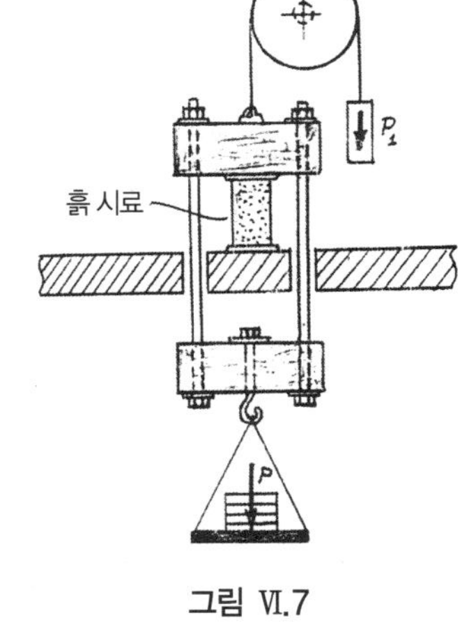

그림 VI.7

$$S_t = \frac{\text{교란되지 않은 1축 압축강도}}{\text{리몰드된 1축 압축강도}} > 1$$

대부분의 점토에 대하여	$2 < S_t < 4$	

민감한 점토에 대하여	$4 < S_t < 8$
특별히 민감한 점토에 대하여	$S_t > 8$

예 : 리몰딩이 50 %만큼 강도를 감소시킬 때

$$S_t = \frac{\sigma_f}{\left(\dfrac{\sigma_f}{50}\right)} = 50$$

리몰드된 소성 점토가 일단 안정되도록 허용되면, 점착성과 강도를 되찾는다. 이 현상은 "강도회복현상(딕스 트로피·thixotropy)"으로 알려져 있다. 연화(軟化)와 그 후의 회복은 분자 점토 구조의 파괴(destruction)와 그 후의 복귀에 기인하는 듯하다.

어느 정도의 강도회복현상을 갖고 있고 크게 민감하며 스티프한 점토가 진동을 받을 때는 비록 함수비가 동일 하게 남아있을지라도 액체로 된다. 그들은 "퀵 클레이(quick clay)"라고 불린다. 그들이 안정될 때는 스티프한 컨시스턴시와 강도를 되찾는다. 이들의 퀵 클레이는 고체 상태로부터 격렬한 강도감소와 함께 액체로 직접 바뀌 는 점에 유의하라. 궤도가 이동 열차의 통과 차륜에 기인하여 반복된 충격을 받으므로 퀵 클레이는 노반 재료로 서 부적합하다.

높은 강도회복현상을 갖고 있는 것으로 알려진 흙은 Norwegian (또는 Boston) blue 클레이(점토)이다. **그 림 VI.8**에 나타낸 상태의 사면붕괴에 기인하는 거동은 점토를 교란시키고 액화시켜 그림에 나타낸 위치로 흐 르게 한다. 활동이 정지된 후에는 점토가 굳어지기 시작 한다. 그것은 4주 후에 1년 후와 같은 강도에 도달된다.

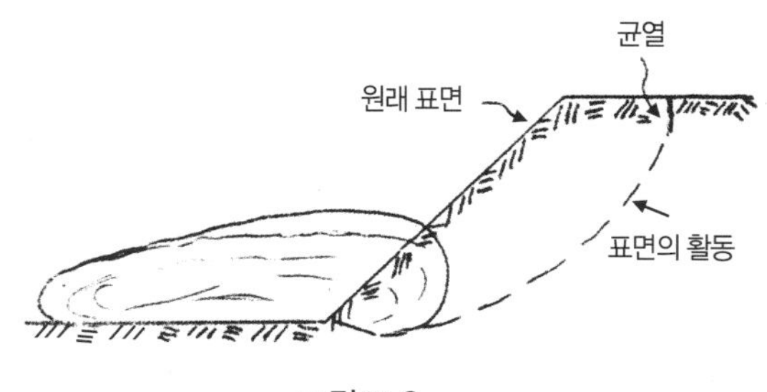

그림 VI.8

지질학자들은 이 사면붕괴가 대수층에 기인한다고 주장하였다. 이 가설은 붕괴된 부분의 "함수비"가 교란되지 않은 점토와 "같다"는 점이 발견된 경우에는 부정확한 것으로 판명되었다.

통상적인 blue 클레이의 민감도는 $S_t < 50$이다. 그러나 퀵 클레이의 민감도는 $50 < S_t < 300$이다. 높은 강도회복현상을 갖고 있는 퀵 클레이 강도의 가파른 감소는 점토의 높은 과잉 수(水)에 연결된다.

강도회복현상은 점토로만 제한되지 않는다. 그것은 황토와 같은 그 밖의 흙에서도 일어나는 점이 발견되었으며, 그것은 몬모릴론석(역주 : 점토를 구성하는 광물의 한 무리이다. 많은 물을 흡수하면 팽윤(膨潤)한다)의 3 %, 및 강도회복현상을 갖고 있는 점토(강도회복현상을 갖고 있는 모래)와 혼합된 굵은 모래를 포함한다. 흙의 입도분포에 대한 이 현상의 관계를 **그림 Ⅵ.9**에 나타낸다[Keil (1954, p. 98)]. 증가되는 어둡기의 밀도는 액화되는 현상이 증가됨을 나타낸다.

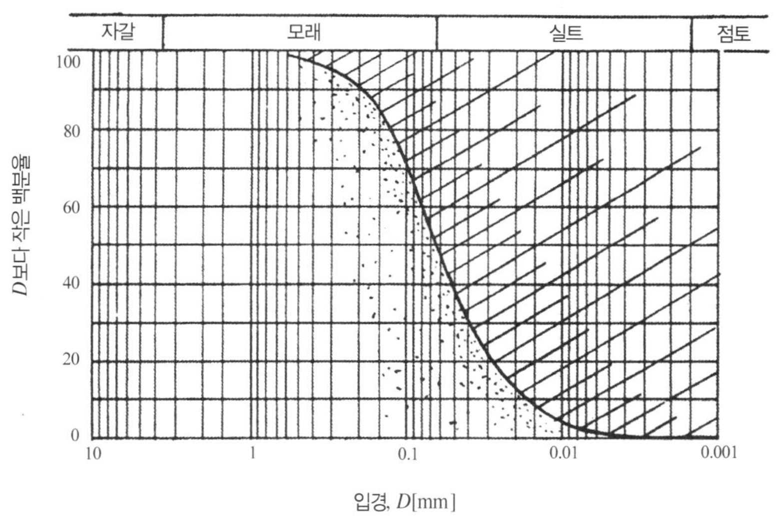

그림 Ⅵ.9 입경에 대한 강도회복현상의 의존

리몰드된 점착성 흙의 "컨시스턴시"(따라서, 강도)는 "함수비의 증가 또는 감소와 함께 변화한다." 예를 들어, 만일 점토 슬러리의 함수비가 연속적으로 감소된다면 점토는 액체 상태로부터 소성 상태를 지나서 고체 상태로 된다. 공학 목적에 적합한 이들 "컨시스턴시 한계" 간의 경계를 사정하는 방법은 Atterberg가 제안하였다. (제 Ⅵ.1.2항에서 정의되는) 이들 변화에서의 "함수비"는 갖가지 점토의 확인과 비교에 사용될 수도 있다. 이들의 함수비는 "아터버그 한계"라고 부른다. 그들의 측정을 이하에 기술한다.

점착성 흙에 물이 더해질 때는 흙이 더 소프트해지며 최종적으로는 액체로 변한다. 흙이 소성에서 액체 상태로 바뀌는 함수비를 "액성한계" L_w라고 부른다. 액성한계는 **그림 Ⅵ.10(a)**에 나타낸 기구를 사용하여 측정한다.

고정된 함수비로 준비된 흙 재료를 컵에 놓고 특수 주걱을 사용하여 홈을 형성한다. 그 다음에 단단한 고무기초에 충격을 주도록 컵을 들어 올렸다가 낙하시킨다. 25 회의 충격 후에 폐합에 대하여 홈을 체크한다. 그러한 시험의 수는 통상적으로 다른 함수비의 흙과 함께 각기 수행된다. 소위 "액성한계"는 시험에서 25 회의 충격 후 약 1 cm 길이의 홈이 폐합되었을 때에 도달된다. 다음에는 이 흙 샘플의 "함수비"를 사정한다. 이것이 조사 중인 점착성 흙에 대한 "액성한계" L_w이다.

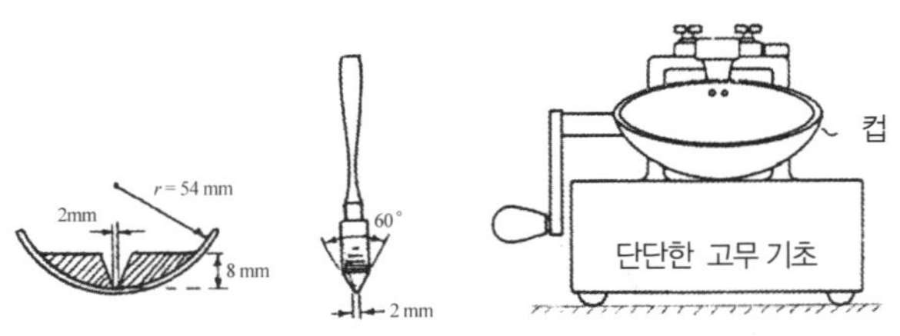

그림 Ⅵ.10(a) "액성한계" 사정용 시험기구

소프트한 점착성 흙에서 연속적으로 물이 제거되었을 때의 흙은 소성에서 고체로 바뀌는 상태에 도달된다. 이 것이 일어나는 "함수비"는 "소성한계" P_w로 나타낸다. 이 파라미터는 바(bar)가 부스러지기 시작할 때까지, 물을 흡수하는 페이퍼 기초 위의 3 mm 직경의 원통형 바(bar)로 소프트한 흙 샘플이 굴러들어가는 시험으로 측정한다. 이들의 변화를 **그림 Ⅵ.10(b)**에 나타낸다.

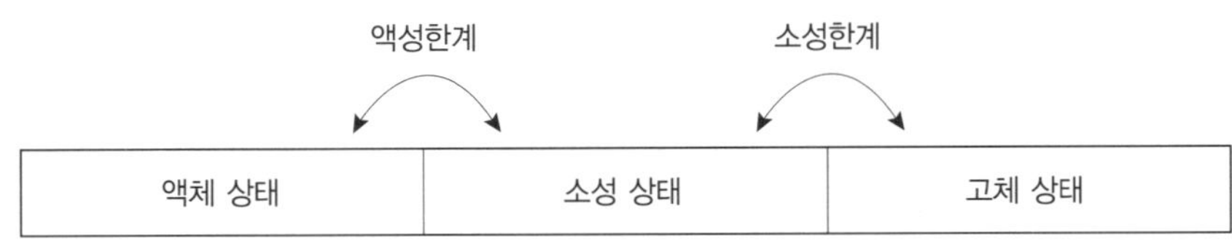

그림 Ⅵ.10(b) 상태 간의 도식적 변화

아터버그 한계는 흙의 분류에 사용되는 외에도 구조적 성질의 척도로서 이용된다. 극단적인 예는 상기에 논의한 퀵 클레이이다. 그들은 흙에서 액체로 변화되므로 "소성한계"를 갖고 있지 않다.

Ⅵ.1.4 흙의 투수성, 침윤, 및 배수

재료가 연속적인 간극을 포함하고 있다면 그 재료는 "투수성"이다. 모든 흙은 투수성이다. 이것은 강수가 어째서 흙으로 스며드는지의 이유이다. 중력으로 강제된 그것은 기존의 지하수와 합쳐진다(**그림 Ⅵ.11**). 흙의 물 흡수용량은 흙의 입도분포 곡선과 그 밖의 요인들에 좌우된다. 흙이 더 크고 다공성일수록 배수(물을 흡수하고 배출)하기가 더 쉽다. 미세 입자의 백분율이 클수록 물의 흡수와 배출용량이 더 작으며, 따라서 배수가 더 열등하게 된다. 그러므로 점토 유형의 재료는 열등한 도관(conductor)인 반면에 자갈과 모래는 좋은 도관이다.

흙의 **투수성**은 흙 쌓기(fill)나 구조물의 중량을 받을 때 흙층이 압밀되는 속도에 영향을 미친다. 예를 들어, 모래는 거의 즉시 압밀되는 반면에 점토층의 압밀속도는 투수성의 감소와 함께 감소된다.

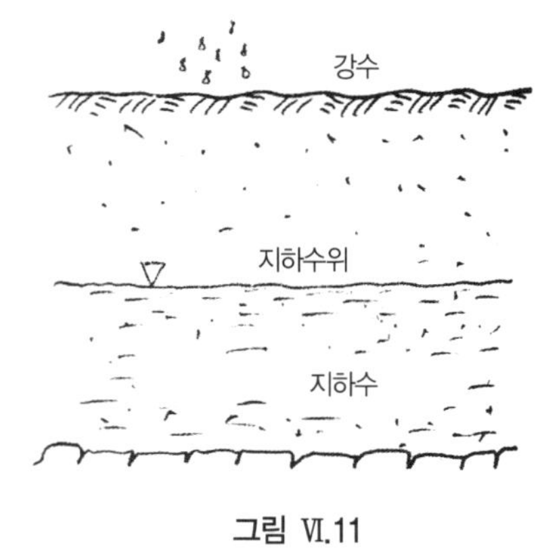

그림 Ⅵ.11

흙의 투수성은 "침윤"을 일으킨다. 흙 쌓기(earth fill)를 통한 침윤의 예를 **그림 VI.12**에 나타낸다. 흙 쌓기를 통하여 통과되는 물의 양은 흙의 투수성과 "수두(水頭)" h의 증가와 함께 증가한다.

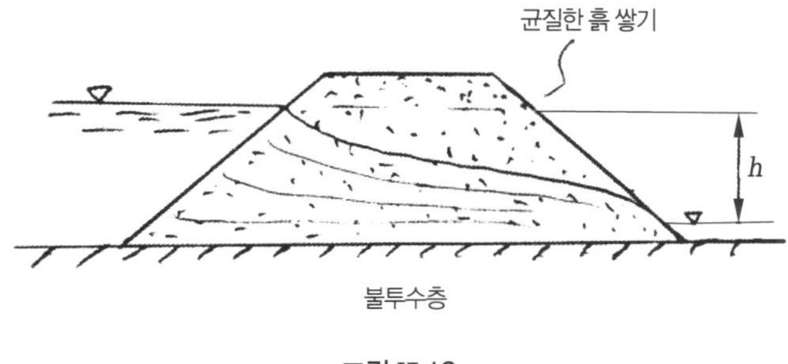

그림 VI.12

철도공학 실행에서는 흔히 노반에서 곁 도랑이나 노반 면 아래에 위치한 프랑스식 배수로로 물을 이동시키는 것이 필요하다. 이 절차를 배수라고 부른다. 상기에 설명한 것처럼 배수는 흙의 투수성에 강하게 영향을 받는다. 대수(帶水) 노반에서 개착에 의한 배수의 예를 **그림 VI.13**에 나타낸다.

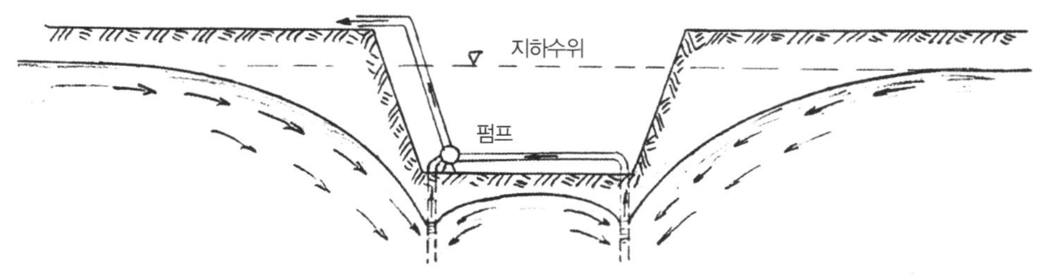

그림 VI.13 건설공사 땅 파기의 배수

흙을 통한 물의 흐름은 흙 입자에 압력을 가하며 이것을 "침윤압력"이라 부른다. 이 압력은 흙의 "액상화 현상"이나 "관공작용"을 일으킬 수도 있기 때문에 굴착에서 불안정을 일으킬 수도 있다.

액상화 현상은 흙 입자에 대한 상향의 침윤압력이 흙의 중량에 의한 하향 압력을 넘을 때에 일어난다. 이 현상은 **그림 VI.14**에 나타낸 시험으로 설명될 수 있다. 물은 다공성의 돌에 의해, 그리고 모래에 의해 상향으로 밀려진다. 흐름에 기인하는 상향 침윤압력은 입자 간의 압력 감소, 따라서 모래의 전단강도(그러므로 지지력) 감소를 발생시킨다. 흐름이 더욱 증가되었을 때의 상향 침윤압력은 침수된 모래의 중량에 의한 하향압력과 같은 레벨에 도달된다. 이 상태에서는 흙의 전단강도(와 지지력)가 영이다. 모래는 상향 속도가 더욱 증가될 때에

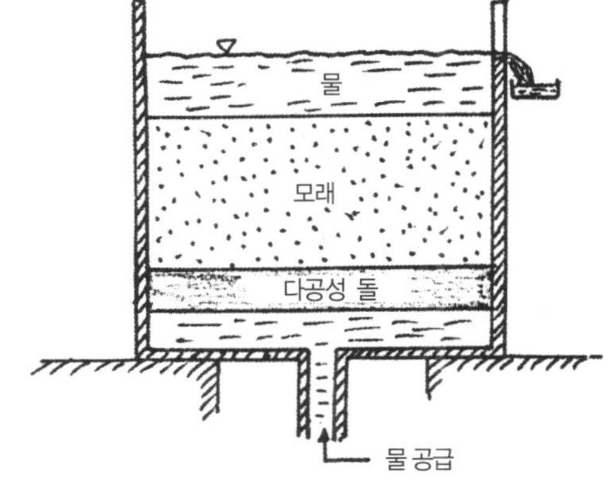

그림 VI.14 액상화 현상을 설명하는 기구

"분사"(액상화 현상)를 시작한다. 흐름이 거꾸로 되어 물이 하향으로 움직일 때의 침윤 힘은 처음부터 중력에 기인하였던 흙 입자 간의 수직 압력을 증가시키고 따라서 전단강도(와 지지력)를 증가시킨다.

굵은 입자로 된 흙의 액상화 현상은 $0.01 < D_{10} < 0.25$ mm와 $2 < C_u < 10$의 상대적으로 균등한 흙에서 일어난다.

"관공작용"은 흔히 침윤압력에 의해 생긴 표면 침식(세굴)이다. 지반에서 나온 물은 본질적으로 터널형상의 침윤("파이프")의 형성으로 이르는 침윤압력에 기인하는 침식의 프로세스를 시작한다. 침윤이 최종적으로 수원(水源)과 만나도록 거꾸로 움직일 때는 노반이나 성토를 침식하는 침윤을 통하여 흙과 모래의 혼합이 갑자기 나타난다. 관공작용 파괴의 위험은 입자크기의 감소에 따라서 증가되는 점이 발견되었다. 이 유형의 파괴는 건설이 완료되고 나서 몇 개월, 또는 몇 년 후에 일어날 수 있다.

VI.1.5 흙의 여과 성질과 그들의 사용

그림 VI.15에 나타낸 배수 파이프를 고찰하자. 만일 파이프가 설치된 후에 도랑이 굴착 흙으로 채워진다면 가장 미세한 입자가 파이프 안으로 들어가서 파이프를 막히게 할 수도 있다. 또 하나의 가능성은 굵은 입자로 된 재료(채움재)로 도랑을 채우는 것이다. 만일 인접하는 흙의 가장 미세한 입자보다 채움재의 간극이 훨씬 더 크다면 가장 미세한 입자가 채움재를 통하여 파이프 안으로 통과할 것이며 그 안에서 물의 흐름을 방해할 것이다.[*]

물이 실트에서 자갈로 흐를 때는 유사한 상황이 일어난다. 실트는 자갈의 틈새 안으로 들어갈 것이다. 이것은 다음으로 이끌수 있다. (1) 공동(세굴)의 발생을 일으키는 실트의 손실, (2) 실트는 흐름을 늦추는 자갈 막힘을 일으킬 수 있다.

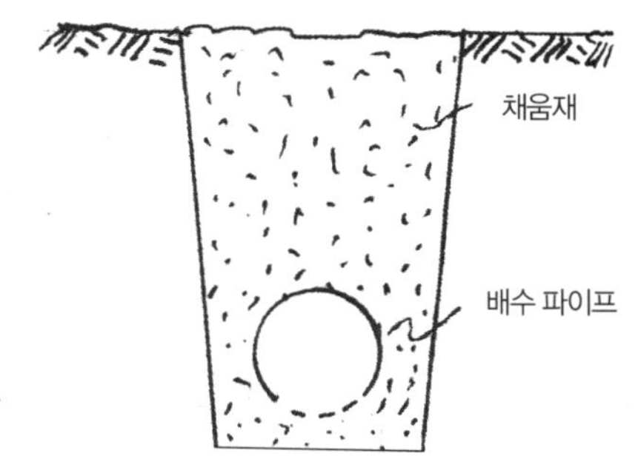

그림 VI.15 배수 파이프

필터는 미세 입자가 배수 파이프로 통과하는 것을 방지하도록 소정의 요구조건을 충족시키는 입도분포의 재료로 이루어져야 한다. 그러한 재료를 **필터**라고 부른다.

필터의 목적은 물이 인터페이스를 가로질러 자유로 흐르도록 허용하지만 그럼에도 불구하고 미립자의 이동을 막도록 충분히 미세하여야 한다. Terzaghi에 따르면, 만일 입도 곡선이 그림 VI.16에 나타낸 영역을 통하여 통과한다면 재료는 필터에 대한 본질적인 요구조건을 충족시킨다.

만일 필터 곡선이 a의 왼쪽을 통과한다면 필터는 유효하지 않다. 만일 b의 오른쪽을 통과한다면 필터가 비경제적이다. Terzaghi와 Peck (1948)은 이 실험적인 법칙에 의거하여 그림 VI.17의 다이어그램을 권고하였으며, 이 그림은 필터에 적합한 재료의 입도분포 곡선을 지정한다.

오른쪽의 빗금 친 영역은 보호하려는 흙의 입도분포 곡선을 둘러싼다. 왼쪽의 영역은 필터재료의 곡선이 놓여야 하는 범위를 나타낸다.

---

[*] 파이프의 천공은 밑으로 향하여야 한다. 이 위치에서는 중력에 의한 모래나 진흙 강하가 없이 물이 파이프 안으로 스며들 것이다. 또한, 파이프 안에서 자유로운 물 흐름은 도랑수위가 상향의 스며들음보다 더 낮을 때 시작될 것이다.

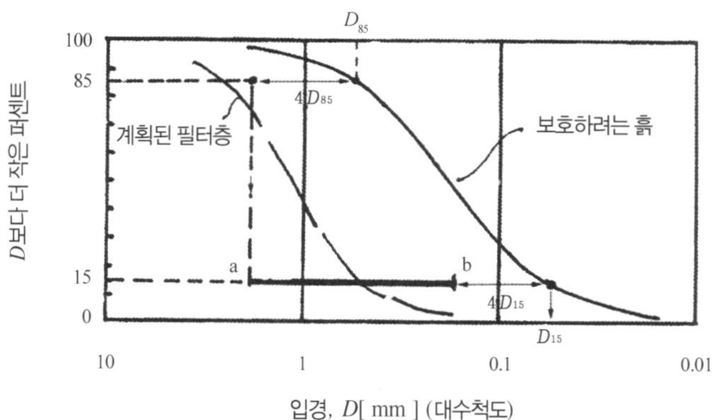

그림 Ⅵ.16 필터재료를 선택하는 방법

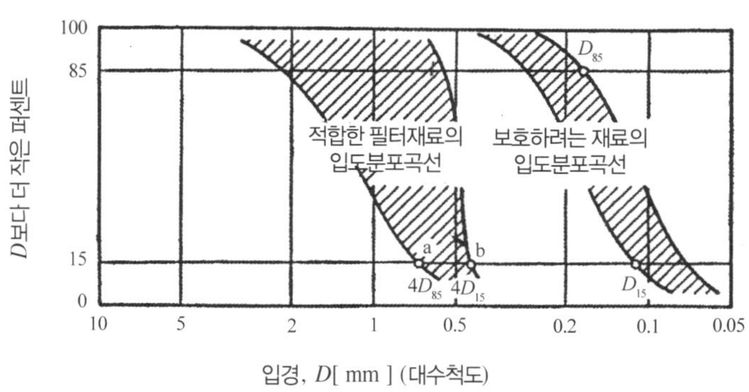

그림 Ⅵ.17 필터 재료를 선택하기 위한 그래프

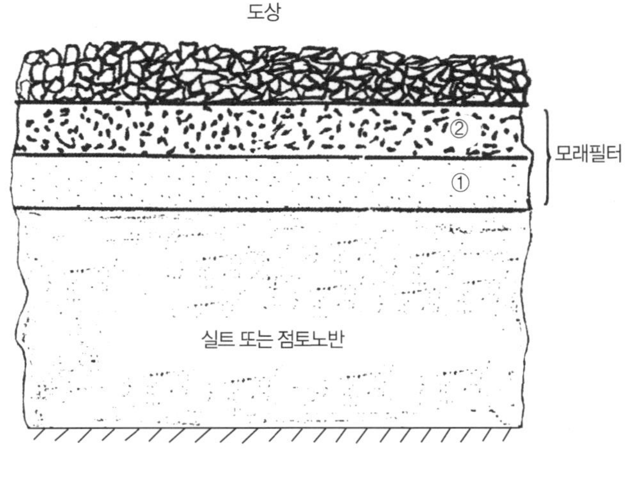

그림 Ⅵ.18 노반용 모래필터

큰 필터는 통상적으로 몇 개의 층으로 이루어져 있다. 이들 층의 각각은 앞선 층에 관하여 **그림 Ⅵ.16**과 **Ⅵ.17**

에 나타낸 조건을 충족시켜야 한다. 필터입자는 오래 견디어야 한다. 예를 들어, 어느 정도로 눌러 부서진 석회암은 용해될지도 모른다.

상기에서 논의한 필터법칙의 사용을 설명하기 위하여 점토 또는 실트 노반을 가진 궤도를 고려하자(**그림 VI.18**). 노반의 미세입자가 도상을 오염시키는 것을 방지하는 가능성의 하나는 노반에 걸쳐 모래필터를 배치하는 것이다. 이 필터 층에 대해 바람직한 입도분포 곡선은 상기에서 논의한 것처럼 노반재료에 대한 입도분포 곡선을 사용하여 결정된다. 만일 결정된 필터재료가 미립자의 손실이 없이 물이 아래로부터 도상으로 자유로 통과하기에는 너무 미세한 입자로 되어 있다면 **그림 VI.18**에 나타낸 것처럼 첫 번째 층 위에 두 번째 필터 층을 배치할 수도 있다. 필터 층 ①은 그 때에 보호하려는 흙이라고 간주되며 층 ②에 대해 필요한 입도분포 곡선은 상기에서 논의한 것처럼 정립된다. 만일 필터 ②가 충분하지 않다면, 세 번째 층을 추가하여야 한다, 기타 등등. 이 절차가 다소의 궤도에 대하여 "일반적으로" 비경제적일 수 있을지라도 이 예의 목적은 관련된 방법과 궤도문제에 대한 이 접근법의 실행 가능성을 설명하기 위한 것이다.

필터에 관한 추가의 정보에 관하여는 미국해군 설계편람 7.1, 토질역학 제6장을 참조하라. 이 편람에 따르면, 콘크리트 모래 (콘크리트 골재에 대한 ASTM 시방서)는 대부분의 미세입자 흙이나 실트질 또는 점토질 모래에 대한 필터로서 충분하다. 편람은 비-소성 실트, 빙호(氷縞) 실트, 또는 모래나 실트 렌즈가 있는 점토에 대해 가능한 필터재료로서 아스팔트 모래(역청 포장 혼합용 미세 골재에 대한 ASTM 시방서)를 권고한다. 국지적으로 이용할 수 있는 천연재료는 가공 처리한 재료보다 통상적으로 더 경제적이며 그들이 필터기준을 충족시키는 경우에 사용하여야 한다. 관련된 해설에 관하여는 AREA 편람의 "노반과 도상"에 관한 절을 또한 참조하라.

만일 지오텍스타일이 소정의 조건을 충족시킨다면, 미세 필터 층을 지오텍스타일로 바꿀 수도 있다. 상세에 관하여는 미국해군 설계편람 7.1(p. 274), Calhoun, Compton, 및 Strohm (1971)의 논문 "입자재료에 대한 대체물로서의 플라스틱 필터 천의 성능", 및 Selig와 Waters의 책 (1994, 제12장)과 Koerner의 책 (1998, 4판, 제8장)을 참조하라. 실용적인 예에 관하여는 지선의 선로를 업그레이드하기 위한 요소로서 지오텍스타일의 사용을 기술한 Raymond (1986)를 참조하라.

필터 층 (또는 분리 재)의 요소로서 지오텍스타일을 고려할 때는 얼마간의 문제점을 고려하여야 한다. 예를 들어, 지오텍스타일은 계획된 많은 사용연수 동안 견디어야 한다. 또 하나의 문제는 지오텍스타일이 지나치게 막히게 할 것인지 어떤지 이며, 필터가 그 기능을 충분히 수행하지 않게 될 지점에 대하여는 지오텍스타일로 인하여 물의 흐름을 감소시킨다. 이것은 흙이 열등한 입도이고 황토 또는 닳은 도상자갈에서 발견되는 것들처럼 점착성이 없는 많은 미세 입자를 포함하고 있을 때에 일어난다. 이 경우에는 미세입자가 지오텍스타일을 통하여 배수로까지 횡으로 통과하도록 허용하는 두꺼운 부직포 지오텍스타일을 사용할 수 있다. 그러나 배수로가 자갈 암거로 이루어져 있는지, **그림 VI.15**에 나타낸 구멍이 난 파이프로 되어 있는지를 주목하라. 그것은 그 자체를 지나치게 막히게 함이 없이 미립자를 적당히 받아들이고 운반하도록 설계되어야 한다.

VI.1.6 모세관 성질과 노반에 대한 영향

모세관 상승의 현상은 물에다 작은 직경의 유리관을 담금으로

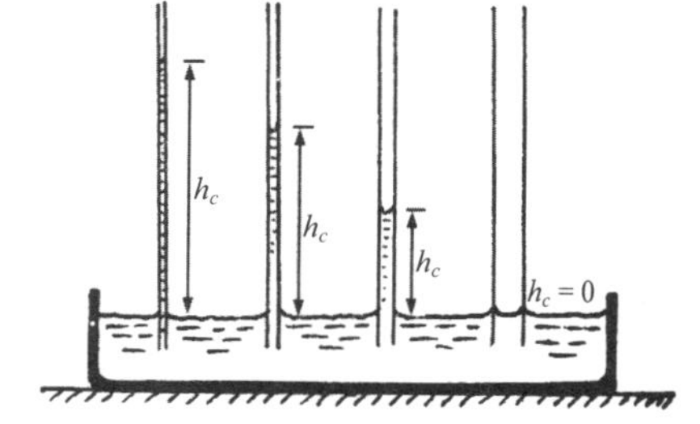

그림 VI.19 관의 내경에 대한 모세관 상승의 종속

써 설명할 수도 있다(**그림 Ⅵ.19**). 관의 하단이 물에 접촉하기 시작할 때에 유리와 물 사이의 빨아 당김은 물의 표면장력과 결합하여 물을 수위 위의 높이 h_c까지 관 안으로 끌어올린다.

모세관 상승 h_c는 모세관 끌어당김 힘과 물기둥 중량 간의 수직평형을 고려하여 사정된다(**그림 Ⅵ.20**). 즉, $\pi r^2 h_c \gamma_w = 2\pi r \tau \cos\alpha$ 여기서 τ는 "표면장력"이고, γ_w는 물의 비중이며, r은 관의 안쪽 반지름이다. h_c에 대하여 풀면 다음 식으로 귀착된다.

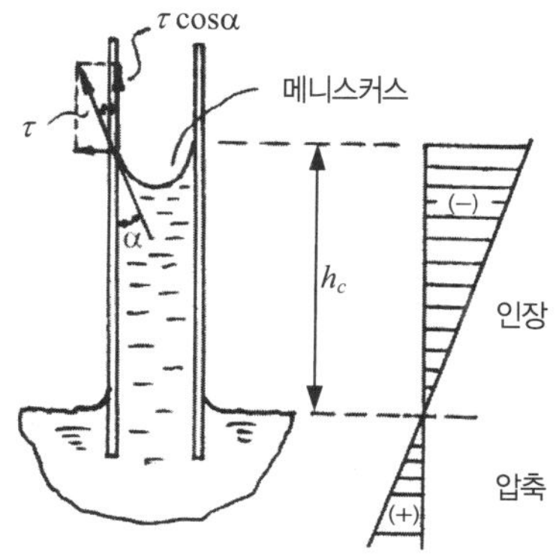

그림 Ⅵ.20 모세관 안의 응력

$$h_c = \frac{2\tau}{r\,\gamma_w}\cos\alpha$$

반지름 r이 감소됨에 따라서 h_c가 증가되는 점에 주목하라. 또한, 자유수(自由水)에서 수직응력이 압축인 반면에 (물기둥이 메니스커스에 매달리므로) 모세관 안의 물은 인장 상태로 있다.

흙 안에는 모세관처럼 작용하는 좁은 간극의 복잡한 망상(網狀)이 있다. 만일 미세한 흙의 아래쪽이 물에 노출되어 있다면(지하수), 물은 모세관 작용에 기인하여 상승되며 모세관 지대는 완전히 적셔지게 된다. 상응하는 모세관 상승은 h_{cc}로 나타낸다.

이 거동을 나타내는 흙의 예는 실트, 실트질 점토, 점토질 모래 및 실트질 가는 모래이다. 얼마간의 이들 흙에서의 수분은 지하수위 위로 10 내지 20 ft까지 올라갈 수도 있다.

물은 위쪽 부분에서 좁은 간극만을 차지하며 더 넓은 간극은 여전히 공기로 채워져 있다. 모세관 상승의 대응하는 높이는 h_c로 나타낸다(**그림 Ⅵ.21**). 이 상부 지역에는 물로 채워진 많은 "관"이 있으므로 **그림 Ⅵ.21**에 나타낸 것처럼 모세관 지대의 액체 내 응력이 선형으로 변화한다.

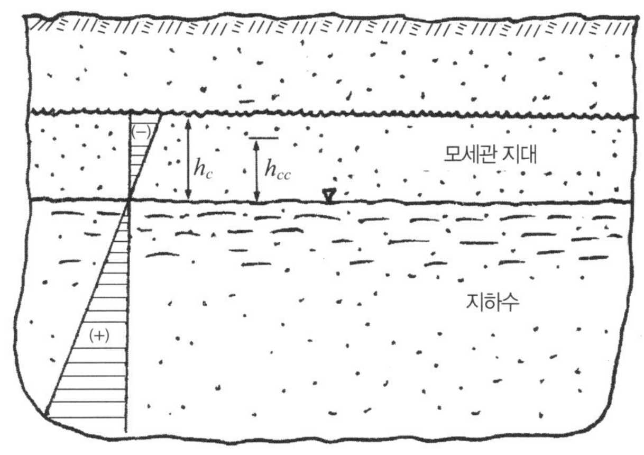

그림 Ⅵ.21 모세관 지대와 지하수의 응력

정적인 지하수위 위의 미세 흙 "관" 안에서 물의 상승으로 형성된 모세관 지대와 지하수위(또는 강우)의 급강하에 의해 영향을 받은 모세관 지대 간에는 차이가 있음을 주목하라. **그림 Ⅵ.22**에 도식적으로 나타낸 것처럼, 첫 번째 모세관 지대의 높이는 가장 큰 간극에 의해 결정되는 반면에 두 번째의 높이는 가장 작은 간극에 의해 결정된다.

천연의 흙에서는 h_{cp}와 h_{ca} 값이 멀리 떨어져 있을 수 있다. 이 가능성은 젖은 노반상태를 평가할 때 고려되어야 한다(**그림 Ⅵ.23**).

파도가 물러갈 때 해변모래의 순간적인 딱딱해짐은 흙 표면에 형성된 메니스커스에 매달린 물에 기인하는 점에 주목하라.

특별히 중요한 현상은 사이펀 영향, 특히 **그림 Ⅵ.24**에 나타낸 것처럼

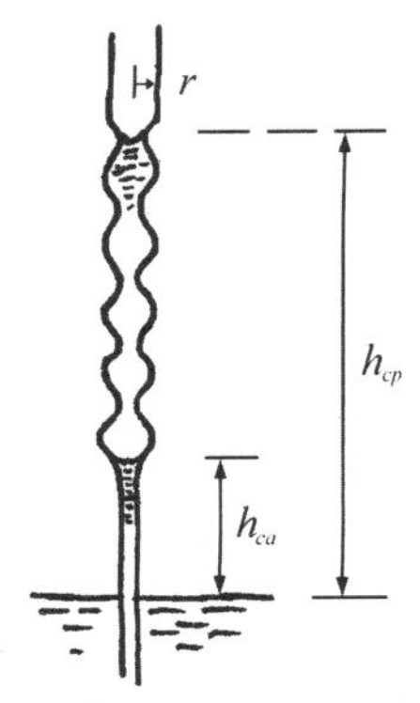

그림 Ⅵ.22 가변성의 반경을 가진 모세관

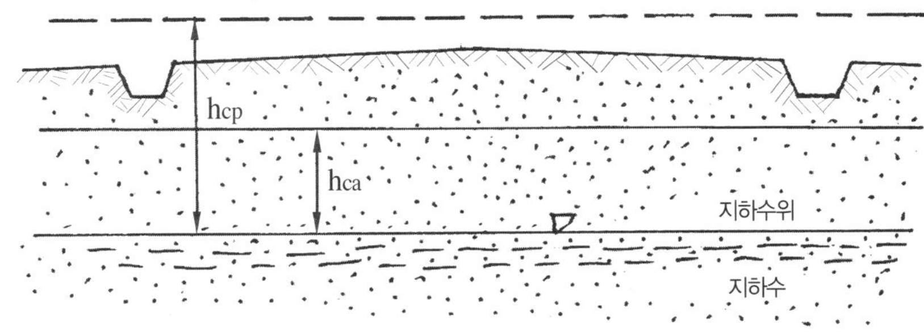

그림 Ⅵ.23 노반의 모세관 영역

자체 작용하는 사이펀이다. 그것은 관 안에서 $h < h_c$일 때 일어날 수도 있다. 사이펀 작용이 일단 시작되면 관의 자유단이 자유수 표면 아래에 있는 한 계속될 것이다.

미세 흙의 간극에서도 같은 현상이 일어날 수 있다. 예를 들어, 자유수 표면이 댐이나 둑의 불투수성 코어의 꼭대기 아래에 있다는 사실에도 불구하고 물이 코어의 꼭대기 위로 흐를 수도 있다(**그림 Ⅵ.25**). Terzaghi와 Peck (1948, p.117)에 따르면, 독일의 예로서, 둑의 불투수성 코어가 지하수위 위로 1 ft까지 연장되었음에도 불구하고, 둑 코어 꼭대기 위쪽의 모세관 사이펀 작용은 수로의 12 mi 길이에 대해 450 gal/min의 분실을 일으키는 것이 발견되었다.

사이펀 작용의 현상은 지오텍스타일을 사용함으로써 노반의 배수에 이용할 수도 있다. 이것은 제Ⅵ.4절에서 논의될 것이다.

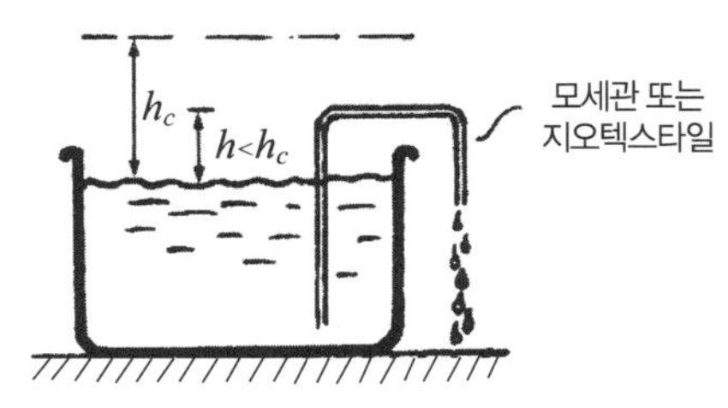

그림 Ⅵ.24 자체 작용 사이펀 영향

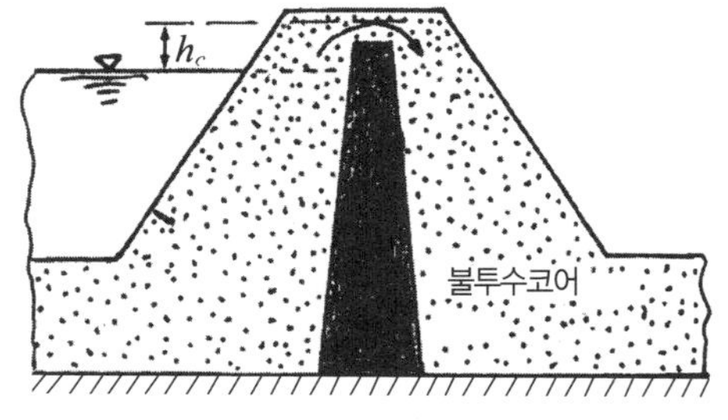

그림 Ⅵ.25 불투수성 코어 위의 모세관 흐름

VI.1.7 노반에 미치는 동결의 영향, 동상

"포화된 굵은 모래나 자갈"이 0 ℃ (32 ℉) 이하의 온도에 있을 때는 간극에 포함된 물이 언다. 흙 구조는 변화되지 않은 대로 남아 있다. 그러나 물이 얼음으로 바뀔 때는 물이 확대되므로 이와 같은 동결 프로세스는 간극의 체적을 약 9 %만큼 증가시킨다. 따라서 흙 체적에서의 증가는 상대적으로 작다.

만일 "포화된 미세입자의 흙"이 언다면 프로세스는 낮은 온도에 노출된 표면에 대체로 평행하게 방향을 두어 뚜렷한 아이스렌즈의 형성을 포함한다. 개개 렌즈의 두께는 수 인치까지 증가될 수도 있으며, 동결을 겪은 흙은 흙과 뚜렷한 아이스렌즈로 번갈아서 이루어져 있는 층상(層狀) 재료의 특성을 나타낸다[Beskow (1936) 및 Terzaghi와 Peck (1948, 조항 21)].

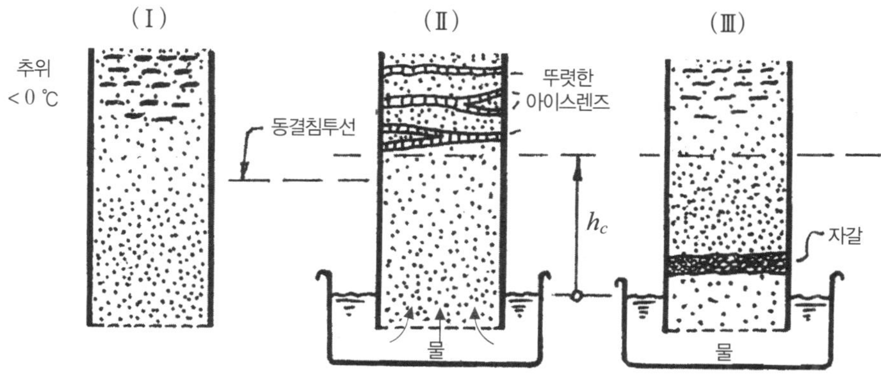

그림 VI.26 동결의 형성과 그 방지를 입증하기 위한 시험

"미세 입자 흙"에 대한 동결작용을 더 좋게 이해하도록 **그림 VI.26**에 나타낸 세 개의 시험을 고찰하자.

각 샘플은 밑에서 가는 스크린으로 차단되고 포화된 실트로 채워진 원통으로 이루어져 있다. 모든 세 경우에 각 원통의 상단은 0 ℃이하의 온도(동결온도)를 받는다.

시험 (I)에서는 아이스렌즈가 아래쪽 부분으로부터 물을 제거하므로 아이스렌즈는 흙의 위쪽 부분에서 형성된다. 관련된 체적증가는 시스템에 함유된 물의 체적증가에 직접 관련된다. 그것은 총 체적의 약 3 % 내지 5 % 사이의 범위에 이른다.

시험 (II)에서는 아이스렌즈의 최초의 성장에 필요한 물도 마찬가지로 시료로부터 제거된다. 그러나 렌즈의 형성이 진행됨에 따라 아래의 접시에 위치한 자유수가 고인 곳(pool)으로부터 점점 더 물이 끌어당겨진다. 형성된 아이스렌즈의 총 체적은 상당한 양이 될 수도 있다. 따라서 이 시료의 관련된 체적증가도 마찬가지로 상당한 양이 될 수도 있다. 이 유형의 궤도상태(예를 들어, 미세입자 실트로 이루어져 있는 노반과 지하수의 충분한 공급)는 바람직하지 않게 큰 "동상(凍上)"으로 이끌 수도 있다. 이것은 일반적으로 흙의 모세관 상승 높이가 지하수위와 동결선 간의 수직거리보다 더 큰 경우이다(**그림 VI.26**).

시험 (III)에서는 (자갈과 같은) 굵은 재료의 층이 동결영역과 지하수위 사이에 삽입된다. 이 시험은 (물이 굵은 입자를 통하여 모세관 작용으로 상승할 수 없기 때문에) 아래로부터 물의 공급이 가로막혀지므로 일반적으로 동상이 중지된다.

이 관찰은 가장 높은 지하수위와 동결선 간에 "자갈층"(또는 적합한 지오텍스타일)을 삽입(**그림 VI.27**)함으로써 궤도동상이 허용범위 이내로 유지될 수도 있는 점을 제시한다.

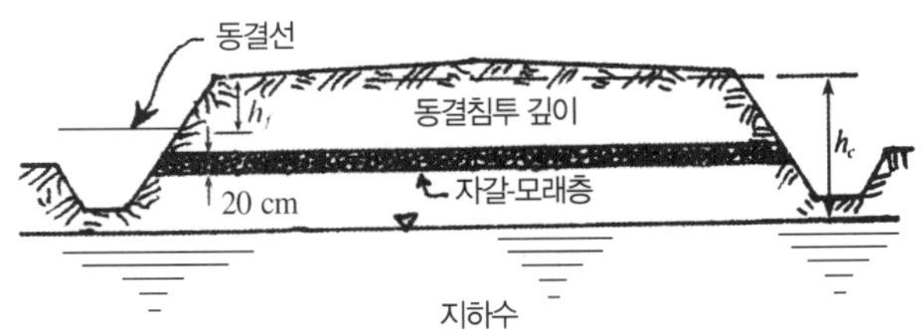

그림 VI.27 동상을 피하기 위한 개선책

그 밖의 개선책은 Eisenmann (1972)이 논의한 것처럼, 상향의 물 이동을 대단히 느리게만 허용할 수 있는 낮은 투수성의 점토층을 삽입하거나 동결선이 모세관 영역을 통과함을 방지하는 열 절연 층을 삽입하는 것이다.

▶동상(凍上) 형성의 예

"예" (1) : **그림 VI.28**은 땅 깎기와 흙 쌓기 간의 변화구간에 모인 물이 스며 나옴에 기인하는 동상을 나타낸다.

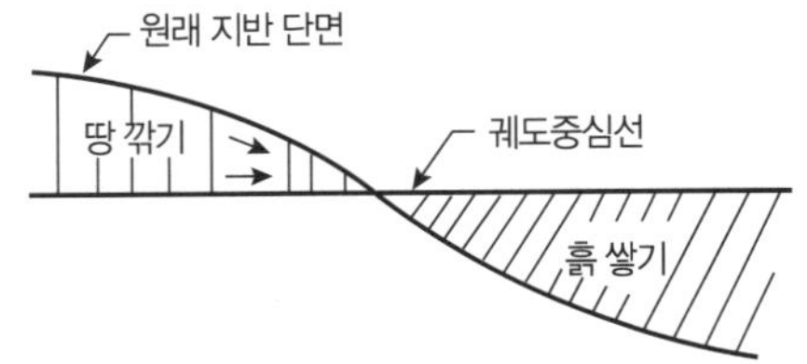

**그림 VI.28 땅 깎기와 흙 쌓기 간의
변화구간에서의 동상**

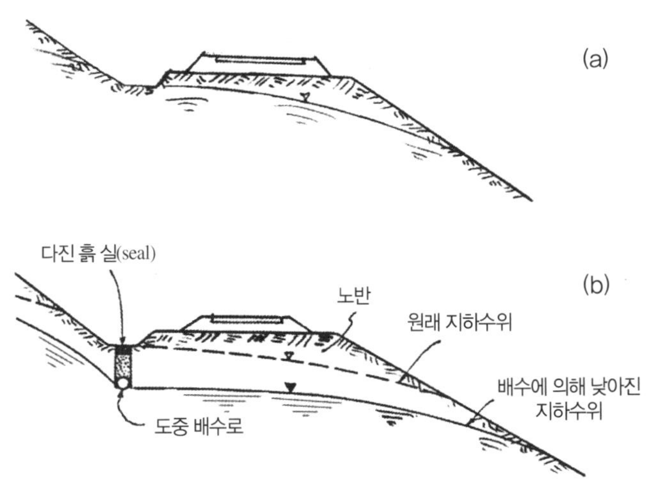

그림 VI.29 궤도노반에서의 동상(a)과 개선책(b)

"예" (2) : **그림 VI.29(a)**는 궤도 왼쪽의 산허리 침윤으로 인한 유효 수(有效 水, available water)에 기인하는 동상을 나타낸다. 오른쪽은 영향을 받지 않는다.

가능한 개선책은 **그림 VI.29(b)**에 나타낸 것처럼 배수 파이프를 설치함으로써 산허리의 침윤을 도중에서 차단하는 것이다. 이 방법은 AREA 편람의 노반과 도상에 관한 절에서 권고되고 있다.

"예" (3) : **그림 Ⅵ.30(a)**는 뒷면 배수로가 마련된 옹벽의 뒤채움에서의 동상을 나타낸다. **그림 Ⅵ.30(b)**는 교정책, 즉 얼음 층의 형성을 방지하도록 뒤채움에 또 하나의 배수로를 설치함으로써 지하수위를 낮추는 방법을 나타낸다.

새로운 배수로가 물을 배수하고 동결작용에 대해 보호하는 등 2중의 기능을 하고 있는 점에 주목하라.

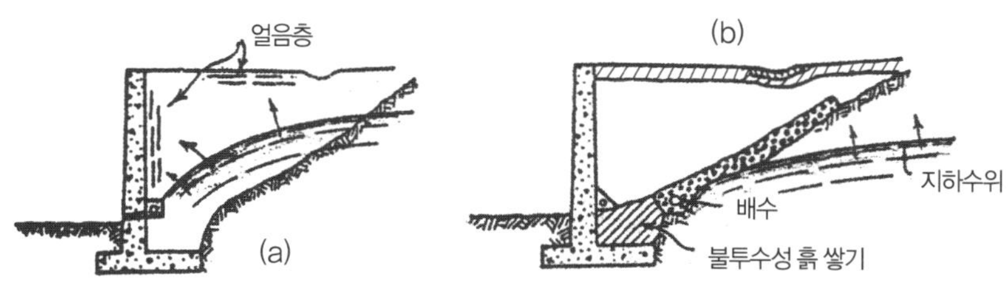

그림 Ⅵ.30 옹벽에서의 동상(a)과 개선책(b)

"예" (4) : 이 예(**그림 Ⅵ.31**)에서는 궤도의 동결과 그 다음 해빙의 영향이 논의된다. **그림 Ⅵ.31(1)**은 동결온도 개시 직후의 상태를 나타낸다. 노반 상부의 동결은 아래에 있는 지하수로부터 물을 끌어당긴다. 이것은 도상 바로 아래에 아이스렌즈의 형성을 일으킨다.

Ⅵ.31(2)은 동결온도가 연장된 후의 상태를 나타낸다. 도상 아래 동결영역이 동결침투 선 아래에 도달되는 점과 아이스렌즈 형의 상당한 양의 물이 모이는 점에 주목하라. 이것은 동상으로 이끈다.

Ⅵ.31(3)은 이른 봄의 해빙온도, $T > 0\,℃$ 시작 후의 상태를 나타낸다. 도상 직하의 흙은 해빙을 시작한다. 이 지대의 흙은 여전히 동결되어 있는 그 아래의 영역이 배수를 방해하므로 대단히 축축해진다. 이 상태 때문에 노반의 강도가 크게 감소된다. 이것은 대단히 바람직하지 않은 상태이다. 이 기간 동안은 조심하여 궤도를 사용하여야 한다. 하나의 가능한 수단은 열차의 운전속도를 줄이는 것이다.

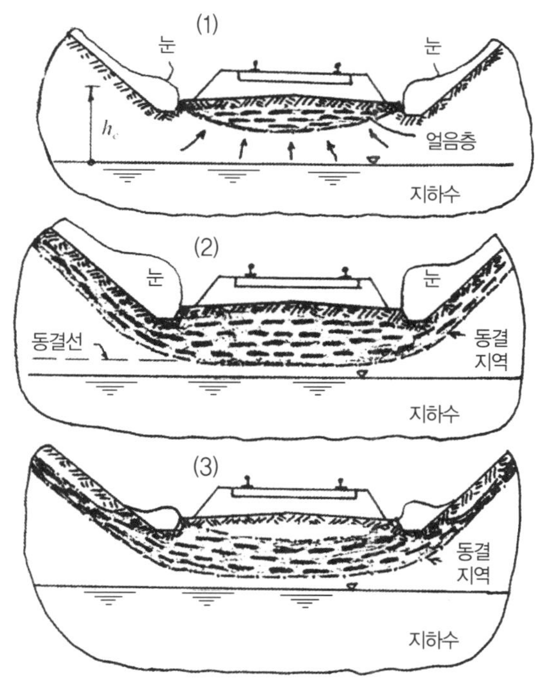

그림 Ⅵ.31 동결과 그 다음 해빙이
노반에 미치는 영향

지하수위가 대단히 낮지만 동결과정 동안 (횡으로 이동하는 물, 강수 또는 눈이 녹은 물과 같은) 그 밖의 수원으로부터 궤도노반으로 물이 공급될 경우에 유사한 상태가 일어나는 점에 유의하라.

동결온도에 기인하는 노반피해와 가능한 개선책의 광범위한 논의에 관하여는 Keil (1954, pp. 519 565)을 참조하라.

VI.1.8 흙 압력, 간극수

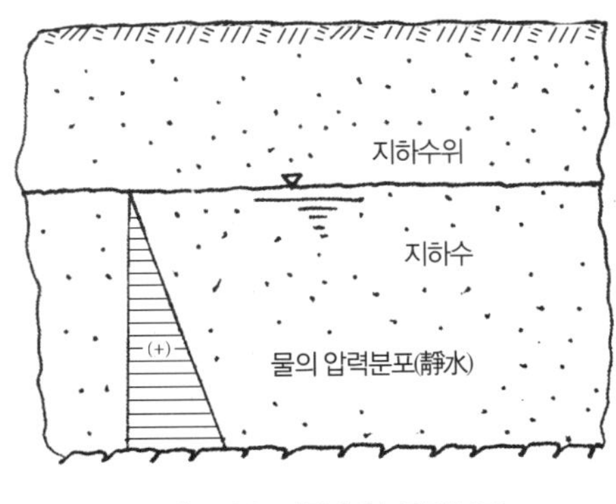

그림 VI.32 지하수의 압력분포

먼저, 입경 $D > 2$ mm의 굵은 모래로 이루어진 흙을 고찰하자. 큰 입자이기 때문에 흙은 모세관 지대를 나타내지 않는다.

물에서와 흙에서의 압력분포(**그림 VI.32**)는 이들 재료의 중량에 좌우된다. 이들 압력 분석의 공식화는 상응하는 단위중량에 관한 지식을 필요로 한다. 그들은 상기에서 정의한 것처럼 다음 사항에 주목하면 **표 VI.4**와 같이 열거된다.

(흙의 단위체적 당) 간극의 체적은 $n = \dfrac{e}{1+e}$ 이다.

(흙 체적의 단위 당) 고체의 체적은 $(1-n) = \dfrac{1}{1+e}$ 이다.

여기서, e는 간극비 ($e = V_v / V_s$)이다.

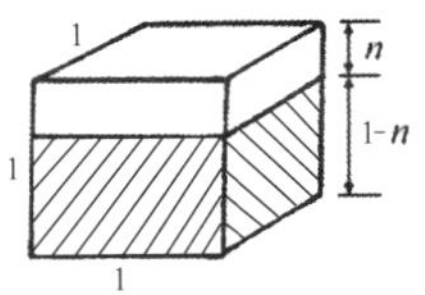

액체의 응력과 입자구조 응력 간의 차이를 설명하기 위해서 **그림 VI.33**에 나타낸 마른 "모래"로 이루어져 있는 일정한 체적의 흙으로 각각 채워진 두 용기를 고찰하자. 용기 (a) 안의 흙은 모래의 상단에 자갈층을 배치함에 기인하여 균등한 압력 p_o를 받는다. 흙이 용기의 저부에 가하는 압력은 p^*이다. 그것은 자갈의 압력 p_o와 마른 모래의 중량에 기인하는 압력 p_s로 이루어져 있다. 압력은 "입자 대 입자 접촉 힘"에 의하여 용기의 저부로 전달된다. 자갈 압력 p_o는 흙에서 간극비의 감소를 일으킨다. 그것은 또한 (전단저항력의 증가와 같은) 흙의 그 밖의 기계적 성질의 변화를 초래한다.

표 VI.4 재료의 단위중량

재료	단위중량
고체물질	γ_s
물	γ_w
마른 흙	$(1 - n)\gamma_w$
포화토(고체와 물, 부력 없음)	$(1 - n)\gamma_w + n\gamma_w$
물속에 잠긴 입자(부력 있음, 물 없음)	$(1 - n)(\gamma_s - \gamma_w) = (\gamma_s - \gamma_w) / (1 + e)$

다음에, 용기 (b)는 결과로써 생기는 용기저부에서의 압력이 용기 (a)에서와 같게 되는, 즉 p^*가 되는 높이까지 물로 채워진다. 각각의 경우에 비록 저부에서의 압력이 같을지라도, **그림 VI.33(b)**에 나타낸 것처럼, "중립압력" p_w라 부르는, 물에 기인하는 압력의 증가는 간극비에 대해서, 또한 흙의 그 밖의 모든 기계적 성질에 대해서도 현저한 영향을 끼치지 않는 점이 시험에서 발견되었다. 중립압력이 대기 압력과 같을 때는 영인 것으로

가정한다. 중립압력이 간극수를 통하여 흙의 저부까지 전달되는 점에 주목하여야 하며, 그러므로 그들은 흔히 "간극수압"이라 부르는 반면에 입자 대 입자 접촉을 통하여 전달된 것들은 "유효압력"이라 부른다. **그림 VI.33(b)**에서 p_{sb}는 물에 잠긴 모래의 중량에 기인하는 압력이다.

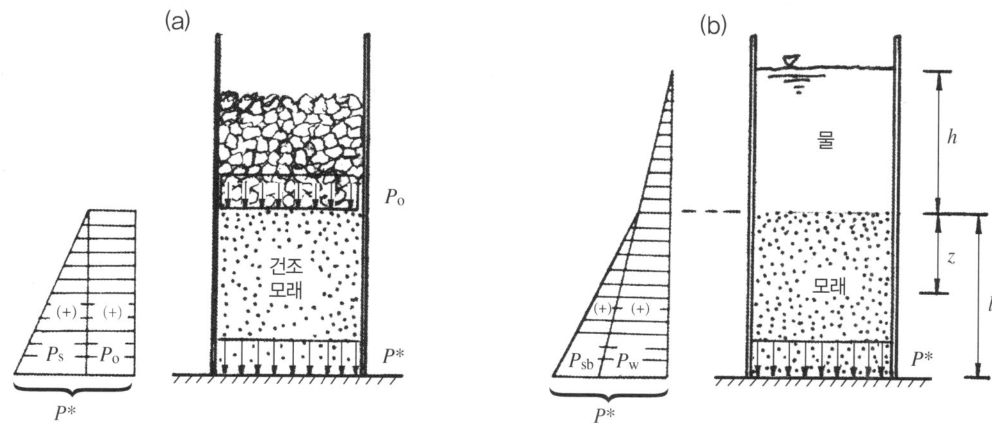

그림 VI.33 수직압력 분포, *p*

양쪽의 경우에 대한 압력의 분포는 VI.33(a)와 VI.33(b)에 나타낸다. 그들은 분석적으로 다음과 같이 나타낼 수도 있다.

용기 (a)	용기 (b)
$p(z) = p_o + (1-n)\gamma_s z$	$p(z) = (h+z)\gamma_w + (1-n)(\gamma_s - \gamma_w)z$
유효압력	간극수압 유효압력
(입자 대 입자)	{정수(靜水)} (입자 대 입자)

상기의 논의에 따라서, 물에 잠긴 흙의 어떠한 지점에서도 총 수직응력 σ_{zz}는 중립 (간극수) 응력 σ_p와 유효 (입자 대 입자) 응력 σ_e의 두 부분으로 이루어 진 것으로 간주할 수 있다. 즉, $\sigma_{zz} = \sigma_p + \sigma_e$. 그러므로 입자 대 입자의 유효응력은 다음과 같이 나타낼 수 있다.

$$\sigma_e = \sigma_{zz} - \sigma_p$$

(VI.1)

다음에, 모세관 지대가 흙 응력에 미치는 영향을 알아보자. 이 목적을 위해 수평으로 큰 범위의 잔모래 층을 고찰하자(**그림 VI.34**). (보편성의 손실이 없이) 표현을 단순화하기 위해 모세관 지대 위쪽 흙의 영향을 (단위 수평면적 당) 균등한 힘 p_o로 바꾸자. 메니스커스의 표면 아래에 결과로써 생기는 응력을 **그림 VI.34**에 나타낸다.
z 레벨에서 "물속의 압력"은 분석적으로 다음과 같이 나타낼 수 있다.

$$\sigma_w(z) \;=\; (H-z)\gamma_w \tag{Ⅵ.2}$$

모세관 지대에서 $z > H$이므로 모관수(毛管水) 압력은 예상한대로 인장에 있다. 지하수에서는 $z < H$이다. 그곳에서는 물의 응력이 압축에 있다. 가장 큰 모세관 인장응력은 자유표면에 있으며, 여기서 $z = H + h_c$이다. 최대의 모세관 인장응력은 다음과 같다.

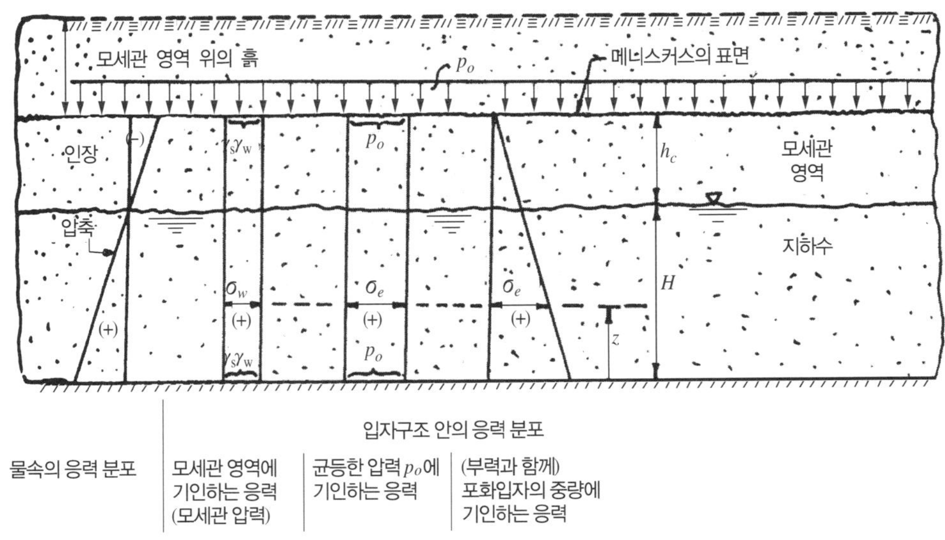

그림 Ⅵ.34 물속과 입자구조 내 수직응력의 분포

$$(\sigma_w)_{max} \;=\; [H-(H+h_c)]\,\gamma_w \;=\; -h_c\gamma_w \tag{Ⅵ.3}$$

다음에, 결과로써 생기는 "입자구조 내 수직응력"을 고찰하자. 이 점에 관하여, 모세관 작용은 물을 H 위쪽 h_c까지 상승시키는 점과 이 모관수 층이 입자에 붙어있는 메니스커스의 표면에 매달려 있는 점에 주목하라. 이 표면은 차례로 입자구조에 대해 ("모세관 압력"이라 부르는) 접촉압력 $h_c\gamma_w$를 가하고 있다.

$(1-n) = 1/(1+e)$에 주목하면서 **그림 Ⅵ.34**에 나타낸 기호를 사용하면, (수평면의 단위면적 당) 총 수직응력은 분석적으로 다음과 같이 나타낼 수가 있다.

$$\sigma_{zz}(z) = \gamma_w h_c + p_o + (1-n)(\gamma_s-\gamma_w)(H+h_c-z) \quad o < z < (H+h_c) \tag{Ⅵ.4}$$

▶ 흙 부력에 대한 해석

물에 잠긴 각 흙 입자는 상향 부력을 받는다. 그것은 이 입자에 작용

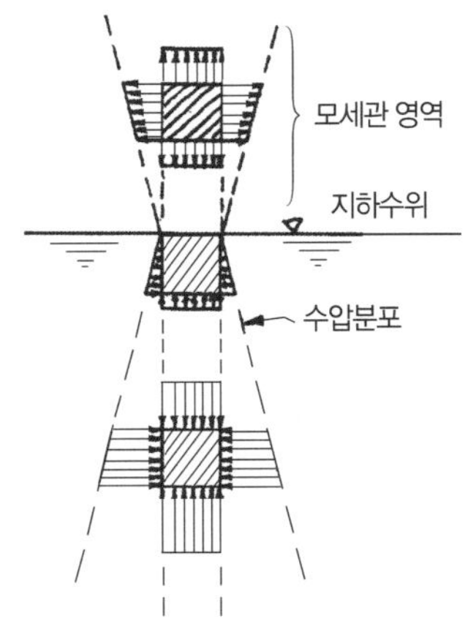

그림 Ⅵ.35 물에 잠긴 흙의 높이에 대한 부력의 독립성

하는 물 압력의 수직합력이다. 그러므로 이 힘은 배수된(displaced) 물의 양과 같다. **그림 VI.35**에 나타낸 것처럼 만일 물이 선형으로 변하는 인장이나 압축 응력을 받는다면 물에 잠긴 입자에 대한 부력은 작용하지 않는다.

VI.1.9 노반강도 ; 전단파괴

고체에 관한 역학에는 얼마간의 파괴규준이 있다. 가장 오래된 것은 취성재료(예를 들어, 유리)에 적합한 "최대응력 규준"이다. 파괴는 최대 수직응력이 동일 재료 인장시편의 절손응력에 달하였을 때에 파괴가 시작된다고 가정된다.

흙과 같은 재료에 대해서는 "최대전단 규준"이 더 적절한 것으로 확인되었다. 동일 흙의 전단시험에서 얻은, 고려중인 흙의 가장 큰 전단응력이 극한 전단저항력을 넘을 때에 파괴가 시작된다고 가정한다. 이것은 흙의 전단응력 측정이 어째서 토질역학에서 상당한 주목을 받았는지의 이유이다.

보통의 흙 전단파괴에 관한 두 예를 **그림 VI.36**에 나타낸다.

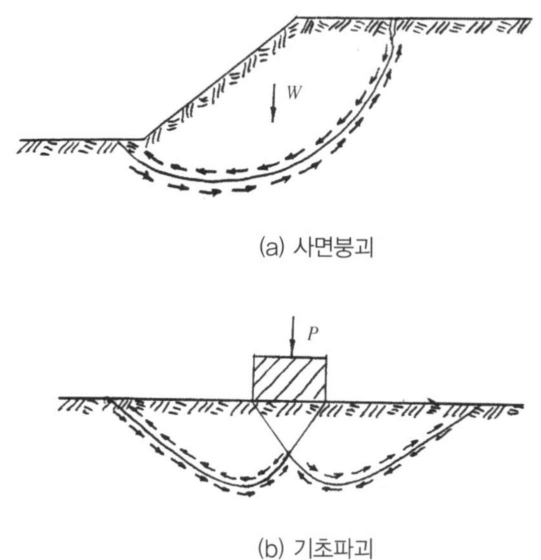

그림 VI.36 노반의 전형적인 전단파괴

또 하나의 예는 균등하고 소프트한 점토의 퇴적물 위에 위치한 자갈흙 쌓기의 파괴이다(**그림 VI.37**). 그림의 왼쪽은 건설 동안에 생긴 전단파괴의 특징을 나타내며, 여기서는 유효질량 W를 갖고 있는 흙의 질량이 O 점에 관하여 회전되었기 때문에 파괴되었다. 오른쪽은 자갈의 균형중량(counterweight, 소단)에 의하여 안정된, 다시 건설된 흙 쌓기를 나타낸다. 선택된 균형중량의 크기는 그 모멘트 $W_1 \times l_1$에다가 O 점에 관하여 작용하는 모멘트 $W \times l$보다 더 큰 미끄럼 표면에 따른 전단저항력을 더한 정도이어야 한다. 상세에 관하여는 Hoffmann (1930), von Gottstein (1936), 및 Terzaghi와 Peck (1948, p. 400)을 참조하라. Utah의 Great Salt Lake를 가로지르는 Southern Pacific 철도의 둑길에 대해 유사한 설계가 사용되었으며, "철도궤도와 구조물" (1988. 3. p. 50)에 기술되어 있다.

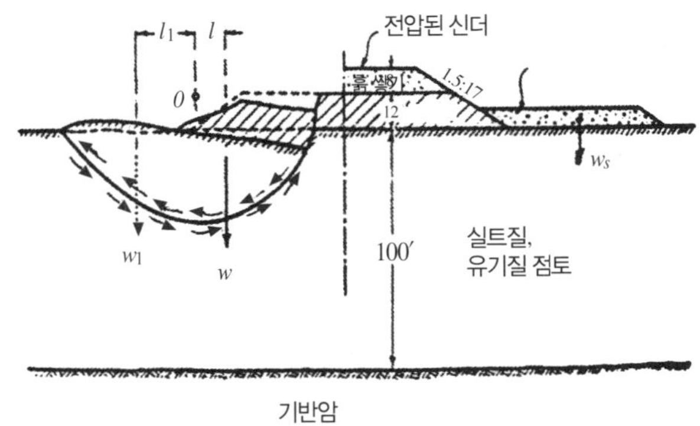

그림 VI.37 흙 쌓기의 전단파괴와 균형중량을 사용하는 개선책

이들의 파괴에서 **흙의 전단강도**는 지배적인 역할을 한다. 그것은 일반적으로 실험실 시험으로 측정된다. 가장 단순하고 가장 일반적인 방법은 **그림 VI.38**에 나타낸 전단-상자 기구를 사용한다. 이 시험에서 횡력 P는 수평면 A-A를 따른 전단에서 흙이 파괴될 때까지 점차적으로 증가된다. 파괴면 위쪽 흙 중량의 영향을 시뮬레이트하는 수직압력 σ_n은 각 시험에 대해 변화를 가할 수 있으며, 그것은 에어 싼 흙 샘플의 전단강도 τ에 미치는 그것의 영향을 확인할 수 있게 한다. 또한, 흙 샘플의 함수비는 일반적으로 컨트롤할 수 있으며, 그것이 전단강도에 미치는 그 영향을 측정할 수 있다.

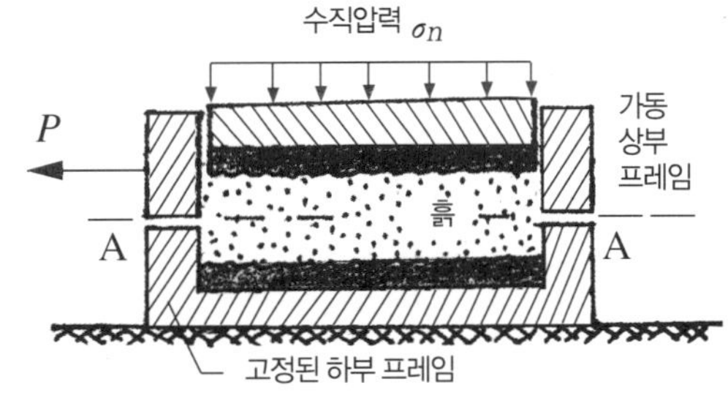

그림 VI.38 흙 전단강도의 사정을 위한 시험

수직응력 σ_n의 영향을 받으면서 시험된 흙의 전단강도 τ를 **그림 VI.39**에 나타낸다. Coulomb에 따르면, 그것은 다음과 같이 분석적으로 나타낼 수가 있다.

$$\tau = c + \sigma_n \phi \tag{VI.5}$$

여기서, c는 흙의 "점착력"을 나타내고, σ_n은 전단평면에서 "유효 (입자 대 입자) 수직응력"이며, ϕ는 입자간 미끄럼에 대한 저항력을 나타내는 "내부마찰각"이다. 비점성토에서는 c가 영이고, ϕ가 상대적으로 큰 반면에 점성토에서는 c가 상대적으로 크지만 ϕ가 작다. 전단강도 τ는 σ_n의 감소에 따라서 감소되는 점에 주목하라. 이 주제의 더 광범위한 논의는 Hough (1957) 및 토질역학과 기초공학에 관한 그 밖의 책을 참조하라.

노반강도에 관한 실험실 시험은 "점성토에서 함수비가 증가되면 흙의 전단강도가 줄어든다"는 점을 확인하였다. 이것은

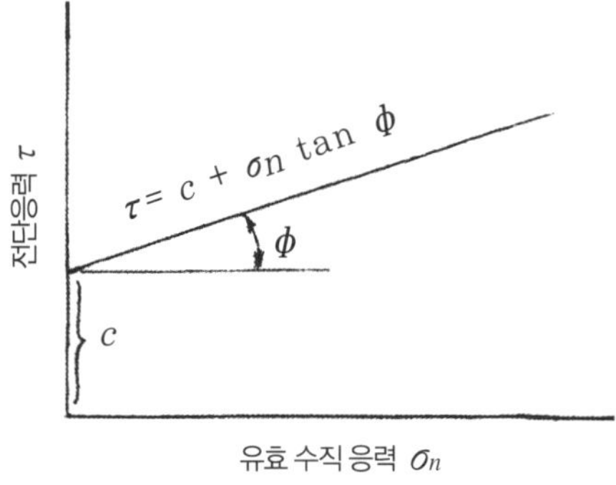

그림 VI.39 방정식(VI.5)의 그래픽 표현

Henkel (1960)이 Weald(남부잉글랜드) 점토에 대해 확립하였으며 **그림 Ⅵ.40**에 나타낸다. 더 최근의 시험결과
는 Zreik 등 (1997)을 참조하라.

통과열차에 의한 점토질 노반의 연속된 충격은 포화된 점착성 노반을 교란시키고 약하게 한다. 이것은 부분적
으로는 "간극수압"의 반복된 상승과 저하에 기인하며, 그것은 물이 순간적으로 관에 괴기 때문이다. 간극수압의
"증가"는 방정식 (Ⅵ.1)에 나타낸 것처럼 입자간의 접촉압력을 "감소"시킨다. 총 응력보다는 오히려 입자 대 입
자 응력이 흙의 전단강도를 컨트롤하므로 이것은 점토질 흙의 전단강도를 감소시킨다.

높게 민감한 흙의 경우에 이것은 노반을 액화시킬 수 있으며, 그것은 노반 지지력의 감소로 이끈다(제Ⅵ.1.3절
에 주목하라).

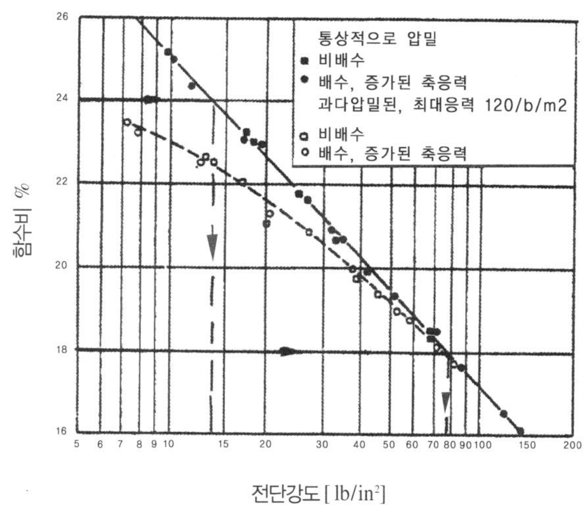

그림 Ⅵ.40 Weald 점토의 전단강도에 대한 함수비의 영향

유익한 예로서, "철도궤도와 구조물" (1984. 7) 및 Raymond (1981)가 기술한 Santa Fe 철도에 독창적으로 건설
된 EL Dorado 궤도 갱신의 실패를 참조하라. 이 연장 9 mi의 궤도에서는 젖은 실트질 점토 기초의 상부에 대한
보강으로서 12 in의 석회로 안정된 층(석회 캡)을 형성하였다. 그 다음에 그 위에 12 in의 도상 층을 부설하였다.
흙 쌓기의 측면에 의해 간극수가 존재하는 것을 방지하고 노반을 압밀시키며 따라서 노반을 강하게 하려는 이 캡
은 침목 끝의 너머로 확장되었다. 상태는 콘크리트침목을 사용하도록 결정함에 따라 더욱 악화되었으며, 그것은
더 높은 궤도계수 k에 기인하여 이 레일-침목 구조가 도상과 노반에 더 큰 동적 힘을 가하였기 때문이었다. 몇 개
월의 교통 후에는 이동하는 열차가 석회 캡을 분쇄하였다. 이것은 젖은 실트질 점토를 도상 층으로 방출하였으며
갱신된 궤도구간의 급속한 틀림진행으로 이끌었다. 이 궤도구간은 그것을 안정화시키려는 얼마간의 성공적이지
못한 시도 후에 상대적으로 경성인 캡을 제거함으로써, 그리고 과도한 간극수를 경감시키고 물을 배수시키도록 허
용하며 따라서 누적되는 교통과 함께 노반을 강하게 하기 위해 모래층과 지오텍스타일을 포함시킴으로써 1985년
에 갱신되었다. BNSF 관리계획 부사장보인 Michael N. Armstrong에 따르면 이 갱신된 궤도구간은 오늘날까지
잘 수행되고 있다.

이 절의 종결로서 노반재료로서 흙의 분류와 흙의 적합성을 **표 Ⅵ.5**에 나타낸다.

표 Ⅵ.5 노반재료로서 흙의 분류와 흙의 적합성

	그룹 심벌	흙 그룹과 분류표시 확인	현장 확인	동상에 대한 경향	배수	노반으로써 적합성	펌프에 대한 경향
자갈	GW	잘 입도 분포된 자갈 및 자갈–모래 혼합. 실트나 점토 없음 Cu = D60 /D10 > 4	입경의 넓은 범위, 모든 중간 크기의 충분한 양, 건조강도 없음	없음 내지 대단히 적음	우수	우수	없음
	GP	불충분한 입도 분포된 자갈 및 자갈–모래 혼합. 미립자가 없거나 거의 없음	현저하게 하나의 입경 또는 일부가 빠진 입경의 범위. 건조강도 없음	없음 내지 대단히 적음	우수	우수	없음
	GM	자갈, 약간의 실트, 자갈–모래–실트 혼합 아터버그 한계 < 4	소성이 낮거나 없는 미립자, 건조강도가 약간이거나 없음	약간 내지 중간	적당 내지 대단히 열등	양호	없음
	GC	자갈, 약간의 점토, 자갈–모래–점토 혼합 아터버그 한계 > 7	소성 미립자, 중간 내지 높은 건조강도	약간 내지 중간	적당 내지 대단히 열등	양호	약간
모래	SW	잘 입도 분포된 모래와 모래–자갈 혼합. 실트나 점토 없음 Cu = D60 /D10 > 6	입경의 넓은 범위, 모든 중간 크기의 충분한 양, 건조강도 없음	없음 내지 대단히 적음	우수	우수	없음
	SP	불충분한 입도 분포된 모래 및 모래–자갈 혼합. 실트나 점토 없음	현저하게 하나의 입경 또는 일부가 빠진 입경의 범위. 건조강도 없음	없음 내지 대단히 적음	우수	우수	없음
	SM	모래–실트 혼합 아터버그 한계 < 4	소성이 낮거나 없는 미립자, 건조강도가 약간이거나 없음	약간 내지 높음	적당 내지 대단히 열등	열등	없음 내지 약간
	SC	모래–점토 혼합 아터버그 한계 > 7	소성 미립자, 중간 내지 높은 건조강도	약간 내지 높음	대단히 열등	열등	약간
실트와 점토	ML (높은 소성)	실트, 대단히 미세한 모래, 암석가루. 아터버그 한계 < 50	미세한입도, 건조강도가 약간이거나 없음	중간 내지 대단히 높음	적당 내지 대단히 열등	열등	약간 내지 나쁨
	CL (높은 소성)	낮은 소성 내지 중간 소성의 점토, 점토–자갈–모래–실트 혼합	중간 내지 높은 건조강도	중간 내지 높음	대단히 열등	나쁨	나쁨
	MH (낮은 소성)	실트, 높은 소성의 실트–모래 혼합 아터버그 한계 > 50	건조강도가 약간이거나 없음	중간 내지 대단히 높음	적당 내지 대단히 열등	나쁨	대단히 나쁨
	CH (낮은 소성)	높은 소성의 점토 아터버그 한계 < 50	젖었을 때 끈적끈적함, 높은 건조강도	중간	대단히 열등	나쁨	대단히 나쁨
유기질	OH	유기질의 실트나 점토	높은 냄새, 어두운 색, 얼룩 외관, 약간 내지 높은 건조강도	중간 내지 높음	열등 내지 대단히 열등	나쁨	대단히 나쁨
	PT	토탄	어둔 색, 스펀지 촉감과 섬유느낌	약간 내지 높음	열등	완전히 제거	대단히 나쁨

VI.2 도상

VI.2.1 개론

1800년대 중반 이후 궤도가 발달됨에 따른 전형적인 궤도 횡단면을 **그림** Ⅰ.2에 나타내었다. 상기에서는 각종 노반 유형의 특성과 문제점을 나타내었다. 이하에서는 도상에 관련된 문제점을 논의한다. Gillespie (1853, p. 295)에 따르면, 궤도 "ballast(도상)"이란 말은 영국으로 되돌아가는 항해에서 빈 화물선 안의 ballast(역주 : 배의 안정을 위해 바닥에 싣는 돌·모래)로서 원래 사용되었던 모래와 자갈의 사용으로부터 유래되었다. 현재의 도상은 주로 깬 자갈로 이루어져 있다.

도상은 **상부도상**과 **보조도상** 층으로 이루어져 있다. 상부도상은 차례로 세 부분으로 세분된다. (1) 침목바닥 레벨 위의 침목 사이에 위치하는 "침목간의 도상", (2) 침목 끝의 너머에 위치하는 "도상어깨", 및 (3) 보조도상까지 이르는 "침목바닥 아래 도상" 층. 이 장에서는 도상 층에 관련된 기능과 문제점을 나타내고 논의한다.

VI.2.2 도상의 목적

궤도의 주요한 기능은 이동하는 차륜과 레일 간에 발생된 높은 접촉압력을 침목으로, 그 다음에 도상(보조도상)을 통하여 노반으로 분산시키는 것이다. 관련된 응력에 관한 감각을 익히기 위해서는 차륜과 레일 간의 접촉압력이 $100,000$ lb/in^2(0.7tf/cm^2)의 오더인 점, AREA 편람에 따르면 목침목이 도상에 가하는 지지압력이 65 lb/in^2(44 N/cm^2)를 넘지 않아야 하는 점 및 도상이 노반에 가하는 평균의 국지적 압력이 25 lb/in^2(17 N/cm^2)보다 작아야 하는 점에 유의하라. 도상의 목적을 다음과 같이 요약할 수가 있다. (1) 상기에서 논의한 것처럼 더 넓은 인터페이스 면적에 걸쳐 침목압력을 분산시키고 이에 따라 침목압력을 감소시킴으로써 침목압력을 노반으로 전달한다. (2) 침목의 종 이동과 횡 이동에 저항함으로써 레일-침목 구조를 고정시킨다. (3) 이동하는 열차로부터의 동적 입력(input)을 흡수하는 메커니즘을 제공한다. (4) 배수를 용이하게 한다. (5) 침목의 사용수명을 늘리기 위하여 필요한 건조 지지 수단을 제공한다. (6) 보수작업을 용이하게 한다. (7) 궤도 동상(凍上)의 발생을 감소시킨다. (8) 식물의 성장을 방해한다.

VI.2.3 도상 층에 요구되는 성질

도상 층은 상기의 요구조건을 충족시키도록 충분한 깊이를 가져야 한다. 도상자갈은 (이동하는 열차와 다짐에 기인하는) 기계적 영향, (석탄 먼지와 같이 화물열차에서 떨어진 미립자에 기인하는) 화학적 영향, 및 (반복된 젖음과 마름, 동결과 융해에 기인하는) 환경적 영향 등 많은 영향에 견디어 내어야 한다. 도상자갈은 또한 건설과 보수 동안 다루기가 쉬워야 한다.

레일과 침목은 잘 정의된 기계적 성질을 가진 고체재료(강, 콘크리트, 또는 목재)로 만드는 반면에 도상은 일반적으로 더 좋은 맞물림을 위하여 필요한 모난 입방형의 깬 자갈로 이루어져 있다. 자갈들 간의 접촉면적은 상대적으로 작으며 이것은 그들 간에서 대단히 큰 접촉압력으로 이끈다. 침목 아래의 도상자갈들이 교통 하에서

서로에 대하여 광범위하게 움직이므로 이들의 높은 응력은 도상을 오염시키는 미세 재료가 생기게 하는 파손과 마손을 일으킨다.

도상재료는 궤도에서 기능을 잘 수행되도록 충격 하에서 균열로 인한 파손에 저항시키기에 충분한 "인성(靭性)"을 갖고 있어야 하며 자갈접촉에서 마모에 저항하도록 충분한 "경도"를 갖고 있어야 한다. 도상재료는 횡력에 저항하고 침목을 적소에 고정시키기에 충분한 질량을 가질 정도로 충분히 밀집되어야 한다. 도상재료는 또한 노화, 화학적 열화 및 동결융해 사이클 동안의 열화를 피하도록 물 흡수에도 저항하여야 한다.

문질러 닳은 미립자는 일반적으로 낮은 쪽으로 이동하여 도상의 간극에 쌓인다. 그 다음에 그들은 수분을 유지하여 윤활로서 작용하며, 그것은 도상마모의 속도를 증가시킨다. 간극 막힘이 횡-침목의 저부에 도달하였을 때는 머드 슬러리(분니)가 침목의 수직 운동에 의해 위쪽으로 분출되며, 소위 "뜬 궤도"를 초래한다. 연속적으로 움직이는 레일-처짐 종단선형에 기인하여 침목이 침목 축에 관하여 회전되므로 이 머드 슬러리는 또한 침목바닥의 마모속도도 증가시킨다(**그림 Ⅵ.41**).

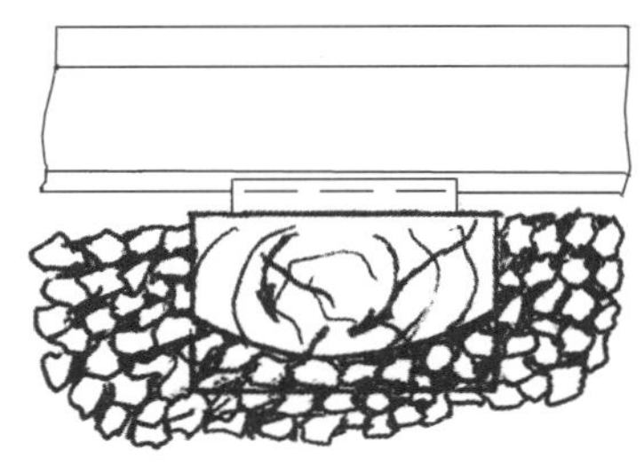

그림 Ⅵ.41 오염된 도상에서
침목저면의 마모

최근의 연구는 북미 화물선로에서 진창의 도상이 흔히 도상의 열화에 기인할 뿐만 아니라 도상 안으로의 노반 침입에도 기인하는 점을 나타내었다. 도상 안으로 노반의 침입 (또는, 그 역도 같다)은 흔히 도상 층의 불충분한 두께에 기인하거나 과도한 노반 수분에 기인하거나 또는 양쪽에 기인하는 노반의 전단파괴 때문이다.

줄곧 증가하는 윤하중 및 궤도보수 문제에 대해 경제적인 해법을 달성하려는 추구는 최근의 수십 년 동안 도상재료 성질의 연구와 예기치 않은 교통과 환경조건에 대해 도상재료를 선택하는 적합성 기준의 개발로 이끌었다. 이것은 다음에 논의한다.

Ⅵ.2.4 도상재료의 품질시험

고안된 시험의 목적은 궤도에서 작용되는 상태를 실험실에서 모의실험하기 위한 것이다. 최근의 연구는 도상입자의 "경도"와 "인성"의 중요성을 나타내었다. 자갈의 경도는 "마모"에 대한 자갈의 저항인 반면에 인성은 충격하중 하에서 "파손"에 대한 자갈의 저항이다. 이들의 성질은 **그림 Ⅵ.42**에 나타낸 유형의 드럼을 사용하여 실험실에서 사정할 수 있다.

그림 Ⅵ.42 회전드럼 시험기구
(미국 석기 팸플릿에서 발췌)

로스앤젤레스 마모(LAA) 시험은 건식 시험이다. 그것은 1,000 회전 동안 12 개의 강구와 함께 10 kgf(22 lb)의 건조 도상재료를 회전시키는 것으로 이루어진다. 강구와 도상자갈의 충돌은 주로 분쇄를 일으키고 자갈의 상호작용은 마모를 일으킨다. 드럼이 정지된 후에 재료를 옮기고 샘플을 4.15 mm (No. 12) 체 위에서 씻는다. 이 체를 통과한 발생 미세 재료는 다음과 같이 소위 로스앤젤레스 마모율을 계산하는데 사용된다.

$$LAA = \frac{\text{중량의 손실}}{\text{원래의 중량}} \times 100\% \tag{VI.6}$$

로스앤젤레스 시험은 강구로 인해 자갈의 분쇄도 또한 일으키므로 참된 마모시험이 아닌 점에 유의하라.

밀(mill) 마모(MA) 시험은 유사한 시험기구를 사용하지만 강구가 없이 사용한다. 이 시험은 LAA 시험과는 다르게 습식 시험이다. 이 시험은 물과 함께 명시된 입도의 3 kgf (6.6 lb)의 도상재료를 약 30 rpm으로 10,000회 회전시킴으로써 이루어진다. 샘플 자갈의 굴림은 파쇄가 없이 마모를 일으킨다. 밀 마모율 MA는 상기에 나타낸 LAA율과 유사한 방법으로 계산한다.

주로 인성시험인 LAA 시험은 현장에서의 도상 성능에 불충분하게 관련된다. 그러나 LAA율이 MA율과 같은 참된 마모시험의 결과와 결합되었을 때는 현장에서의 도상 성능과의 상당히 개선된 일치가 인지된다. 이것은 다음과 같이 결합된 지수인 "마모율"의 개발로 이끌었다.

$$AN = LAA + 5 \times MA \tag{VI.7}$$

마모율이 적을수록 도상품질이 더 좋은 점에 주목하라. 예를 들어, Chismer (1955)에 따르면 $AN = 25$는 좋은 도상자갈에 해당되는 반면에 $AN = 65$는 열등한 도상재료에 상당한다.

Canadian Pacific 철도가 수행한 연구[Klassen 등 (1987)]는 상기의 마모율을 "궤도에서 도상의 사용수명"에 관련시켰으며, 그것은 미립자의 축적에 이용될 수 있는 공극의 양과 MGT의 누적된 교통량에 좌우된다. 얻어진 그래프는 도상이 클리닝되거나 교체되어야 하는 도상수명의 한도를 예측하는데 사용할 수 있다고 제시되었다.

예를 들어, 운반된 석탄이나 대기오염으로부터 또는 양쪽으로부터의 황(黃)을 흡수한 강우의 작용에 기인하는 "화학적 열화"에 대해 고려된 도상자갈의 저항을 사정하는 시험도 또한 고안되었다. 또 하나의 정성적 요구조건은 고려된 도상자갈에 대해 얼고 팽창하게 될 물을 간직하는 도상의 능력을 나타내는 "흡착시험"을 실시하는 것이며, 그것은 동결융해 사이클에 노출되는 동안 도상열화를 일으킨다.

요구된 도상시험의 광범위한 논의에 관하여는 Raymond (TRB기록 1006), Meeker와 Warnock (1992) 및 Selig와 Waters (1994, 제7장)를 참조하라.

VI.2.5 도상입도의 영향

궤도가 이동 열차의 하중을 받을 때는 도상자갈 크기(입경), 입도, 및 입자형상이 도상 층의 안정성에 영향을 미친다. "폭이 넓은" 입도의 도상자갈은 입경의 분포가 넓으며 간극률이 더 낮은 경향이 있다. "폭이 좁은" 입도의 도상자갈은 단일 입경과 더 높은 간극률을 향하는 경향이 있다. 샘플 입도의 논의에 관하여는 제VI.1.1항을 참조하라.

AREA 편람(1-2-3)은 궤도에 **표 VI.6**과 같은 도상입도를 사용하도록 권고한다.

이들 도상의 입도를 **그림 VI.43**에 그래픽으로 나타낸다.

폭이 더 넓은 도상입도가 더 긴 면(고저) 맞춤 사이클과 함께 더 안정된 궤도를 만들지라도 (소프트한 석회석과 같이) 쉽게 문질러 닳는 자갈이 사용될 때나 침윤되는 노반 위에 위치할 때, 또는 양쪽의 경우에는 간극이 빠

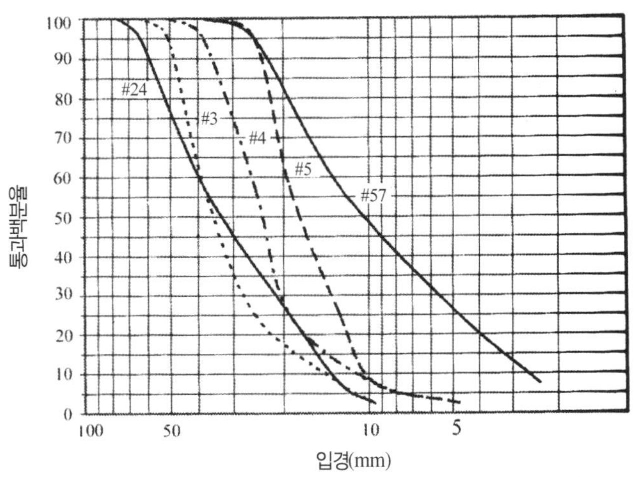

표 VI.43 AREA 편람에 열거한 5개 도상입도의 그래픽 표현

표 VI.6 도상입도에 대한 AREA의 권고

체번호	공칭크기 직각 구멍	3″	$2\frac{1}{2}$″	2″	$1\frac{1}{2}$″	1″	$\frac{3}{4}$″	$\frac{1}{2}$″	$\frac{3}{8}$″	No. 4	No. 8
24	$2\frac{1}{2}$″ - $2\frac{3}{4}$″	100	90-100	··	25-60	··	0-10	0-5	··	··	··
3	2″ - 1″	··	100	95-100	35-70	0-15	··	0-5	··	··	··
4	$1\frac{1}{2}$″ - $\frac{3}{4}$″	··	··	100	90-100	20-55	0-15	··	0-5	··	··
5	1″ - $\frac{3}{8}$″	··	··	··	100	90-100	40-75	15-35	0-15	0-5	··
57	1″ - No. 4	··	··	··	100	95-100	··	25-60	··	0-15	0-5

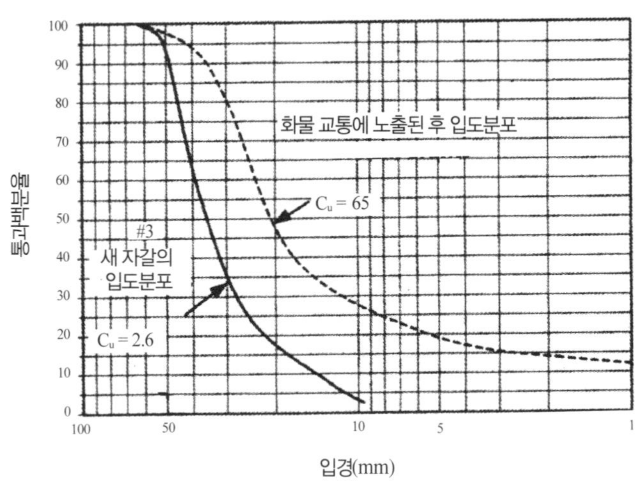

그림 VI.44

르게 채워지기 때문에 도상 층의 수명이 상당히 짧아질 수도 있다.

"경험은 합리적으로 큰 입경, 폭이 넓은 입도, 및 오래 견디는 재료로 이루어져 있는 도상이 대단히 좋은 궤도 구조를 만드는 점을 나타내었다." 평판이 좋은 입도는 AREA No. 4 (3/4 in 내지 1-1/2 in의 공칭입경)였다. 2-1/2 in에 이르기까지의 더 큰 입경(AREA 입도 No. 24)은 흔히 무거운 차축하중, 장대레일, 및 콘크리트침목 용으로 고려된다.

도상 층의 수직 지지압력은 침목과 도상의 접촉영역에서 가장 크다. 그들은 일반적으로 50에서 65 psi까지의 범위에 이른다. 이들의 압력은 도상-노반 인터페이스에서 10 내지 20 psi의 범위로 감소시켜야 한다. 이것은 제IX장에서 나타내고 사용된다. 그러므로 도상자갈의 마모와 파손은 상부도상 층에서 가장 크다. 이것은 어째서 마모저항과 인성이 큰 자갈을 상부도상 층 (침목저면 아래로 약 8 in)에 두어야 하는지의 이유이다.

도상이 교통하중, 환경영향, 및 다짐에 기인하여 열화 됨에 따라서 도상의 입도가 넓어진다. 그러한 상태의 예를 **그림 VI.44**에 나타낸다.

상부도상 층의 보전을 보장하기 위해서는 기계적으로 서로 잘 맞물리게 되는 각이 있는 표면과 여러 가지 형상을 가진 깬 자갈이 필요하다. 둥근 자갈이나 강자갈은 집중적으로 재하되는 상부도상 영역에서 성능이 잘 발휘되지 않는다. 이것은 "단계적인 철도부설사업" (1976)에 기술된 것처럼 Black Mesa and Lake Powell 철도에서 근래에 일어났다.

VI.2.6 암석유형 및 암석유형이 도상성능에 미치는 영향

도상재료는 흔히 도상형성 방법과 지질학적인 이력에 직접 관련되므로 도상재료의 품질은 사용에 대한 암석의 적합성을 결정한다. 이것은 다음에 논의한다.

지질학적인 프로세스는 "화성암", "침전암", 및 "변성암" 등 세 암석유형이 있다. **화성암**은 마그마(실리카와 그 밖의 합성물이 용해된 대단히 뜨거운 액체)가 냉각됨으로써 형성된다. "분출되는" 화강암은 마그마가 땅 표면 위로 흘러나와서 급속히 응고될 때에 형성되며 조직이 극히 고운 암석을 형성한다. "관입"의 화강암은 마그마가 땅속에서 냉각될 때 형성된다. 마그마가 천천히 냉각되면 조직이 더 거친 암석의 형성을 허용한다. 일반적으로, 관입이 땅 표면에 더 가깝게 위치할수록 마그마가 더 빠르게 냉각될 것이며 조직의 크기가 더 미세하게 될 것이다.

모든 암석은 풍화의 프로세스 때문에 주로 점토, 실트, 모래 및 자갈을 형성하도록 서서히 붕괴된다. 시간이 지나면서 이들의 퇴적물은 밀집되고 함께 결합되어 **침전암**을 형성한다.

한 세트의 온도, 압력, 및 화학적 조건 하에서 형성되고 다른 세트의 조건들에 노출된 암석은 구조적이고 화학적인 변화를 경험할 수 있다. 이 프로세스는 변성작용으로 알려져 있으며 **변성암**으로 귀착된다.

표 VI.7 도상재료 유형

화성암	침전암	변성암	용광로 슬래그(공기냉각)
화산암 일종	석회석	규암(珪岩)	구리 슬래그
안산암	사암		강 슬래그
현무암	백운석		
화강암	실트스톤		

상기의 암석형성 프로세스는 도상재료로서 암석유형의 사용에 대한 일반적 가이드라인을 시사한다. 즉, 일반적으로 "조직이 고운 화성암이 침전암이든지 변성암보다도 낫다." "조직이 중간 내지 더 거친 화성암과 잘 결합된 침전암은 대부분의 변성암보다 낫다."

일반적으로 사용되는 도상재료를 **표 Ⅵ.7**에 요약하였다.

추가의 정보에 관하여는 Prentice (1990)의 "건설재료의 지질학"을 참조하라.

Ⅵ.2.7 도상어깨

침목단부와 도상 비탈기슭 간 도상표면의 부분을 "도상어깨"라고 부른다. AREA 편람 (1987, 제1장 파트 2)에서 권고된 도상어깨 폭은 직선구간에서와 곡선에서 6 in이다 **(그림 Ⅵ.45)**. 이들의 폭은 이하에 나타내는 것처

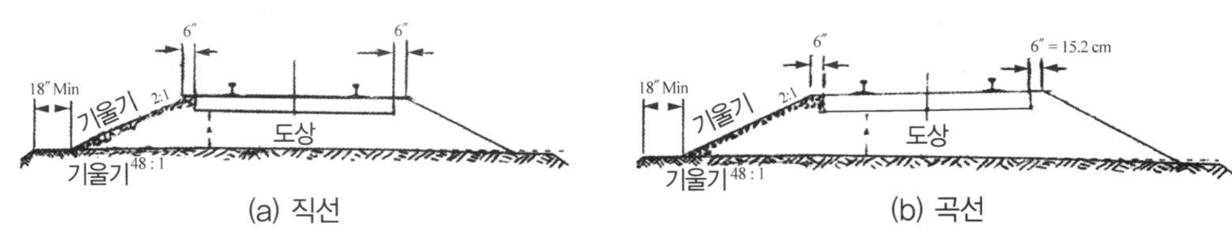

그림 Ⅵ.45 AREA (1987) 도상단면

럼 충분하지 않다.

1930년대에 주요 유럽 철도들이 장대레일(CWR)을 도입하기로 계획하였을 때, 그들은 주요 문제점으로서 구속된 열팽창에 기인하는 **궤도좌굴**을 고려하였다. 횡–침목이 옆으로 좌굴하는 경향을 갖고 있으므로, 명백한

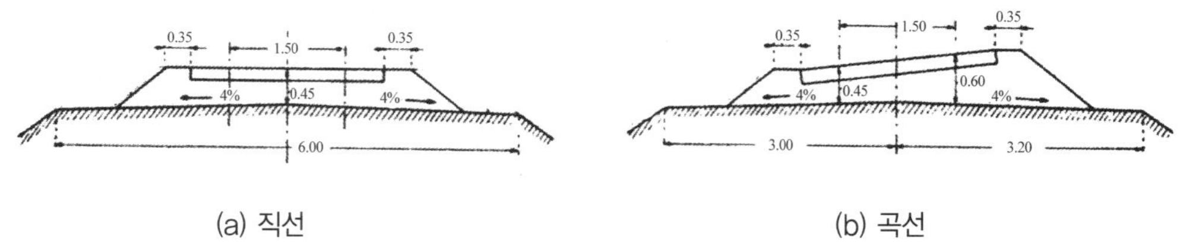

그림 Ⅵ.46 독일 철도들의 전형적인 궤도 횡단면(치수단위 : m)

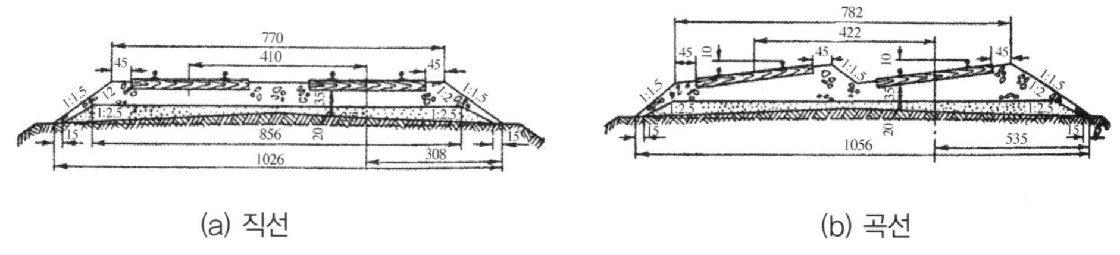

그림 Ⅵ.47 구소련 철도들의 전형적인 궤도 횡단면(치수단위 : cm)

결론은 횡 평면의 궤도강성을 증가시키는 것이었다.

이것을 달성하는 한 접근법은 "도상어깨의 폭을 증가"시키는 것과 "침목들 간에 충분한 도상을 유지"하는 것이다. 또 하나의 접근법은 "레일-침목 구조의 횡 강성을 증가"시키는 것이다. Hanker (1952, p. 2)와 Führer (1987, 제6.4절)에 따르면, 독일과 오스트리아 철도는 첫 번째 선택을 커버하기 위해 **그림 Ⅵ.46**에 나타낸 것처럼 도상어깨를 0.35 m (14 in)로 증가시켰다. Basilov와 Chernishev (1972, Vol. Ⅰ, p. 338)에 따르면, 구소련의 철도들에서 목-침목과 콘크리트침목 궤도의 화물선로에 대한 도상어깨는 **그림 Ⅵ.47**에 나타낸 것처럼 45 cm (18 in) 만큼 넓게 규정하였다. Shigeru Miura (1991, p. 99)가 보고한 것처럼, 일본에서의 도상어깨 폭은 40 cm(16 in) 이상이어야 한다. 더욱이, Schrewe (1987)에 따르면, 독일에서 최근에 건설된 ICE 고속선로의 도상어깨는 50 cm (20 in)로 더욱 넓다.

Kerr는 1970년대 초기 이후에 북미 철도기술자들에게 직선에서 6 in보다 더 넓은 도상어깨는 궤도좌굴의 가능성을 줄이는 외에도 "궤도열화", 그러므로 궤도보수비도 감소시킬 것이라는 점을 제시하여 왔다. 이 제시의 논거는 이동하는 열차의 차륜은 도상자갈을 레일좌면 아래로부터 옆으로 옮기는 경향이 있다는 점(**그림 Ⅵ.48**)과 더 넓은 도상어깨는 이 이동을 없애고 침목 중앙 구속의 발생을 낮출 것이라는 점이다.

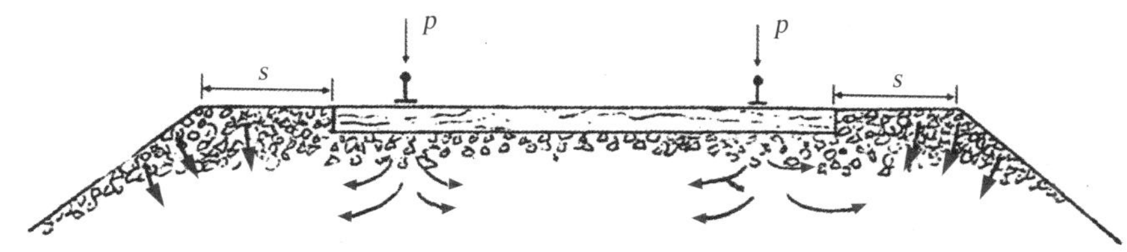

그림 Ⅵ.48 이동하는 차륜에 기인하는 도상자갈의 이동

이 아이디어는 그 때에 Colorado 주, Pueblo의 FAST 시험 환상선에서 시험되었다. Bosserman (1980, 1982)에 따르면 시험결과는 이 가설을 확인하였다. 이 시험의 본질적인 연구결과를 **그림 Ⅵ.49**에 나타낸다.

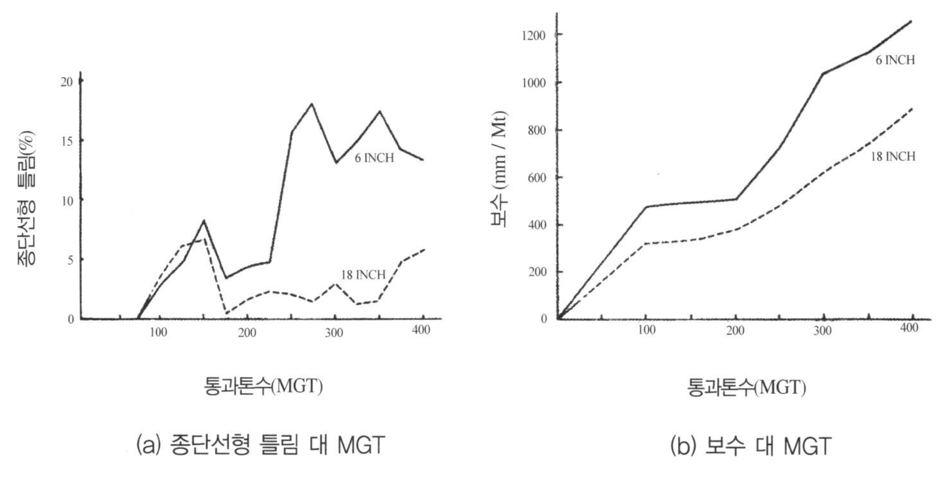

(a) 종단선형 틀림 대 MGT   (b) 보수 대 MGT

그림 Ⅵ.49 도상어깨 폭 시험의 결과 [Bosserman (1980, 1982)]

이들 시험의 결과는 도상어깨의 폭을 증가시키면 좌굴에 대한 궤도 안전을 개량하는 외에 궤도선형 틀림진행도 감소시키고 차례로 보수비의 감소로 귀착되는 점을 나타낸다.

독일과 러시아 철도들은 본선에서의 궤도좌굴을 줄이기 위하여 곡선에서 뿐만 아니라 직선구간에서 적어도 35 cm (14 in)의 도상어깨 폭이 필요하다는 점을 정립한 반면에 고저틀림을 최소화하기 위한 최적의 도상어깨 폭은 결정하지 않았다. 그러나 이 문제는 규칙적인 교통을 받는 본선을 이용함으로써 쉽게 분명하게 할 수 있다. 즉 우선, 규칙적인 교통 하에서 어떤 일정한 틀림진행을 나타내는 길고 똑바른 궤도구간을 선택함으로써, 그 다음에 세 개의 연속적인 3 km (약 2 mi)의 도상어깨 폭을 (예를 들어, 침목 갱환과 고저 맞춤의 일부로서) 10 cm (4 in) 만큼씩 증가시킴으로써 이루어진다. 그 다음에 측정한 각 구간의 선형 기록에 대한 상호간의 비교와 더 넓은 어깨 폭의 부설과 보수에 포함된 추가 비용의 평가는 궤도 틀림진행을 줄이기 위한 최적의 어깨 폭을 정립할 것이다.

더 근래의 AREA 편람 (1996, 제1장, 제2.1.1.5.2.2항)에서는 장대레일에 대해 증가된 어깨 폭, 즉 12 in 이상을 권고하고 있다. 그러나 얼마간의 북미 화물철도는 그들의 직선궤도에 여전히 6 in 어깨를 사용하고 있다.

Ⅵ.3 보조도상 및 노반-도상 인터페이스

Ⅵ.3.1 보조도상

"보조도상"은 "상부도상" 층과 "노반" 간에 위치한다. 보조도상은 본질적으로 도상단면의 아래쪽 부분이다 (그림 Ⅰ.1).

그 기능의 하나는 상부도상 층과 함께 노반표면에 대한 수직압력을 줄이는 것이다. 윤하중에 기인하는 응력상태를 설명하기 위해, 침목으로부터 상부도상과 보조도상을 통하여 노반까지의 도식적인 힘의 흐름을 **그림 Ⅵ.50**에 나타낸다. 또한 ①, ②, 및 ③의 세 레벨에서 상응하는 수직응력도 나타낸다. 침목저면으로부터의 수직거리가 증가함에 따라서 압력이 더 균등해지고 그들의 최대치가 감소되는 경향이 있는 점에 주목하라.

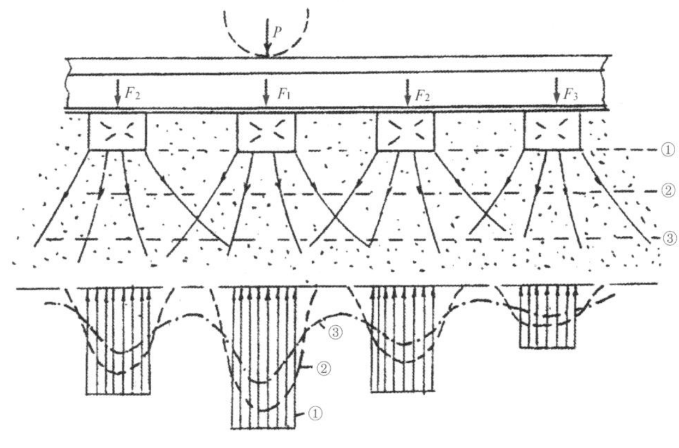

그림 Ⅵ.50 하나의 윤하중에 의한 도상단면의 수직압력 분포

"노반"은 일반적으로 "도상"보다 훨씬 더 약하다. 그러므로 만일 도상 층이 충분히 두껍지 않다면, 이를테면 그들이 레벨 ②까지만 도달된다면, 이동하는 차륜에 기인하여 반복되는 도상압력은 **그림 Ⅵ.51**에 나타낸 것처럼 각 침목을 따라서 위쪽의 노반 층을 영구적으로 변형시킬 것이다. 이것은 대단히 바람직하지 않은 상황이며, 그 이유는 강우 동안 이들의 골에 물이 모이고 그 다음에 그 물이 노반으로 침투하여 상부노반 층의 강도를 감소시킬 것이기 때문이다. 이것은 차례로 심각한 보수문제를 초래하는 "줄(방향)"과 "면(고저)"[1]의 빠른 틀림 진행으로 이끌 것이다.

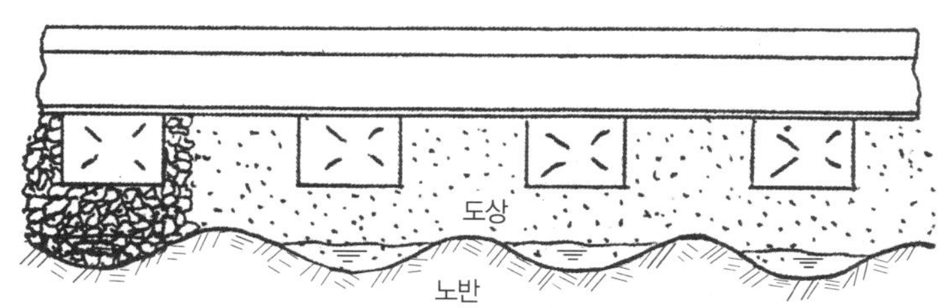

그림 Ⅵ.51 불충분한 도상두께에 기인하는 노반의 영구변형

상기의 설명은 압력피크를 줄이고 도상이 노반표면에 가하는 압력을 "가능한 한 균등하게" 만들기 위하여 침목저면과 노반표면 간에 충분한 두께의 도상 층이 필요함을 제시한다.

수십 년 전에는 궤도가 건설된 직후에 "줄"과 "고저"틀림 문제가 나타나기 시작하면 궤도가 그 당시에 사용 중인 윤하중에 대해 안정될 때까지 추가의 도상을 때때로 더하였다. 그 후에 차량이 더 무거워지고 궤도틀림의 진행속도가 빨라짐에 따라 틀림진행이 허용레벨로 감소될 때까지 추가의 도상을 더하였다. 이것은 본질적으로 주어진 노반과 교통하중에 필요한 도상깊이의 결정에 대한 시행착오 접근법이었으며, 다소 값비싼 실행이었다.

이 상태를 피하기 위하여 보조도상이 노반표면에 가할 수 있는 수직응력 σ_{zz}를 제한함으로써 필요한 도상 층 두께를 결정하는 분석적 절차가 근래의 수십 년 사이에 도출되었다. 이것은 실제 본선궤도의 틀림진행 속도로부터 "어림짐작한" 경험 값이며, 노반의 유형과 고려중인 궤도의 지리학적인 위치에 좌우된다. 예를 들어, 산악지역의 흙은 강한 경향이 있지만 충적토와 젖은 초원의 흙은 일반적으로 훨씬 더 약하다. "AREA 편람" (1996)은 잘 배수된 좋은 노반에 대해 $\sigma_{zz}^{(5)}$를 25 lb/in²로 제한한다. 그러나 열등한 노반에서는 그것이 5 lb/in²만큼 낮을 수도 있다. 비교를 위하여 독일과 러시아 철도들이 기술한 상응하는 값을 제Ⅸ.2.4항에 열거한다. 도상 층의 필요한 두께를 결정하는 허용 $\sigma_{zz}^{(5)}$ 값의 이용은 제Ⅸ.6절에 나타낸다.

도상 층 두께의 증가는 노반에 대한 도상압력을 감소시키는데 유효한 방법이다. 그러나 노반이 극히 약할 때는 요구된 도상 층 두께가 과도할 수 있으며 따라서 비실용적일 수 있다. 이들의 경우에는 노반을 강하게 하는 것이 더 경제적일 수도 있다.

수십 년 동안 사용되어온 하나의 방법은 (통상적으로 새로운 건설에 대하여) 상대적으로 약한 점토-실트 흙 안으로 시멘트, 석회, 플라이애시 또는 나트륨 규산염의 슬러리를 혼합함으로써 또는 압력 주입함으로써 노반 첨가제를 이용한다. 약한 노반토를 안정화시키는 방법에 관한 추가의 정보는 Blacklock 등 (1977), Hay (1982,

---

[1] "줄(방향)"과 "면(고저)"은 각각 수평과 수직평면에서 레일-침목 구조(궤광)의 올바른 위치이다.

제19장, 제15 18절) 및 Selig와 Waters (1994, 제11장)를 참조하라.

노반을 보강하기 위한 더 근래의 방법은 지오그리드(geogrids)와 지오 셀(geocells)과 같은 **지오신테틱스** (geosynthetics)를 사용한다. 그들의 사용은 다음의 항에서 논의한다.

VI.3.2 노반-도상 인터페이스

"보조도상"의 또 하나의 기능은 도상과 노반의 서로 섞임과 도상으로의 노반입자의 상향이동을 방지하는 것이다. 이것은 제**VI**.1.5항에서 논의하고 **그림 VI.18**에서 나타낸 것처럼, 적당한 보조도상 입도(과립모양의 필터 층)를 사용함으로써 달성할 수 있다. 도상과 노반 간에 "모래 층"을 사용하는 예에 관하여는 **그림 VI.47**을 참조하라. 이 층은 실트와 점토 흙의 분리재로서 사용되며 그들의 상향 펌핑을 방지한다.

근년에는 필터 층으로써뿐만 아니라 물의 평면 횡 전달율을 증가시키기 위하여 무거운 중량의 짜지 않은 바늘-구멍 "지오텍스타일"[1]을 사용하고 있다. 구멍크기들 (EOS)이 충분히 작고 동등한 지오텍스타일은 미세입자의 노반과 보조도상 간의 분리재로서 또는 하부굴착과 클리닝 작업[2] 후에 남아있는 오염된 도상과 그 위에 놓인 새 도상간의 분리재로서 사용될 수 있다. 지오텍스타일은 입도 조정된 모래층보다 설치하기가 더 쉬우므로 자주 사용된다.

추가의 정보에 관하여는 AREA 편람 (1996, 제1장), Raymond (1988a, 1988b), Göbel과 Ricgter (1998), Selig와 Waters (1994), Bass (1995) 및 Koerner (1998)를 참조하라.

그림 I.2는 새로 건설된 본선궤도의 횡단면을 나타내는 반면에 수많은 해 동안 사용되어온 궤도의 전형적인 횡단면을 아래의 **그림 VI.52**에 나타낸다.

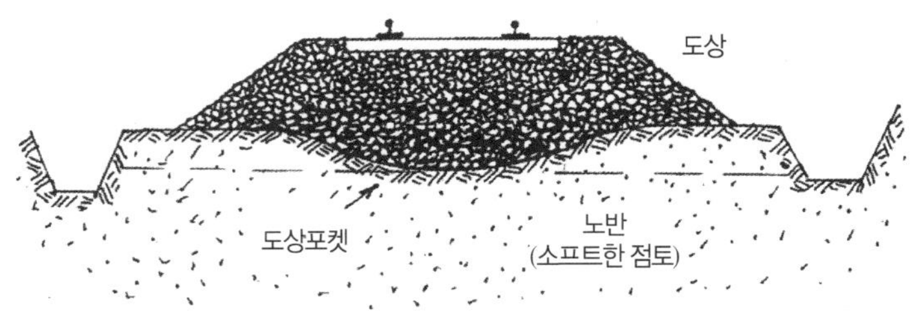

그림 VI.52 오래된 궤도의 전형적인 횡단면

상기의 그림에 나타낸, 도상으로 채워진 "욕조"형상의 오목부분은 많은 해에 걸친 교통하중에 기인하는 레일-침목 구조 아래 노반의 느린 압밀과 노반으로의 도상 침입으로 인하여 형성된다. 수 인치의 깨끗하고 자유로 배수되는 "상부"의 도상은 하부 굴착되어 클리닝되어온 궤도, 또는 빈번하게 양로되고 자갈이 살포되어온 궤도의 특징이다. 이 두 번째 상태는 (도상자갈의 마모와 노반입자의 상향이동에 기인하는) 도상 내 미립자의 축적

---

[1] "지오텍스타일"은 짜는 기계류를 사용하든지 임의의 짜지 않은 방법으로 파이버들을 결합하여 매트를 만듦으로써 합성 파이버로부터 생산된다. 결과로써 생기는 지오텍스타일은 다공성이며 액체가 그들의 평면을 가로질러 흐르도록 허용한다. "짜지 않은 두꺼운 직물"도 또한 높은 평면 전달율을 나타내며 그러므로 곁 도랑(측구)까지 "측면으로" 궤도의 물을 전달하기에 적합하다.
[2] 이 작업에서는 약 10 in의 오염된 상부도상 층을 침목 아래에서 제거하여 체질하고 궤도로 되돌린다. 그 후에 체질 장치를 궤도지역에서 철거한다.

속도와 같거나 큰 속도로 깨끗한 도상을 추가함으로써 유지될 수 있다.

기존의 본선에서 일반적인 상태인 오염되고 막힌 보조도상의 아래 쪽 지역은 통상적으로 큰 공극이 있는 상부도상과 노반이 혼합되는 것을 방지하는데 충분하다. 상기에서 설명하고 **그림 VI.53**에서 나타낸 것처럼, 근년에는 이 혼합이 발생되지 않도록 정립하기 위하여 하부굴착과 클리닝 후에 적당한 "지오텍스타일"을 하부굴착 표면 위에 배치하고 상부도상 층을 그 위에 배치한다. 궤도보수 작업에 사용되는 탬퍼의 툴에 의해 지오텍스타일이 손상되는 것을 방지하기 위해서는 "침목저면과 지오텍스타일 간의 도상 층이 적어도 10 in의 두께를 가져야 한다."

그림 VI.53 하부굴착 후에 지오텍스타일의 설치 [Arter (1992)]

지오텍스타일을 철도궤도에 사용하기 위해 1970년대에 도입하였을 때는 분리재와 필터로서 작용할 뿐만 아니라 기계적으로 하부구조를 보강하는 것도 요구되었다. 초기의 설치는 그들의 상대적으로 큰 신율 때문에 이 요구를 완전히 충족시키지 못하였다. 공급 산업은 지오그리드를 개발함으로써 이에 응답하였다.

일부의 지오그리드는 두꺼운 고체의 중합 시트를 처음에 압출 성형함으로써, 그 다음에 시트에 구멍을 뚫음으로써, 그리고 마지막으로, 요구된 형상으로 시트를 소성적으로 잡아 늘림으로써 제조되었다 (**그림 VI.54**). 잡아 늘림 때문에 임의로 분포되고 강하며 단량체가 긴 고리로 연결된 중합체 분자가 똑바르게 펴지고 그들 자체가 잡아 늘려지는 방향으로 향한다. 결과로써 생산된 그리드 강연선은 축 방향으로 대단히 스티프하며 그들의 축 방향 강도가 상당히 높다. 지오그리드는 열린 매시 형 구조 때문에 노반이나 도상 또는 양쪽과의 유효한 연결을 전개한다.

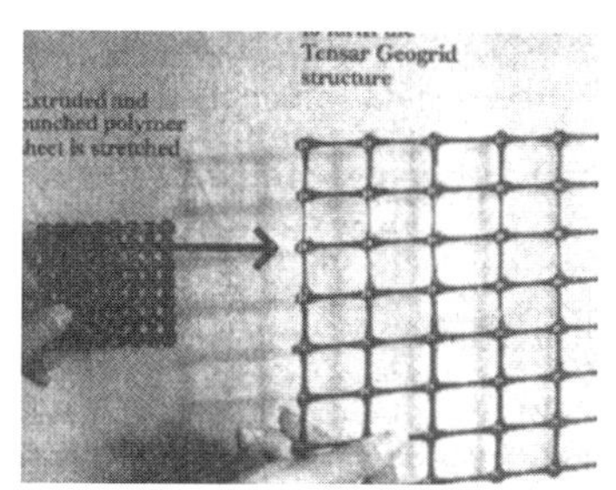

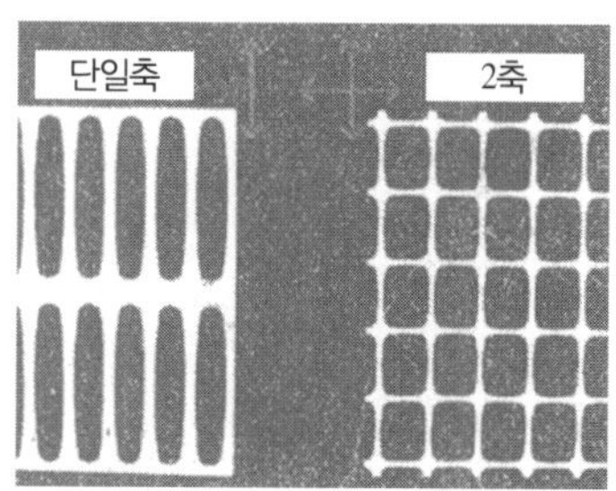

그림 VI.54 지오그리드에 구멍을 뚫은 중합 시트의 잡아 늘림

상기의 특징은 "지오그리드"를 궤도 기초 보강 목적에 대단히 적합하게 만든다. 예를 들어, 지오그리드는 지지력을 증가시키도록 노반 결함개소 위에 설치할 수 있다. 지오그리드는 또한 노반의 보강을 마련하기 위하여, 약한 노반을 도상으로부터 분리하기 위하여, 그리고 궤도 기초로부터 곁 도랑이나 프랑스식 배수로로 물을 배수하도록 횡 방향 투과성을 마련하기 위하여 지오텍스타일과 결합하여 사용할 수도 있다(**그림 VI.55**).

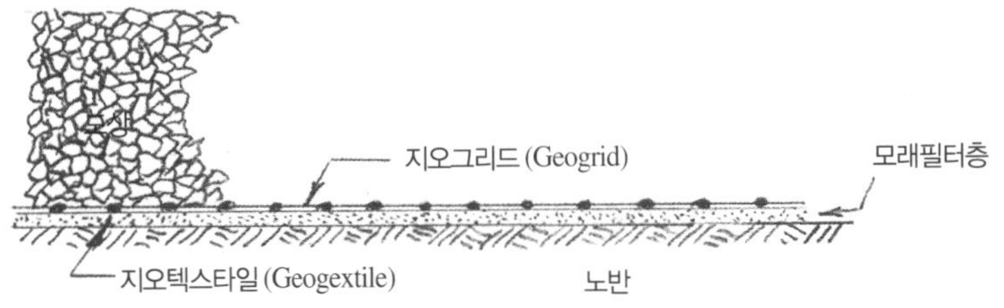

그림 Ⅵ.55 지오텍스타일과 지오그리드가 있는 철도궤도

지오텍스타일과 지오그리드를 철도궤도에서 사용하는 예는 Fluet, Jr. (1984), Bathurst, Raymond와 Jarrett (1986), Walls와 Galbreath (1987), Hubal (1988), Selig와 Water (1994, 제12장), 및 Koerner (1998, 제3장)을 참조하라.

노반의 강성과 하중 지지력을 증가시키는 보다 근래의 개선책은 지오셀의 사용이다. 그들은 일반적으로 고체 HDPE(역주 : 고밀도 폴리에틸렌) 스트립으로 제조되며, 규정된 간격으로 그들의 높이를 가로질러 초음파적으로 그들을 밀착시킴으로써 높이가 4 내지 8 in이고 두께가 약 0.05 in이다. 그들은 얼마간의 제조자가 제조한다. 하나의 예로서 Geoweb 세포모양 구속(confinement) 시스템을 **그림 Ⅵ.56**에 나타낸다.

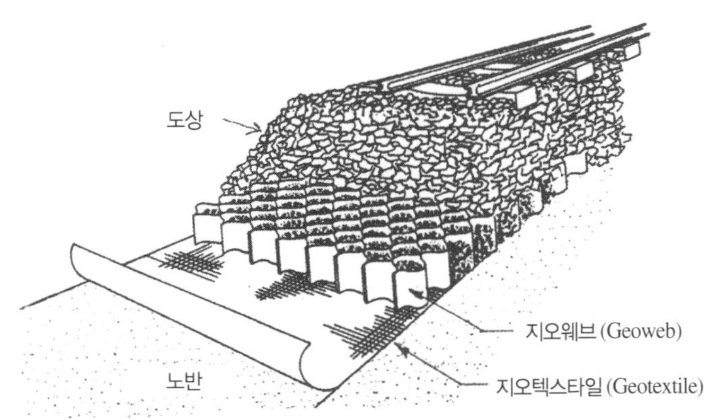

그림 Ⅵ.56 위쪽의 노반 층을 보강하기 위한 지오 셀의 사용

그것은 접어진 형으로 궤도현장에 놓여진다. 노반표면에 펼쳐져서 직접 놓일 때는 그 다음에 과립형상의 재료로 채워지는 벌집모양의 구조를 나타낸다. 세포벽은 안쪽에 과립형상의 재료에 대한 횡 구속을 마련하며, 그것은 보강된 흙층으로 귀착된다. 상세에 관하여는 "철도궤도와 구조물 (1987. 6)"을 참조하라.

위쪽의 노반 층을 보강할 뿐만 아니라 노반을 보호하는 방수벽을 마련하는 구식의 방법은 "아스팔트 층"을 사용한다. 이것은 **그림 Ⅵ.57**과 같은 궤도 횡단면을 제시한 Rein (1930)이 기술하였다.

아스팔트와 점토 또는 실트 노반 간에 과립모양의 층을 사용하는 목적은 통과열차에 기인하여 노반에 생긴 간극수압을 분명히 경감하고 물을 도랑까지 옆으로 배수하며 따라서 시간이 흐름에 따라 궤도를 압밀시키고 강하게 하려는 것이다.

아스팔트 층의 사용은 젖은 실트질 노반의 상단을 보강하기 위해 석회로 안정시킨 층(석회 캡)을 사용하는 것과 유사하다. 이 유형의 문제 및 발생된 간극수압을 제거하지 않음의 결과는 제Ⅵ.1.9항의 마지막 부분에서 기술하였다.

궤도에 가열혼합 아스팔트를 도입하려는 근래의 시도는 Rose (1986) 및 Rose와 Hensly (1991)를 참조하라.

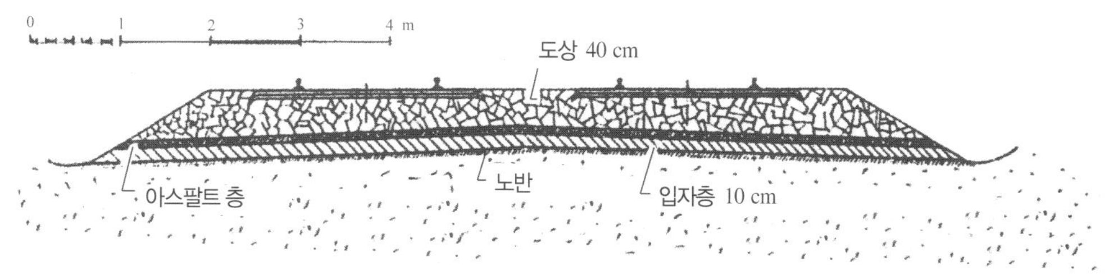

그림 Ⅵ.57 궤도건설에서 초기의 아스팔트 사용 (1 cm ≅ 0.4 in)

Ⅵ.4 궤도배수

제Ⅵ.1.9항(**그림 Ⅵ.40**)에서 나타낸 것처럼 점성토의 강도는 흙 함수비의 증가에 따라서 감소된다. 이것은 궤도 하부구조에서 과잉의 물이 어째서 분니, 도상 포켓, 압착, 동상(凍上), 및 점토의 팽윤을 포함하여 많은 표면 근처 문제의 전개에서 중요한 요인인지의 이유이다. 그러므로 잘 계획되고 정성들여 건설된 배수 시스템을 궤도에 마련하는 것이 필수적이다. 그것은 잘 유지된다면 궤도노반의 성능과 흙 쌓기의 안정성을 개선할 것이다.

노반은 노반토로의 물 침투를 방지하도록 강수를 가능한 한 재빠르게 측면 배수로까지 배수시키는 형상이어야 한다. 단선궤도의 횡단면을 **그림 Ⅰ.1**에 나타내었다. 경사 기울기는 통상적으로 철도의 시방서에 기술된다.

배수 시스템은 일반적으로 **측면 배수로**의 설치를 필요로 하며 필요한 곳에서는 노반 아래에 부설되는 **횡단 배수로**로 보충된다. 이들의 측면 배수로는 건설과 보수의 용이성 때문에 흔히 "개거(開渠)"(**그림 Ⅰ.2와 Ⅵ.61**)이다. 궤도를 따른 자유공간이 제한되는 곳에서는 프랑스식 배수로 또는 더 근래에는 미리 제작한 스트립(strip)

(a) 프랑스식 배수로

(b) 스트립 배수로

그림 Ⅵ.58 지표 밑 배수로의 예

배수로를 대신 사용할 수도 있다(**그림 Ⅵ.58**). 그들은 "지표(地表) 밑의 배수로"라고 부른다.

"프랑스식 배수로"는 깬 자갈이나 강자갈로 채운 도랑이며, 중력에 의해 도랑의 공극을 통하여 궤도를 따라서 물을 모으고 이동시킨다. 둘러싼 흙의 보다 미세한 입자에 의한 공극의 막힘을 방지하기 위해 **그림 Ⅵ.58(a)**에 나타낸 자갈 "수로" 주위에 필터 직물을 배치한다. 도랑이 채워진 후에는 골재를 에워싸도록 직물을 접는다. 배수로의 깊이는 그 바닥이 배수하려는 지역보다 더 낮을 정도이어야 한다.

(고속도로 기술자들이 "엣지(edge) 배수로"라고 부르는) **스트립**(strip) **배수로**는 미리 제작한 프랑스식 배수로이다. 스트립 배수로는 **그림 Ⅵ.58(b)**에 나타낸 것처럼 필터 직물로 둘러싼 투과성 고체 플라스틱 코어로 이루어져 있다. 또 하나의 스트립 배수로 설계를 **그림 Ⅵ.59**에 나타낸다. 이들은 좁은 시트 배수로이다(약 1 in 두께). 그들은 밀접하게 간격을 둔 두 궤도 사이나 밀접하게 간격을 둔 고가교 교대와 궤도 사이와 같이 좁은 공간에서 대단히 적합하다. 그들은 **그림 Ⅵ.58(b)**에 나타낸 것처럼 깊고 좁은 도랑에 수직으로 설치된다. 물은 지오텍스타일을 통하여 옆으로 이 배수로에 들어간 다음에 바닥부분으로 떨어져서 중력에 의해 방수구로 이동한다. 스트립 배수로는 높은 흐름용량을 가졌으며 일반적으로 막히지 않는다.

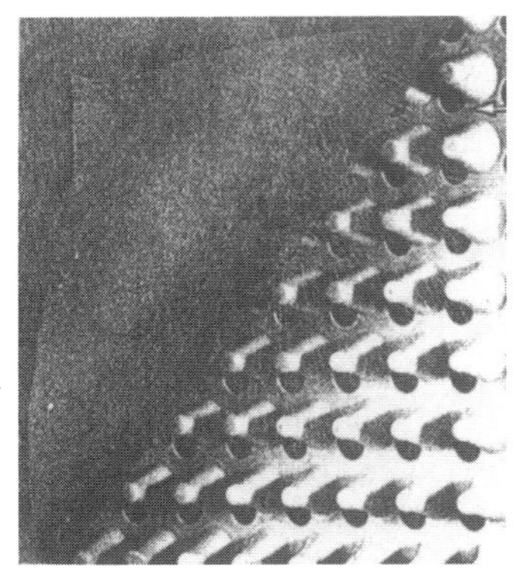

그림 Ⅵ.59 미리 제작한 스트립 배수로

그림 Ⅵ.60 수직 스트립 배수로의 설치(NS)
(Contech 건설재품에 의함)

스트립 배수로의 설치는 상대적으로 단순하다. **그림 Ⅵ.60**에 나타낸 것처럼 굴착기나 백호우를 이용하여 요구된 깊이까지 좁은 도랑을 굴착한 다음에 스트립 배수로를 설치하고 굵은 입자의 흙(모래)으로 공극을 채운다.

곁 도랑(또는 프랑스식 배수로나 스트립 배수로와 같은 보조 배수로)은 흙 깎기에서 또는 강우나 녹은 눈으로부터의 표면수가 더 긴 기간 동안 괴어있는 평평한 기반에서 궤도노반의 필수적인 요소이다. 도랑은 노반을 배수하며 흙깎기로부터의 표면 강수와 침투수를 도중에서 배수시킴으로써 노반을 보호한다(**그림Ⅰ.2, Ⅵ.52 및 Ⅵ.61**).

이들의 종단 배수로와 횡단 배수로는 수사지(受砂地) 및 암거와 함께 궤도에서 물이 신속하게 빠지도록 보장하기 위해 균형이 잡힌 배수 시스템을 형성하여야 한다. 이와 관련하여 물을 이동시키는데 가장 경제적인 방법은 중력을 이용하는 것이므로 전체의 시스템은 하향으로 "연속적인 종단 구배"를 가져야 한다는 점에 유의하라.

도랑은 침적을 방지하도록 충분히 가파르게 경사져야 하지만, 도랑의 침식을 조장할 정도로 너무 가파르지 않아야 한다. 기울기 제한에 관하여는 AREA 편람을 참조하라. 도랑은 또한 횡단면이 사다리꼴이어야 한다. V형

도랑은 부스러기로 쉽게 막히며 침식의 영향을 받기 쉽다.

궤도배수에 관한 상세는 "궤도 백과사전"(1985, 제1장), Hay (1982, 제20장), Simon, Edger와 Errico (1983, 제5.1절), Göbell과 Richter (1988, 제5장), Ahlf (1998), Koener (1998), 및 Basilov와 Chernishev (1972, 제Ⅲ장)을 참조하라. 배수목적용 지오텍스타일의 사용에 관한 추가의 정보는 Raymond (1986), Hubal (1988), Allen (1991), 및 Baas (1995)를 참조하라.

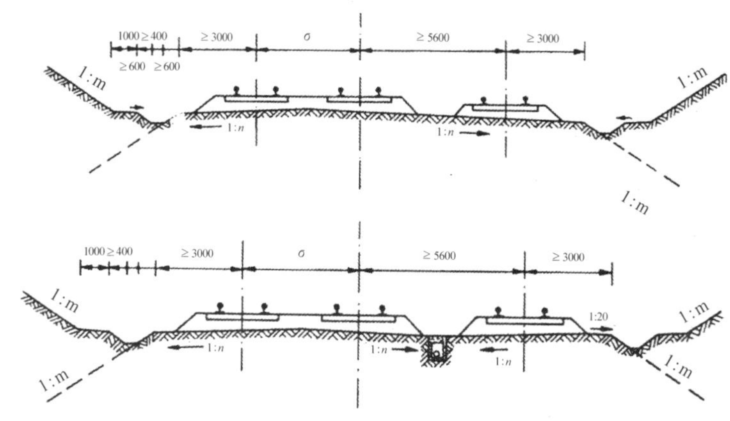

그림 Ⅵ.61 곁 도랑과 종 방향 배수로

[Göbel과 Richer (1988, 제1.2.4항)]

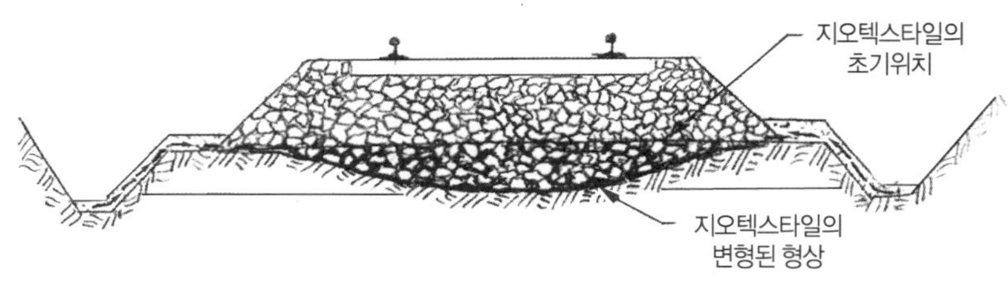

그림 Ⅵ.62 사이펀 작용으로 노반을 배수하기 위한 지오텍스타일의 사용

보조도상은 이동하는 열차의 차륜에 의해 발생된 압력을 분산시키고 감소시킬 뿐만 아니라 다음과 같은 배수 기능도 수행하여야 한다. (1) "보조도상은 강수를 노반표면에서 다른 방향으로 향하게 하여야 한다." 이것은 보조도상의 "수직" 투수성이 상부도상 층의 투수성보다 훨씬 더 낮을 것과 물이 곁 도랑이나 프랑스식 배수로로 빠르게 흘러가도록 보조도상 층과 상부도상 간의 인터페이스가 충분히 경사질 (새로운 궤도에서 4 % 내지 6 %) 것을 요구한다. (2) "보조도상은 또한 노반에서 위로 스며 나온 물을 곁 도랑이나 프랑스식 배수로로 옆으로 배수하여야 한다." 이것은 이동하는 열차에 의해 발생된 주기적 초과 간극수압에 의해 내몰린 물을 포함한다. 이들의 과제 때문에 보조도상의 횡 투수성은 노반의 투수성보다 더 커야 한다. 유효한 배수 시스템이 없으면 물이 위쪽 노반으로 침투하여 노반의 강도를 저하시킬 것이다.

근래에는 상기에서 논의한 것처럼 새로 건설된 궤도에서 노반과 도상 간, 또는 하부굴착 작업 후에 나머지의 오염된 도상과 되돌려진 클리닝된 도상 간의 분리재로서 "지오텍스타일"이 사용되어 왔다. 이 지오텍스타일은 분리재 기능 외에도 지오텍스타일이 두꺼운 바늘구멍 부직포인 것을 조건으로 하여 "횡 배수"로서 작용할 수 있다. 움푹 들어간 도상포켓에 고인 물을 배수하는 데에 사이펀 효과(**그림 VI.24**)를 이용하도록 지오텍스타일의 자유 가장자리는 "포켓"의 바닥 아래 배수도랑에서 끝나야 하거나(**그림 VI.62**) 프랑스식 배수로나 스트립 배수로와 일치하여야 한다. 만일 지오텍스타일 가장자리가 도상의 비탈기슭에서 끝난다면 지오텍스타일의 전달율은 움푹 들어간 지지지역으로부터 괸 물을 제거하는데 유효하지 않을 것이다. 오히려, 그것은 높게 응력을 받는 이 궤도지역으로 더 많은 물을 옮기는 수로로서 작용할지도 모른다. 추가의 코멘트에 관하여는 Raymond (1986a)를 참조하라.

VI.5 궤도보수의 방법

궤도의 보수나 갱환을 계획할 때는 레일이 차륜용 주행표면과 안내뿐만 아니라 전체의 궤도 본래모습을 마련하지만 레일이 주된 지지구조물은 아니라는 점을 상기하여야 한다. 이 기능은 침목, 도상 및 노반에 의해 마련된다. 그러므로 궤도관련 문제는 대다수의 상황에서 더 무거운 레일을 도입함으로써 고쳐지기 보다는 오히려 레일이 놓이는 기초를 강하게 함으로써 고쳐진다. 이것은 제 X 장에서 나타낸 연구 (I)에서 정량적으로 보여준다.

제 VI.1.9절은 대부분의 노반 흙에서 함수비의 증가에 따라 강도가 감소되는 점을 나타내었다. 그러므로 궤도보수에 관한 첫 번째 요구조건은 잘 배수된 노반의 건설이다. 이것은 노반 부근에서 지하수위의 낮춤을 필요로 할지도 모른다. 하나의 예로서, 젖은 땅깎기에서 지하수위를 낮추는 방법을 **그림 VI.63**에 나타낸다. 또 하나의 예로서, 산허리 침윤을 중도에서 배수시킴으로써 노반에서의 수위를 낮추는 방법을 **그림 VI.29**에 나타내었다. 이들의 조치는 제 VI.1.7항에서 논의한 것처럼 "동상(凍上)"의 발생을 줄인다.

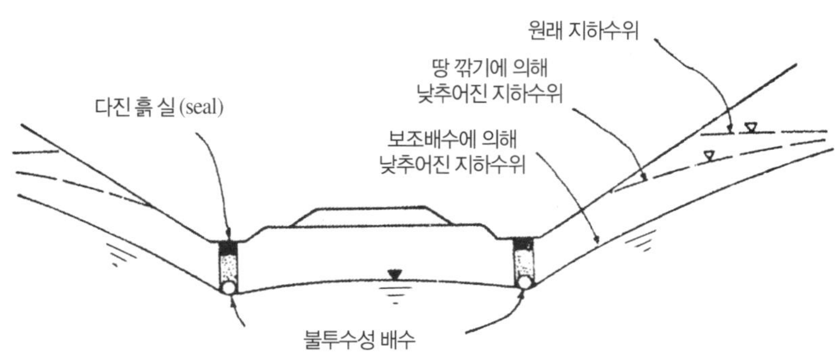

그림 VI.63 젖은 땅 깎기에서 지하수위의 낮춤

"보수 프로그램"의 일부로서 이용할 수 있는 궤도배수 시스템의 철저한 검사를 수행하고, 막힌 기존의 도랑을 청소하고 넓히며, 그리고 필요로 하는 곳에서 (프랑스식 배수로와 스트립 배수로를 포함하여) 추가의 배수로를 설치하는 것이 필수적이다. 목표는 모이거나 도중에서 배수된 물을 가능한 한 빠르게 노반에서 멀리 이동시키는 것이어야 한다.

궤도를 따라가거나 횡단하는 배수로는 "도상포켓"을 포함하여 레일-침목 구조 아래의 지지지역으로부터 물을 배수할 수 있도록 충분한 깊이에 위치시켜야 한다(**그림 VI.58**과 **VI.64**). 광범위한 배수 문제에 관련된 궤도복구의 유익한 예는 Arter (1992)를 참조하라.

그림 VI.64 적당히 관리된 도랑을 가진 궤도

궤도의 도상은 자갈간의 마모와 환경영향에 기인하여 "마모된 도상자갈", 노반으로부터 분출된 "소프트한 노반 입자", 및 바람에 의해서와 통과열차로부터 떨어져서 궤도에 퇴적된 "공기전달 입자" 등 주로 세 개의 근원 때문에 오염된다. 이들은 어느 것이든지 도상 층에서 물이 자유롭게 흐르는 것을 억제한다. 이 오염된 도상은 수분을 끌어당기고 계속 유지하며, 그것은 차례로 도상의 전단강도와 목-침목의 수명을 감소시킨다.

가장 단순하고 비용이 가장 적게 드는 궤도보수 방법은 **레일-침목 구조**(궤광)를 들어 올려 침목들 간의 도상자갈을 침목 아래의 공극 안으로 이동시키고 형성된 기초에 새 도상자갈을 추가하는 것으로 이루어져 있다. 이 방법은 대단히 평이할지라도 수직 레일높이에 대한 제한이 없을 때만 적용할 수 있다. 그러나 이것은 교량, 건널목, 터널, 및 가공 전차선과 같은 고정된 선로 구조물 때문에 항상 사례가 아니다. 또한, 레일-침목 구조가 노반의 확장을 필요로 할 수도 있는 점에 유의하라.

더 작은 레일 들어 올림으로 귀착되는 또 하나의 방법은 **삽질 작업**이다. 이 접근법에서는 침목저면 아래로 약 1 in 떨어진 곳까지 침목들 간의 도상자갈을 삽날로 긁어내어 어깨로 이동시킨다. 그 다음에 레일-침목 구조를 들어올리기 위해 새 도상자갈을 사용한다. 이 절차는 더 작은 레일높이 상승으로 귀착되지만 여전히 노반의 확장을 필요로 할 수도 있다.

더욱 또 하나의 방법은 **완전한 하부굴착**이다. 이 방법은 도상자갈이 오염입자에 의해 완전히 "결합"되는 경우에 사용된다. 첫 번째 단계로서, **그림 VI.65(3)**에 나타낸 것처럼, 침목저면 아래로 요구된 깊이, 이를테면 12 in(30.5 cm)까지 궤도를 하부굴착하고 클리닝한다. 이 절차에서는 체질을 위해 도상어깨를 제거한 후에 폐-루프 체인을 궤도 중심선에 직각으로 침목 아래에 놓으며, 이 체인은 결합된 도상자갈을 연속적으로 분리시켜서 도상어깨 지역으로 제거한다. 그곳에서 체질을 하여 깨끗해진 자갈을 궤도 기초로 되돌린다. 그 다음에 규정된 횡단면 윤곽을 채우도록 추가의 도상자갈을 더한다. 이 방법은 횡단면의 도처에서 자유롭게 배수되는 도상을 산출한다. 그러나 비용이 더 많이 들며, 궤도 내 교량, 낮은 고가교, 가공 전차선, 제3 (동력) 레일, 및 건축한계가 타이트한 터널의 존재 때문에 레일이 동일 높이로 남아 있어야 하는 때나 낮추어야 하는 때에 주로 이용된다.

침목 아래 10 in의 도상을 깨끗하게 함에 기초하여 결과로써 생긴 궤도높이의 비교를 **그림 VI.65** [Ahlf (1998, B절, **그림 VI**)]에 나타낸다.

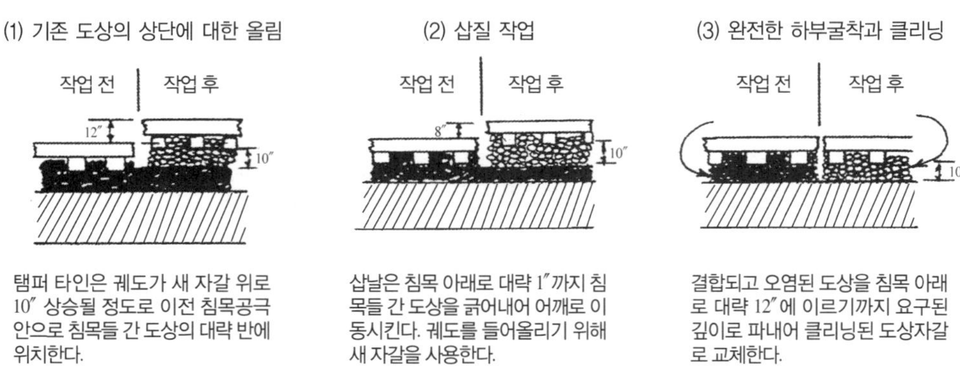

그림 VI.65. 궤도보수의 대안

레일높이가 동일한 채로 있어야 하는 경우에 유효하고 상대적으로 비싸지 않은 개선책은 **도상어깨 클리닝**이다. 이 방법에서는 침목단부 너머의 도상을 제거한(**그림 VI.66**) 다음에 체질하고 이어서 깨끗해진 도상자갈을 어깨지역으로 되돌린다. 마지막으로, 규정된 횡단면을 채우도록 추가의 도상자갈을 더한다. 이 절차에서는 수반되는 다짐 작업과 강우의 도움을 받아 침목 아래의 압밀된 도상의 오염 미립자가 깨끗해진 도상어깨의 공극으로 차츰 나올 것이라는 점이 기대된다.

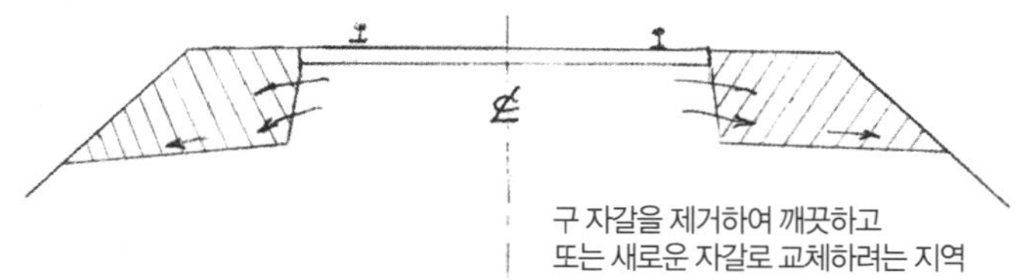

그림 VI.66 빗금을 친 지역의 도상을 제거하여 체질하고 클리닝된 자갈로 교체

최근의 "도상어깨 클리닝" 및 "도상 하부굴착과 클리닝" 작업은 상대적으로 높은 생산속도로 전문의 장비를 이용하여 수행된다. 이들의 작업에 관한 추가의 정보에 관하여는 Ahlf (1998, B절)를 참조하라.

Ⅶ. 레일의 축력, 궤도좌굴 및 파단

Ⅶ.1 서론

재래궤도에서는 레일단부가 유간 이음매를 형성하는 이음매와 볼트로 연결된다. 그들의 발전은 제Ⅲ.5절에서 기술하였다.

유간 이음매는 궤도를 구조적으로 약하게 한다. 그들은 또한 궤도와 차량의 보수비를 증가시키고 주행하는 열차의 동력소비를 증가시킨다. 그러므로 철도궤도 건설의 초기단계 이래 최종 목표로서 모든 이음매를 제거하여, 즉 **장대레일**(CWR)을 사용하여 레일의 길이를 증가시킴으로써 대다수의 이음매를 제거하려는 노력이 있었다.

레일을 용접(테르밋 방법)하는 성공적인 기술은 1900년대 초기에 도입되었다. 용접방법의 상세에 관하여는 제ⅩⅠ.4절을 참조하라. 이 초기 단계에서 장대레일이 부설되지 않은 주된 이유는 유간 이음매의 제거에 기인하여 더운 여름철 동안 높은 축력이 형성되고 궤도를 좌굴시킨다는 믿음 때문이었다. 이음매가 없는 궤도에서 열팽창의 억제에 기인하는 좌굴 가능성은 Haarmann이 이미 1902년에 논의하였다. 그러나 약간의 분석적인 시도를 제외하면 이 문제는 나중에 30년 동안까지 철도연구 기술자들의 충만한 관심을 얻지 못하였다. 그 때부터 더 긴 레일에서 얻은 경험에 기초하여, 그리고 관련된 궤도해석의 결과뿐만 아니라 궤도좌굴 시험의 연구결과가 뒷받침되어 제2차 세계대전 후에 유럽에서 그리고 나중에 북미에서 수천 마일의 장대레일(CWR)이 부설되었다. 그러나 이 발달은 열팽창의 억제 때문에 발생된 레일의 압축력에 기인하여 이른 봄에 그리고 더운 여름철 동안에 궤도좌굴의 발생을 증가시켰다. 장대레일의 도입은 또한 추운 겨울철 동안 큰 인장력에 기인하여 레일절손, 소위 "파단"이 생기게 하였다.

Ⅶ.2 레일축력의 발생

궤도좌굴과 레일파단을 이해하기 위하여 그리고 그들을 방지하는 개선책을 궁리하기 위해서는 이들의 현상을 일으키는 레일 힘이 어떻게 발생되는지를 이해하는 것이 본질적이다. 이들의 힘은 주로 (1) 가속하는 열차와 감속하는 열차에 의하여, (2) 레일–침목 구조가 건널목과 교량에서와 같이 축 방향 이동이 방지될 때 레일 복진에 의하여, (3) 레일온도 변화에 의하여 발생된다.

(1)의 힘은 제Ⅳ.6절에서 간결하게 분석하였다. 예를 들어, 기관차가 속도를 늦출 때는 기관차 앞쪽에 레일의 압축력이 발생된다. 이들의 레일 힘은 계산하기가 상대적으로 쉽다.

(2)에서 기술한 것처럼 레일 복진에 기인하는 힘은 "일정한 속도"로 이동하는 차량조차에도 기인하므로 측정하기가 더 어렵다. 레일–이동 메커니즘은 차륜이 레일에 재하되고 그 다음에 제하되는 동안에 "이동하는 차륜"과 레일의 상호작용에 의해 발생된다. 오늘날까지 이 유형의 현상에 대하여 일반적으로 인정되는 이론이 없다. 최근의 개관에 관하여는 Kerr와 Babinsky (1997) 및 Babinsky와 Kerr (1995)를 참조하라.

"온도변화"에 기인하는 레일축력은 일반적으로 철도궤도, 특히 장대레일의 좌굴 또는 파단에 대해 주된 기여자라고 고려된다. 이하에서는 그들에 관하여 상세히 논의한다.

Ⅶ.2.1 균등한 온도변화 ΔT_0에 기인하는 똑바른 레일의 레일축력과 변위

"축 방향으로 구속되지 않은" 길이 L의 똑바른 레일(그림 Ⅶ.1)이 일정한 온도상승 $\Delta T_0 = T_2 - T_1$을 받을 때는 그 길이가 다음과 같이 늘어난다.

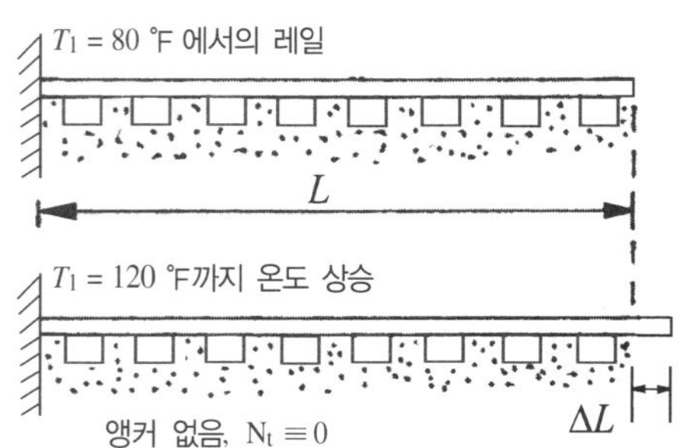

그림 Ⅶ.1 온도상승에 기인하는
자유레일의 신장

$$\Delta L = \alpha L \Delta T_0 \qquad (Ⅶ.1)$$

여기서, α는 강의 선형 열팽창 계수이다. **그림 Ⅶ.1**에서는 레일이 축 방향으로 구속되어 있지 않으므로, 레일은 자유로 늘어나고 줄어들며, 따라서 어떠한 온도 변화에서도 축력은 $N_t \equiv 0$이다.

온도 스트레인은 $\varepsilon_t = \Delta L/L$로 정의된다. 방정식 (Ⅶ.1)을 주목하면, 다음이 뒤따른다.

$$\varepsilon_t = \Delta L / L = \alpha \Delta T_0 \qquad (Ⅶ.2)$$

레일이 양단에서 고정되고 온도상승 ΔT_0를 받을 때(그림 Ⅶ.2)는 양단에서 뿐만 아니라 레일 도처에서의 "축 변위"가 영이다. 그러나 상응하는 축력 N_t는 "영"이 아니다.

온도 응력 α_t가 면적 A의 횡단면에 걸쳐 균등하게 분포될 때의 레일 압축력은 다음과 같다.

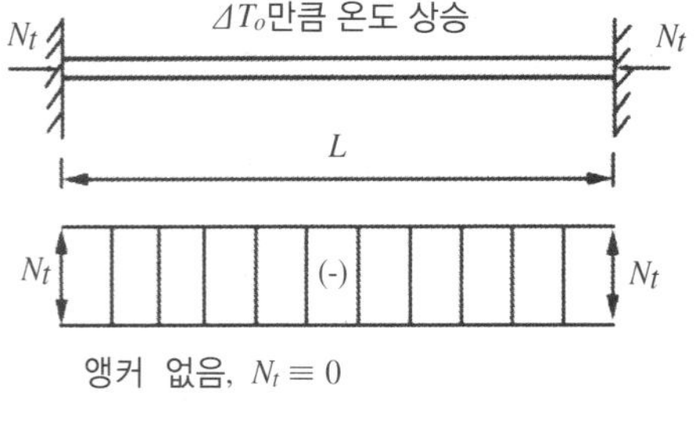

그림 Ⅶ.2 양단에서 고정된 레일

$$N_t = -\sigma_t A = -EA\varepsilon_t \tag{VII.3}$$

상기의 식에서 압축은 < 0으로 명기된다. 또한, 레일강에 대한 선형 혹의 법칙 $\boldsymbol{\sigma}_t = E\varepsilon$가 이용되었다. 다음에, 방정식 (VII.2)를 방정식 (VII.3)에 대입하면, 레일이 축 방향으로 구속될 때 발생된 레일축력에 관한 공식으로 귀착된다.

$$N_t = -EA\alpha\Delta T_o \tag{VII.4}$$

온도가 "중립온도[1]" 이상으로 상승할 때는 사용된 부호관례에 따라 $\Delta T_o > 0$이고 결과로써 생기는 축력 N_t는 < 0이며, 따라서 압축력이다. 다른 한편, 레일온도가 중립온도 아래로 떨어질 때는 $\Delta T_o < 0$이고 결과로써 생기는 축력 N_t는 > 0이며, 따라서 인장력이다.

유도된 공식의 유용성을 실현하기 위하여 먼저 축 방향으로 구속된 하나의 115 RE 레일(**그림 VII.2**)에서 균등한 레일온도 상승 ΔT_o = +25℃ (+45℉)에 기인하는 축력을 사정하자. 레일강에 대하여 E = 2,100,000 kg/cm² (30,000,000 lb/in²), $\boldsymbol{\alpha}$ = 0.0000115 1/℃, 그리고 115 RE 레일의 횡단면적은 A_{115} = 72.58 cm²이므로, 공식 (VII.4)로부터 하나의 레일에 발생된 압축력은 다음과 같다.

$$N_t = -\,2{,}100{,}000 \times 72.58 \times 0.0000115 \times 25 = -\,43{,}820 \ \text{kgf} = 96.606 \,\text{lb}$$

두 레일이 축 방향으로 구속된 경우의 축 압축력은 다음과 같다.

$$N_t = -2 \times (-96{,}606) = -193{,}212 \ \text{lb} \cong -96.6 \,\text{tons}$$

VII.2.2 ΔT_o에 기인하는 똑바른 장대레일 궤도의 레일축력

다음에, **그림 VII.2**에 나타낸 레일, 그러나 궤도 일부로서의 레일, 즉 **그림 VII.3**에 나타낸 것처럼 레일앵커를 갖고 있고 밀접하게 간격을 둔 횡-침목으로 지지된 레일(박스-체결된 레일)을 고려하자. 앵커가 적용된 후에 레일의 온도가 중립온도 위로 ΔT_o만큼 상승하였다고 가정하자. 새로운 "레일온도"는 다음과 같다.

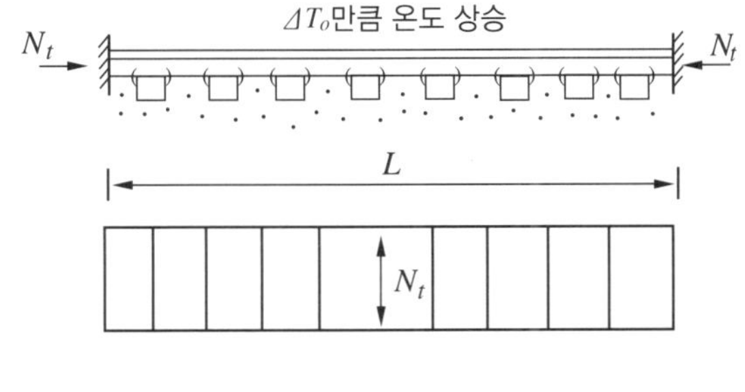

그림 VII.3 길이 L인 궤도의 구간

---

[1] "중립온도"는 레일의 축력이 영(0)일 때의 온도 T_N으로 정의된다. 그것은 통상적으로 응력이 없는 레일이 침목에 체결될 때의 레일온도이다.

$$T_o = T_N + \Delta T_o \tag{VII.5}$$

균등한 온도상승 ΔT_o에 기인하여 발생된 레일과 앵커 힘을 사정하는 것에 관심이 있다.

그림 VII.3에서, 축 변위(종 변위)는 고려중인 궤도구간 도처에서 ≡ 0이지만, 분포된 레일축력 N_t는 ≠ 0이며, **그림 VII.2**에서와 같은 상태이다. "앵커 힘"은 도상에 매립되어 있는 체결된 침목에 걸쳐 레일이 축 방향으로 이동하려 할 때 발생된다. 그러나 이 경우에 레일 축 변위가 ≡ 0이므로, 앵커 힘은 도처에서 영이다.

방정식 (VII.4)에는 궤도구간의 길이 L이 들어있지 않은 점에 유의하라. 따라서 레일길이가 L = 100 ft이든지, L = 1,000 ft이든지 간에 동일한 온도상승 ΔT_o으로 발생된 축력 N_t는 동일할 것이다.

대단히 긴 똑바른 장대레일에서도 같은 상태가 일어난다(**그림 VII.4**). 즉, 중립온도 위로 "균등한" 가열(또는 중립온도 아래로 균등한 냉각)은 "일정한" 압축(또는 인장) 축력 N_t를 발생시키지만, 앵커 힘은 발생시키지 않는다.

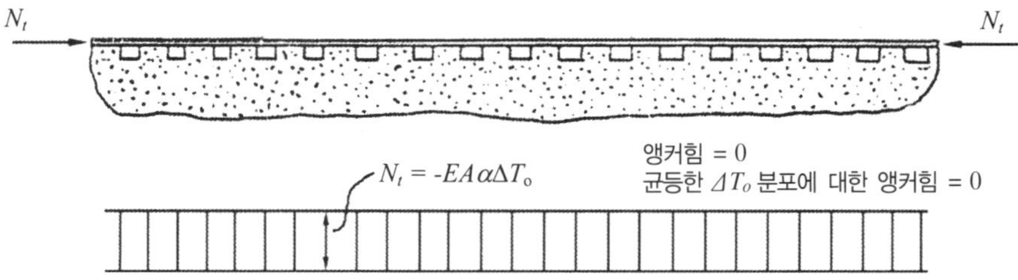

그림 VII.4 이음매가 없는 똑바른 궤도의 레일에서 축력의 분포

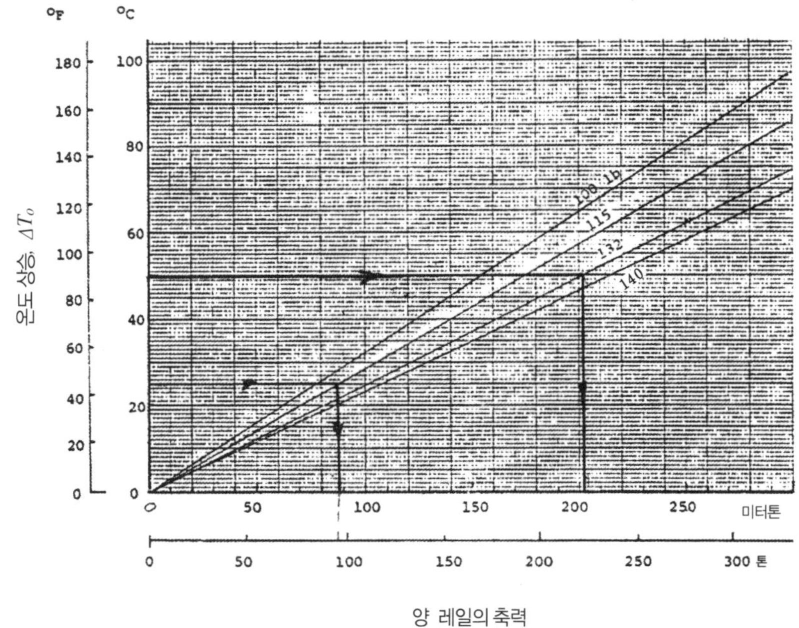

그림 VII.5 레일온도 변화 대 두 레일의 축력

균등한 온도변화에 의해 발생된 레일축력, $N_t = -EA\alpha T_o$에 관하여 레일강의 E와 α값을 사용하여 **그림 Ⅶ.5**에 나타낸다.

종축은 ℃와 ℉로 나타내고, 횡축은 kgf와 lb로 나타낸다. 종축은 T_o가 아니고 ΔT_o이며, 따라서 32 ℉의 조정은 적용하지 않는다.

나타낸 그래프에 따르면, $\Delta T_o = 45$ ℉ (25 ℃)의 온도 하강을 받는 두 115 RE 레일의 궤도에서 양 레일에 발생된 인장 축력은 제Ⅶ.2.1항 마지막 부분에서 계산된 수치적 값과 같은 $N_t = +96.6$ ton이다.

다음에, 용접공장의 적치장에서 궤도부설 현장까지 수송되는 용접레일로서 북미에서 사용되는 표준레일인 길이 $L = 1,440$ ft (439 m)의 레일을 고찰하자. 레일과 이동 차량 간의 마찰을 무시할 수 있다고 가정하면, $\Delta T_o = 45$ ℉ (25 ℃)의 온도상승은 방정식 (Ⅶ.1)에 따라 다음과 같이 길이가 늘어나게 할 것이다.

$$\Delta L = \alpha L \Delta T_o = 0.0000115 \times 439 \times 100 \times 25 = 12.65 \, \text{cm} \cong 5 \, \text{in}$$

궤도좌굴과 레일파단의 더 좋은 이해를 위해서는 궤도의 일부인 "유한길이 L의 레일"에서의 축력분포를 정립하는 것이 필요하다. "레일의 단부가 축 방향으로 고정"된 때(**그림 Ⅶ.3**)는 대단히 긴 레일과 같은 상태이다. 즉, 주어진 온도상승(또는 하강)에 대한 레일축력 N_t는 레일을 따라 일정하며 레일은 축 방향으로 이동하지 않는다.

다음에, "레일단부가 축 방향으로 이동하는 것이 자유"인 경우를 고찰하자. 만일, 레일−침목 구조와 도상 간의 (단위 길이 당) 축 저항력이 일정하다면(제Ⅳ.6절), 즉 $r = r_o$, 그 때에 일정한 온도상승(ΔT_o = 일정)에 기인하는 (횡−침목에 잘 체결된) 레일의 축력분포는 **그림 Ⅶ.6(a)**에 나타낸 것과 같다.

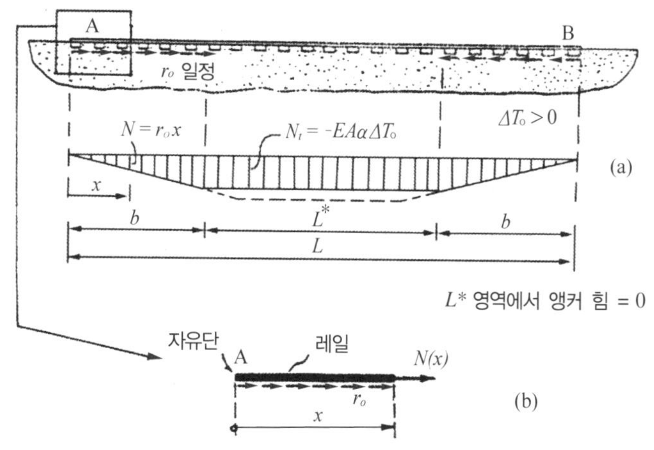

그림 Ⅶ.6 (a) 단순화한 가정 r_o = "일정"과 ΔT_o 〉 0에 기초한 길이 L의 궤도에서 축력분포
(b) 자유물체도

축력이 영에서 N_t까지 증가되는 단부지역은 문헌에서 길이 b의 "신축구간(breathing region)[1]"이라고 부른다.

---

[1] "신축구간"은 $r = r_o$ = "일정"하다고 단순화한 가정 때문에 유한이다. r에 대하여 더 정밀한 가정을 사용하는 분석에 대하여는 제 Ⅹ장 제4절을 참조하라.

이들의 지역에서 축력의 분포는 **그림 Ⅶ.6(b)**에 나타낸 자유물체도로부터 사정된다. 신축구간에서 힘의 평형은 $r_oX + N(x) = 0$이며 따라서 다음과 같이 된다.

$$N(x) = -r_o x \qquad 0 < x < b \text{ 에 대하여} \tag{Ⅶ.6}$$

따라서 신축구간에서는 $N(x)$이 선형으로 변화한다. 이 구간의 길이 b는 $x = b$에서의 축력 $N(x)$이 N_t로 된다는 천이조건으로 사정된다. 이 조건을 방정식 (Ⅶ.6)에 대입하면 $N_t = -r_o b$이 되며, 그러므로 방정식 (Ⅶ.4)에 따르면 $N_t = -EA\alpha\Delta T_o$이므로 다음과 같이 된다.

$$b = -N_t / r_o = EA\alpha\Delta T_o / r_o \tag{Ⅶ.7}$$

축 저항력 r_o이 커질수록 길이 b가 더 작아지는 점과 b가 **그림 Ⅶ.6(a)**에 (점선으로) 나타낸 것처럼 온도변화의 증가와 함께 증가되는 점에 주목하라.

b에 관한 상기의 식은 온도가 떨어질 때 $\Delta T_o < 0$이고 r_o가 **그림 Ⅶ.6**에서 방향을 바꾸므로 상승하는 온도뿐만 아니라 하강하는 온도에 대하여도 타당하다.

예로서, 길이가 $L = 800$ m (2,625 ft)인 132 RE 장대레일의 궤도를 고찰하자. 궤도는 양단에서 축 방향의 신축에 자유이다. 레일은 중립온도 위로 $\Delta T_o = 50$ ℃ (90°F)만큼 온도상승을 받는다. 방정식 (Ⅶ.4) 또는 **그림 Ⅶ.5**에 따르면, 레일이 구속되었을 때에 상응하는 축력은 $N_t = -202$ 미터톤(-222 ton)이다. $r_o = 800$ kgf/m (538 lb/ft)에 대해 방정식 (Ⅶ.7)로부터 상응하는 b는 252 m (828 ft)이다. 따라서 축력분포는 $b = 252$ m 및 $L^* = 296$ m (970 ft)와 함께 **그림 Ⅶ.6(a)**에 나타낸 것과 같을 것이다. L^* 영역에서 앵커 힘은 $\equiv 0$이라는 점에 유의하라.

그림 Ⅶ.6(a)로부터 레일길이 $L > 2b$에 대하여 최대축력은 L^* 영역에서 생기며 $N_t = -EA\alpha\Delta T_o$와 같다고 결론지을 수 있다. 그러므로 상기 궤도의 예에서 레일길이가 800 m이든지 또는 8,000 m이든지 간에 $\Delta T_o = 50$ ℃에 기인하는 최대 압축축력은 동일할 것이다. 즉, $N_t = -202$ 미터톤일 것이다. 궤도좌굴의 가능성을 고찰할 때나 장대레일에 신축 이음매를 포함시킬 필요성을 평가할 때는 이 상태를 인지하는 것이 필수적이다. **그림 Ⅶ.6(a)**에 나타낸 것과 유사한 상태는 레일파손(파단)의 양쪽 부근에서 일어난다.

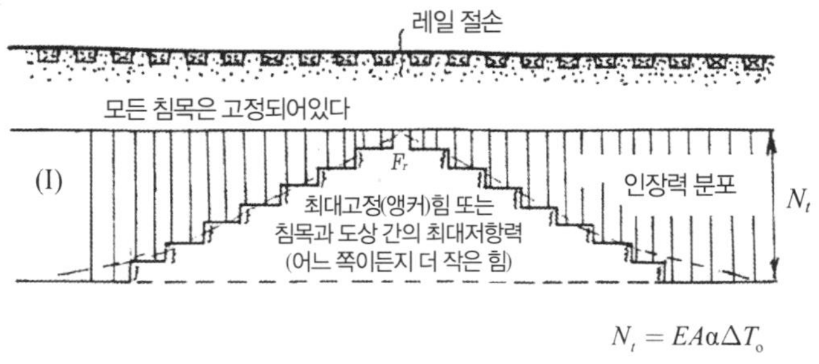

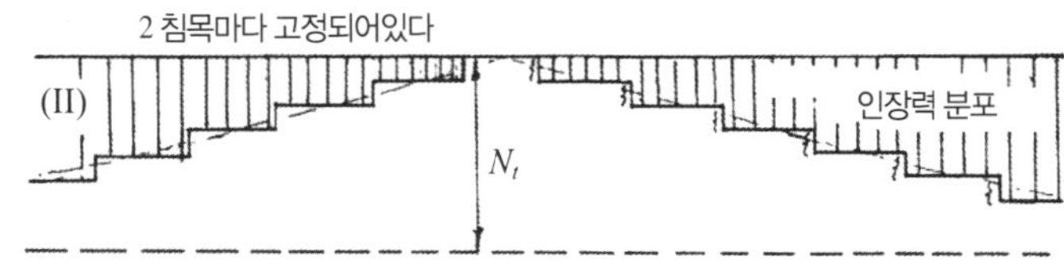

그림 Ⅶ.7 파단에 기인하는 축력
경우 (I) : 모든 침목이 박스 체결되어 있는 경우
경우 (II) : 침목 2개마다 박스 체결되어 있는 경우

그림 Ⅶ.6(a)에 나타낸 레일축력을 고려할 때에 나타낸 이들 힘의 직선형 변동은 축력 저항력이 궤도를 따라서 일정하다는, 즉 $r = r_o$ = "일정"이란 단순화한 가정의 결과라는 점을 이해하여야 한다. 실제로는 파단에 기인하는 장대레일의 축력분포가 **그림 Ⅶ.7**에 나타낸 것에 더 유사할 것이다.

여기서, F_r은 두 앵커 중의 최대 힘이거나 또는 침목과 도상 간의 최대 저항력에 기인하는 힘이며, 어느 쪽이든지 더 작은 힘이다. F_r은 앵커와 레일 간에 복진(슬라이딩) 저항력이 있을 때는 경우 (Ⅰ)과 (Ⅱ)에서 같다. 침목과 도상기초 간에 복진(슬라이딩) 저항력에 기인하는 힘이 있을 때는 이들의 두 경우에 대해 다르다. 이것은 경우 (Ⅱ)에서는 저항력이 두 침목사이에 의해 영향을 받는 반면에 경우 (Ⅰ)에서는 한 침목사이의 저항력이 극복되어야 하기 때문이다.

이하에서는 논의하려는 문제의 설명을 단순화하기 위하여 궤도를 따라서 $r = r_o$ = "일정"하다는 가정을 계속 유지할 것이다.

Ⅶ.2.3 ΔT_o에 기인하는 똑바른 이음매 궤도의 레일축력

그림 Ⅶ.6(a)로부터 만일 예상되는 최대 온도상승 ΔT_o에 대하여 궤도의 레일에서 가장 큰 압축력을 제한할 필요가 있다면 "이음매 간" 각 레일구간의 길이는 상응하는 $2b$보다 더 작아야 한다고 결론지을 수 있다. 이것은 이음매 궤도에서 온도변화 ΔT_o에 기인하는 축력의 검토를 권한다.

먼저, 고정된 레일온도, 이를테면 80 °F에서 횡−침목에 체결된 표준 39 ft 길이의 레일로 이루어져 있는 대단히 긴 이음매 궤도를 고찰하자. 이것은 이음매 궤도의 "중립온도"로 된다. 그 다음에, 레일이 일정한 온도상승 ΔT_o를 받는다. 이음매 유간이 충분히 크고 각 레일단부가 자유로 신축한다고 가정하면, 결과로써 생기는 축력분포는 **그림 Ⅶ.8**에 나타낸 줄친 면적과 같다. 발생된 가장 큰 레일 압축력은 대단히 긴 장대레일의 축력 N_t와 비교하여 상당히 작은 점에 주목하라.

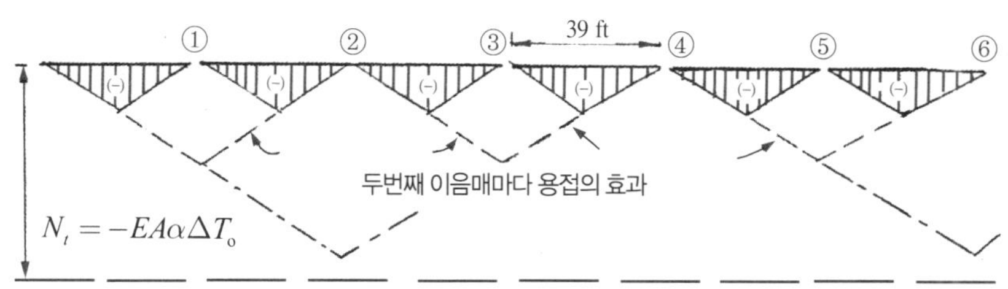

그림 Ⅶ.8 $\Delta T_o > 0$에 기인하여 발생된 축력에 미치는 이음매와 교호하는 용접의 영향

이음매는 관리하는데 비용이 많이 들기 때문에 초기의 시도는 이음매 2 개마다, 즉 ①, ③, ⑤ 등에서 용접함으로써 이음매 수를 줄이기 위하여 수행되었다. 이 절차는 이음매의 수를 1/2로 줄이며 각 레일의 길이를 두 배인 78 ft로 증가시킨다. 그 결과로써 레일온도가 중립온도 위로 ΔT_o만큼 상승하였을 때 각 용접레일 구간에서 발생된 최대 축력은 **그림 Ⅶ.8**에서 점선으로 나타낸 것처럼 두 배만큼 크게 된다. 만일, ②, ⑥ 등에서도 또한 유간 이음매가 용접된다면, 최대 압축력은 1점 쇄선으로 나타낸 것처럼 다시 2배로 된다.

이제까지 더 길게 용접된 레일 구간에서 이와 같이 연속된 최대 축력의 증가는 압축 축력 N이 용접레일 구간의 증가되는 길이에 따라서 연속적으로 증가될 것이라는 견해 및 그러므로 긴 장대레일 궤도가 항상 휘어질 것이라는 견해로 이끌었다. 예에 관하여는 Haarmann (1902, pp. 262 263)을 참조하라. 그러나 상기의 논의와 **그림 VII.8**에서 나타낸 것처럼, 중립온도 위로 상승한 T_o에 의해 발생된 최대 레일 압축력이 $N_t = -EA\alpha \Delta T_o$뿐이므로, 이것은 그릇된 생각이다.

VII.2.4 파단에 기인하는 장대레일 궤도의 레일축력

다음에, 길고 똑바른 장대레일의 파단상태를 고찰하자. 레일이 최초에 +85 °F(중립온도)에서 체결되었고 그때의 레일축력은 ≡ 0이라고 가정하자. 겨울철이 가까워지면서 대기온도가 이를테면 5 °F로 떨어진다. 따라서 $\Delta T_o = -80$ °F. 이것은 **그림 VII.9(1)**에 나타낸 것처럼 전체 레일을 따라서 레일 인장축력 $N_t = +EA\alpha 80°$ 을 발생시킨다. 파단에서는 레일축력이 영으로 떨어지며 이것은 **그림 VII.9(2)**에 나타낸, 레일을 따른 축력의 분포에 영향을 끼친다. 이 유형의 레일파손은 일반적으로 교통의 흐름을 정지시킨다.

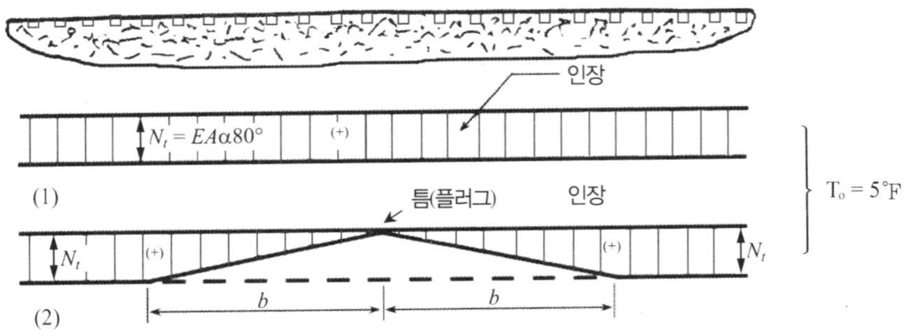

그림 VII.9 파단하기 전과 후의 축력분포

파단의 영향을 받은 길이에 대한 감각을 익히기 위해서는 $\Delta T_o = -80$ °F와 두 132 RE 레일에 대한 인장축력 N_t가 **그림 VII.5**에 따라 202 ton (404,000 lb)이라는 점에 유의하라. $r_o = 600$ lb/ft에 대하여 상응하는 신축길이는 $b = N_t / r_o \cong 673$ ft (205 m)이다. 따라서 영향을 받은 궤도길이 $2b = 410$ m가 실재한다.

과도하게 교통을 지연시키지 않도록 하기 위해서는 ("플러그"라고 부르는) 형성된 틈의 짧은 레일구간을 현장 용접하는 것이 보통의 실행이다. 이 작업은 **그림 VII.9(2)**에 나타낸 축력의 분포에 영향을 끼치지 않는다.

봄의 도래와 함께 대기온도가 상승한다. 예를 들어, 레일온도가 40 °F까지 올라갔을 때의 축력분포는 **그림 VII.10(1)**에 나타낸 것처럼 변화한다. 즉, 바깥쪽 레일영역에서는 인장력이 감소되지만 "플러그" 주위의 영역에서는 레일이 압축력을 흡수하기 시작한다.

레일온도가 이를테면 85 °F(원래의 중립온도)까지 더욱 상승함에 따라 각각의 신축길이 b 너머의 레일영역은 다시 응력이 없게 되는 반면에 신축영역은 압축력을 받으며 "플러그"에서 최대로 된다. 온도가 말하자면 120 °F까지 더욱 더 상승함에 따라 전체의 장대레일은 **그림 VII.10(3)**에 나타낸 것처럼 압축력을 받는다.

"플러그" 영역에서 이들의 큰 압축축력은 궤도가 통상적으로 그 위치에서 좌굴되는 주된 이유이다. 그러므로 "봄이 시작되기 전에 레일을 재설정하는 것이 필수적이다."

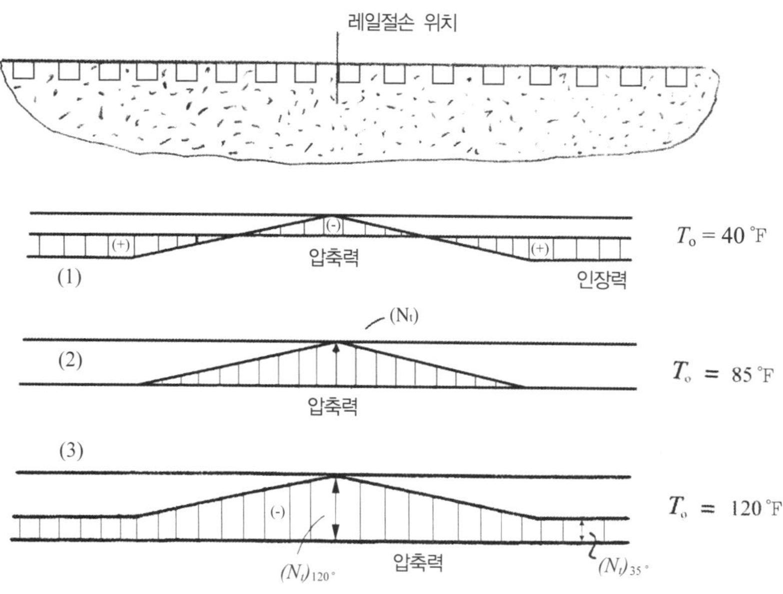

그림 Ⅶ.10 "플러그" 현장용접 후의 축력분포

Ⅶ.2.5 $\varDelta T_0$에 기인하는 분기기의 축력

북미와 유럽에서는 근래의 수십 년 동안 분기기의 온도좌굴(후술의 **그림 Ⅶ.35**와 **Ⅶ.36** 참조)에 기인하여 얼마간의 탈선이 일어났다. 이들의 사고는 이 유형의 상태에 관한 레일 압축축력을 연구할 필요가 있음을 제시한다.

예로서, **그림 Ⅶ.11**에 나타낸 궤도분기기를 고찰하자. 분기기는 또 하나의 평행한 궤도로 분기하는 접선의 궤도로 이루어져 있다. 이 궤도구성은 여름철 동안 중립온도 위로 일정한 온도상승 $\varDelta T_0$를 받는다. 발생된 압축축력을 **그림 Ⅶ.12**에 나타낸다.

그림 Ⅶ.11 고려하는 분기기

분기기 영역의 왼쪽에서 두 레일의 각각은 온도 힘 N_t를 받는다. 분기기 영역의 오른쪽에는 두 궤도가 있으며 4 레일의 각각은 힘 N_t를 받는다. 따라서 오른쪽으로부터의 4 N_t는 분기기 영역의 왼쪽에서 2 N_t로 변화되어야 한다. 이것을 **그림 Ⅶ.12**에 나타낸다.

오른편의 두 안쪽 레일은 본질적으로 크로싱에서 끝나는 점에 주목하라. 그러므로 그들의 축력은 분기기 침목 및 레일-침목 구조와 도상 간의 궤도 종 저항력을 이용하여 바깥쪽의 기본레일로 전달되어야 한다. 이것을 **그림 Ⅶ.12**에 두 개의 힘-흐름 점선화살표로 나타낸다. 그 결과는 크로싱 영역의 바깥쪽 레일에서 축력의 증가이다. 이 힘 상태는 분기기에서 전체 레일-침목 구조의 횡 좌굴로 이끌 수도 있다. 레일 체결장치가 약한 경우, 예를 들어 스파이크가 교통으로 이완된 경우에는 개개의 레일이 좌굴되고 이동열차를 탈선시킬 수도 있다.

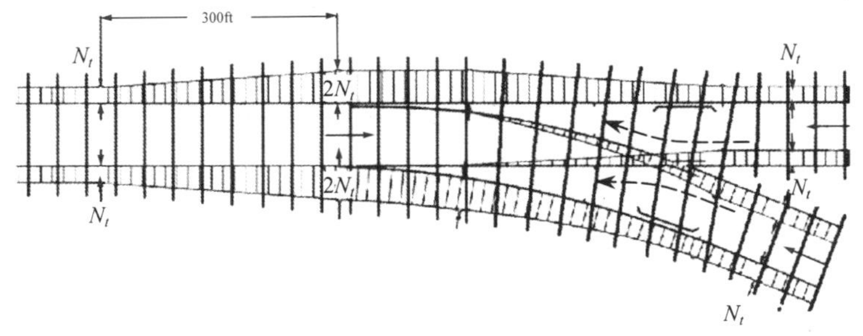

그림 Ⅶ.12 ΔT_o에 기인하는 분기기에서의 레일축력

고찰하려는 또 하나의 양상을 **그림 Ⅶ.13**에 나타낸다. 레일온도가 ΔT_o만큼 상승하였을 때, 분기궤도는 분기기를 비스듬히 미는 횡력 ΔN을 본선(기준선 궤도)에 가한다. 이것은 궤도를 선로에서 벗어나게 하고 좌굴 상태를 유발할 수 있다.

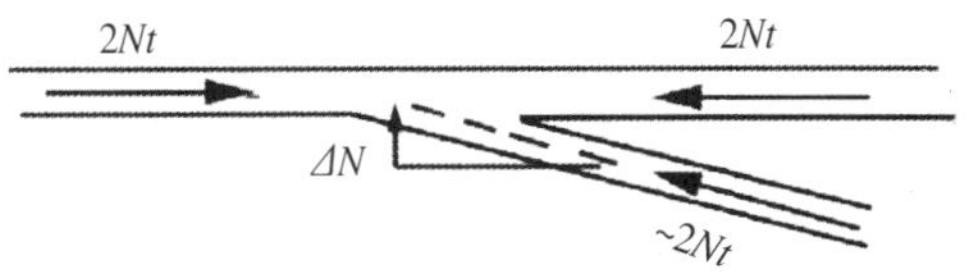

그림 Ⅶ.13 분기기 영역에서 궤도 횡력

Ⅶ.2.6 ΔT_o에 기인하는 곡선 궤도의 축력

긴 "직선" 궤도를 고려할 때는 "중립온도"가 본질적으로 궤도건설 동안이나 보수갱환 후에 레일이 침목에 체결될 시점과 같게 남아있다고 일반적으로 가정된다. 그러나 중립온도는 여러 가지의 이유 때문에 떨어지는 경향을 갖고 있다. 이것은 "직선과 곡선" 구간으로 이루어져 있는 궤도에서 명확한 사실이다. 레일축력의 사정은 이들의 경우에 더욱 복잡하다.

이 유형의 상태를 설명하기 위해 우선 먼저 **그림 Ⅶ.14**에 나타낸 궤도를 고찰하자. 그것은 곡선 궤도구간으로 변화되는 두 직선구간으로 이루어져 있다. 이 궤도의 중립온도는 85 °F로 설정되었다고 가정하자.

레일온도는 겨울철이 되면서 "중립온도"에서 훨씬 아래로 떨어지며 레일은 이제 인장력을 받는다. 곡선에서 멀리 떨어진 서로 접한 직선궤도의 인장력은 상기에서 논의한 것처럼 스스로 평형을 이룬다. 그러나 곡선궤도와 직선궤도가 만나는 변화 지점에서는 직선궤도의 레일이 곡선레일에 대해 인장력을 가한다. 온도 하강이 클 때는 발생된 인장력이 곡선구간을 안쪽으로 끌어당기도

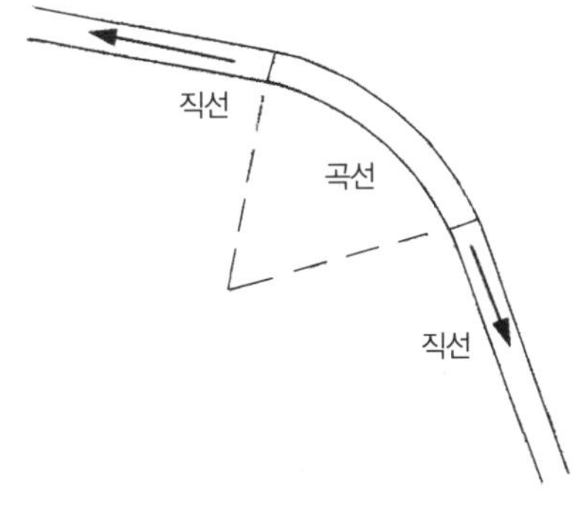

그림 Ⅶ.14 곡선이 있는 궤도

록 충분히 클 수도 있다. 레일-침목 구조의 이 횡 변위는 이동하는 열차에 기인하는 진동에 의하여 조장된다.

이 이동은 침목 끝에 도상공극을 일으키며, 이 공극은 자유로 흘러내린 도상자갈이나 보수반에 의하여, 또는 양쪽에 의하여 시간이 지남에 따라 채워진다. 따라서 원래의 중립온도보다 훨씬 더 낮은 "새로운" 중립온도가

곡선궤도 지역에 만들어진다. 봄과 초여름에 따뜻한 날씨가 시작됨과 함께 온도가 상승되고 곡선구간에 압축력이 누적되기 시작한다. 이들의 힘은 서로 접한 직선궤도의 힘보다 훨씬 더 크며 그들은 이 궤도지역에서 궤도좌굴로 이끌 수도 있다. 그러므로 큰 압축력의 축적을 피하도록 이른 봄에 곡선의 레일-침목 구조를 밖으로 밀어내든지 짧은 토막의 레일을 잘라내야 한다.

곡선궤도 지역에서 "중립온도"의 변화에 기여할 수도 있는 또 하나의 양상은 **그림 Ⅶ.15**에 나타낸 원곡선 궤도를 고찰함으로써 다음에 논의된다. 예를 들어, 레일-

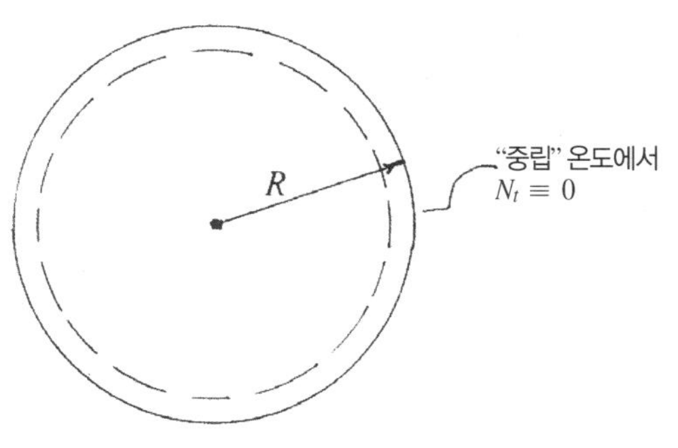

그림 Ⅶ.15 원곡선 궤도

침목 구조가 콘크리트에 매립되어 있을 때, 중립온도 아래로 ΔT_0의 온도하강은 $N_t = EA\alpha\Delta T_0$의 레일 인장축력을 발생시킬 것이다. 그러나 레일-침목 구조가 강자갈(또는 볼베어링)로 구성된 도상에 매립되어 있을 때는 이 "도상"이 레일-침목 구조의 방사상 이동에 저항하지 않기 때문에 중립온도 아래로 ΔT_0의 온도하강은 레일 수축(따라서 더 작은 R)을 일으키고 레일축력을 일으키지 않을 것이다. 이 경우에 어느 온도나 "중립온도"이다. 실제의 곡선궤도는 일반적으로 이들 두 극한 경우의 중간으로 된다.

상기에 기술한 예는 곡선에서의 중립온도는 일정하게 남아있지 않고 실질상 변할 수도 있다는 점을 나타낸다. 그러므로 궤도건설이나 갱환 동안 기록된 곡선에서의 "중립온도"에 대한 신뢰는 따뜻한 봄 온도의 시작 이전에 궤도를 원래위치로 복구하지 않는 한 오도할지도 모른다.

Ⅶ.3 궤도좌굴 시험과 본질적인 연구결과

제Ⅶ.2.3항에서 기술한, Haarmann (1902, pp. 262 263)이 제시한 것과 같은 주장 때문에 본선궤도에 장대레일을 도입하기 전에 온도상승이 궤도좌굴에 미치는 영향을 명백하게 하는 것이 필수적이라고 간주되었다. 그 당시에는 신뢰할 수 있는 궤도좌굴 분석이 없었으므로 1930년대 초기에 얼마간의 철도연구자들은 궤도좌굴 시험을 수행하기 시작하였다. 그들은 궤도좌굴 현상의 이해를 증진시키기 위하여 다음 사항을 간결하게 기술하였다.

Ammann과 von Gruenwaldt (1932), 및 Nemcsek (1933)의 초기 좌굴시험에서는 궤도의 레일에 압축 축력을 도입하기 위하여 유압잭을 이용하였다. Kerr (1973, 1978a)가 나타낸 것처럼, 이것은 일반적으로 온도 궤도좌굴 현상을 모의 실험하는데 적합한 방법이 아니다.

더 뒤(1934년경 이후)의 궤도좌굴 시험에서는 레일을 가열함으로써 축력이 도입되었다. 이들의 시험 기구는 Birmann과 Rabb (1960), Bartlett (1960), 및 Bromberg (1966)이 기술한 것처럼 두 개의 무거운 콘크리트 피어(pier)에 의하든지, 또는 Nemesdy (1960), Numata (1960), Prud'homme과 Janin (1969), 및 Klugar (1978)이 기술한 것처럼 시험구간의 양단에 위치시킨 무거운 기관차에 의하여 양단에서 이동이 구속된 궤도구간으로 이루어져 있었다. 이들의 모든 시험에서는 가열된 궤도구간이 횡으로 좌굴되었다. Kerr (1978a, pp. 142~149)는 이들 시험의 개관과 얻어진 시험결과의 논의를 소개하였다. 전형적인 좌굴모드를 **그림 Ⅶ.16**에 나

(a) 거의 비대칭인 좌굴모드

(b) 거의 대칭인 좌굴모드

그림 Ⅶ.16 시험에서 관찰된 궤도좌굴 모드

타낸다. 이하에서는 온도 궤도좌굴의 현상을 이해하는데 필요한 이들 시험의 확실한 연구결과를 기술한다.

Birmann과 Rabb (1960)는 독일연방철도(DB)에서 수행된 일련의 궤도좌굴 시험의 결과를 보고하였다. 시험설비는 Karlsruhe 공과대학교에 위치하였다. 궤도구간은 길이가 46.5 m (153 ft)이고, **그림 Ⅶ.17**에 나타낸 것처럼 각각 624 미터톤인 무거운 콘크리트 블록으로 양단에서 구속되었다. 레일의 축력은 전기저항 가열로 일으켰다. 총 21 시험이 수행되었다.

12 시험에는 목재 횡-침목 K49 (Hh)가 사용되었다. 이 궤도는 목재 횡-침목에 K 체결장치로 체결된 S49 레일로 이루어져 있다. 침목간격은 62.5 cm (24.6 in)였다. S49 레일의 "횡" 강성(I = 320 cm^4 = 7.69 in^4)은 115 lb 레일의 강성(I = 10.8 in^4 = 450 cm^4)보다 더 작은 점에 유의하라. 이들의 시험에서는 65 ℃ < ΔT_0 < 140 ℃의 온도상승에서 좌굴이 일어났다. (양쪽 레일에서) 측정된 압축축력은 177 미터톤(195 ton)에서 340 미터톤(375 ton)까지의 범위였다.

그림 Ⅶ.17 Karlsruhe 시험설비

모든 Karlsruhe 시험에서는 궤도가 횡으로 좌굴되었다. 좌굴모드는 2, 3, 또는 4 개의 눈에 띄는 반-파형이었다. 전형적인 반-파형은 길이가 약 5 내지 6 m(16 내지 20 ft)였고, 횡 변위의 가장 큰 진폭은 약 25 cm(10 in)였다.

Birmann과 Rabb (1960)는 눈에 띄는 줄 틀림이 있는 궤도보다 줄 틀림을 나타내지 않는 똑바른 궤도가 훨씬 더 높은 온도상승에서 좌굴된 점을 관찰하였다. 그들은 또한 "똑바른" 궤도의 좌굴이 쾅하는 큰 소리와 함께 갑자기 발생된 반면에 줄 틀림이 있는 궤도는 점진적으로 조용히 좌굴된 점을 관찰하였다. 이 응답특성은 대단히 중요하며 관련된 분석결과와 관련하여 다음 절에서 논의될 것이다(그림 Ⅶ.21).

Birmann과 Rabb (1960)는 또한 얼마간의 시험에서 다른 체결장치를 사용함으로써 상응하는 좌굴하중이 거의 25 %만큼 다르다는 점을 관찰하였다. 이것은 레일-침목 구조의 횡 강성이 궤도좌굴에 큰 영향을 끼친다는 확증의 사례이다.

구소련의 중앙철도연구소(CNII)는 일련의 광범위한 시험을 수행하였다. 이들 시험의 설명과 얻어진 결과의 논의는 Bromberg (1966)의 책에 포함되어 있다. "똑바른" 궤도의 시험대는 길이가 100 m (328 ft)였다. 궤도구간은 두 개의 콘크리트 피어(pier) 사이에 설치되었다. 궤도의 압축력은 전기저항 가열로 일으켰다.

시험된 궤도는 여러 가지 체결장치를 사용하는 목-침목이나 콘크리트침목 위의 이음매가 없는 P50이나 P65 레일로 이루어져 있다. 대다수의 시험은 새로 건설된 궤도나 개량된 궤도의 상태를 모의 실험하기 위해 약하게 압밀된 도상으로 수행되었다. 모든 시험에서는 궤도가 수평면에서 좌굴되었으며, **그림 Ⅶ.16**과 같은 유형의 3, 4 또는 5 반-파형을 나타내었다.

북미 궤도와의 비교를 위하여 P50 레일은 115 lb 레일보다 횡 강성이 약 16 % 더 적은(I = 9.05 in^4 대 10.8 in^4) 점과 P65 레일이 132 RE 레일보다 강성이 약간 더 적은(I = 13.7 in^4 대 14.6 in^4) 점에 주목하라.

북미 궤도에서 특히 흥미가 있는 것은 P50 레일, 목-침목(54.3 cm = 21.4 in의 침목중심 간격), 및 스파이크 체결장치를 가진 궤도구간에서 얻어진 시험결과이다. 이들의 시험결과 중에서 두 가지를 **표 Ⅶ.1**에 나타낸다.

표 Ⅶ.1 궤도좌굴 시험결과의 예

시험번호	온도상승 ΔT_o ℃ (℉)	상응하는 축력 N_t 미터톤 (ton)	좌굴형상 (단위 m)
15	73 (131)	238 (262)	5.5 / 10.5 / 5 / 7 ; 0.02 0.75 0.30 0.05
17	69 (124)	225 (248)	5.5 / 10.5 / 5 / 7 ; 0.02 0.75 0.30 0.05

중립온도 위로 기록된 온도상승 ΔT_o와 상응하는 좌굴형상에 주목하라.

부가적인 좌굴시험 결과는 Nemesdy (1960), Numata (1960), Prud'omme과 Janin (1985), Chatkeo (1985), Eisenmann과 Mattner (1988), Mattner (1988), Kaess와 Mattner (1989), 및 Samavedam (1995)이 ERRI 개관에 열거한 다수의 참고문헌을 참조하라.

얻어진 좌굴시험 결과에 미치는 시험궤도 길이의 영향은 Kerr (1979b)가 분석하고 논의하였다. 여기서, Birmann과 Rabb (1960) 및 Bartlett (1960)에 의한 초기 시험궤도는 긴 직선궤도의 궤도응답을 정확하게 나타내기에는 너무 짧았다는 점을 나타낸다.

Ⅶ.4 궤도좌굴의 정적 분석 ; 똑바른 궤도

Kerr (1978a)는 "똑바른" 궤도의 온도좌굴에 관해 중요한 "해석의 개관"을 소개하였다. 이 개관은 초기 해석의 대부분이 개념적으로 부정확하며 따라서 온도좌굴 문제를 해석하는데 부적합하다는 점을 나타내었다.

개념적으로 정당한 행로의 도중이었던 매우 적은 그들의 분석은 최종 결과에 미치는 미지의 영향과 함께 분석적 단점을 나타내었다. Kerr (1978b)는 이들 결점의 일부를 제거하기 위하여 똑바른 궤도의 온도좌굴에 관한 새로운 분석을 제시하였다.[*]

이 분석은 길고 똑바른 궤도의 좌굴모드가 통상적으로 횡 평면에서 일어난다는 관찰 및 좌굴이 **그림 Ⅶ.18**에 나타낸 것처럼 상대적으로 큰 횡 변위를 나타내는 "좌굴된 영역"과 주로 축 방향으로 변형됨이 분명한 "부근 영역"으로 이루어져 있다는 관찰에 의거한다. 좌굴된 영역에서는 억제된 열팽창의 일부가 해방되며, 그곳에서는 N_{tR}까지의 축력 감소로 귀착된다. 부근 영역에서는 레일-침목 구조의 축 변위에 대한 도상저항력 때문에 억제된 열팽창이 변화되며 축력도 그렇게 된다(**그림 Ⅶ.18**).

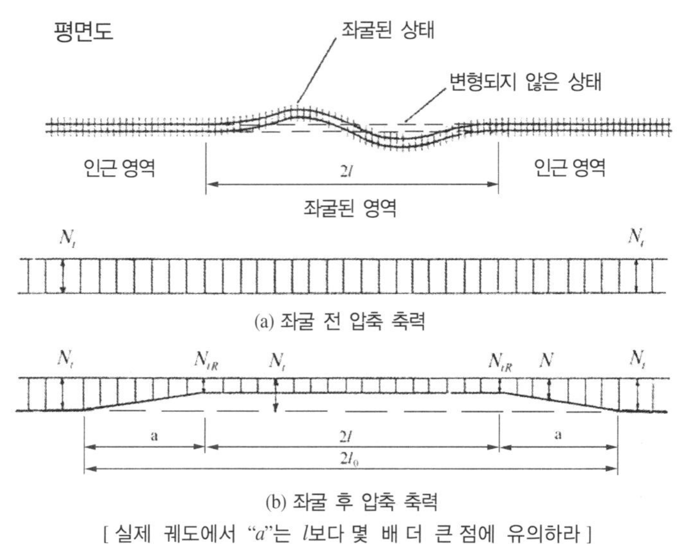

그림 Ⅶ.18 좌굴 전과 후 압축축력의 분포

이 분석에서는 레일-침목 구조가 각각 축 방향으로 변형되고 휨에서 변형되는 두 개의 분리된 레일로 이루어져 있는 균등한 횡단면의 등가 보로 대체된다. 체결장치의 비틀림 강성을 무시하는 이 가정은 스파이크 궤도에 대하여 정당한 것으로 보인다. 체결장치의 비틀림 강성을 무시할 수 없는 경우는 결과로써 생긴 "안전한 온도상승"이 더 높다. 따라서 Kerr (1978b, 1980)가 얻은 상응하는 결과는 안전 측에 관계된다.

체결장치의 비틀림 강성을 무시할 수 없을 때의 지배방정식에 관하여는 제 X 장, 및 Kerr와 Zarembski (1981,

---

[*] "미분방정식 방법" 대 "에너지 방법"의 사용에 관하여 (에너지 방법에서 사용된) 총 퍼텐셜 에너지 Π의 변동은 고려중인 궤도문제에 대하여 상응하는 미분방정식 및 경계조건과 정합조건을 가져온다는 점에 주목하여야 한다[예를 들어, Kerr (1978b, 1980)를 참조하라]. 그러나 에너지 방법에서 근사 횡 처짐 형상의 연역적 가정은 미지 크기의 에러를 가져온다. 궤도좌굴에 관한 추가의 코멘트는 Kerr [(1974a), (1947b), 및 (1978a, 제3절)]를 참조하라.

1986), Kerr와 Accorsi (1985, 1987), Kerr와 El-Sibaie (1987), 및 Shenton (1997)을 참조하라. 이들의 방정식을 사용하는 궤도좌굴 분석은 Grisson과 Kerr (2003)을 참조하라.

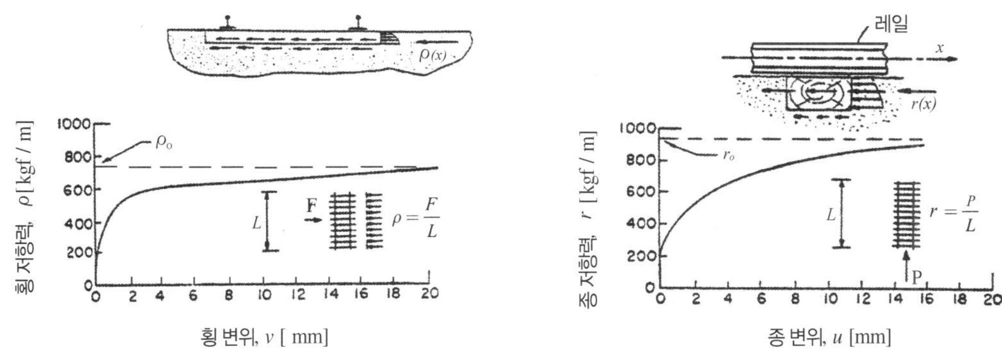

그림 Ⅶ.19 레일-침목 구조와 도상 간의 저항력

그림 Ⅶ.19(a)에 나타낸 것처럼 (횡 변위에 기인하여) 도상이 레일-침목 구조에 가한 **횡 저항력**은 도상과 침목저면 간의 마찰력, 침목의 두 측면을 따른 마찰력, 뿐만 아니라 도상이 침목의 전면에 대해 가한 압력으로 이루어져 있다. 전개한 분석에서는 결과로써 생기는 (궤도 축의 단위 길이 당) 횡 저항력이 $\rho = \rho_0 =$ "일정"하다고 가정하였다. 이 가정에 대한 정당성의 증명은 Kerr (1976b)가 제시하였다.

그림 Ⅶ.19(b)에 나타낸 것처럼 (레일-침목 구조의 축 변위에 기인하여) 도상이 레일-침목 구조에 가한 **축 저항력**(종 저항력)은 도상과 침목저면 간의 마찰력, 및 침목사이의 도상이 침목의 연직면에 가한 압력으로 이루어져 있다. 처음에 개발된 분석에서는 결과로써 생기는 (궤도 축의 단위 길이 당) 축 저항력이 $r = r_0 =$ "일정"하다고 가정하였다. Kerr (1980)는 후속의 논문에서 3 선(線)의 응답을 사용함으로써 이 가정을 완화하였으며 안전한 온도상승의 분석적 사정에 미치는 그것의 영향을 나타내었다. Samavedam (1979)은 축 저항력 r에 대해 연속적 비선형 응답을 가정하여 이 문제를 분석하였다.

저항력 ρ과 r을 사정하는데 적당한 방법은 미리 정해진 길이, 이를테면 39 ft 길이(**그림 Ⅶ.19**)의 궤광을 사용하는 점에 유의하라. Frederick (1978) 뿐만 아니라 Samavedam과 Kish (1991)가 논의한, 두 레일에서 분리된 단 하나의 궤도침목을 미는(당기는) 것은 도상의 입자특성이 궤도를 따라 얻어진 결과의 피할 수 없는 분산으로 이끌기 때문에 권고되지 않는다. 더욱이, 단일 침목은 궤광과는 다르게 응답한다. 제Ⅴ.3절에서 논의한, 궤도계수 k를 사정하는데 사용된 방법에서도 유사한 상태에 부닥친다.

Kerr (1978b, 1980)의 분석에서는 양 궤도레일이 설치(중립) 온도 위의 "일정한" 온도상승 ΔT_0를 받는다고 가정하였으며 좌굴 이전과 좌굴 동안 레일-침목 구조의 응답이 "탄성"이라고 가정하였다.

상기의 가정에 의거하여 완전하게 똑바른 궤도의 전형적인 평형 브랜치(branch)를 **그림 Ⅶ.20**에 나타낸다. 브랜치들의 "각(各) 지점"은 궤도의 평형 형상에 상당하는 점에 주목하라. 브랜치 Ⅰ은 똑바르고 좌굴되지 않은 평형상태에 상당하며 브랜치 Ⅱ는 횡으로 변형된 형상에 상당한다.

그림 Ⅶ.20에 따르면, 궤도가 $\Delta T_0 \langle \Delta T_L$의 온도상승을 받을 때는 똑바른 평형 형상만이 존재한다. 각 ΔT_0에 대하여 궤도가 한 점에서 옆으로 밀려질 때는 (궤도응답이 선형이라고 가정하여) 횡 하중이 일단 제거되면 궤도가 원래의 똑바른 위치로 되돌아 갈 것이다. 그러나 $\Delta T_0 \rangle \Delta T_L$의 온도상승에 대하여는 (안정된) 똑바른 상태①, 브랜치 AL 상의 (불안정한) 형상②, 및 브랜치 LB 상의 (안정된) 형상③과 같은 평형의 3 브랜치에 상응한다는 점에 주목하라. 따라서 똑바른 궤도가 $\Delta T_o \rangle \Delta T_L$의 온도상승에서 좌굴될 때는 브랜치 LB 상의 횡으로 변형된 평형 형상 ③으로 이동할 것이다. 관련된 상세에 관하여는 Kerr (1973)를 참조하라.

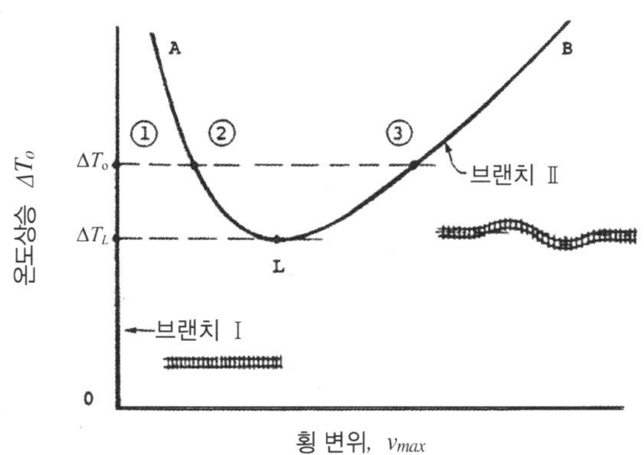

그림 Ⅶ.20 가열된 똑바른 궤도에 대하여 전형적인 평형 브랜치

상기의 논의로부터 똑바른 궤도에 대한 "온도상승"은 다음과 같을 경우에 "좌굴에 대해 안전"하다고 결론지을 수 있다.

$$\Delta T_o < \Delta T_L \tag{Ⅶ.8}$$

철도궤도는 통상적으로 "완전하게" 똑바르지 않기 때문에 선형틀림이 궤도응답에 미치는 영향을 아는 것이 필요하다. 상대적으로 작은 횡 궤도틀림(줄 틀림)에 상응하는 평형 브랜치를 도해적으로 **그림 Ⅶ.21**에 점선으로 나타낸다. 이들 브랜치의 각각에 대한 ΔT_L값은 완전하게 똑바른 궤도의 ΔT_L 값에 상당히 가깝다는 점에 주목하라. 그러므로 "똑바른" 궤도에 대해 ΔT_L값으로써 방정식 (Ⅶ.8)에 언급한 척도는 작은 줄 틀림이 있는 궤도에 대해서도 유효하다.

선형적으로 틀림이 있는(불완전한) 레일이 가열되고 ΔT_o이 ΔT_{cr} 값에 도달하였을 때는 궤도가 옆으로 좌굴될 것이며 브랜치 LB(**그림 Ⅶ.21**) 상의 "평형" 형상에 놓일 것이라는 점에 유의하라. 좌굴현상 자체는 사실상 "동적"이며 그러므로 이들의 그래프에 나타나지 않는다.

틀림 v_o의 증가에 따라서 ΔT_{cr}는 감소한다. **그림 Ⅶ.21**에 1점 쇄선으로 나타낸 것처럼 충분히 큰 v_o 값에 대하여는 ΔT_{cr}이 없어지며 평형곡선은 연속적으로 된다(그리고 시종일관하여 안정으로 된다). 이들의 연구결과는 제Ⅶ.3절에서 기술한 Birmann과 Rabb (1960)의 관찰과 일치한다.

온도의 압축력을 받는 철도궤도의 좌굴해석은 (1) **그림 Ⅶ.20**과 Ⅶ.21에 나타낸 것처럼 모든 평형상태의 사정과 그 다음에 (2) 이들의 평형상태가 안정되어 있는 것과 안정되어 있지 않은 것의 사정 등 두 부분으로 이루어져 있다. 그러나 **그림 Ⅶ.20**과 Ⅶ.21에 나타낸 그래프는 궤도좌굴을 방지하는 "안전한 온도상승"은 오로지 "좌굴 후의 평형" 브랜치로부터만 사정할 수 있다는 점을 시사한다. 이 개념은 Kerr (1978b, 1980)가 적응시켰으며 다음의 소개에서 사용된다.

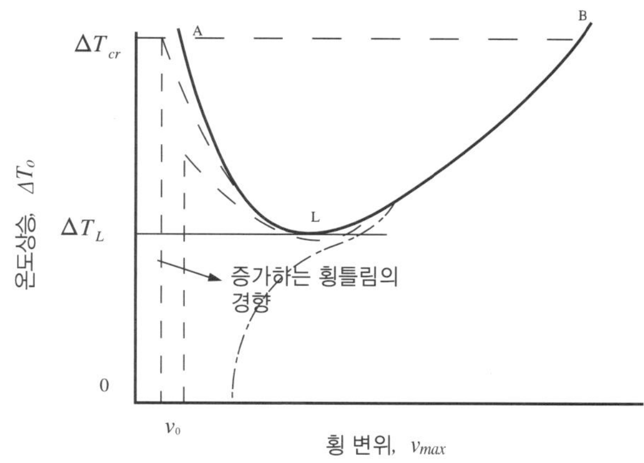

그림 Ⅶ.21 줄 틀림이 있는 궤도에 대하여 전형적인 평형 브랜치

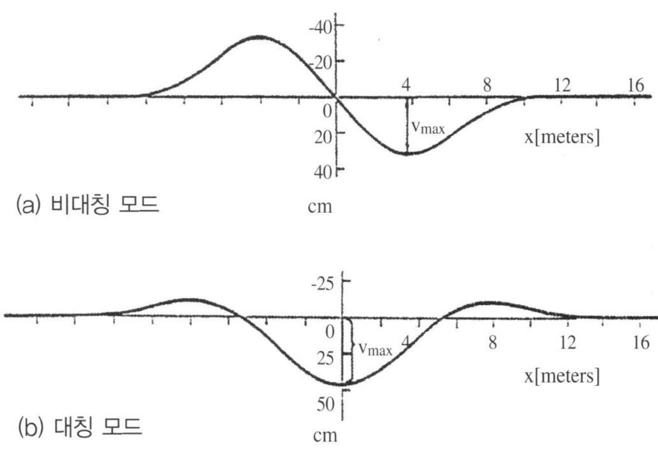

그림 Ⅶ.22 $\varDelta T_o$ = 50 ℃(90 ℉)에 대해 Kerr (1978b)가 얻은 좌굴형상

레일-침목 구조에 대한 "평형방정식"은 기계적으로 합리적이고 수학적으로 잘 제시된 분석적 공식화를 확보하기 위해 비선형 탄성이론과 가상변위의 이론을 이용하여 유도되었다. 다른 조사자들이 부닥치게 되는 어려움을 피하기 위해, 미분방정식으로 지배되고 매칭(matching) 지점이 궤도 축을 따라 연역적으로 결정되지 않는 궤도영역을 적합(matching)시킬 때는 Kerr (1975b)가 개발한 가변의 매칭 점에 대한 변분계산법을 이용하였다.

체결장치의 비틀림을 무시할 수 있는 경우에 상응하는 분석은 Kerr (1978b, 1980)가 제시하였다. 이하에서는 수치적 평가에 관한 약간의 결과만을 소개한다. 얻어진 좌굴형상을 **그림 Ⅶ.22**에 나타낸다. 그들은 **그림 Ⅶ.16**에 나타낸 시험에서 관찰된 것과 유사하다.

좌굴된 진폭과 파장이 Birmann과 Rabb (1960), 및 Bromberg (1966)에 의해 관찰된 것들과 같은 오더라는 점에 주목하라.

얻어진 평형 브랜치 및 상응하는 레일축력을 **그림 Ⅶ.23**에 나타낸다. 이리하여, 고려중인 궤도와 좌굴된 S 형상에서 안전한 온도상승은 $\varDelta T_L \cong$ 43.5 ℃(78 ℉)이다. 또한, 만일 궤도가 $\varDelta T_o$ = 50 ℃의 온도상승으로 좌굴된다면, 그 때는 가장 큰 횡 처짐 v_{max} = 32 cm(12.5 in)와 함께 브랜치 LB 상의 평형형상 ③에서 정지할 것이다.

그림 Ⅶ.23의 평형 브랜치를 비교하면, 대칭과 비대칭 변형모드의 ΔT_L값이 거의 같은 반면에, 횡 변위 v_{max}는 대칭 모드의 경우가 더 크다(약 50 %)는 점이 뒤따른다. 이것은 또한 **그림 Ⅶ.22**로부터도 명백하다. 나타낸 온도 상승의 범위에 대하여 좌굴에 기인하는 축력의 강하는 양쪽의 변형모드에 대하여 거의 같은 점에 주목하라. 예를 들어, ΔT_o = 50 ℃에 대하여 (**그림 Ⅶ.5**에 따라) 똑바른 상태의 축력은 N_t = 202 ton인 반면에, 안정된 변형 상태 ③에서 상응하는 N_{tR} 힘은 약 80 ton이라는 점에 유의하라.

좌굴 후의 궤도응답에 대한, 특히 "레일단면"과 "도상상 태"가 "안전한 온도상승" ΔT_L에 미치는 영향을 확인하기 위하여 Kerr (1980)가 제시한 해법은 다음과 같은 표준 레일강 상수와 궤도 파라미터에 대하여 수치적으로 평가 하였다.

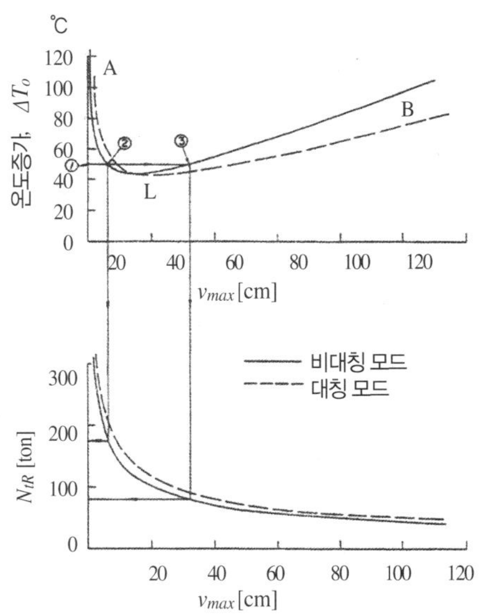

그림 Ⅶ.23 평형 브랜치 및
상응하는 축력 곡선

$$E = 2.1 \times 10^6 \text{ kgf/cm}^2 = 3 \times 10^7 \text{ lb/in}^2 \quad ; \quad \boldsymbol{\alpha} = 1.15 \times 10^{-5} \text{ 1/℃} \tag{Ⅶ.9}$$

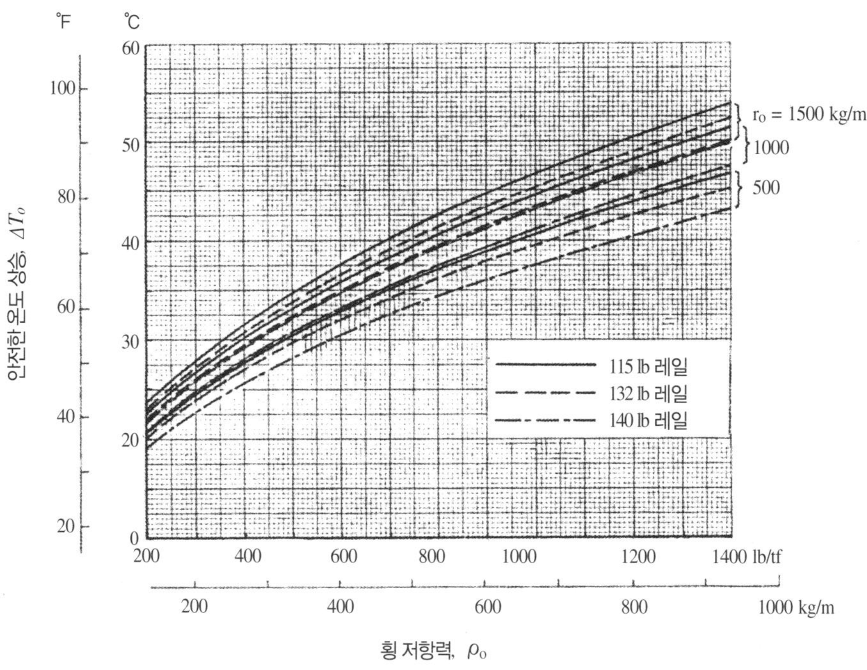

그림 Ⅶ.24 궤도 파라미터에 대한 안전한 온도상승 ΔT_L의 종속

레일단면 및 침목-도상 저항력 r_o와 ρ_o가 안전한 온도상승 ΔT_L에 미치는 영향은 그 때에 각 곡선의 최저치들의 위치를 알아냄으로써 그리고 상응하는 ΔT_L 값을 기록함으로써 **그림 VII.**20에 나타낸 유형의 수많은 곡선들을 사용하여 사정된다. 각 곡선은 하나의 점을 산출한다. 결과들을 **그림 VII.**24에 나타낸다.

그림 VII.24의 그래프는 비대칭 S형상의 변형에 대하여 얻었다. 대칭 변형형상에 상응하는 ΔT_L 값은 S형상(**그림 VII.**23)의 것들과 아주 유사하게 구해진다. 그러므로 체결장치의 비틀림 강성을 무시할 수 있을 때(즉, 대규모 교통을 받는 스파이크 체결장치의 목-침목에 대하여)는 **그림 VII.**24의 "그래프"가 공학 목적으로 "양쪽 변형모드에 대해 유효하다고 고려할 수 있다." 분석적인 상세와 얻어진 결과의 논의에 관하여는 Kerr (1980)를 참조하라.

체결장치의 비틀림 저항력을 무시할 수 없을 때(예를 들어, 스프링 클립 체결장치의 궤도에 대하여)는 ΔT_o가 더 높다. 상세에 관하여는 Grisson과 Kerr (2003)를 참조하라.

VII.5 궤도좌굴의 정적 분석 ; 곡선궤도

이 경우에 대한 분석은 더 복잡하다. 주된 문제는 곡선궤도에서 "중립온도"가 대기온도의 변화와 교통에 따라서 변화하고 따라서 제VII.2.6항에서 설명한 것처럼 일반적으로 미지이라는 점이다. 레일축력을 측정하는 단순한 비파괴 방법을 개발하려는 시도는 Elliott (1980)와 Thomson (1982)이 기술한 것처럼 성공하지 못하였다. 그럼에도 불구하고 곡선궤도 좌굴에 관한 분석은 중립온도가 확인될 수 있다고 가정하여 다수의 연구에서 다루어졌다.

온도 상승을 받는 곡선궤도는 똑바른 궤도와는 다르게, 좌굴하기 전에 횡으로 확대된다. 따라서 적합한 분석은 이들의 좌굴이전(pre-buckling) 변위를 포함하여야 한다. 이와 관련하여 대단히 약한 횡 저항력 때문에 궤도가 좌굴되지 않고 확대될 수 있다는 점에 유의하라.

곡선궤도에 대한 좌굴분석은 Meier (1934), Numata (1960), Nemesdy (1960), Eengel (1960b), Ignjatic (1969), Samavedam (1979), 및 Donley와 kerr (1987)가 제시하였다. 곡선궤도에 대한 좌굴시험은 일본국유철도 (1958), Bromberg (1966), Klsh, Samavedam과 Jeong (1982) 및 Eisenmann과 Mattner (1988)가 수행하였다.

"곡선궤도"의 초기 좌굴분석은 궤도의 좌굴이전 횡 변위를 고려하지 않았다. Donley와 Kerr (1987)는 좌굴이전 횡 궤도변위도 또한 포함함으로써, 그리고 횡 저항력에 대한 쌍(雙)선형 응답과 종 저항력에 대한 비선형 응답을 가정함으로써 똑바른 궤도에 대한 Kerr (1980)의 분석을 "곡선궤도"로까지 일반화하였다. 얻어진 분석적 해법은 수치적으로 평가되었으며 결과를 **그림 VII.**25와 VII.26에 나타낸다.

그림 VII.25는 r_o와 ρ_o 값의 범위에 대하여 반경 R = 300 m(984 ft), 즉 5.8° 곡선의 궤도에 대한 그래프를 포함한다. **그림 VII.**25와 VII.26 그래프의 비교는 궤도곡률의 영향이 안전온도 범위 ΔT_L를 감소시키는 것이라는 점을 나타낸다.

그림 VII.26은 궤도의 곡선반경에 대하여 뿐만 아니라 횡 저항력 ρ_o에 대한 안전온도 범위 ΔT_L의 종속을 나타낸다. 즉, 일정한 ρ_o에 대하여 반경 R이 감소됨에 따라서 안전온도 범위 ΔT_L이 감소된다. 이것은 또한 **그림 VII.**25에 나타낸 것처럼, 그리고 **그림 VII.**26에 점선으로 나타낸 것처럼 일정한 R에 대하여 ρ_o가 감소되고 있을 때에 사실이다. 시험결과의 비교에 관하여는 Donley와 kerr (1987)를 참조하라.

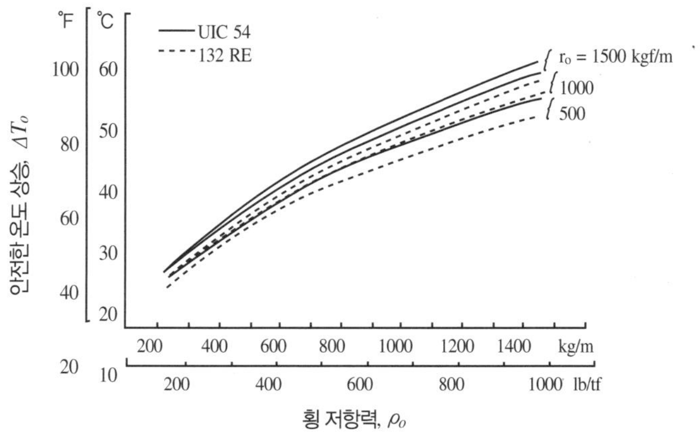

그림 VII.25 안전한 온도상승 대 궤도 횡 저항력, $R = 300$ m [Donley와 kerr (1987)에서]

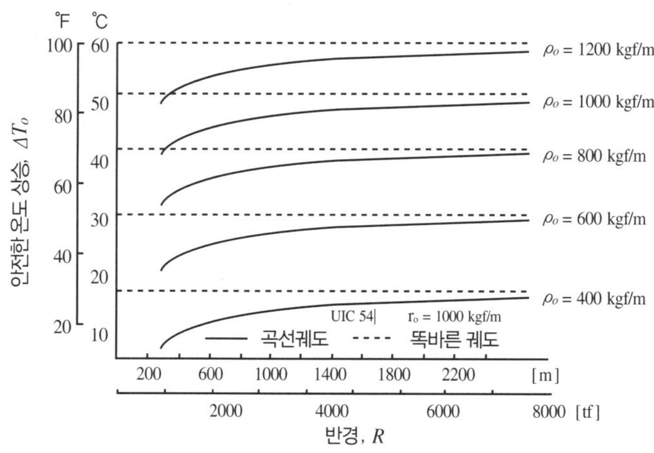

그림 VII.26. 궤도의 곡선반경 R에 대한 안전한 온도상승 ΔT_L의 종속 [Donley와 kerr (1987)에서]

VII.6 고려중인 궤도에 필요한 파라미터

그림 VII.26의 그래프는 식 (VII.9)에 주어진 레일강의 E와 α 값에 기초한다. 궤도 횡 좌굴을 방지하도록 "중립 온도 위의 안전한 온도상승"을 사정하는 데에 그들을 사용하기 위해서는 궤도 파라미터 A, I, r_o 및 ρ_o의 이해도 또한 필요로 한다. 상기의 절에서 지적한 것처럼 A와 I는 레일 횡단면의 기하구조적인 성질이다. $A = 2A_r$는 양 레일의 단면적이며, $I = 2I_r$는 레일 수직 무게중심 축에 관한 양 레일의 단면2차 모멘트이다. 이들의 값은 AREMA 편람의 각종 레일유형에 열거되어 있다. 분석하려는 궤도의 레일이 과도하게 마모되었거나 부식되었을 때는 열거된 A와 I 값을 그에 따라 줄여야 한다.

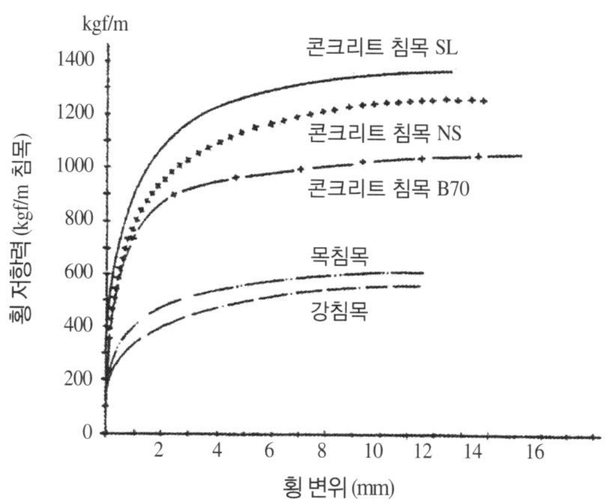

그림 Ⅶ.27 압밀되지 않은 궤도구조에 대한 횡 저항력의 의존도

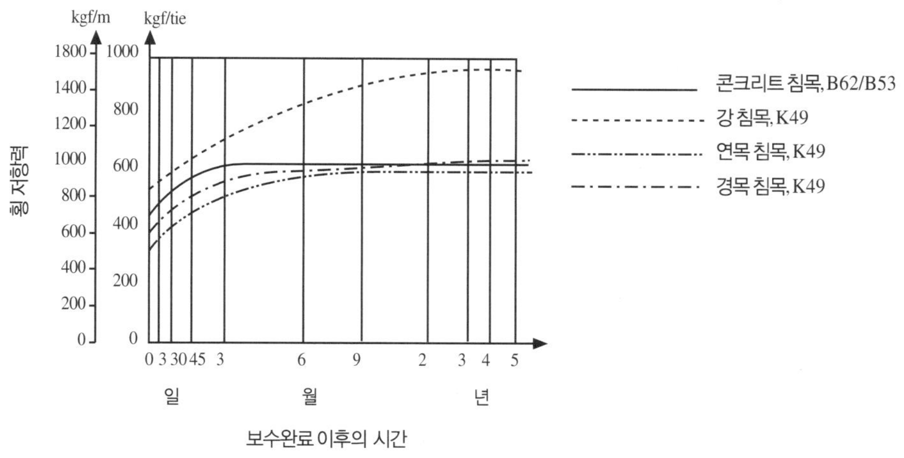

그림 Ⅶ.28 궤도로 운반된 통과톤수에 대한 횡 저항력의 의존도

r_o와 ρ_o의 의미는 **그림 Ⅶ.19**에서 정의된다. 이들의 파라미터는 현장 및/또는 실험실 시험으로 사정되며, 견고하게 한 궤광에 증가하는 힘을 가하여 축 방향으로 또는 횡 방향으로 이동시키면서 그 때에 상응하는 하중-변위 값을 기록한다(**그림 Ⅶ.19**). 상응하는 응답곡선이 평평하게 되는 저항력 값은 각각 r_o 또는 ρ_o이다.

궤도 저항력 시험과 얻어진 결과의 상세한 묘사는 Birmann (1957), 일본의 선로협회 [일본국유철도 (1958)], Birmann과 Raab (1960), Bartlett (1960), Prud' homme (1967), Reiner (1977), 및 기타가 소개하였다. 많은 조사에서 얻어진 결과의 개관은 Klaren과 Loach (1965), Dongneton (1978), 및 Samavedam 등 (1995)이 소개하였다. 수행된 시험들에 따르면,

(1) 궤도의 저항력 값은 침목과 도상의 유형뿐만 아니라 침목간격에도 좌우된다. 횡 저항력은 도상어깨에도 좌우된다.

(2) 저항력 값은 레일-침목 구조(궤광)의 중량이 증가됨에 따라 증가된다(그들은 수직으로 재하된 궤도에서도 더 높다).

(3) 저항력 값은 궤도 위로 지나간 통과톤수가 증가됨에 따라 (도상 압밀 때문에) 어느 정도까지 증가된다.

(4) (예를 들어, 삽 채움이나 다짐에 의한) 도상교란을 포함하는 궤도 보수작업은 저항력 값을 줄인다.

(5) 저항력 값은 습기와 온도와 같은 기후 요인에 좌우된다(예를 들어, 동결 대 젖은 도상과 노반).

상기 요점의 얼마간을 입증하는 시험의 결과를 **그림 Ⅶ.27**과 Ⅶ.28에 나타낸다[Dongneton (1978), 및 Birmann과 Raab (1960)]. **그림 Ⅶ.28**에서 누적된 교통하중에 따른 횡 저항력의 증가에 주목하라.

Ⅶ.7. 수치적인 예

이 절의 목적은 직선궤도의 온도좌굴을 방지하는 궤도 상태를 정립하기 위하여 **그림 Ⅶ.24**에 나타낸 그래프를 어떻게 이용할 수 있는지를 나타내는 것이다.

문제 1. "기존의 직선궤도에서 좌굴을 일으키는 중립온도 위의 온도상승 범위를 결정하라."

이 문제를 풀기 위하여 먼저 실험적으로(또는 추정 값) "궤도를 따라서" 예상되는 최저의 저항력 값 r_o와 ρ_o를 결정한다. 제시된 예에 관해서는 교란되지 않은 궤도에 대한 이들의 값이 다음과 같다고 가정한다.

$$r_o = 1,000 \text{ kgf/m(671 lb/ft)} \quad ; \quad \rho_o = 1,200 \text{ kgf/m(800 lb/ft)}$$

그 다음에, **그림 Ⅶ.24**에 따르면, 132 lb 레일의 궤도에 대해 안전한 온도상승은 $\Delta T_L = 47\ ℃ = 85\ ℉$이다.

상기의 결과를 이용할 경우에 $\Delta T_L = 47\ ℃$는 고려중인 궤도가 좌굴되는 온도상승이 "아니고", 오히려 **안전한 온도상승의 범위**를 한정하는 값이라는 점에 유의하라. 다른 말로, $\Delta T_o \langle \Delta T_L$인 한, 고려중인 직선궤도는 횡 좌굴에 관하여 안전하다. 좌굴을 일으키는 온도상승은 통상적으로 ΔT_L보다 더 높다. 제 Ⅶ.4절에서 논의하고 **그림 Ⅶ.21**에 나타낸 것처럼, 그것은 선형틀림(과 동적 충격)에 좌우되며, 즉 작은 틀림(불완전)이 더 커질수록 좌굴을 일으킬 수 있는 중립온도 위의 온도상승이 더 작아진다. 이와 관련하여 제 Ⅶ.3절에 나타낸 시험결과에 따르면 유사한 시험궤도를 좌굴시킨 온도상승은 47 ℃보다 더 컸다는 점에 유의하라.

현장관찰에 따르면 열이 있는 궤도가 도상교란이 수반되는 궤도보수 작업의 종료 직후에 좌굴되는 경향이 있다는 점도 또한 궤도를 분석할 때 고려하여야 한다. 이것에 대한 주된 이유는 제 Ⅶ.5절에 기술한 도상저항력 값 r_o와 ρ_o의 결과로서 생긴 감소이다. 중립온도 위의 안전한 온도상승 ΔT_L을 사정하기 위해서는 r_o와 ρ_o의 감소된 값을 이용하여야 한다. "새로 다진 궤도"에 대해 실험적으로 사정한 값이 다음과 같다고 가정하면

$$r_o = 500 \text{ kgf/m(336 lb/ft)} \quad ; \quad \rho_o = 600 \text{ kgf/m(400 lb/ft)}$$

그 때는 **그림 Ⅶ.24**에 따라 $\Delta T_L = 33.5\ ℃(60\ ℉)$이며, 따라서 (47 ℃의 1/3인) 약 14 ℃가 하강된다.

다음에, "보수작업이 국지적(국지적인 보수)"인 경우, 예를 들어 단지 15 m(약 50 ft)의 궤도에 걸치는 경우를 고찰하자. 만일 가열된 궤도가 옆으로 좌굴된다면 좌굴이 이 영역에서 발생될 것이라고 예상하는 것이 합리적이다. 추정한 가정에 따라 종 저항력 r_o의 주된 영향이 상당히 긴 인접 영역에 있으며 그들은 보수작업의 영향을 받지 않으므로, 중립온도 위의 안전한 온도상승의 상응하는 사정에 관해서는 횡 저항력 ρ_o만이 감소된다. 이 경우에 다음을 가정하면

$$r_o = 1,000 \text{ kgf/m} \quad ; \quad \rho_o = 600 \text{ kgf/m}$$

그림 Ⅶ.24의 그래프에서 ΔT_L = 35 ℃가 구해지며, 따라서 단지 12 ℃의 하강이 있다.

상기의 수치적 예는 **그림 Ⅶ.24**를 사용함으로써 ΔT_L를 어떻게 쉽게 사정할 수 있는가를 나타내는 외에 궤도보수 작업이 안전한 온도상승에 미치는 부정적인 영향도 입증한다.

문제 2. "직선궤도에 대하여 온도상승으로 인한 궤도좌굴과 온도하강으로 인한 파단을 방지하도록 부설(중립)온도(역주 : 설정온도)를 결정하라."

이음매가 없는 궤도의 **부설온도**(설정 온도)는 레일을 부설하려는 지역(지방)의 온도변동에 좌우된다. 부설온도를 선정하는 방법을 **그림 Ⅶ.29**에 나타낸다. 이 절차에서는 먼저 지방기록으로부터 지나간 수십 년 동안 특히 그 지방에서 일어난 최고와 최저 온도를 사정한다. 그 다음에 레일에서 예상되는 최고온도(= 지방에서 기록된 최고 대기온도 + 복부와 저부의 어두운 색에 기인하여 대기온도보다 높은 레일온도 증가)와 레일에서 예상되는

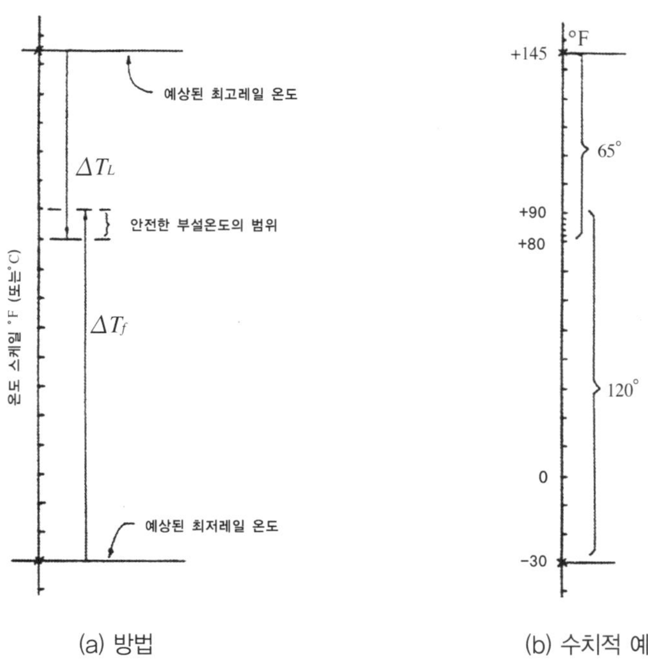

그림 Ⅶ.29 장대레일 철도궤도의 부설(중립)온도를 정립하는 방법

최저온도(= 기록된 최저 대기온도)를 온도눈금에 삽입한다. 그 다음에, **그림 Ⅶ.29(a)**에 나타낸 것처럼, (고려 중인 궤도에 대하여) **그림 Ⅶ.24**로부터 결정된 ΔT_L 간격을 최고온도에서 아래쪽으로 온도눈금에 삽입한 다음에 최저 기록온도에서 위쪽으로 ΔT_f 간격을 온도눈금에 삽입한다. ΔT_L와 ΔT_f의 겹치는 영역이 "안전한 부설온도"의 범위이다.

ΔT_f 값은 낮은 겨울철 온도 동안 레일파단을 일으키지 않을 **안전한 온도하강**이다. 이 값은 레일의 야금과 용접의 품질에 좌우되며 그리고 저온에서의 레일의 피로강도를 고려한다. 구소련에서 사용된 ΔT_f 값을 사정하는 방법에 관하여는 Basilov와 Cernishev (1972, vol.1, 제Ⅸ.4절)를 참조하라.

수치적 예로서 기록된 최고와 최저 대기온도가 각각 +110 °F와 −30 °F인 지방을 고려하자. 그 때에 레일에서 예상되는 최고온도는 110 ° + 35 ° = 145 °F이며, 여기서 35 °F는 대기온도보다 높은 레일온도의 증가이다. 레일에서 예상되는 최저온도는 −30 °F이다. 만일, 132 lb 레일의 궤도에 대하여 분석한 결과가 ΔT_L = 65 °F이고 ΔT_f 값이 120 °F로 구해진다면, 그 때의 레일 부설온도는 **그림 Ⅶ.29(b)**에 따라 80 °F와 90 °F의 범위 내에서 선택하여야 한다.

Shigeru Miura (1991, p. 60)에 따르면, 일본에서도 유사한 접근법이 명백히 사용되고 있다.

"ΔT_l 와 ΔT_f 범위가 겹치지 않을 때"는 상황이 더욱 복잡하다. 이것은 예를 들어 **그림 Ⅶ.30(a)**에 나타낸, 기록된 최저온도가 −50 °F이고 ΔT_f = 90 °F일 때 상기에서 논의한 문제에서 일어날 수 있다.

Basilov와 Cernishev (1972, vol.1, 제Ⅸ.4절)에 따르면, 러시아 및 구소련의 그 외 나라에서 사용된 하나의 접근법은 **그림 Ⅶ.30(b)**에 나타낸 **연간 2 회의 온도조정**을 이용한다. 한쪽은 봄철에 조정하고 다른 한쪽은 가을철에 조정한다. **그림 Ⅶ.30(b)**에서 부설온도의 범위가 10 °F라고 가정되는 점에 주목하라. 이 절차에 따르면, 만일 봄철의 조정 후에 레일온도가 0 °F 아래로 떨어지지 않고 가을철의 조정 후에 레일온도가 95 °F를 넘지 않는다면 레일온도 변화는 안전하다.

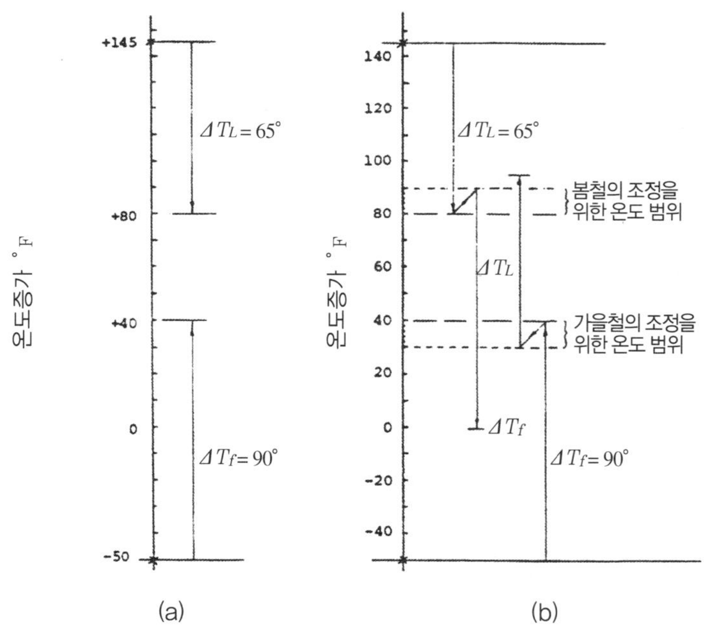

그림 Ⅶ.30 극단적인 온도조건에서 레일 부설온도의 결정

이와 같은 중립온도의 년2회 조정 방법은 노동집약적이며 따라서 비용이 많이 든다. 그러나 침목의 손상이 없이 쉽게 철거하고 재설치할 수 있는 스프링-클립 체결장치의 증가된 사용과 함께 그것은 좌굴의 경향을 나타내는 장대레일 궤도의 구간에서 특히 경제적으로 정당화될 수 있다.

Ⅶ.8 북미에서의 레일 부설온도와 관리

북미의 철도들은 시행착오 접근법으로 레일 부설온도(즉, 축력이 ≡ 0인 중립온도)에 도달하였다.

레일절손을 탐지하는데 신호시스템에 의지하는, 많은 철도들은 근년에 궤도좌굴의 발생을 피하기 위하여 80 ℉ 또는 그 이상에서 레일을 부설하여야 한다고 하는 견해를 따르고 있다. 예를 들어, Ogden (1991), Ogden, farmer Ⅱ, 및 Mitchell (1993, p. 22)에 따르면, Norfolk Southern 철도는 중립온도로서 95 ℉를 사용한다. 이전의 Conrail [Willbrandt (1991, p. 84)]와 다수의 북미 철도들도 그렇게 한다. 최근의 권고에 관하여는 AREMA 편람 (제5.2.4항)을 참조하라.

Norfolk Southern과 북미의 많은 철도들에서는 레일온도가 80 ℉ 아래에 있을 때는 언제나 레일온도를 스파이크 체결온도나 앵커 체결온도보다 높게 하기 위하여 흔히 레일 가열기를 사용한다. 궤도좌굴에 관련된 보수방법의 해설에 관하여는 NS의 Ogden (1991), Conrail의 Willbrandt (1991), UP의 Thompson (1991), SP의 Wickersham (1991), ATSF의 Webb (1991), 및 BNSF의 Van Hook, Armstrong과 Goodall (2002)을 참조하라. Miura (1991)가 보고한 일본의 실행과 Cervi (1991)가 보고한 프랑스 국철의 실행도 또한 흥미 있다. 이들의 비교는 유익한 연습이다.

Ⅶ.9 궤도좌굴을 방지하기 위한 수단

상기의 절들에서 나타낸 논의로부터 궤도좌굴의 가능성을 줄이기 위해서는

(Ⅰ) 레일 압축력은 (겨울철 동안 레일파단을 일으킴이 없이) 가능한 한 작아야 한다.

(Ⅱ) (레일-침목 구조와 도상으로 이루어져 있는) 궤도의 횡 강성은 가능한 한 높아야 한다.

고 결론지을 수 있다.

목표 (Ⅰ)은 상기에서 논의한 것처럼 "중립온도"에서 레일을 부설하고 관리함으로써, 그리고 이동하는 열차에 기인하는 레일 압축력의 누적을 피함으로써 달성할 수 있다. 구소련의 철도들에서 사용되고 있는 중립온도 결정 방법(그림 Ⅶ.29)은 합리적인 접근법으로 보인다. 여러 유럽철도들은 경험한 양극단 온도의 "평균"에 가까운 온도한계 이내에서 레일의 응력을 해방하여야 하는 점을 규정하고 있으며 그들이 사용하는 부설방법은 온도의 오르내림이 상대적으로 작을 때 적합하다.

목표 (Ⅰ)을 달성하는 또 하나의 수단은 레일을 하얗게 페인트칠을 함으로써 레일온도를 낮추는 것이다. Klaren과 Loach (1965)에 따르면, 희게 칠한 레일과 사용 중인 통상적인 레일의 온도를 비교하는 시험이 폴란

드에서 수행되었다. 뜨거운 햇빛 나는 날에는 희게 칠한 레일의 온도가 페인트칠을 하지 않은 레일의 온도보다 5 ℃ 내지 7 ℃ (9 °F 내지 12.5 °F) 더 낮았다. 현재 레일의 페인팅이 북미 화물철도에서 특히 실용적이지 않은 것으로 보일지라도 이 접근법은 특별한 상황에서는 유용할 수도 있다.

목표 (Ⅱ)는 레일-침목 구조(궤광)의 횡 강성을 증가시킴으로써 그리고 도상저항력 r_o와 ρ_o를 증가시킴으로써 달성할 수 있다. 많은 철도들은 "레일-침목 구조의 횡 강성"을 증가시키기 위하여 K형이나 스프링-클립 체결 장치와 같이 강성이 더 큰 체결장치와 횡 평면에서 큰 휨 강성을 나타내는 모노블록 침목을 사용하고 있다. 높은 종 저항력 값 r_o를 달성하기 위해서는 침목 사이를 침목상면 높이까지 도상자갈로 채워야 한다. 또한, (예를 들어, 프리스트레스트 콘크리트로 만든) 더 무겁고 더 깊은 침목은 궤도 종 저항력 r_o를 증가시킨다. ORE (1976) 와 Dogneton (1978)에 따르면, 더 큰 "횡 저항력" 값 ρ_o는 **그림 Ⅶ.31**과 Ⅶ.32에 나타낸 것처럼 도상어깨의 폭 을 증가시킴으로써, 침목상면보다 높게 도상어깨를 더 돋음으로써, 침목의 중량과 횡단면적을 증가시킴으로써, 도상을 압밀시킴으로써, 그리고 (침목의 유효 횡단면적을 증가시키는) 안전 캡(역주 : 좌굴방지 판)을 사용함으로써 달성할 수 있다. Dogneton (1978)은 ρ_o에 대한 이들 수단의 효과를 입증하는 시험결과를 발표하였다.

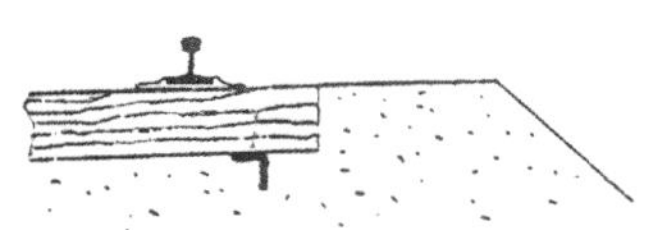
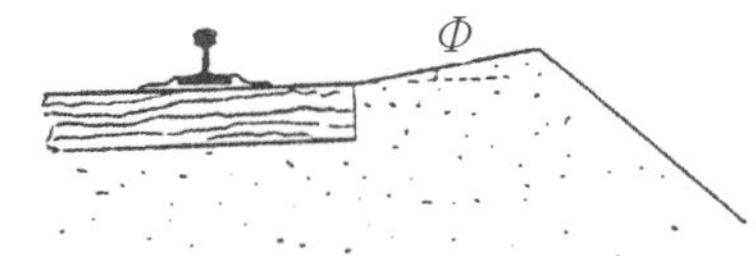

그림 Ⅶ.31 궤도 횡 저항력을 증가시키는 초기의 수단

그림 Ⅶ.32. 궤도 횡 저항력을 증가시키는 최근의 Vossloh 장치

많은 철도들은 궤도좌굴을 방지하기 위하여 도상어깨 폭의 증가가 필요함을 발견하였다. 예를 들어, 독일철도 와 구소련의 철도들은 직선궤도의 도상어깨 폭을 35 cm(14 in)까지 증가시켰다. 독일철도는 고속선로의 도상어 깨 폭을 50 cm(20 in)까지 증가시켰다. 지난 수십 년 동안 북미 철도들의 표준 실행은 6 in의 어깨 폭을 사용하여 왔다[AREA 편람 (1987)]. 더 최근에는 더 큰 도상어깨 폭이 권고된다[AREA 편람 (1996, 제5장)]. 미국 궤도 들에서 궤도좌굴의 발생을 줄이기 위해 가장 경제적이고 유효한 수단은 예를 들어 **그림 Ⅶ.31**에 나타낸 것처럼 도상어깨 폭을 15 in(38 cm)까지 증가시키고 도상어깨를 더 돋는 것[1]이라는 생각이 든다. 이 증가된 어깨 폭이 제Ⅵ.2.7항에 나타낸 궤도틀림의 진행 및 그에 따른 보수도 줄일 것이라고 예기하는 것이 합리적이다. 다짐(탬핑)은 도상저항력 r_o와 ρ_o를 감소시키고 따라서 안전한 온도상승을 감소시키므로, 높은 온도의 기간 동안은 국

---

[1] 궤도좌굴을 방지하고 궤도보수를 감소시키기 위한 도상어깨의 최적 폭은 현장시험으로부터 사정하여야 한다.

지적 보수작업조차 주의하여 수행하여야 한다.

Ⅶ.10 궤도좌굴에 대한 추가의 주의

"궤도좌굴이나 파단"을 고찰할 때는 레일온도의 변화가 한 가지 원인만이 아니라는 점을 명확히 이해하여야 한다. 예를 들어, 큰 압축축력은 제Ⅳ.6절에서 기술한 것처럼, 갑자기 제동하는 열차 앞의 레일에서 유발될 수도 있다. 이 상태는 **그림 Ⅳ40과 Ⅳ.42**에 나타낸 것처럼, 한 쌍의 슬라이딩 신축이음매가 제동하는 열차 뒤에 위치할 때 악화된다.

또 하나의 취약한 궤도위치는 교량교대(**그림 Ⅶ.33**)와 직선이나 곡선 궤도에 위치한다.

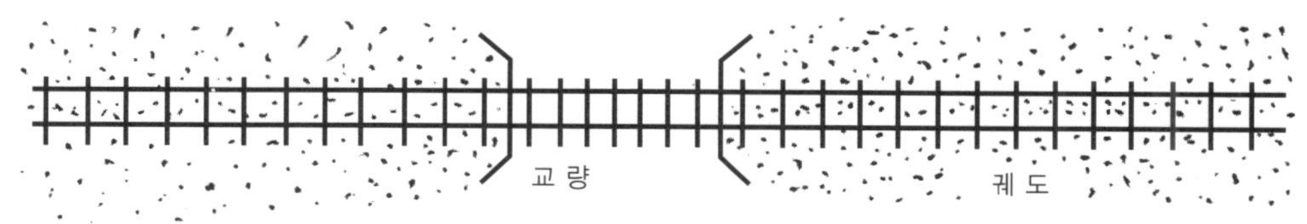

그림 Ⅶ.33 교량 근처의 궤도

Kerr와 Babiski (1997)가 기술한 것처럼 레일은 **레일복진**(크리프) 때문에 이동하는 열차의 방향으로 이동하려는 경향을 갖고 있다. 이 이동은 윤하중의 증가에 비례해서 증가한다. 교량 부근의 긴 인접 구간(예를 들어, 150 ft)에서 레일이 침목에 박스(box) 고정되어 있는 곳에서는 레일의 축 방향 이동이 강하게 줄어들며, 이것은 교량교대 앞의 레일에서 압축축력의 누적으로 이끈다. 이 상태는 무겁게 적재된 차량의 1방향 교통인 경우에 가장 심하다. 한 방향으로는 무겁게 적재된 차량이 주행하고 되돌아오는 방향에서는 빈 차량이 주행하는 양방향 교통에서는 축력 누적이 여전히 상당한 양일 수 있다. "도로"와 "철도선로"가 교차하는 위치인 건널목에서도 유사한 상태가 발생될 수 있다.

이들의 상황에서는 상대적으로 작은 대기온도의 상승이 좌굴을 일으킬 수 있다. 그러므로 교량 근처에서는 충분한 도상단면과 강한 체결을 마련함으로써 궤도를 특히 잘 관리하여야 한다.

또 하나의 취약한 궤도 상태를 **그림 Ⅶ.34**에 나타낸다. 교량으로 접근하는 열차가 속도를 늦출 때는 교량에

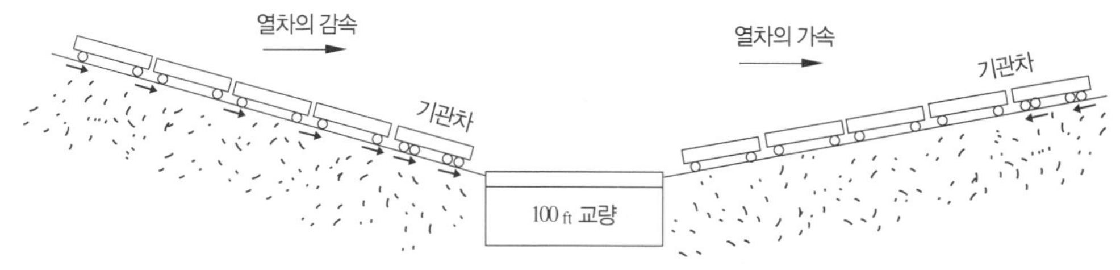

그림 Ⅶ.34 교량 근처에서 이동 열차에 의한 압축력의 발생

걸친 레일과 교량 왼쪽 바로 옆의 레일에 대해 압축력을 발생시킨다. 기관차가 교량을 통과한 후에 골짜기 모양을 벗어나서 역행(力行)주행하기 시작하면 교량에 걸친 레일과 교량 오른쪽 바로 옆의 레일에 대해 압축력을 발생시킨다(**그림 Ⅶ.34**). 따라서 이동하는 열차는 열차 방향과는 무관하게 인접하는 궤도뿐만 아니라 교량 위에서도 레일 압축력을 발생시킨다. 많은 열차의 통과와 함께 레일 압축력이 누적된다. 또한, 레일–침목 구조의 중력도 이 누적에 기여한다. 그러므로 **그림 Ⅶ.34**에 나타낸 위치에서는 중립온도 위로 약간의 대기온도 상승도 궤도좌굴을 일으키기에 충분할지도 모른다.

개상식(開床式, open-deck) 교량에서는 레일–침목 구조가 교량의 종형(從桁)에 고정되어 있으며 그러므로 그곳에서는 좌굴되지 않을 것이다. 좌굴은 인접 궤도에서 일어나는 경향이 있을 것이다. 이 이유 때문에 교량 위의 레일–침목 체결장치는 침목으로부터 레일의 들림을 피하도록 (스파이크가 아닌 스프링–클립 체결장치와 같이) 강하여야 하며, 그 이유는 침목에서 레일의 들림이 교량 위에서 탈선을 일으킬 수 있기 때문이다. 인접 궤도에서는 강한 궤도 횡 저항력을 보장하도록 도상어깨를 충분히 크게 유지하는 것이 본질적이다.

그림 Ⅶ.35 분기기에서 좌굴된 궤도 (독일, 1970)

그림 Ⅶ.36 분기기에서 좌굴된 궤도 (미국, Batavia, 1990)

여전히 취약한 또 하나의 상태는 제VII.2.5항에서 설명하고 **그림 VII.12**에 나타낸 것처럼, 분기기에서 일어날 수 있다. 관련된 탈선의 두 예를 **그림 VII.35**와 **VII.36**에 나타낸다.

제IV장에서 기술한 것처럼, 레일-침목 구조가 수직 윤하중을 받을 때는 차륜의 양쪽에서 그것의 원래 위치보다 위로 들려진다. 이 상태의 예를 **그림 IV.6**에 나타낸다.

들려진 지역에서는 침목저면이 도상으로부터 완전히 분리될 수 있기 때문에 횡 저항력이 감소된다. 이것은 차례로 궤도 횡 좌굴의 가능성을 증가시킨다.

상기에서 논의한 궤도좌굴 "분석"은 이동하는 열차의 영향을 고려하지 않는다. 이들의 상태에서는 차량의 대차들 사이에서, 기관차의 앞쪽에서, 및 열차의 마지막 대차 뒤쪽에서 레일-침목 구조가 위로 들려질 수 있으며, 그리고 그곳에서는 횡 저항력 ρ_0가 "감소"되고 따라서 안전한 온도상승의 범위가 줄어든다. 또한, 이동하는 열차는 어떤 속도에서 특히 장대열차의 끝을 향하여 "횡" 진동 (불규칙 진동 · flutter 형)을 발생시키며, 그것은 가열된 장대레일 구조의 횡 좌굴에 기여할 수 있다.

(분석적으로 그리고 현장시험에 의하여) "동적" 궤도 불안정성을 사정하려는 시도에 관하여는 Kish와 Samavedam (1991)뿐만 아니라 Bromberg 및 이들의 논문에 열거된 관련 참고문헌을 참조하라.

결론으로써 다음이 강조되어야 한다.

(1) 궤도좌굴 사고 중에서 높은 비율은 흔히 늦은 봄과 이른 여름철의 뜨거운 햇빛 나는 날에 이동하는 열차 아래에서 일어난다.

(2) 궤도좌굴은 보수작업으로 궤도가 교란된 곳에서 일어남직 하며, 그 이유는 이 활동이 횡과 종 저항력을 감소시키기 때문이다.

(3) (국지적) 보수를 수행한 후에는 규정된 도상단면(침목들 간과 도상어깨의 충분한 자갈)과 필요한 앵커 패턴을 가능한 한 곧바로 회복하는 것이 필수적이다.

(4) 궤도좌굴은 직선궤도보다 곡선에서 더 빈번하게, 특히 겨울철 동안에 궤도를 면 맞춤하고 줄 맞춤한 곳에서 발생되며, 그 이유는 이것이 일반적으로 레일의 "중립온도를 낮추기" 때문이다.

(5) 마지막으로, 궤도좌굴은 격렬한 제동과 같은 부적당한 열차 운전취급에 기인하여 시작될 수도 있다. 이 주제의 상세에 관하여는 Union Pacific의 "공기브레이크 규정 1104(c); 교란된 궤도에 걸친 열차 운전취급" [Thompson (1991, pp. 69 70)]을 참조하라.

Ⅷ. 궤도-차량 상호작용의 동역학 및 관련된 문제

Ⅷ.1 서론

제Ⅳ장에서 설명한 것처럼, 제2차 세계대전 이래로 방정식 (Ⅳ.7)은 수직 윤하중을 받는 횡-침목 궤도의 설계해석에 사용되고 있다. 이 방정식은 "정적" 레일응답만을 묘사한다. 그러나 현장 관찰은 이동하는 윤하중이 일반적으로 레일응력을 증가시키는 점을 제시하였다.

방정식 (Ⅳ.7)을 동적 궤도문제의 분석에도 적합하게 하기 위해 방정식 (Ⅳ.7)을 일반화하려는 시도는 심각한 어려움에 부닥쳤다. 그들의 일부는 다음과 같다. (1) 밀접하게 간격을 둔 "독립적인" 수직스프링으로 이루어져 있는 Winkler 기초는 "관성을 갖고 있지 않으며", 따라서 이동하는 열차에 의해 발생된 에너지가 기초 안으로의 전파(傳播) 및 기초를 따른 전파에 의해 방산(放散)될 수 없다. (2) 실제 노반과 도상의 성질은 사용된 궤도보수 방법뿐만 아니라 교통의 누적에 따라서 변화되며, 본선궤도의 수천 마일을 예측하기가 어렵다. 그리고 (3) 열차에서 각 차량의 기계적 응답은 차량의 설계와 차량자체의 보수표준에 좌우되어 변화한다.

그러므로 세계 도처에서 서서히 발전된 실제계산은 상응하는 정적 분석의 윤하중을 **속도-효과 계수**로 곱함으로써 "이동하는" 열차의 동적 영향을 포함시키는 것이었다. 이 계수는 10 내지 150 mph 범위의 속도로 영업선로에서 주행하는 실제 열차(여객과 화물)에 기인하는 레일 휨 스트레인의 현장측정으로부터 얻어진다(또는 얻어야 한다). 이 접근법은 제Ⅸ장에서 논의되고 이용된다.

탄성과 비탄성 Winkler형 기초로 지지되고 이동하중을 받는 긴 레일의 동적 해석에 관한 광범위한 개관에 대해서는 Kerr (1981)를 참조하라. 관련된 문제는 Filippov와 Kokhmanyuk (1967) 및 Frẏba (1972)가 논의하였다.

동적 궤도응답의 해석은 일반적으로 상당히 복잡하며 이 책의 범위를 넘는다. 그러나 다수의 중요한 동적궤도 상태는 단순한 동적 문제의 분석결과에 의거하여 논의하고 설명할 수도 있다.

그러므로 이하에서는 관련된 동역학의 개념을 소개한 다음에 다수의 단순한 궤도관련 상태를 분석하는데 그들을 이용한다. 이 설명의 목적은 실제 궤도문제를 논의하는데 이용하게 될 이 유형의 문제에 관한 직관(直觀)을 발현시키고 가능한 개선책을 궁리하는 것이다.

Ⅷ.2 속도와 가속도의 용어 정의

이동하는 열차에 기인하는 궤도의 응답을 논의할 때는 차량이나 기관차의 "속도"와 "가속도"란 용어가 흔히 사용된다.

레일을 따라가는 차량의 속도는 시간에 따라 차량의 위치가 변화하는 율이다. 예를 들어, 작은 시간간격 Δt 동안에 차량의 위치가 위치 x에서 가까운 위치 $x + \Delta x$로 변하였을 때(**그림 Ⅷ.1**), 차량의 "평균" 속도는 다음과 같이 정의된다.

$$v_{ave} = \frac{(x + \Delta x) - x}{\Delta t} = \frac{\Delta x}{\Delta t} \tag{Ⅷ.1}$$

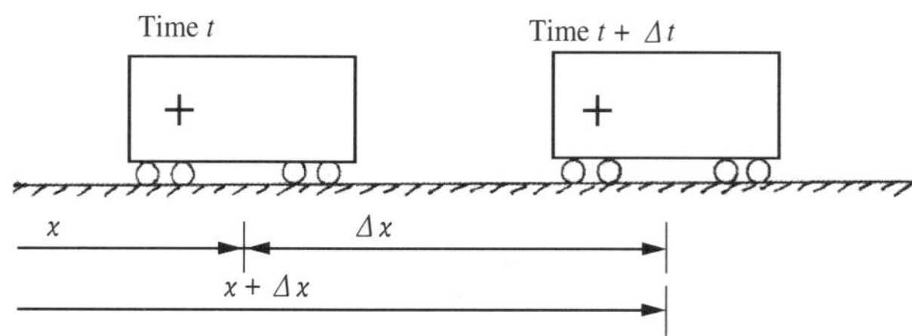

그림 Ⅷ.1 차량 속도의 정의

다음에, 감소하는 시간간격 Δt에 대해 Δx가 감소하는 경우를 고찰하자. 그러면 극한의 경우에 Δt와 x가 영에 가까워짐에 따라 "순간"의 속도를 얻는다.

$$v(t) = \lim_{\Delta t \to 0} \left\{ \frac{\Delta x}{\Delta t} \right\} = \frac{dx}{dt} \tag{Ⅷ.2}$$

x 방향에서 차량의 **가속도**는 시간에 따라 차량의 속도가 변화하는 율이다. 속도에 대한 상기의 정의와 유사하게, 차량의 "평균" 가속도는 다음과 같으며

$$a_{ave} = \frac{[v(t) + \Delta v] - v(t)}{\Delta t} = \frac{\Delta v}{\Delta t} \tag{Ⅷ.3}$$

그리고 시간 t에서 "순간"의 가속도는 다음과 같다.

$$a(t) = \lim_{\Delta t \to 0} \left\{ \frac{\Delta v}{\Delta t} \right\} = \frac{dv}{dt} = \frac{d^2 x}{dt^2} \tag{Ⅷ.4}$$

예 : 차량이 일정한 속도 $v_0 = 80$ mph로 이동하고 있다. $t = 0$과 $t = t_1$ 사이의 시간 동안 차량이 이동한 거리와 궤도를 따른 차량의 가속도를 사정하라.

방정식 (Ⅷ.2)로부터 $dx = vdt$가 된다. 이 관계를 적분하면 $\int_{x=0}^{x_1} dx = \int_{t=0}^{t_1} v\,dt$ 로 귀착된다. 고려중인 문제에 대하여

$v = v_o =$ "일정"하므로, 다음이 뒤따른다.

$$x_1 = v_o \int_{t=0}^{t_1} dt = v_o t_1$$

그러므로 차량은 예를 들어 2 시간 동안 다음과 같이 이동할 것이다.

$$x_1 = 80 \text{ mph} \times 2\text{h} = 160 \text{ mile}$$

$v = v_o =$ "일정"하기 때문에, 방정식 (VIII.4)로부터 차량의 가속도는 다음과 같이 된다.

$$a = \frac{dv_o}{dt} \equiv 0$$

VIII.3 역학의 뉴턴 법칙

뉴턴의 **제1 법칙**에 따르면, 어떠한 힘의 작용도 없는 물체(예를 들어, 차량이나 기관차)는 일정한 직선운동의 상태로(즉, 일정한 속도와 제로 가속도로) 운동한다. 이 법칙은 고려중인 물체의 어떠한 속도 변화도 이 물체에 작용하는 합력 F의 작용에 관련되어야 하는 점을 제시한다. 이것은 차례로 합력 $\overline{F}$와 물체의 가속도 $\overline{a}$간의 관계, 즉 $f(\overline{F}) = g(\overline{a})$을 제시한다.

뉴턴은 그 때에 물체에 작용하는 합력 $\overline{F}$와 발생된 가속도 $\overline{a}$가 선형으로 관련된다는 대단히 단순한 관계, 즉 다음과 같은 관계를 가정하였다.

$$\overline{F} = m\,\overline{a} \tag{VIII.5}$$

여기서, m은 "질량"이라 부르는 비례계수이다. 이것은 뉴턴의 **제2 법칙**이다. 다행히도, 아주 단순한 이 방정식은 여러 가지 동적 현상을 설명하기에 대단히 정밀하다는 점이 입증되었다.

제3 법칙은 작용과 반작용의 법칙이다. 그것은 모든 작용(또는 힘)에 대하여 크기가 같고 방향이 반대인 반작용(또는 반력)이 있는 점을 설명한다. 다른 말로, 한 물체가 제2 물체에 힘을 가할 때, 제2 물체는 제1 물체에 수치적으로 같지만 방향이 반대인 힘을 가한다.

Ⅷ.4 단순한 철도공학 문제의 분석에서 뉴턴 법칙의 적용

이하에서는 궤도에 관련된 현상을 설명함에 있어 뉴턴법칙의 유용성을 입증하기 위해 다수의 단순한 동적 문제를 논의한다.

문제 1 : 제Ⅳ장(그림 Ⅳ.6)에 나타낸 것처럼, 정적 윤하중은 차륜 직하의 레일을 하향으로 처지게 하고, 차륜에서 약 7 내지 21 ft 떨어진 거리에서 상향으로 처지게 한다. 차륜이 레일을 따라 이동하고 있을 때 유사한 상태가 일어난다. 이 경우에는 상향으로 변형하는 레일단면이 침목을 들어 올리려고 시도하는 힘 $T/2$를 발생시킨다. 이 힘을 평가하기 위해 **그림 Ⅷ.2**에 나타낸 상태를 고찰하자.

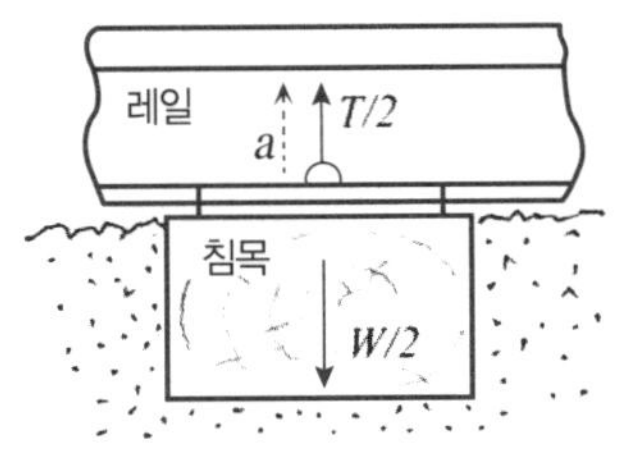

그림 Ⅷ.2 상향 레일가속도

해석을 단순화하기 위하여 침목과 도상 간의 마찰력은 무시한다. 부가적으로, 레일은 (예를 들어, 새로 박은 스파이크에 의해) 침목에 견고하게 체결되어 있다고 가정한다. 따라서 침목 및 체결된 레일은 점 x에서 같은 "수직 가속도" a를 경험한다.

그 때에 뉴턴의 제2 법칙 $\sum \overline{F} = m\,\overline{a}$은 침목에 대해 다음과 같이 나타낼 수 있다.

$$2\left(\frac{T}{2} - \frac{W}{2}\right) = \frac{W}{g}a \qquad\qquad (\text{Ⅷ}.6)$$

여기서, W는 전체침목의 중량이며 g는 중력가속도 32.2 ft/sec²이다.

방정식 (Ⅷ.6)을 T에 대하여 풀면, 다음으로 귀착된다.

$$T = W\left(1 + \frac{a}{g}\right) \qquad\qquad (\text{Ⅷ}.7)$$

오른쪽의 첫 번째 항은 침목의 "정적" 중량이며 두 번째 항 Wa/g는 "동적" 기여이다. T가 수직가속도 a의 증가와 함께 증가되는 점에 주목하라. 다른 한편, a는 열차속도 v의 증가와 함께 증가한다. 따라서 열차속도가 더 높을수록 체결장치에 작용하는 상향 힘이 더 커질 것이다. 이것은 어떤 수량의 MGT 통과 후에 스파이크가 어째서 느슨해지는가의 주된 이유이다(**그림 Ⅳ.7**).

콘크리트침목의 중량 W는 목–침목의 중량보다 훨씬 더 크다, 즉 $\cong$ 700 lb 대 $\cong$ 200 lb. 그러므로 들어 올림 힘 T도 또한 더 크다. 그들은 차례로 체결장치의 짧아진 "피로"수명으로 이끈다. 이들의 힘을 줄이기 위해서는 콘크리트침목 체결장치에 스프링 클립을 포함하여야 한다. 콘크리트침목이 상대적으로 딱딱하기(rigid) 때문에 제Ⅲ장에 기술한 것처럼 레일과 침목 사이에 탄성패드를 사용하여야 한다.

레일 종 저항력을 증가시키기 위하여, 그리고 패드가 레일–

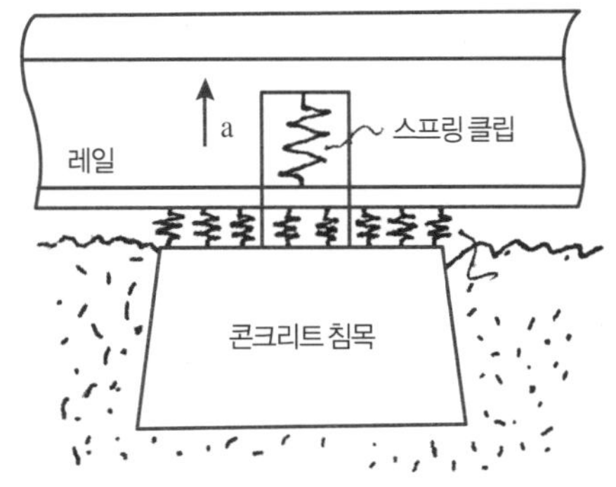

**그림 Ⅷ.3 레일, 침목, 및 스프링 클립 체결
장치의 역학모델**

침목 접촉지역을 벗어나서 진동하는 것을 피하기 위하여 패드를 미리 압축시킨다(**그림 Ⅲ.31과 Ⅲ39**). 결과로써 생기는 역학모델을 **그림 Ⅷ.3**에 나타낸다.

문제 2 : 궤도-열차 상호작용을 분석하기 위해서는 철도차량의 기본설계를 잘 아는 것이 필수적이다. 예를 들어, 화차의 주된 특징을 **그림 Ⅷ.4(a)**에 나타낸다. 객차의 주된 특징은 유사하다. 상세에 관하여는 Armstrong (2000, 제5장) 및 "차량과 기관차 백과사전" (1997)을 참조하라.

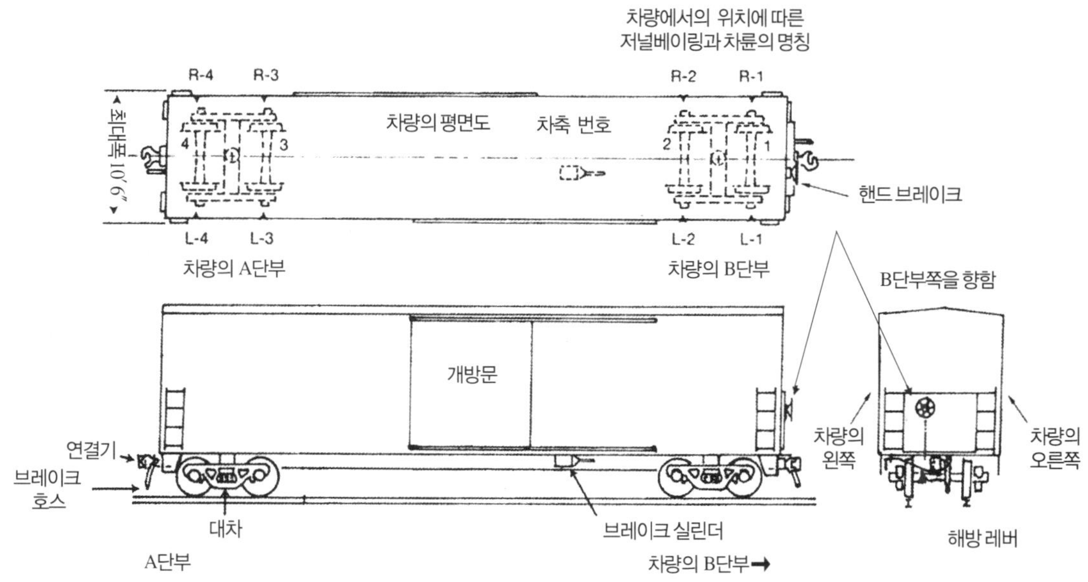

그림 Ⅷ.4(a) 화차의 주된 특징 [Armstrong (2000)에서 각색]

다음에, 가벼운 운송차량을 고찰하자. 접하게 되는 궤도의 교란 때문에 차량은 진폭 A = 2.5 cm와 주기 T = 0.5 sec의 수직 조화진동 $x = A\sin(\omega_0 t)$을 하고 있다. 여객을 포함하는 차량의 중량은 W_1 = 20 ton이다. 두 대차의 중량은 W_2 = 4 ton이다. 진동에 기인하여 레일에 가해지는 최대 수직 차륜 힘을 사정하라.

단순화한 해석 모델을 **그림 Ⅷ.4(b)**에 나타낸다.

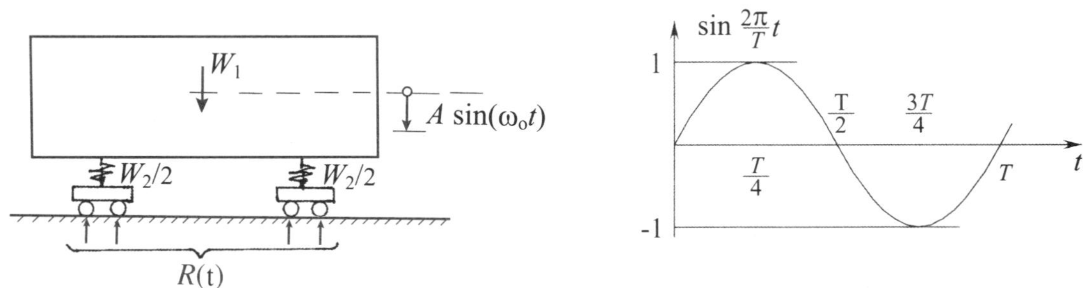

그림 Ⅷ.4(b). 수직 차륜진동에 관한 단순한 해석 모델   **그림 Ⅷ.5**

뉴턴의 법칙 $\sum \vec{F} = m \, \vec{a}$에 따르면, 이 차량의 수직운동을 묘사하는 방정식은 다음과 같다.

$$W_1 + W_2 - R(t) = \frac{W_1}{g} \ddot{x}(t) \tag{VIII.8}$$

여기서, $\ddot{x}(t) = d^2x / dt^2$는 수직가속도이며 $R(t)$는 이 차량의 모든 수직 차륜 힘을 나타낸다.

가정에 의하여 $x = A\sin(\omega_0 t)$과 $\omega_0 = 2\pi / T$를 가진 차량이므로 중량이 W_1인 차량의 진동에 대한 기여는 다음과 같이 된다.

$$\frac{W_1}{g} \ddot{x}(t) = \frac{W_1}{g} \left[- A \left(\frac{2\pi}{T} \right)^2 \sin \left(\frac{2\pi}{T} t \right) \right] \tag{VIII.9}$$

그림 VIII.5에 따르면, 최대 절대치는 $t = T/4$와 $3T/4$에서 일어날 것이다. 여기서,

$$\sin \left(\frac{2\pi}{T} t \right) = \begin{cases} \sin \left(\frac{2\pi}{T} \frac{T}{4} \right) = \sin \left(\frac{\pi}{2} \right) = +1 \\[2mm] \sin \left(\frac{2\pi}{T} \frac{3T}{4} \right) = \sin \left(\frac{3\pi}{2} \right) = -1 \end{cases}$$

$(2\pi / T) = 2\pi / 0.5 = 4\pi$ [1/sec], 및 $g = 981$ cm/sec^{2}이므로, 방정식 (VIII.9)으로부터 다음이 뒤따른다.

$$\frac{W_1}{g} \ddot{x}(T/4) = \frac{20}{981} \left[- 2.5(4\pi)^2 (+1) \right] = -8.0 \, tons$$

$$\frac{W_1}{g} \ddot{x}(3T/4) = \frac{20}{981} \left[- 2.5(4\pi)^2 (-1) \right] = +8.0 \, tons$$

따라서 각 차륜 힘은

$$[(20 + 4) - 8] / 8 = 2 \text{ ton}$$

에서

$$[(20 + 4) + 8] / 8 = 4 \text{ ton}$$

까지 변화할 것이다. 또는 다음과 같이 다시 나타낼 수 있다.

$$2 \text{ ton} < P_{wheel} < 4 \text{ ton} \tag{VIII.10}$$

정적 차륜 힘은 각각 3 ton이다. 따라서 차량의 수직진동에 기인하는 수직 윤하중의 변동은 중요할 수 있다.

문제 3 : 중량 W의 철도차량이 $v = 60$ mph의 속도로 이동하고 있다. 순간의 시간 $t = t_1$에서 비상 브레이크가 작동되어 모든 차륜이 갑자기 쇄정된다. 그 결과로써 차량이 $t = t_2$에서 정지할 때까지 차량이 활주(skid)에 들어간다(그림 VIII.6).

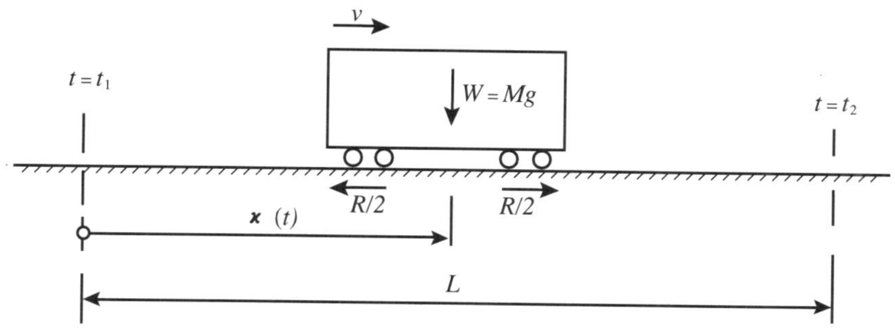

그림 Ⅷ.6 시간 t에서 차량의 활주

쇄정된 차륜과 레일 간의 "마찰계수"가 μ라고 가정하여 차량이 멈출 때까지 차량이 활주하는 시간 t_2와 거리 L을 사정하라.

차량에 뉴턴의 법칙 $\sum \overline{F} = m\,\overline{a}$을 적용하면, 다음으로 귀착된다.

$$-R = M\ddot{x}(t) \tag{Ⅷ.11$'$}$$

$R = (Mg)\,\mu$이므로 상기의 미분방정식은 다음과 같이 간단히 정리된다.

$$\ddot{x}(t) = -\mu g\ ,\qquad t_1 < t < t_2 \tag{Ⅷ.11}$$

여기서, $\ddot{x}(t) = d^2x/\,dt^2$. 활주의 개시에서 $t_1 = 0$이므로, 관련된 2 개의 초기조건은 다음과 같다.

$$x(0) = 0 \qquad ; \qquad \dot{x}(0) = v_1 = 60\,\text{mph} \tag{Ⅷ.12}$$

방정식 (Ⅷ.11)과 (Ⅷ.12)는 고려중인 문제의 해석 공식화를 구성한다.

방정식 (Ⅷ.11)의 일반해는 그것을 t에 관하여 두 번 적분함으로써 얻어진다. 따라서

$$\dot{x}(t) = -\mu g t + A_1 \qquad ; \qquad x(t) = -\mu g \frac{t^2}{2} + A_1 t + A_2$$

(Ⅷ.12)의 초기조건으로부터 $A_2 = 0$과 $A_1 = v_1 = 60$ mph로 된다. 그러므로 상기 공식의 해는 다음과 같다.

$$x(t) = -\mu g \frac{t^2}{2} + v_1 t \tag{Ⅷ.13}$$

다음에, 차량이 활주하는 시간의 종결 t_2는 시간 t_2에서 차량속도 $\dot{x}$가 영으로 줄어든다는, 즉 $\dot{x}\,(t_2) = 0$이라는 조건으로부터 사정된다. 결과로써 생기는 방정식은 다음과 같다.

$$\dot{x}(t_2) = -\mu g t_2 + v_1 = 0$$

그러므로

$$t_2 = \frac{v_1}{\mu g}$$

(VIII.14)

$v_1 = 60$ mph $= 89$ ft/sec, $g = 32.2$ ft/sec², 마찰계수 $\mu = 0.3$을 이용하면, 상기 식은 다음과 같이 된다.

$$t_2 = \frac{89}{0.3 \times 32.2} = 9.2 \text{ sec}$$

차량이 활주하는 거리는 다음과 같다.

$$L = x(t_2) = -\mu g \frac{t_2^{\,2}}{2} + v_1 t_2 = -0.3 \times 32.2 \frac{(9.2)^2}{2} + 89 \times 9.2 = 410 \text{ ft}$$

(VIII.15)

그러므로 차량은 차량이 정지하기 전까지 9.2 sec 동안 410 ft의 거리에 걸쳐 활주할 것이다.

문제 4 : 중량이 160,000 lb이고 5 mph로 이동하는 철도차량이 차막이에 의해 정지된다(**그림 VIII.7**). 차막이의 스프링 파라미터는 $\kappa = 3,000$ lb/in이다 (즉, 스프링을 3,000 lb로 눌렀을 때 스프링이 1 in 만큼 짧아진다). 다소 스티프한 차량연결기의 영향을 무시하고 최대 충격력 R_{max}을 사정하라.

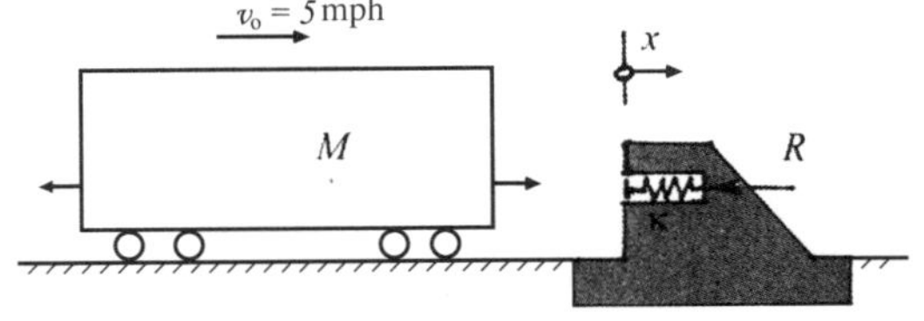

그림 VIII.7 차막이에 부딪치는 차량

충격하는 동안 이동하는 차량에 뉴턴의 법칙 $\sum \overline{F} = m\,\overline{a}$을 적용하고, 차량과 차막이 간의 접촉의 개시에서 $x = 0$과 $t = 0$임을 명시하면, x 방향에서 운동의 방정식은 다음으로 귀착된다.

$$M\ddot{x} + \kappa x = 0 \quad , \qquad\qquad t > 0$$

(VIII.16)

여기서, M은 차량의 질량이고 κ는 범퍼(완충)스프링의 파라미터이다. 상응하는 초기조건은 다음과 같다.

$$x(0) = 0 \qquad ; \qquad v(0) = \dot{x}(0) = v_0$$

(VIII.17)

방정식 (VIII.16)의 일반해는 다음과 같다.

$$x(t) = A_1 \cos(\omega t) + A_2 \sin(\omega t)$$

(VIII.18)

여기서, $\omega = \sqrt{\kappa/M}$ 이다. 상수 A_1과 A_2는 방정식 (VIII.18)을 초기조건 (VIII.17)에 대입함으로써 결정된다. 그들은 $A_1 = 0$과 $A_2 = v_0 / \omega$이다. 그러므로 해는 다음과 같다.

$$x(t) = \frac{v_\text{o}}{\omega}\sin(\omega t)$$

(VIII.19)

이 해의 그래픽 표현을 **그림 VIII.8**에 나타낸다.

충격력이

$$R(t) = \boldsymbol{\kappa} x(t)$$

이므로, 다음이 뒤따른다.

$$R_{max} = \kappa\, x_{max} = \kappa\frac{v_\text{o}}{\omega} = \kappa v_\text{o}\sqrt{\frac{M}{\kappa}}$$

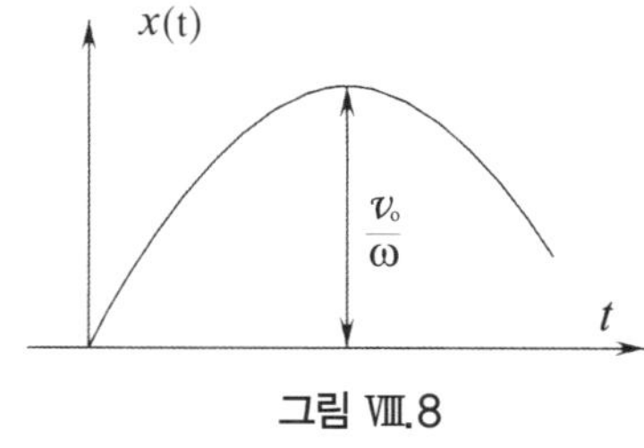

그림 VIII.8

따라서

$$R_{max} = v_\text{o}\sqrt{\kappa M}$$

(VIII.20)

R_{max}가 충격시의 차량속도에 따라 선형으로 증가되는 점에 주목하라. 따라서 v_o가 두 배일 때, R_{max}도 마찬가지로 2 배이다. 또한, 충격력 R_{max}는 스프링 강성 κ의 증가에 따라 증가한다. 따라서 스프링이 스티프할수록 충격력도 더 크다.

다음에, 예로서 v_o = 5 mph = 88 in/sec, $M = W/g$ = 160,000/(32.2 12) = 414.1 lb · sec/in²일 때의 최대 충격력을 사정하면, 다음과 같이 된다.

$$R_{max} = v_\text{o}\sqrt{\kappa M} = 88\sqrt{3,000\times 414.1} = 98,083\,\text{lb}$$

상기의 분석은 충격력을, 예를 들어 R_{max} = 40,000 lb로 제한한기 위하여 필요한 범퍼스프링 강성 κ를 평가하는데도 사용할 수 있다. κ 에 대해 방정식 (VIII.20)을 풀면 다음을 얻는다.

$$\kappa_{req} = \frac{R_{max}^2}{v_\text{o}^2 M} = \frac{R_{max}^2}{v_\text{o}^2}\frac{g}{W}$$

(VIII.21)

이 분석에 따르면, 필요한 스프링상수는 다음과 같다.

$$\kappa_{req} = \frac{(40,000)^2 \times 32.2 \times 12}{(88.6)^2 \times 160,000} \cong 500\ \text{lb/in}$$

상당히 스티프한 연결기의 영향을 무시하면, 선택하려는 선형 범퍼스프링은 500 lb의 힘으로 압축될 때 1 in만큼 수축되어야 한다는 점이 뒤따른다. 그러나 상응하는 x_{max}는 상당히 더 크다, 즉 $x_{max} = R_{max}\,/\,\kappa$ = 98,083 / 500 = 196.2 in. x_{max}를 줄이기 위해서는 비선형 "스티프닝(stiffening)" 범퍼스프링을 사용하는 것이 필요할지도 모른다. 실제 차막이의 예를 **그림 VIII.9**에 나타낸다.

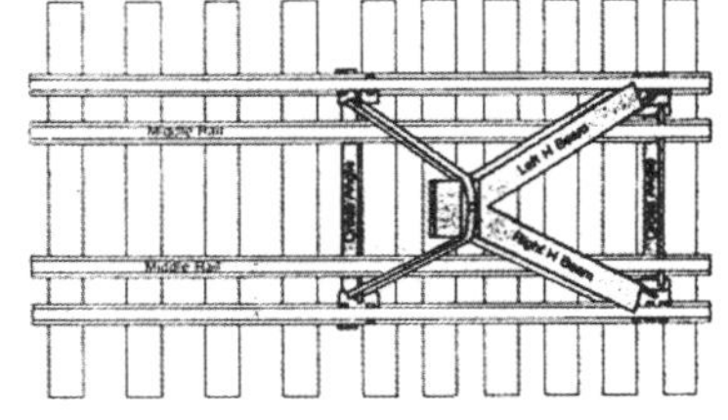

그림 Ⅷ.9 철도궤도의 차막이 예

문제 5 : 중량 W의 물체가 **그림 Ⅷ.10(a)**에 나타낸, 무게가 없는 디스크와 스프링으로 이루어져 있는 탄성 기초 위에 매달려 있다. **그림 Ⅷ.10(b)**에 나타낸 것처럼, 순간의 시간 $t = 0$에서 물체를 풀어놓아, 물체가 기초를 누르기 시작한다. W와 비교하여 디스크와 스프링의 중량을 무시할 수 있다고 가정하여 기초 상면의 수직변위 $w(t)$와 낙하하는 물체가 기초 상면에 가하는 결과로써 생기는 최대 충격력을 사정하라.

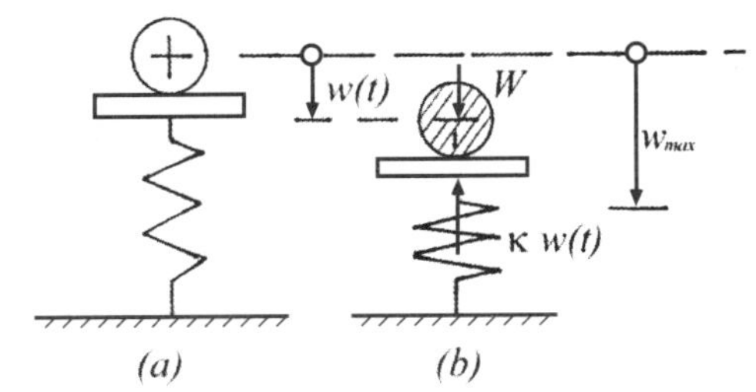

그림 Ⅷ.10 충격문제

관련되는 중량 W의 물체에 뉴턴의 법칙 $\sum \overline{F} = m\,\overline{a}$을 적용하면, 다음의 미분방정식이 산출된다.

$$-\kappa\, w(t) + W = M\,\ddot{w}(t) \tag{Ⅷ.22}$$

다음과 같이 두면

$$\kappa\,/\,M = \omega^2 \tag{Ⅷ.23}$$

상기의 미분방정식은 다음과 같이 된다.

$$\ddot{w} + \omega^2 w = W\,/\,M = g \quad . \qquad\qquad t \geq 0 \tag{Ⅷ.24}$$

관련된 초기조건은 다음과 같다.

$$w(0) = 0 \qquad ; \qquad \dot{w}(0) = 0 \tag{Ⅷ.25}$$

미분방정식 (Ⅷ.24)와 (Ⅷ.25)는 **그림 Ⅷ.10**에 나타낸 충격문제의 분석 공식화를 나타낸다.

방정식 (Ⅷ.24)의 일반해는 다음과 같다.

$$w(t) = A_1 \cos(\omega t) + A_2 \sin(\omega t) + g\,/\,\omega^2 \tag{Ⅷ.26}$$

이것을 초기조건 (Ⅷ.25)에 대입하면 다음과 같이 된다.

$$A_1 = -g/\omega^2 \quad ; \quad A_2 = 0$$

그러므로 고려중인 문제의 해는 다음과 같다.

$$w(t) = \frac{g}{\omega^2}\left[1 - \cos(\omega t)\right] \qquad\qquad t > 0 \qquad\qquad (\text{VIII}.27)$$

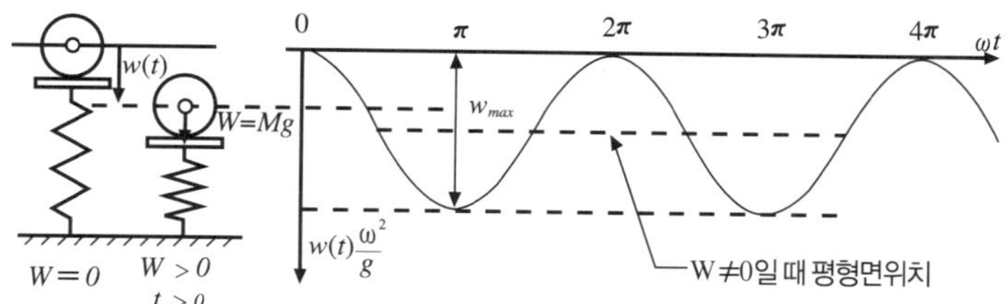

그림 VIII.11 해(解)의 그래픽 표현

방정식 (VIII.27)의 그래픽 표현을 **그림 VIII.11**에 나타낸다.

최대 수직변위는 $\omega t = \pi$에서, 따라서 $t = \pi/\omega$일 때 생긴다. 그러므로

$$w_{max} = w(\pi/\omega) = \frac{g}{\omega^2}[1 - \underbrace{\cos(\pi)}_{-1}] = \frac{gM}{\kappa}2 = 2\frac{W}{\kappa} \qquad\qquad (\text{VIII}.28)$$

그것은 정적중량에 기인하는 상응하는 처짐의 두 배만큼 크다.

상응하는 "충격력"은 다음과 같다.

$$S_{\max} = \kappa w_{\max} = 2W \qquad\qquad (\text{VIII}.29)$$

상기의 분석은 기초에 간신히 접촉하는 물체를 갑자기 풀어놓았을 때 발생된 충격력은 그 정적중량 W의 2 배만큼 크다는 점을 나타낸다.

문제 6 : 스프링으로 나타낸 탄성기초로 지지된 중량 W의 모터를 고찰하자. 모터는 수직방향으로만 구속된다. 모터가 일정한 각속도 ω_0로 돌아가고 그 회전자가 (점 A에서의 편심에 기인하여) 균형에서 약간 벗어나 있다고 가정하자. 이 불균형은 회전 원심력 P를 일으키며, 그것은 차례로 **그림 VIII.12**에 나타낸 것처럼 다음과 같은 주기적인 구동력을 발생시킨다.

$$P = P_0\sin(\omega_0 t) \qquad\qquad (\text{VIII}.30)$$

결과로써 생기는 모터의 수직운동 $w(t)$를 사정하라.

변형의 여러 단계를 주목하면, 다음과 같은 정적 평형에 대한 방정식

$$W - \kappa w_{st} = 0 \qquad\qquad (\text{VIII}.31)$$

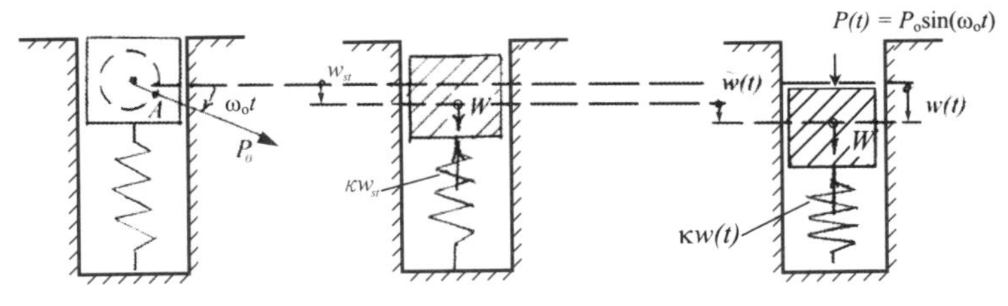

그림 VIII.12 주기적으로 교란시키는 힘을 받는 탄성시스템

과 다음과 같은 시간 t에서의 운동 방정식을 제시할 수 있다.

$$P(t) + W - \kappa w(t) = M\ddot{w}(t) \tag{VIII.32}$$

$w(t) = w_{st} + \tilde{w}(t)$ 라 두면(여기서, w_{st}는 정적 성분이다), 방정식 (VIII.32)는 다음과 같이 된다.

$$P(t) + W - \kappa\left[w_{st} + \ddot{\tilde{w}}(t)\right] = M\left[\ddot{w}_{st} + \ddot{\tilde{w}}(t)\right]$$

평형방정식 (VIII.31) 때문에, 그리고 방정식 (VIII.30)에 따라 $P = P_0 \sin(\omega_0 t)$ 임을 주목하면, 상기의 방정식은 다음과 같이 간단하게 정리된다.

$$M\ddot{\tilde{w}} + \kappa\tilde{w} = P_0 \sin(\omega_0 t) \tag{VIII.33}$$

또는, $\kappa/M = \omega^2$로 두어 다시 정리하면 다음과 된다.

$$\ddot{\tilde{w}} + \omega^2\tilde{w} = (P_0/M)\sin(\omega_0 t) \tag{VIII.34}$$

여기서, $\ddot{\tilde{w}} + d^2\tilde{w}/dt^2$

$$\omega = \sqrt{\kappa/M} \tag{VIII.35}$$

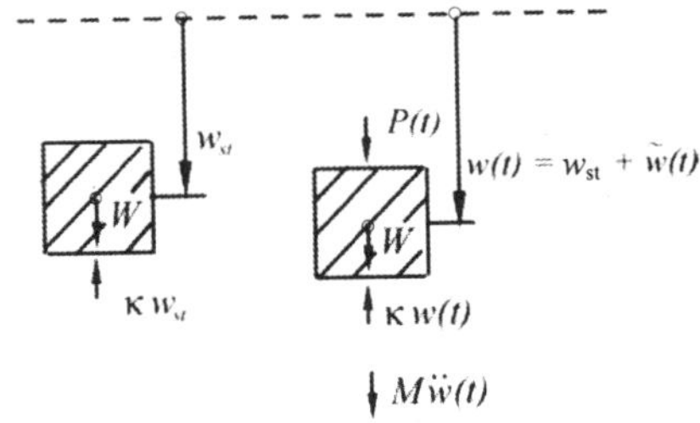

그림 VIII.13 자유물체도

는 **그림 VIII.13**에 나타낸 시스템의 "고유주파수"이다. 방정식 (VIII.34)의 해는 다음과 같다.

$$\tilde{w}(t) = A_1 \cos(\omega t) + A_2 \sin(\omega t) + \frac{P_0}{M}\frac{\sin(\omega_0 t)}{(\omega^2 - \omega_0^2)} \tag{VIII.36}$$

앞의 두 항은 "자유진동"이다. 댐핑 효과가 포함되는 경우에 그들은 어느 정도의 시간이 지나면 소멸될 것이다. 마지막의 항은 "안정된 상태의 강제된 진동"이다. $\omega \to \omega_0$일 때 $\tilde{w} \to \infty$임을 주목하면 수직변위는 대단히 크게 되고 있다. 따라서 다음과 같은 조건은 "공진"을 일으킨다.

$$\omega \equiv \omega_0 \qquad\qquad (\text{VIII}.37)$$

문제 7 : 그림 VIII.14에 나타낸 것처럼, 스프링으로 나타낸 탄성기초로 지지되고 다음과 같은 주기적 "기초의 교란"을 받는 질량 M의 물체를 고찰하자.

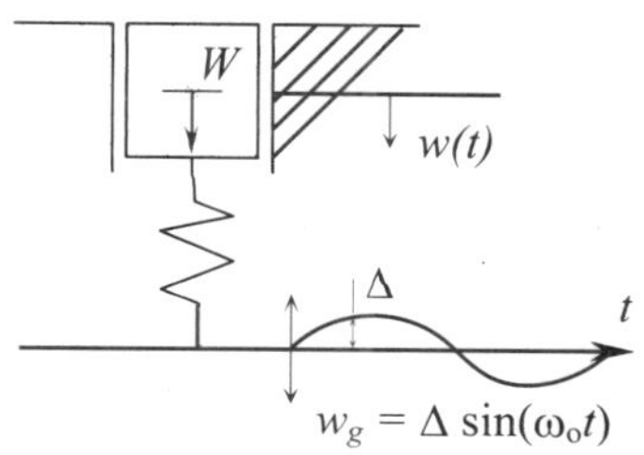

그림 VIII.14 주기적 기초교란을 받는 탄성시스템

$$w_g(t) = \Delta \sin(\omega_0 t) \qquad\qquad (\text{VIII}.38)$$

Δ는 "주기적" 기초교란의 진폭이다. 물체의 주기적 응답을 사정하라.

상기의 예와 같이 진행하면 운동의 평형은 다음과 같다.

$$\ddot{\tilde{w}} + \omega^2 \ddot{\tilde{w}} = \frac{\kappa \Delta}{M}\sin(\omega_0 t) \qquad t > 0 \qquad\qquad (\text{VIII}.39)$$

이것은 일정한 계수 $\kappa\Delta/M$을 제외하고는 "주기적" 교란 "힘"을 받는 경우, 즉 방정식 (VIII.34)와 같은 미분방정식이다. 그러므로 방정식 (VIII.39)의 해는 다음과 같다.

$$\tilde{w}(t) = A_1 \cos(\omega t) + A_2 \sin(\omega t) + \frac{\kappa \Delta}{M}\frac{\sin(\omega_0 t)}{(\omega^2 - \omega_0^2)} \qquad\qquad (\text{VIII}.40)$$

$\omega \to \omega_0$일 때 "공진"이 일어날 것이라는 점에 유의하라. 즉, 주기적으로 일어나는 대단히 작은 Δ에 대하여 조차 발생된 물체의 수직변위는 대단히 큰 진폭을 가질 것이다.

VIII.5 동적 철도상태의 해석에서 상기 예의 이용

먼저, **주기적으로 변화하는 궤도 종단선형**(그림 VIII.15)에 걸쳐 일정한 속도 v_0로 주행하는 질량 M의 차량모델을 고찰하자.

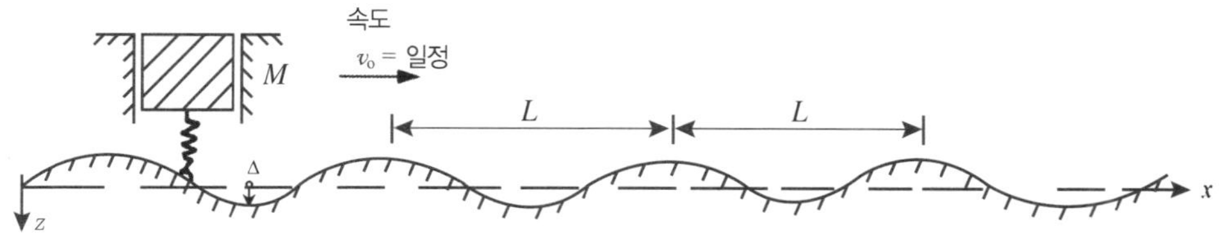

그림 VIII.15 주기적 파상의 궤도

예시의 목적으로, 다음과 같이 묘사되는 사인파 종단선형을 가졌다고 가정하자.

$$z = \Delta \sin \frac{2\pi x}{L}$$

(VIII.41)

여기서, L은 궤도 종단선형의 파장이고 Δ는 진폭이다.

　이 상태는 **그림 VIII.14**에 나타낸 경우, 즉 질량이 M인 차량의 위치가 고정되고 궤도 종단선형이 오른쪽에서 왼쪽으로 이동할 때와 유사하다. 이 강제된 진동문제의 응답은 **추진**(driving) **주파수** ω_0를 이용하여 방정식 (VIII.40)에 나타낸 것과 유사하다.

　이 추진(교란) 주파수는 다음과 같이 일정한 차량속도 v_0와 파장 L에 관해 사정할 수 있다. 시간 t 동안 주행한 거리가 $x = v_0 t$라는 점을 주목하고 차량이 한 파장 L에 걸쳐 주행하기 위해 걸린 시간을 T로 나타내면, $L = v_0 T$이 뒤따르고, 따라서 $T = L / v_0$이 된다. 결과로써 생기는 "교란주파수"는 다음과 같다.

$$\omega_0 = \frac{1}{T} = \frac{v_0}{L}$$

(VIII.42)

　실제의 철도궤도와 직접 관련된 유사한 문제는 이음매에서의, 접착절연 이음매조차에서의 **수직 궤도강성의 주기적 변동**에 기인한다. 이 교란의 주기성은 v_0 = "일정" 및 이음매가 일반적으로 **그림 VIII.16**에 나타낸 것처럼 등거리로 간격(39 또는 78 ft)을 둔다는 사실에 기인한다.

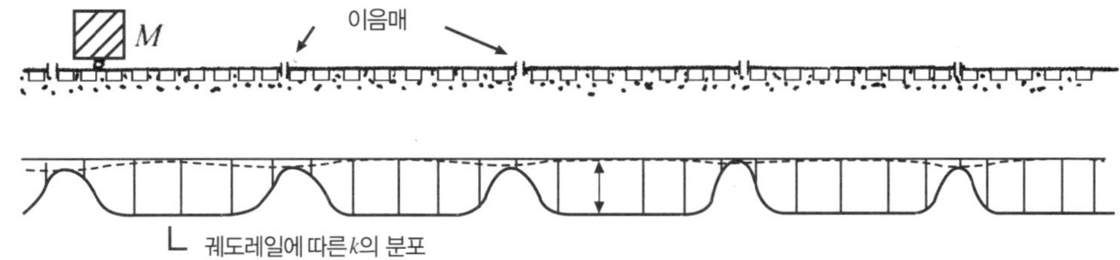

그림 VIII.16 수직 궤도강성의 주기적 변동

　점선은 이동하는 차륜 아래의 레일 처짐을 나타낸다. 더 큰 처짐은 레일이 이음매에 의해 약해지기 때문에 생긴다. 부가적으로, 이음매에서의 레일지지계수 k는 도상과 노반을 교란시키는 이음매에서 동적 윤하중의 변동에 기인하여 감소된다.

　열차가 일정한 속도로 주행할 때에 상응하는 "교란 주파수" ω_0는 공진의 발생을 피하기 위하여 이동하는 차량

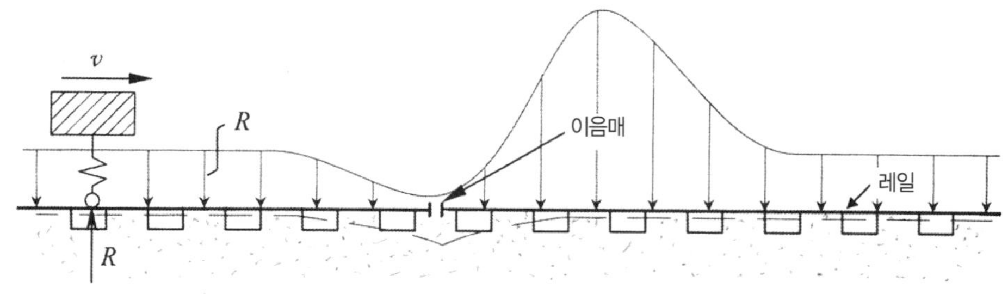

그림 VIII.17 레일-이음매 지역을 통과할 때 수직 차륜 힘 R

의 "고유주파수"에 가깝지 않아야 한다. 이 상태는 탈선으로 이끌지도 모른다. Norfolk Southern 철도의 시방서(1987. 1. 1에 발행된 "궤도안정성의 유지", 3 페이지)에서는 그러한 상태를 분명하게 방지하기 위하여 "10 mph와 25 mph 사이의 저속 운전명령은 이음매 레일에서 사용할 수 없다"고 명시하고 있다.

다음에, **그림 Ⅷ.17**에 나타낸 것처럼 차륜이 **레일-이음매** 지역에 걸쳐 이동하는 동안에 차륜이 레일에 가한 수직 힘 R의 변동을 고찰하자.

레일의 기초가 균등한 수직강성을 나타내며, 길고 똑바른 레일 위로 원의 차륜이 이동할 때는 윤하중 R이 거의 일정하다. 그러나 **열등하게 유지된 이음매**의 지역에 이동 차륜이 접근할 때에 처음에는 감소된 수직 궤도강성 때문에 레일의 처짐이 증가되며 그것은 윤하중 R을 감소시킨다. 차륜이 이음매를 일단 통과하면, 그것은 이 지역에서 "급상승"을 경험한다. 이것은 레일이 차륜(따라서 차량)을 밀어올림으로써 달성되며, 그것은 차례로 증가된 수직 윤하중으로 이끈다(**그림 Ⅷ.17**). 이 유형의 상태는 레일단부의 배터(짜부라짐), 열등하게 유지 관리된 이음매 부근의 침목손상, 및 이음매 근처에서의 도상과 노반의 증가된 교란으로 이끈다. 이 상태는 교통의 누적된 증가에 따라서 급속하게 악화된다. 그러므로 이음매 궤도를 사용할 때는 이음매를 적절히 관리하는 것이 필수적이다.

그러나 제Ⅳ.3절에서 나타낸 것처럼 "잘 유지 관리된 이음매"조차도 감소된 수직 궤도강성을 나타내며, 그 이유는 두 표준 이음매판의 휨 강성이 그들이 연결하는 레일의 1/3뿐이기 때문이다. 제Ⅳ.3절에서는 또한 "접착절연 이음매"에서 유사한 상태가 발생한다는 점을 지적하였다.

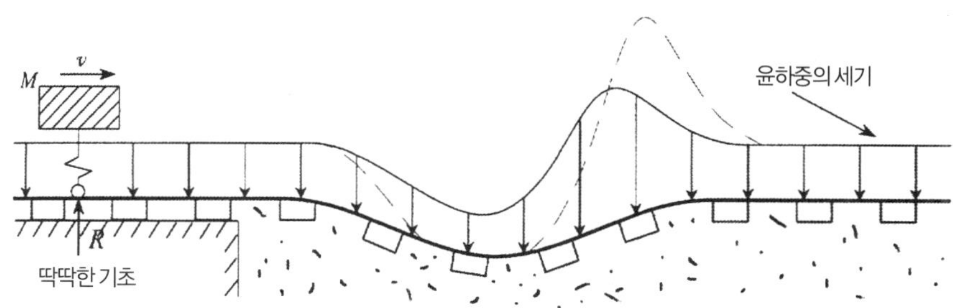

그림 Ⅷ.18 수직 레일 종단선형에서 "처짐"에 기인하는 수직 차륜 힘

똑바르고 응력이 없는 레일이 영속하는 "침하"(**그림 Ⅷ.18**)를 나타낼 때는 기계적으로 유사한 힘 상태가 일어난다.

더욱 또 하나의 동적 궤도문제는 **차륜플랫**에 기인한다. 차륜 림의 플랫반점은 열차가 브레이크를 걸고 그 때에 차축이 해방되지 않을 때에 생긴다. 열차가 다시 이동하기 시작하였을 때는 쇄정된 차륜이 질질 끌려서 차륜 림의 일부를 줄로 쓸어버린 듯이 달려지며 따라서 "차륜플랫"이 생긴다.

레일에 대한 차륜플랫의 충격력을 측정하는 초기의 현장시험은 Talbot 위원회가 수행하였다. 공표된 하나의 결과를 **그림 Ⅷ.19**에 나타낸다. 이 충격이 상응하는 정적 응력

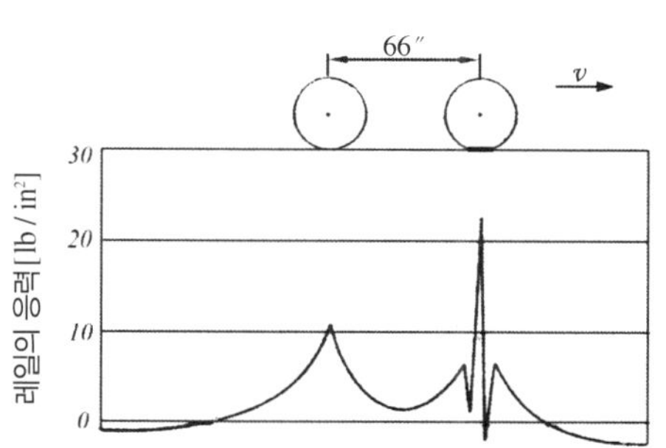

그림 Ⅷ.19 측정 게이지를 통과하는 플랫과 둥근 차륜에 기인하는 레일의 휨 응력

보다 2배만큼 더 큰 레일 휨 응력을 발생시킨다는 점에 유의하라. 미국의 AAR (1952)과 일본의 Stah (1964)가

수행한 더욱 근래의 시험은 15 내지 30 mph의 속도범위에서 차륜플랫이 정적 윤하중보다 3 배 또는 그 이상으로 더 큰 수직 정적 차륜 힘을 발생시킬 수 있다는 점을 나타내었다.

차륜 림의 플랫반점에 기인하거나 (아직 움직이지 않는 채로 급회전하는 기관차 차륜에 기인하여 생긴) 레일 두부 공전 상에 기인하는 차륜 충격력을 사정하는 상대적으로 단순한 해석은 Timoshenko와 Langer (1932, pp. 282 283)가 제시하였다.

윤축에서 차축의 편심장착(**그림 Ⅷ.20**)에 기인하거나 완전하게 둥글지 않은 차륜에 기인하는 수직 차륜 힘의 주기적 변동은 유사하게 설명할 수 있다. 차륜의 각기 1 회전은 대차와 대차에 설치된 차체를 들어 올렸다가 낙하시킬 것이며 따라서 차륜이 레일에 가하는 수직하중을 주기적으로 변화시킬 것이다.

이 유형의 문제, 특히 궤도를 따라서 위치가 고정된 레일두부의 공전 상에 기인하는 문제는 콘크리트가 반복 충격하중에 열등하게 응답하기 때문에 공전 상 부근의 콘크리트침목에 손상을 줄 수 있다.

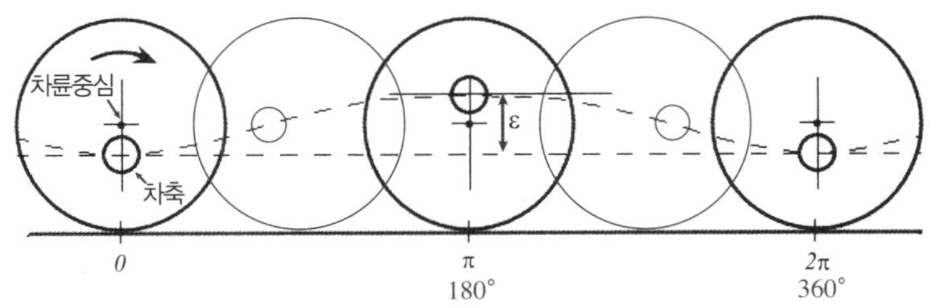

그림 Ⅷ.20 편심으로 장착된 차축에 기인하는 차축중심의 궤적

Ⅷ.6 궤도 천이접속구간에서의 동적 문제

또 하나의 동적 문제는 철도궤도가 갑작스런 수직강성의 변화를 나타내는 위치에서 일어난다. 그들은 통상적으로 개상식 교량의 교대, 터널의 끝, 건널목, "딱딱한" 구교가 침목저면에 가깝게 놓인 위치 등에서 일어난다.

(a) 교량

(b) 건널목

그림 Ⅷ.21 궤도 천이접속구간의 예 [Kerr와 Moroney (1993)]

이 유형의 **천이접속구간**은 빈번한 보수를 필요로 한
다. 그들은 무시되는 경우에 (통상의 궤도와 비교하여)
빠른 속도로 악화된다. 이것은 도상의 펌핑, 횡-침목의
매달림, 영속하는 레일변형, 체결장치 요소의 마모, 및
면과 궤간의 틀림으로 이끌 수 있다. 손상된 천이접속구
간의 사진을 **그림 Ⅷ.21**에 나타낸다.

다음에, **그림 Ⅷ.22**에 나타낸 궤도 천이접속구간을 고
찰하자. 또한, 상응하는 k 분포를 나타낸다. 제Ⅳ.3절에
서 설명하고 제Ⅴ장에서 사정한 것처럼, 잘 관리된 "목
재 횡-침목" 본선궤도에 대하여 $k \cong 3,000 \ \mathrm{lb/in^2}$ (20
$\mathrm{N/mm^2}$)이며 콘크리트침목에 대하여는 침목의 크기와
기초에 좌우하여 6,000 내지 12,000 $\mathrm{lb/in^2}$ (40 내지 80
$\mathrm{N/mm^2}$)의 범위에 있다. 터널 내와 교량 교대 위의 궤도
에 대하여는 상응하는 k 값이 훨씬 더 크다.

천이접속 지점에서는 **수직궤도강성의 갑작스런 변화**

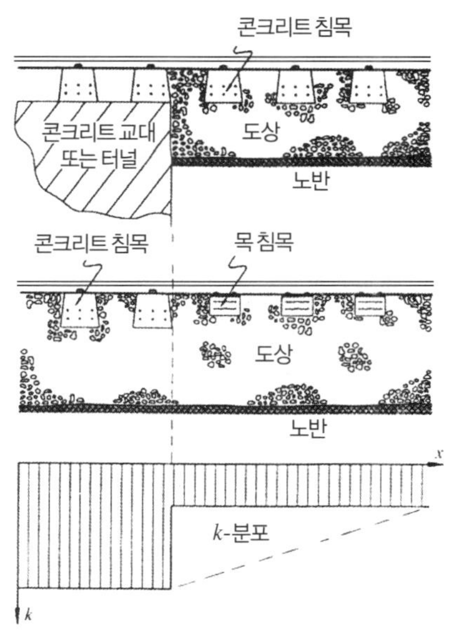

그림 Ⅷ.22 궤도 천이접속구간과 상응하는 k 분포

때문에 이동하는 차륜이 (위로이든지 아래로) 급속한 높이의 변화를 경험한다. 이것은 차례로 이동 차량의 수직
가속도를 발생시킨다. 뉴턴의 법칙에 따르면, 이것은 이동하는 차량의 수직 동역학에 기인하는 "수직 차륜 힘
변화"로 이끈다.

이들 힘 변동의 크기는 천이접속구간 양쪽 간의 높이 차이(상대적인 레일 처짐), 천이접속구간에서 k의 변화
상태, 이동하는 열차의 속도, 및 현가장치 특성과 차량 구성요소들의 질량에 좌우된다. 이동하는 열차가 레일에
가하는 수직 힘의 분포는 이동하는 열차의 방향에도 좌우된다. 이것을 **그림 Ⅷ.23**에 도해적으로 나타낸다.

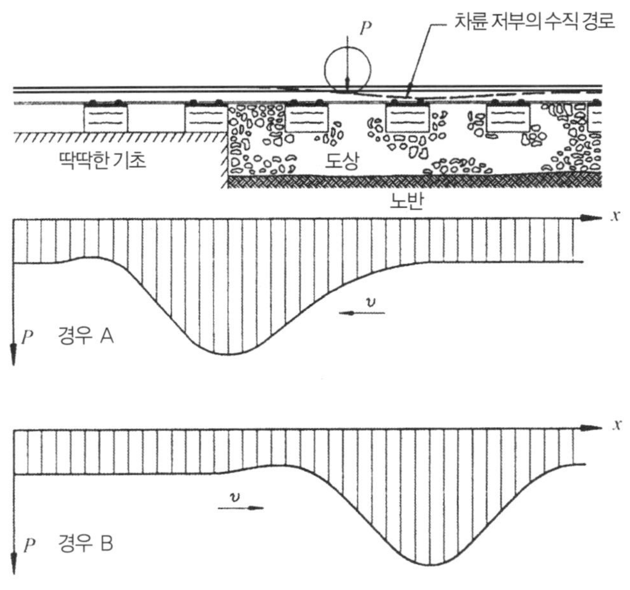

그림 Ⅷ.23. 궤도 천이접속구간에서 동적 차륜 힘의 개략도

경우 A에서는 열차가 교량을 향하여 이동한다. 레일이 받는 증가된 동적 차륜 힘은 대단히 짧은 순간의 시간 (1초 또는 미만)에 딱딱한 교대 위로 차륜(또는 차량)의 들려 올려짐에 기인하는 것이다. 증가된 동적 윤하중의 영역은 나타낸 것처럼 교대에 위치한다. 결과로써 생기는 손상은 천이접속구간의 부근 교대 위에서 레일 배터와 목–침목의 플레이트 박힘일 수 있다. 이들의 충격력은 또한 교대의 손상도 일으킨다.

경우 B에서는 차륜이 교량을 벗어나서 더 소프트한 자갈궤도로 이동하고 있다. 도상에서의 궤도 처짐이 교대 위의 궤도보다 훨씬 더 크기 때문에 차륜이 교대에서 급격히 내려지며, 증가된 수직 힘을 레일에 전한다. 가장 큰 차륜 힘의 위치는 열차속도에 좌우된다. 열차속도가 빠를수록 최대 수직 차륜 힘이 교대에서 더 멀리 떨어진 곳에서 생긴다. 레일 배터와 침목 손상을 일으키는데 필요로 하는 힘보다 도상과 노반을 교란시키는데 필요로 하는 힘이 더 작으므로 이들의 윤하중은 도상오염, 횡–침목 매달림, 영속하는 레일변형, 및 교량의 끝에서 잘 알려진 궤도의 "침하"를 일으킨다.

터널의 끝, 특히 터널 안의 침목이 딱딱한 기초 위에 놓인 곳에서는 유사한 상태가 일어날 수 있다. 또는, 그들은 교차구조에 의해서 뿐만 아니라 이동하는 자동차 교통으로 잘 다져진 도상–노반 기초에 의해서도, 궤도가 더 딱딱해진 **건널목의 양쪽 끝**에서 일어날 수 있다.

이 유형의 문제는 궤도계수 k가 상당히 다른 **목–침목 궤도와 콘크리트침목 궤도 간의 천이접속구간**에서도 또한 일어날 수 있다(**그림 Ⅷ.22**). 이들의 경우에는 콘크리트침목 구간을 향하여 이동하는 차량에 의해 발생된 동적 차륜 힘이 천이접속 지점에 인접하는 몇 개의 침목을 균열시키고 "딱딱한" 쪽을 소프트하게 할 수 있다. 결과는 더 딱딱한 콘크리트침목 구간에 대해 그 자체의 천이접속구간을 만드는 "지퍼(zipper) 효과"이다.

천이접속구간은 일반적으로 빈번한 보수를 필요로 한다. 무시하는 경우는 그들이 통상의 궤도와 비교하여 빠른 속도로 악화되고 탈선으로 이끌지도 모르는 안전위험을 야기할 수도 있다.

Ⅷ.7 궤도 천이접속구간의 개선책

여러 철도들은 지난 수십 년에 걸쳐 천이접속 지점에서 발생되는 손상을 줄이기 위하여 여러 가지의 수단을

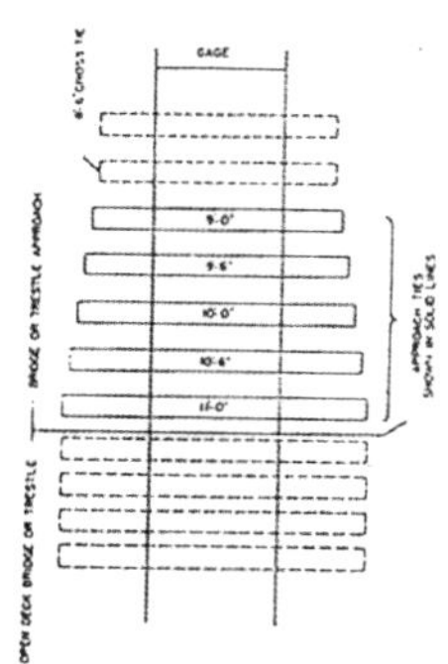

(a) 교량 어프로치 천이접속구간
[AREA 서류첩 (1952)에 따름]

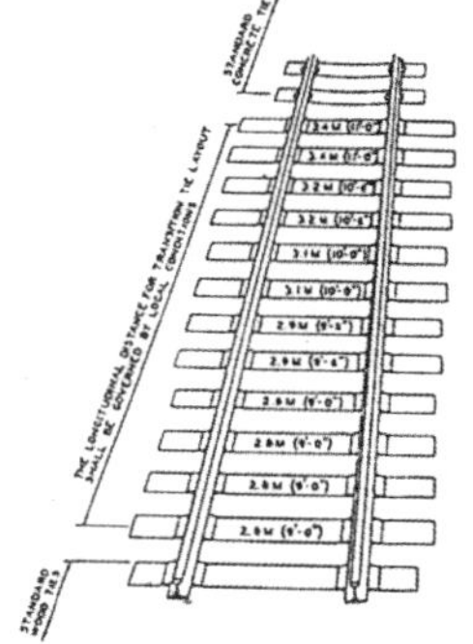

(b) 목–침목 궤도와 콘크리트침목 궤도 간의
천이접속구간[CN 편람 (1981)]

그림 Ⅷ.24. 변화하는 길이의 침목을 사용하는 궤도 천이접속구간

개발하여 왔다. 그들은 모두 열차가 천이접속구간을 통하여 이동함에 따른 차륜과 차량의 수직가속도를 감소시키는데 목적이 있다. 이들의 개선책은 다음과 같이 세 그룹으로 나눌 수 있다.

(Ⅰ) **그림 Ⅷ.22**에서 점선으로 나타낸 것처럼 천이접속구간의 "소프트"한 궤도 쪽에 대해 k 분포를 고르게 함

(Ⅱ) 천이접속 지점 부근의 "소프트"한 궤도 쪽에 대해 레일-침목 구조의 휨 강성을 증가시킴으로써 천이접속구간을 고르게 함

(Ⅲ) 천이접속구간의 "딱딱한" 궤도 쪽에 대한 수직 궤도강성의 저감

그림 Ⅷ.25 교량교대 근처의 불충분한 도상단면

부류 (Ⅰ)을 고려할 때, 북미 철도들이 채택한 가장 잘 알려진 개선책은 궤도 천이접속구간에서 점차적으로 길어지는 목-침목 길이를 사용하는 것이다(**그림 Ⅷ.24**). 이들의 더 긴 침목은 더 큰 도상단면을 보장함으로써 수직 궤도강성의 점진적인 증가를 가져온다. 이 방법은 **그림 Ⅷ.25**에 나타낸 것과는 다르게 천이접속구간 인근에서 "폭이 충분히 넓은 도상단면"을 필요로 한다.

또 하나의 접근법은 "도처에서 정규크기의 침목"을 사용하지만, "딱딱해짐" 효과를 만들기 위하여 더 딱딱한 구조로 접근하면서 **침목간격을 점차적으로 감소**시킨다. 과거에 사용된 이 방법은 침목간격이 일정한 경우에 더 효율적으로 작업하는 기계적 탬퍼의 도입 후에 단계적으로 폐지되었다.

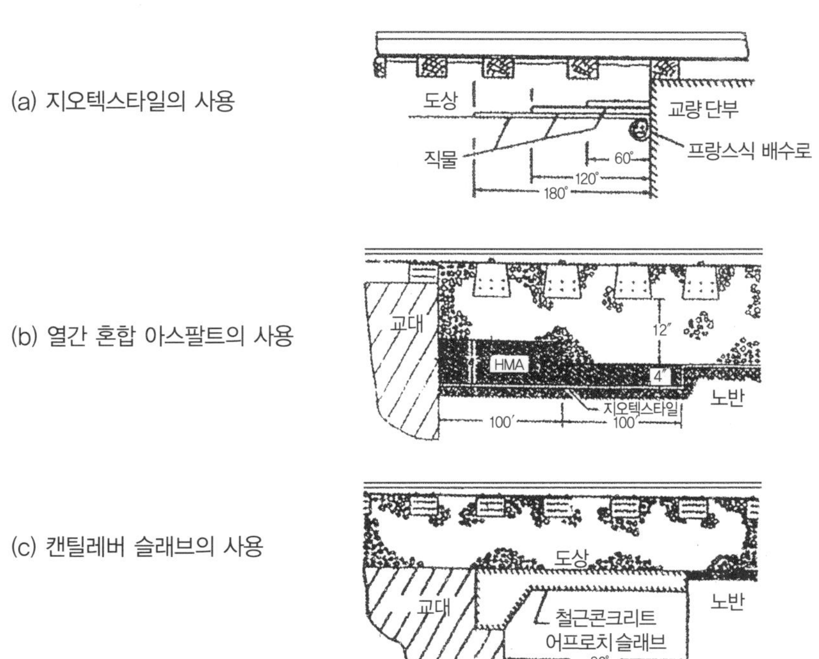

그림 Ⅷ.26 그 밖의 궤도 천이접속구간 개선책

부류 (Ⅰ)에 속하는 또 다른 방법은 보강 **지오텍스타일 층**, 또는 **열간 혼합 아스팔트**(HMA) 층, 또는 한쪽 끝이 "딱딱한" 구조로 지지되고 다른 쪽의 끝은 자유로 부유하는 **캔틸레버 슬래브**를 사용하는 것들이다. 그들을 **그림 Ⅷ.26**에 나타낸다. 이들 방법의 상세는 Kerr와 Moroney (1993)를 참조하라. 또 하나의 최근의 시도는 Zarembski와 Palese (2003)를 참조하라.

부류 (Ⅱ)에 속하는 방법은 "소프트한" 궤도 쪽에 대해 "레일-침목 구조의 휨모멘트를 증가시킴"으로써 천이접속구간을 개선한다. 그것은 터널 안쪽의 슬래브 구간이 바깥쪽에서 콘크리트 횡-침목 자갈궤도로 바뀌는 ICE 고속선로용으로 독일철도(DB)가 개발하였다. Schrewe (1987)에 따르면, 천이접속구간은 터널 끝 근처의 침목에 체결된 4 개의 30 m 길이(100 ft) 레일(바깥쪽 두 주행레일 안쪽에 두 레일)로 형성된다.

침목패드의 사용은 부류 (Ⅲ)에 속한다. 목적은 천이접속지점 부근의 "딱딱한" 쪽에 대해 궤도의 "강성을 줄이는" 것이다. 패드는 "양쪽 궤도의 수직강성이 같도록" 이상적으로 충분히 압축될 수 있어야 한다. 이것은 이동하는 열차의 차륜이 동일한 수직 처짐을 일으키고 따라서 이동하는 차량에 의해 과도한 동적 힘이 발생되지 않도록 보장하기 위하여 필요하다.

철도궤도에서 패드의 사용은 1800년대 말에 시작되었다. 그들의 목적은 주로 목-침목 마모를 방지하고 열차 이동방향으로 레일복진(크리프, 이동)을 감소시키는 것이었다. 상세에 관하여는 von Schrenk (1928)를 참조하라.

패드는 제2차 세계대전 이후에 콘크리트침목과 K 체결장치 또는 스프링-클립 체결장치와 관련하여 세계도처에서 사용되고 있다. 패드의 목적은 레일 밀림 저항의 증가 및 그에 따른 앵커 필요성의 제거 외에도 콘크리트침목의 손상이 방지되도록 차륜의 충격력을 감소시키는 것이었다.

패드는 근래에 다수의 북미 철도들이 교량에 사용하여오고 있다. 유럽과 북미에서의 이들 개발에 관한 개관은 Kerr와 Moroney (1993)가 소개하였다. 예를 들어, CSX는 교량침목의 기계적 마모를 줄이기 위하여 개상식 교량에 패드를 사용한다("보수규칙과 실행", 1988, p. 5). CSX는 패드 강성을 규정하지 않는다.

독일의 패드 사용관련 연구에 관하여는 Bussert와 Bothe (1978), Kaess와 Schultheiss (1986), Leykauf와 Manttner (1990), 및 Kaess (1992)를 참조하라. 러시아의 패드 사용관련 연구에 관하여는 Shakhunyants와 Demidov (1971), Shulga와 Bolotin (1975, 1977), 및 Shakhunyants, Demidov와 Gasanov (1978)를 참조하라.

Ⅷ.8 적합한 패드의 사용에 의한 궤도 천이접속구간 영향의 제거

궤도 천이접속구간의 개선책에 관한 상기의 개관은 딱딱하고 짧은 고가교, 또는 짧은 터널, 또는 평면 건널목에서와 같은 다수의 위치에 대하여 궤도 천이접속구간의 "딱딱한" 궤도구간을 소프트하게 함으로써 그들의 영향을 제거하거나 또는 적어도 극적으로 감소시킬 수 있다는 점을 제시하였다.

이것은 (레일저부에 요구된 선단-하중을 일으키도록 패드가 스프링 클립과 동시성을 가지므로) 금속 타이플레이트와 목-침목 사이에 **적합한 패드**, 또는 콘크리트침목 아래에 **적합한 매트**를 설치함으로써 달성할 수 있다. 이 방법에서는 궤도를 따라서 **균등한 수직강성**을 산출하도록, 또는 강성차이를 최소로 유지하도록 패드나 매트에 필요한 수직 스프링 강성을 정립할 필요가 있다. 이것은 Kerr와 Moroney (1993)가 논의하였다.

예로서, 대단히 딱딱한 기초 위에 놓이게 되는 개상식 교량 (또는 짧은 터널) 위의 횡–침목 자갈궤도를 고찰하자. 목–침목뿐만 아니라 콘크리트침목에 상응하는 해석모델을 **그림 Ⅷ.27**에 나타낸다.

교량(또는 터널) 바깥쪽의 지점은 **그림 Ⅷ.28(b)**에 나타낸 것처럼 레일지지계수 k로 연속적으로 나타내는 반면에, 교량 상의 (또는 터널 내의) 레일은 **그림 Ⅷ.28(a)**에 나타낸 것처럼 패드 스프링계수 κ로 "단속적(斷續的)"으로 지지된다고 가정한다.

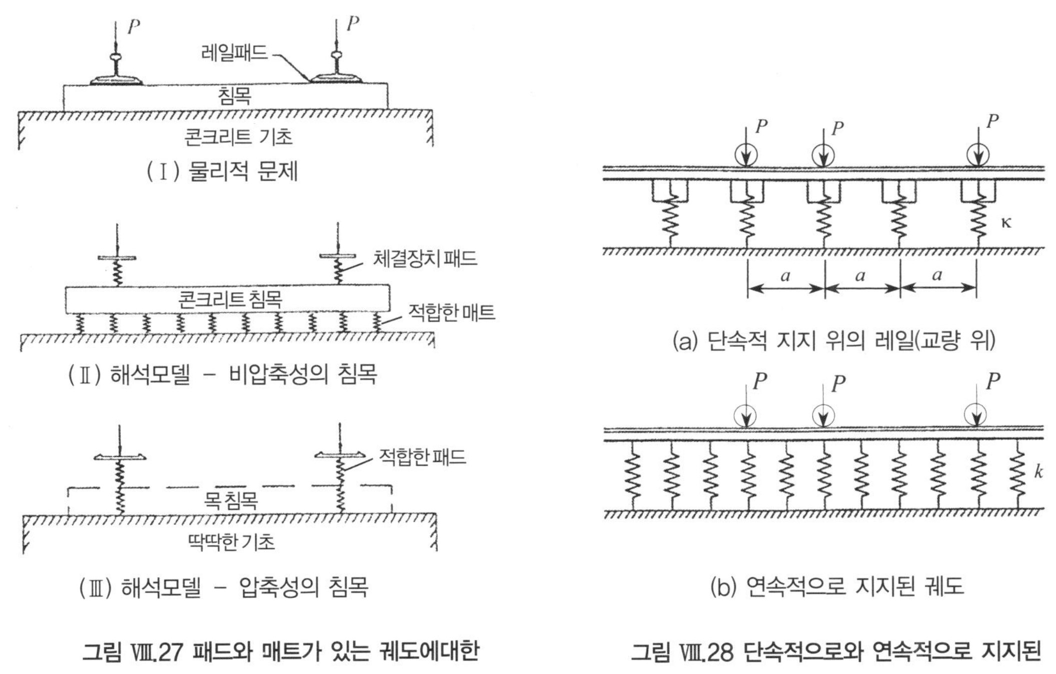

그림 Ⅷ.27 패드와 매트가 있는 궤도에대한 물리적인 문제와 해석모델

그림 Ⅷ.28 단속적으로와 연속적으로 지지된 궤도 모델

교량 위(또는 터널 안)의 궤도와 그들의 바깥쪽으로 이어진 궤도를 조화시키기 위해서는 궤도계수 k와 교량 (또는 터널)에서의 타이패드 강성 κ간의 관계를 정립하여야 한다. 첫 번째 근사법에서는 정적으로 조화시킴으로써 수행된다. 방정식 (Ⅳ.2)에 따른 $p = kw$가 레일기초에서 "분포된" 상향의 압력이라는 점에 주목하여 **그림 Ⅷ.28**에 따라 단속적 지지 또는 연속적 지지 위의 레일에 대한 수직 평형방정식은 각각 다음과 같다.

$$\sum P = \sum_{n=-\infty}^{\infty} \kappa\, w_n = \kappa \sum_{n=-\infty}^{\infty} w_n \tag{Ⅷ.43}$$

과

$$\sum P = \int_{-\infty}^{\infty} p(x)\,dx = k \int_{-\infty}^{\infty} w(x)\,dx \tag{Ⅷ.44}$$

k와 κ는 한쪽의 레일에 대한 일정한 궤도 파라미터이다. w_n은 n 번째 침목에서의 수직 레일 처짐이며 κw_n은 침목이 레일에 가하는 상응하는 수직 힘이다.

상기의 평형방정식들에서 윤하중의 합계가 같으므로 오른쪽은 동등하게 다루어진다. 결과는 다음과 같다.

$$\kappa \sum_{n=-\infty}^{\infty} w_n = k \int_{-\infty}^{\infty} w\ (x)\ dx \tag{VIII.45}$$

상기 방정식의 적분은 레일 처짐 곡선 $w(x)$로 형성된 면적이다. 방정식 (VIII.45)를 침목중심 간격 a로 곱하면 다음으로 귀착된다.

$$\kappa \sum_{n=-\infty}^{\infty} a w_n = ka \int_{-\infty}^{\infty} w\ (x)\ dx \tag{VIII.46}$$

작은 a에 대해

$$\sum_{n=-\infty}^{\infty} w_n a \cong \int_{-\infty}^{\infty} w\ (x)\ dx \tag{VIII.47}$$

이라는 점에 유의하면, 다음과 같이 된다.

$$\boxed{\kappa \cong a \cdot k} \tag{VIII.48}$$

이것은 교량(또는 터널)에서의 레일패드 스프링상수 κ와 인접하는 궤도의 레일지지계수 k 간의 관계이다.

그림 VIII.27(Ⅱ)에 나타낸, "비압축성"의 콘크리트침목이 딱딱한 기초 위에 직접 놓여있는(따라서 매트가 없는) 경우에는 패드만의 스프링상수이다. 즉,

$$\kappa = \kappa_p \tag{VIII.49}$$

그러나 **그림 VIII.27(Ⅲ)**에 나타낸 목-침목 궤도에 관해서는 방정식 (VIII.48)의 κ가 레일패드와 압축성의 목-침목에 대한 등가 스프링상수를 나타낸다. 이들 두 궤도 구성요소의 응답이 파라미터 κ_p 및 κ_t와 함께 거의 "선형"일 경우에 등가 스프링상수는 다음과 같다.

$$\kappa = \frac{\kappa_p \cdot \kappa_t}{\kappa_p + \kappa_t} \tag{VIII.50}$$

딱딱한 교량(또는 터널)에 **적당한 레일패드를 선택**하기 위해서는 먼저 인접한 궤도의 k 값을 사정하여야 한다. 이것은 Kerr (1983, 1987, 2000)가 제시하고 제Ⅴ장에서 나타낸 단순한 방법을 이용하여 행할 수 있다. 그 다음에 방정식 (VIII.48)을 이용하여 필요한 패드 스프링상수 κ를 계산한다.

예로서 "딱딱한" 콘크리트 바닥에 걸쳐 계속되는 레일로서 터널에 이어지는 콘크리트침목 자갈궤도의 경우를 고찰하자. 콘크리트 기초에 대한 접촉면적을 증가시키고 접촉압력을 감소시키도록 레일 아래에 금속 타이플레이트를 설치하는 것으로 계획되어 있다. 생략된 도상과 노반을 보상하도록 타이플레이트와 콘크리트기초 간에 "탄성패드"를 삽입하기로 되어 있다. 과업은 도처에서 거의 균등한 k 값을 갖도록 하는데 필요한 패드강성을 사정하는 것이다.

인접한 콘크리트침목 궤도에 관해서는 제Ⅴ장에 기술한 방법을 이용하여 $k = 40 \text{ N/mm}^2$ (6,000 lb/in²)를 사

정하였다. 침목간격이 a = 610 mm일 때, 터널에서 각각의 패드에 요구된 "스프링상수"는 방정식 (VIII.48)을 이용하여 다음과 같이 계산된다.

$$\kappa \cong a \cdot k = 610 \times 40 = 24,400 \text{ N/mm}(140,000 \text{ lb/in})$$

따라서 패드의 두께는 24.4 kN의 압축력을 받을 때 1 mm만큼 수축하여야 한다. 다음의 단계는 이 κ 값을 가진 패드를 선정하여 터널 내의 타이플레이트 밑에 패드를 삽입하는 것이다.

이 **적합한 패드 기술**의 **개발**과 **실행**은 지나간 수십 년 동안 미국연방 철도청(FRA)을 위해 Delaware 대학교가 수행하여 왔다. 이 프로그램은 Kerr와 Bathurst (2000, 2001)가 기술하였다. 목재 교량침목을 이용하는 짧은 개상식 교량은 사업교통에 적합한 패드를 설치하여 시험되었다. 이들의 교량용으로 개발된 적합한 패드를 **그림 VIII.29**에 타나낸다.

Alert 제조 및 공급회사는 이들의 패드를 생산하였으며 Amtrack, Metro-North, 및 Norfolk Southern 철도에 부설용으로 인도하였다.

(a) 목-침목 궤도용 패드 횡단면

(b) 콘크리트침목 궤도용 패드 횡단면

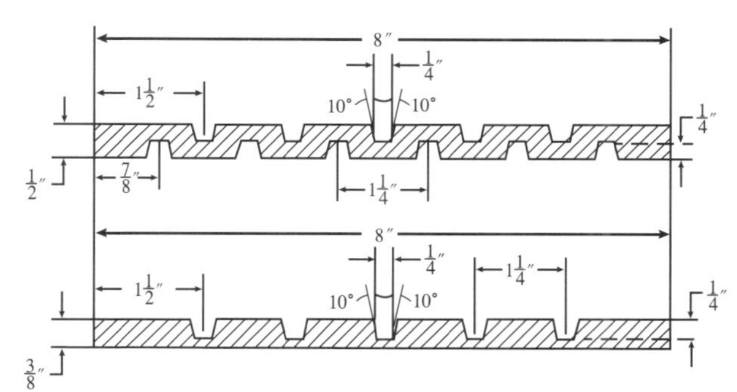

그림 VIII.29 개발된 패드 횡단면

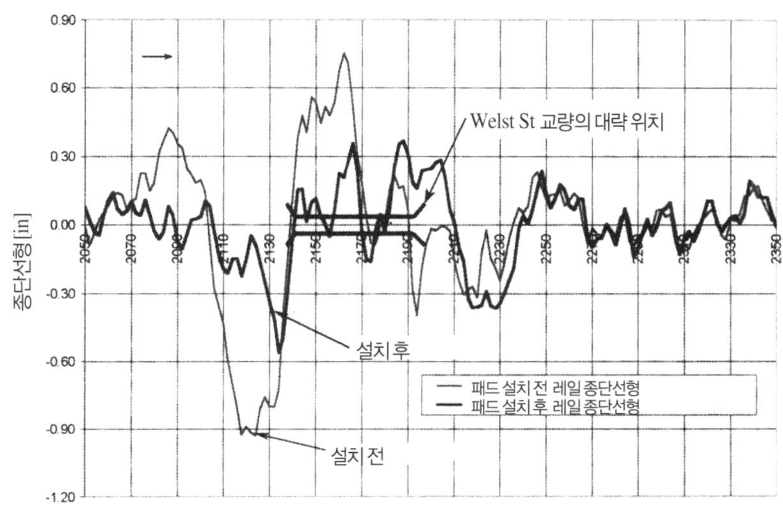

그림 VIII.30 레일 종단선형에 대한 적합한 패드의 효과

처음의 부설은 (Pennsylvania주 Chester Station 근처 Northeast Corridor의 일부인) 개상식 Welsh Street 교량에서 시행되었다. 사용된 적합한 패드의 횡단면을 **그림 Ⅷ.29(a)**에 나타낸다. Amtrack이 임명한 궤도보수반은 처음에 교량 위의 모든 스파이크를 뽑음으로써 그리고 교대 너머 양쪽의 처음 10 침목에서 스파이크를 뽑음으로써 한 레일을 분리하였다. 레일을 잭으로 올려서 상당히 딱딱하고 얇은 오래된 패드를 제거하였다. 그 다음에 교량침목과 타이플레이트 사이에 새로운 적합한 패드를 삽입하였다. 레일의 줄맞춤이 적당한지 점검하고 레일을 침목에 고정하기 위해 타이플레이트와 패드를 통하여 스파이크를 박았다. 다른 레일에 대해 유사한 절차가 뒤따랐다. 궤도반은 그 후에 포터블 유압 탬퍼를 이용하여 교대 부근의 10 침목 아래의 도상을 다졌다.

적합한 패드 사용의 유효성을 정립하기 위해 적합한 패드의 설치 전과 직후에 측정한 궤도검측차 선형기록을 비교하였다. 일례를 **그림 Ⅷ.30**에 나타낸다.

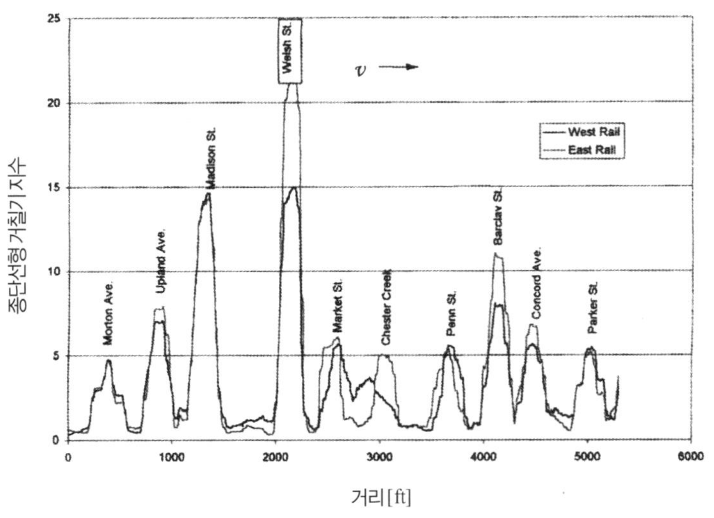

그림 Ⅷ.31 패드를 설치하기 전의 Chester station 교량들에 대한 R^2 종단선형 플롯

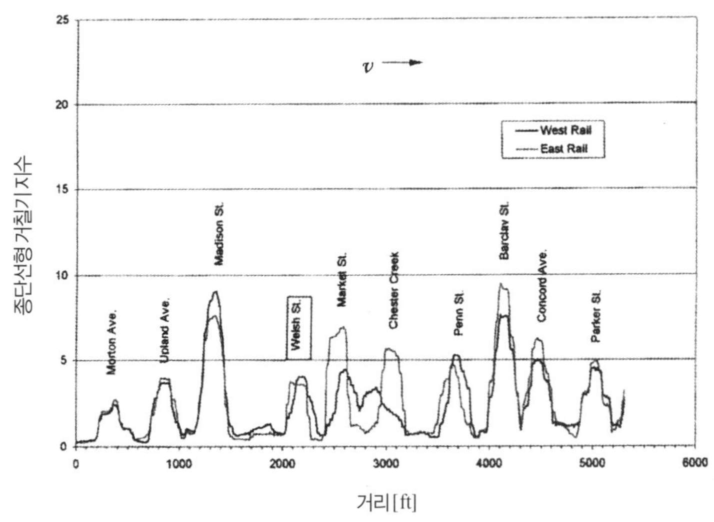

그림 Ⅷ.32 패드를 설치한 후의 Chester station 교량들에 대한 R^2 종단선형 플롯

천이접속구간에서 수직 레일응답의 상당한 개량에 주목하라. 즉, 적합한 패드의 설치는 교대 근처의 최대 레일종단선형 틀림진폭을 거의 50 %만큼 줄였다. 추가의 개량은 패드강성을 변경함으로써, 교량단부 근처의 도상을 압밀시킴으로써, 그리고 필요시 이들의 위치에서 노반을 배수시킴으로써 달성할 수 있다.

Amtrack은 패드 설치 직후에 Welsh Street 교량의 부근에서 10 개의 짧은 고가교에 대해 거칠기 지수(R^2) 조사를 수행하였다.[1] 얻어진 결과를 **그림 Ⅷ.31**과 **Ⅷ.32**에 나타낸다.

그림 Ⅷ.31은 적합한 패드를 설치하기 전의 종단선형에 대한 거칠기 지수 플롯을 나타낸다. **그림 Ⅷ.32**는 Welsh Street 교량에 패드를 설치한 직후의 종단선형에 대한 플롯을 나타낸다. Welsh Street 교량에 패드를 설치하기 전의 R^2의 피크가 10 개의 Chester 교량 중에서 가장 큰 반면에 적합한 패드를 설치한 후의 Welsh Street 교량은 가장 작은 R^2 종단선형 피크를 나타낸다. 이웃하는 교량에 대한 "잔잔해짐" 효과도 또한 주목하라.

개발된 적합한 패드의 설계, 생산, 및 설치는 대단히 단순한 절차가 뒤따른다. 교량교대나 터널 끝에 인접하는 궤도에 대해 대규모 작업을 필요로 하는 천이접속구간을 평탄하게 하기 위해 사용된 방법들과는 다르게, 적합한 패드는 소규모의 보수반이 짧은 시간 동안 설치할 수 있다. 패드설치는 단순하며 어떠한 정교한 장비도 필요로 하지 않는다.

적합한 패드를 사용하는 기술된 방법은 대단히 경제적이다. 예를 들어, 상기에 기술한, Welsh Street 교량에 대한 설치는 5 작업자의 보수반이 약 4 시간 동안 수행하였다. 궤도는 긴 시간 동안 교통을 차단할 필요가 없으며 심한 교통 지연을 일으키지 않는다. 패드 당 현재 가격은 약 45 $이다. 따라서 50 개의 횡-침목을 가진 교량에 대한 패드의 비용은 $2 \times 50 \times 45 = 4,500$ $이다.

상세에 관하여는 Kerr와 Bathurst (2000, 2001)를 참조하라.

Ⅷ.9 곡선 궤도를 주행하는 차량

차량이 곡선을 돌 때는 **그림 Ⅷ.33**과 **Ⅷ.34**에 나타낸 것처럼 바깥쪽으로 작용하는 "원심력"을 받는다. 원곡선에서 이 힘의 크기는 다음과 같다.

$$F_c = \frac{Mv^2}{R} = \frac{W}{g}\frac{v^2}{R} \tag{Ⅷ.51}$$

여기서, W = 차량이나 기관차의 중량, v = 차량속도, R = 곡선의 반경, 및 g = 중력가속도 = 9.81 m/sec^2 = 32.19 ft/sec^{2}이다.

방정식 (Ⅷ.51)에 따르면, 원심력은 차량속도의 제곱에 비례하여 증가한다. 예를 들어, 차량속도가 2 배일 때

---

[1] 거칠기 지수는 다음과 같이 어떤 하나의 궤도선형 파라미터에 대해 계산된다.

$$R^2(y) = \sum_{n=-50}^{50} \frac{(y_n * 100)^2}{100^2}$$

여기서, y는 궤도선형 파라미터(이 연구의 경우에 수직 처짐)이다. 그것은 명기된 위치의 양쪽에 대해 처음 50 데이터 지점을 사용하여 계산된다.

는 원심력 F_c가 4 배만큼 증가한다.

큰 F_c는 승객을 옆으로 밀므로 승객에게 불쾌감을 준다. 그것은 극단적인 경우에 레일이나 차량의 전도를 일으키거나 또는 바깥 차륜의 레일 올라탐과 열차의 탈선을 일으킬 수 있다.

이들의 상태를 피하기 위해서는 **그림 Ⅷ.34(b)**에 나타낸 것처럼 곡선궤도의 바깥 레일을 안쪽 레일보다 e 만큼 위로 올린다 (캔트를 붙인다).

캔트의 결정을 위한 조건은 **그림 Ⅷ.34(b)**에 나타낸 것처럼 "경사진 궤도표면이 (W와 F_c로 이루어져 있는) 합력 W_r에 수직" 이어야 하는 것이다. 상응하는 "캔트"는 다음과 같다.

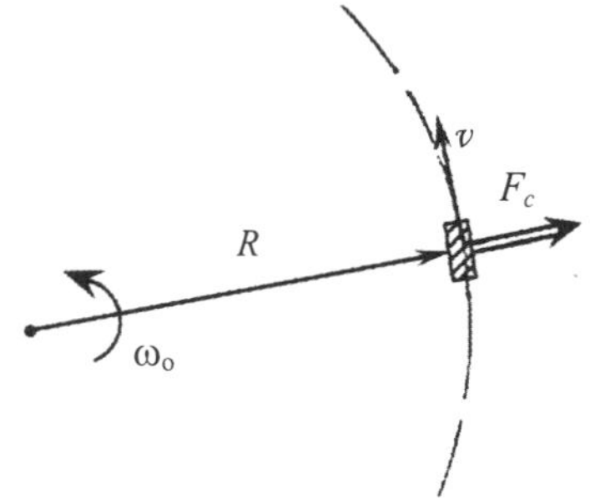

그림 Ⅷ.33 곡선에서의 차량

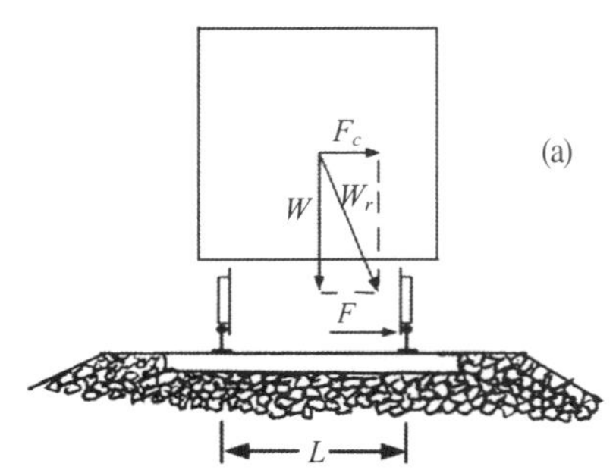

그림 Ⅷ.34 곡선에서의 차량

$$e = \frac{Lv^2}{gR} \qquad (Ⅷ.52)$$

이 상태에서는 차량이나 승객이 횡 원심력을 받지 많고 중량 중가만을 받는다.

주어진 캔트의 궤도에 대한 "균형속도"는 방정식 (Ⅷ.52)를 v에 대해 풀음으로써 사정된다. 그것은 다음과 같다.

$$v_{equil} = \sqrt{\frac{geR}{L}} \qquad (Ⅷ.53)$$

만일 차량속도가 v_{equil}보다 훨씬 더 높으면(불균형 속도), 차륜 횡 원심력은 높은 레일을 바깥쪽으로 전도시킬 수 있거나 차륜이 레일두부를 올라타서 탈선을 일으킬 수 있다. 만일 차량속도가 v_{equil}보다 더 낮으면, 예를 들어, 교통이 서행 운전되고 있을

그림 Ⅷ.35 레일두부의 소성변형

때, 안쪽 차륜 힘이 증가되며 그들은 레일두부의 아래쪽 층을 소성 변형시킴으로써 낮은 쪽 레일을 손상시킬 수 있다(**그림 Ⅷ.35**). 감속운전이 심할 때는 안쪽 레일의 전도로 이끌지도 모른다.

불균형 속도는 곡선에서 수직 윤하중의 증가를 일으킨다. 이것은 얼마간의 철도(예를 들어, Norfolk Southern)가 어째서 곡선에서 더 큰 타이플레이트를 사용하는가의 이유이다. 그것은 직선궤도에서 14 3/4 in × 7 3/4 in이고 곡선궤도에서 15 in × 18 in이다.

직선(즉, 똑바른) 궤도에서 횡 원심력이 $F_c \equiv 0$이고 곡선에서는 $F_c = Mv^2/R$이므로, 차륜이 곡선궤도 구간에 들어갈 때는 이 힘의 불연속성을 완만하게 할 필요가 있다. 이것은 직선과 원곡선 궤도구간 사이에 **수평 완화곡선 구간**, 통상적으로 나선형 완화곡선을 삽입함으로써 달성된다.

캔트가 있는 궤도에서는 이 완화곡선이 $e = 0$으로부터 $e = Lv^2/(gR)$까지 수직 높이의 고른 변화율도 또한 허용한다.

관심이 있는 또 하나의 문제는 높여진 구조물 위의 곡선 궤도이다(**그림 Ⅷ.36**). 주어진 v_{equil}에 대해 적당한 캔트를 가진 레일은 주로 원심력을 받는 반면에 교량은 캔트 e에 개의치 않고 수평 힘 F_c를 받는다.

틸팅 차체를 가진 차량이 캔트가 없는 곡선을 주행할 때는 유사한 상태가 일어난다. 이 경우에, "캔트"는 차체와 대차 사이에 형성된다. 이것은 승객에게 안락감을 주지만 레일에 대한 횡 원심력을 줄이지는 않는다.

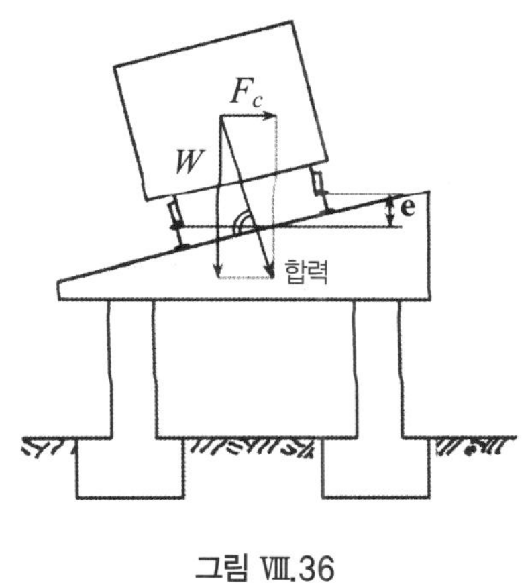

그림 Ⅷ.36

Ⅷ.10 반경으로 곡률도의 변환, 수치적 예

미국의 철도기술자들은 방정식들(**Ⅷ.51** 내지 **Ⅷ.53**)에서 분명한 것처럼 해석에서는 "반경" R을 사용하는 반면에 궤도곡률을 "도"($\theta\,°$)로 표시한다. "도"를 사용하는 이유는 그것이 전형적인 본선 곡선을 배치하는데 대단히 긴 줄을 취할 것이라는 점 때문이다.

철도궤도의 "곡률도"는 궤도가 100 ft의 길이에 걸쳐 돌아가는 각도로 정의된다(**그림 Ⅷ.37**). 그러므로 이하에서는 "도"에서 "반경 R"로의 변환을 설명한다. **그림 Ⅷ.37**에 따르면,

R(단위 : 피트) $\times\ \alpha$ (단위 : 라디안) = 100 ft

그러므로

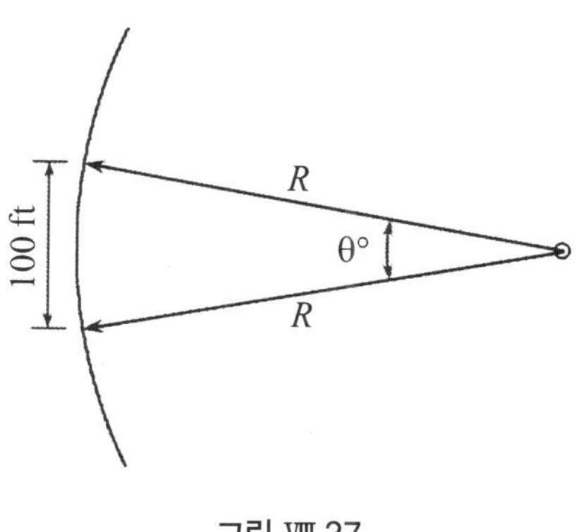

그림 Ⅷ.37

$$R\,[\,\mathrm{ft}\,] = \frac{100\,[\,\mathrm{ft}\,]}{\alpha\,[\,\mathrm{rad}\,]}$$

다음에, [라디안]을 "도"로 나타낸다.

$$\frac{\alpha\,[\mathrm{rad}]}{2\pi} = \frac{\theta°}{360°}$$

이므로 다음과 같이 된다.

$$\alpha\,[\mathrm{rad}] = 2\pi\frac{\theta°}{360°}$$

따라서 "곡률도"로부터 "반경 R"로의 변환공식은 다음과 같이 된다.

$$R\,[\mathrm{ft}] = \frac{100\,[\mathrm{ft}]}{a\,[\mathrm{rad}]} = \frac{100\,[\mathrm{ft}]\times 360°}{2\pi\theta°}\tag{VIII.54}$$

상응하는 수치적 값을 **표 VIII.1**에 나타낸다.

표 VIII.1 "곡률도"로부터 "반경 R"로의 변환

$\theta°$	$R\,[\mathrm{ft}]$	$R\,[\mathrm{m}]$
1	5,729	1,746
3	1,911	582
5	1,146	349
10	573	175
15	383	117

수치적 예 : 중량 W = 260,000 lb의 "100 ton" 차량이 50 mph(73.3 ft/sec)로 3° 곡선에 걸쳐 이동하고 있다. 발생된 원심력과 상응하는 캔트 e를 사정하라.

상기의 표에 따르면, 3° 곡선은 궤도 반경 R = 1,911 ft에 상당한다. 그 다음에 방정식 (VIII.51)을 이용하면, 원심력은 다음과 같이 된다.

$$F_c = \frac{W}{g}\frac{v^2}{R} = \frac{260,000\times(73.3)^2}{32.19\times 1,911} = 23,965\,\mathrm{lb}$$

방정식 (VIII.52)를 이용하면, 캔트는 다음과 같이 된다.

$$e = \frac{Lv^2}{gR} = \frac{(56.5 + 3.0)\times(75.3)^2}{32.19\times 1,911} = 5.48\,\mathrm{in}$$

L이 수직 레일중심선 간의 간격임에 유의하라. 그것은 4 ft 8 1/2 in = 56.5 in의 표준궤간과 (132와 140 RE 레일에 대하여) 3.0 in의 레일두부 폭으로 이루어져 있다.

VIII.11 이동하는 차량의 임계속도

철도궤도를 설계할 때는 통상적으로 다음 장(제IX.2.6항)에서 행하는 것처럼 정적 윤하중에다 "속도–효과 계수"를 곱함으로써 증가된 동적 윤하중을 사정할 수 있다고 가정된다. 그러나 이 접근법을 적용할 수 없는 그 밖의 동적 상태가 있다. 그러한 문제의 하나는 이동하는 차량이 소위 "임계속도" v_{cr}에 도달할 때 발생된다.

Timoshenko (1926)는 수십 년 전에 Winkler 기초(**그림 IV.4**)에 연속적으로 체결되고 일정한 속도 v_o로 이동하는 수직 점 힘 P를 받는 대단히 긴 탄성 레일의 문제를 해석하였다. 지배 미분방정식은 관성 $m\,\partial^2 w(x,t)/\,\partial t^2$ 항을 추가한 방정식 (IV.3)을 사용하였으며, 여기서 m은 궤도의 단위 길이 당 질량이다. 이 분석에 따르면, 속도가

$$v_{cr} = \sqrt[4]{4kEI / m^2} \tag{VIII.55}$$

에 도달할 때, 수직 레일 힘이 대단히 크게 된다. Timoshenko (1926)는 궤도의 레일에 대한 "임계속도" v_{cr}이 기지의 기관차 최고속도보다 훨씬 더 높은 약 1,200 mph이라는 점을 나타내었다. 감소되는 궤도계수 k에 관해서는 임계속도가 감소되는 점에 유의하라. 추가의 코멘트는 Kerr (1981, pp. 406 412)를 참고하라.

장대레일(CWR) 부설의 최근 실행은 제VII장에서 논의한 것처럼 레일의 축력, 통상적으로 여름철에 압축력과 겨울철에 인장력을 발생시킨다. Kerr (1972)는 이들의 축력이 v_{cr}에 미치는 영향을 연구하기 위하여 **그림 VIII.38**에 나타낸 것처럼 일정한 속도 v_o로 이동하는 하중 P를 받는 Winkler 기초 위의 압축된 무한의 레일을 분석하였다.

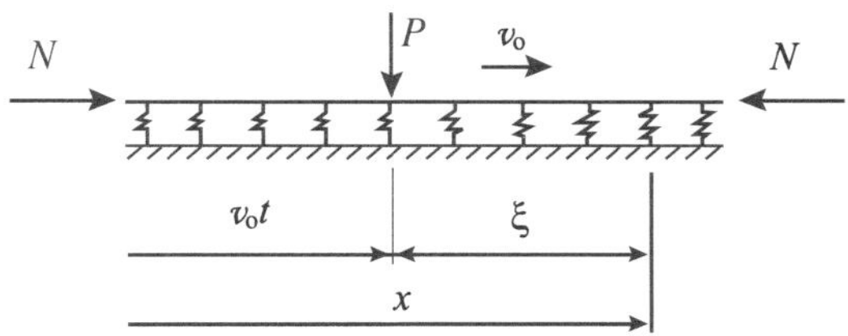

그림 VIII.38 연속적으로 지지되고 축 방향으로 압축된 보

Kerr는 미분방정식

$$EI\frac{\partial^4 w}{\partial x^4} + N\frac{\partial^2 w}{\partial x^2} + kw + m\frac{\partial^2 w}{\partial t^2} = P\delta(x - v_o t) \tag{VIII.56}$$

을 사용하여

$$v_{cr} = \sqrt{1 - \frac{N}{N_{cr}}}\;(v_{cr})_{N=0} \tag{VIII.57}$$

을 구하였다. 여기서, N_{cr}은 분기(分岐, bifurcation) 좌굴하중 $2\sqrt{kEI}$ 이며 $(v_{cr})_{N=0}$은 방정식 (VIII.55)에 주어진다.

그러므로 방정식 (Ⅷ.57)에 따르면, 레일 압축력 N의 증가와 함께 임계속도 v_{cr}이 감소되며, N이 N_{cr}에 접근함에 따라 v_{cr}은 영에 접근한다. 이 연구결과는 예를 들어 구속된 열팽창에 기인하는 장대레일 궤도의 충분히 높은 압축력이 "v_{cr}을 열차의 운전속도 이내로 감소"시킬 수 있는 점을 시사한다.

"댐핑"과 축력이 v_{cr}에 미치는 영향은 Rao (1976)가 **그림 Ⅷ.39**에 나타낸 기본모델을 이용하여 연구하였다.

이 분석에 따르면, 압축 축력은 v_{cr}을 감소시키는 반면에 점성 댐핑은 v_{cr}을 증가시킨다. 관련된 결과는 Rzhanitsyn (1968)과 Frýba (1972)가 소개하였다.

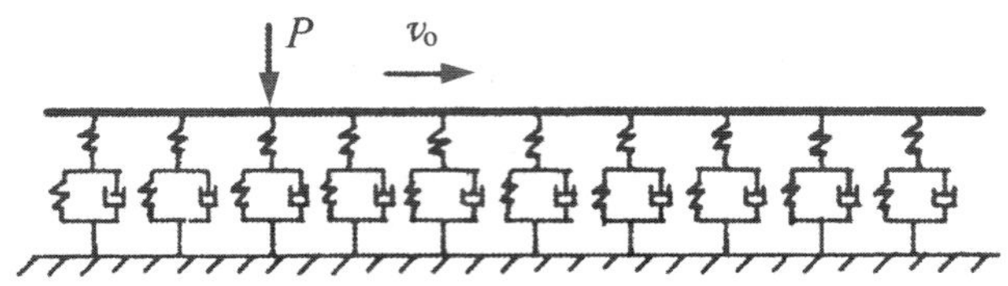

그림 Ⅷ.39 댐핑이 있는 궤도의 기본모델

Filippov (1961)는 기초를 질량이 있는 탄성 반-공간으로 고려하여 v_{cr}에 미치는 "기초 관성의 영향"을 연구하였다. 얻어진 결과에 따르면, 기초 관성의 포함은 v_{cr}을 감소시킨다. 이것은 또한 m을 단지 레일의 질량만이 아니고 기초 질량도 "추가된" 것이라고 고려함으로써 방정식 (Ⅷ.55)로부터 명백하다.

이 연구는 레일 "축력"의 영향을 포함한 Labra (1975)가 일반화하였다. 관련된 문제에 관하여는 Patil (1987, 1988), Duffy (1990), 및 Korenev와 Ruchimskii (1955)를 참조하라.

이동 하중을 받는 연속적으로 지지된 보의 광범위한 개관에 관하여는 Kerr (1981)를 참조하라.

IX. 횡-침목 궤도의 설계해석

IX.1 서론

방정식 (IV.7)에 기초하는 단순하고 충분히 정밀한 궤도해석은 제IV장에서 설명하였다. 제IV장에서는 궤도구조가 정적 윤하중에 어떻게 응답하는지와 이 응답이 레일크기, 기초의 강성(궤도계수), 레일 이음매, 등등에 어떻게 영향을 끼치는지를 나타내었다. 또한, 관련된 궤도열화 문제도 나타내었다. 제IV, VII, 및 VIII장의 설명 목적은 궤도가 차량과 기관차의 윤하중을 받을 때와 온도변화를 받을 때에 어떻게 응답하는지의 이해를 돕기 위한 것이었다. 이 배경은 관찰된 많은 궤도문제의 적합한 해석을 위하여 그리고 개선책을 궁리하기 위하여 필수적이다.

이 일반적인 지식 외에도 **설계**목적 때문에 이동하는 열차와 온도변화에 기인하여 "예견되는 **최대 궤도응력과 처짐**"을 아는 것이 필요하다. 이들은 코드(code)에 규정된 **허용치**와 비교된다. 예를 들어, 철도궤도 설계 또는 보수목적으로 다음을 결정하는 것이 필요하다.

- ▶ "휨 응력"
  - (1) 레일의 최대 "휨" 응력, $\sigma_{max}^{(1)}$
  - (2) 횡-침목의 최대 "휨" 응력, $\sigma_{max}^{(2)}$
- ▶ "지지 응력"
  - (3) 레일과 횡-침목 간, 또는 타이플레이트가 사용될 때는 타이플레이트와 횡-침목 간의 최대 평균 "접촉압력", $\sigma_{max}^{(3)}$
  - (4) 횡-침목과 그 도상기초 간의 최대 평균 "접촉압력", $\sigma_{max}^{(4)}$
  - (5) 도상과 노반의 최대 평균 "접촉압력", $\sigma_{max}^{(5)}$

응력 $\sigma^{(1)}$, $\sigma^{(2)}$, $\sigma^{(3)}$, $\sigma^{(4)}$, 및 $\sigma^{(5)}$ 을 **그림 IX.1**에 나타낸다. 그들은 다음과 같은 설계 강도기준

$$\sigma_{max}^{(n)} \le \sigma_{all}^{(n)} \tag{IX.1}$$

과 AREA 보수기준

$$w_{max} \le 0.25 \text{ in} \tag{IX.2}$$

에 관련하여 사용된다.

두 번째 기준 (IX.2)는 과도한 반복 레일 처짐이 도상 층을 교란시키고, 가속된 줄(방향)과 면(고저) 틀림 진행을 일으키기 때문에 필요하다. 이들의 기준은 궤도문제의 설계해석을 위해 제IX.3 내지 IX.5절에서 사용될 것이다. 그러므로 필요한 설계정보를 이하에 나타낸다.

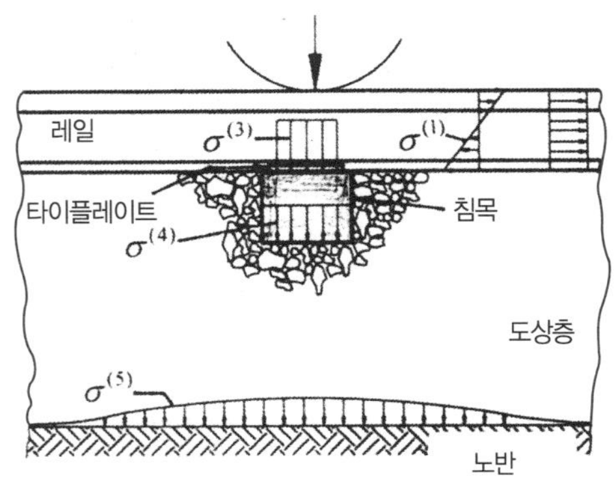

그림 IX.1 설계해석에 사용되는 응력

IX.2 설계 데이터

IX.2.1 레일에 미치는 허용 휨 응력

AREA 편람 (1996, 제16장, 10.2.2.5)에 따르면, "레일의 허용 휨 응력"은 다음과 같이 사정된다.

$$\sigma_{all}^{(1)} = \frac{\dfrac{\sigma_y}{70,000} - \dfrac{\sigma_N}{20,000}}{\underset{\substack{\text{횡방향}\\\text{레일휨}}}{1.20} \times \underset{\text{궤도상태}}{1.25} \times \underset{\substack{\text{레일마모}\\\text{와 부식}}}{1.15} \times \underset{\substack{\text{불균형}\\\text{높이}}}{1.15}} = 25.000\,\text{lb/in}^2 \tag{IX.3}$$

여기서, σ_y는 **그림 IX.2**에 나타낸 항복응력이다.[1]

상기 $\sigma_{all}^{(1)}$ 의 결정은 분명히 방정식 (IV.46)을 다음과 같이 고쳐 써서 사용할 수 있다는 개념에 의거한다.

$$\left(\sigma_{max}^{(1)} - \frac{N_{max}}{A}\right) = \frac{M_{max}\,c}{I} \leq \sigma_{all}^{(1)} \tag{IX.4}$$

방정식 (IX.3)에서는 항복응력이 $\sigma_y = 70,000\ \text{lb/in}^2$이고, $\sigma_N = N/A = 20,000\ \text{lb/in}^2$가 온도하강에 기인하여 예

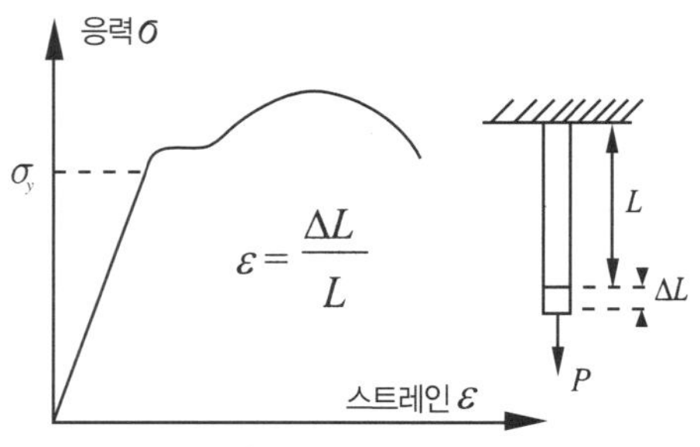

그림 IX.2 레일강의 응력–스트레인 곡선

---

[1] 이 결정은 제IV.10절에서 논의한 것처럼 이동하는 열차에 기인하는 피로의 영향을 고려하지 않는다. 같은 값으로 귀착될 더 적합한 사정은 다음과 같음이 분명하다.

$$\sigma_{all}^{(1)} = \frac{(100,000-20,000) \times 0.5}{\underset{\substack{\text{횡방향}\\\text{레일휨}}}{1.20} \times \underset{\substack{\text{레일마모}\\\text{와 부식}}}{1.15} \times \underset{\substack{\text{불균형}\\\text{높이}}}{1.15}} \cong 25,000\ \text{lb/in}^2 \tag{IX.3$'$}$$

과거에 생산된 레일강의 개량된 성질 때문에, 방정식 (IX.3$'$)에서 $\sigma_y = 100,000\ \text{lb/in}^2$로 가정하는 것은 정당한 듯하다. 0.5의 곱수(乘數)는 피로에 기인하는 감소계수이다.

AREA 편람에서 제안한 대신의 18,000 lb/in² 값은 너무 낮은 것으로 보인다.

상되는 레일의 최대 인장축력이라고 가정하였다.

분모는 방정식 (IX.3)에서 나타내는 것처럼 4 개의 감소계수로 이루어져 있다. "횡 방향 레일 휨 계수"의 포함은 불확실한 힘 입력과 함께 더 복잡한 휨-비틀림 레일해석의 필요성을 피한다는 점에 유의하라. "레일마모와 부식 계수"의 이용은 새로운 레일의 단면2차 모멘트의 사용을 허용함으로써 해석을 단순화한다. 방정식 (IX.4)가 소요의 레일크기를 결정하는데 대단히 편리하므로 σ_y에서 온도축력의 공제는 또 하나의 해석 단순화로 이끈다. 즉, 그것은 다음과 같이 고쳐 쓸 수 있다.

$$Z_{req} \geq \frac{M_{max}^{dyn}}{\sigma_{all}^{(1)}}$$

(IX.5)

여기서, $Z = I/c$ 값은 AREA 편람 (1996, 제4장)에 열거되어 있으며, **표 IX.1**에 재현한다.

비교의 목적으로, Basilov와 Chernishev (1972, p. 620)에 따르면 방정식 (IX.3) 또는 방정식 (IX.3′)에서 결정된 $\sigma_{all}^{(1)}$ = 25,000 lb/in²에 상응하는 구소련의 철도들에 대해 명시된 값은 2,000 kgf/cm²(28,446 lb/in²)이며, 따라서 AREA가 권고한 값보다 약간 더 높다. Führer (1978, p. 45)에 따르면, 구동독 철도(RB)에서 규정된 값은 15,000 N/cm²(21,755 lb/in²)였다. Schramm (1973, p. 56)에 따르면, 서독철도(DB)에서 규정된 상응하는 값은 1,500 kgf/cm²(21,335 lb/in²)이며, 따라서 구RB에서 사용된 것과 대략 같은 값이다.

표 IX.1 단면계수

레일단면	Z [in³]		레일단면	Z [in³]	
	상면	바닥		상면	바닥
100	15.1	15.1	132	22.4	27.4
115	18.1	18.1	136	24.0	28.3
119	19.4	19.4	140	24.3	28.6

IX.2.2 타이플레이트의 크기를 결정하기 위한 허용 지지응력

Hay (1982, p. 576)에 따르면, 시험은 견목(堅木)(예를 들어, 오크) 침목의 조직이 400 lb/in²에 이르기까지의 횡 압착 압력에 저항할 수 있으며 연질목재(예를 들어, 소나무) 침목은 250 lb/in²에 이르기까지의 횡 압착 압력에 저항할 수 있다는 점을 나타내었다. 실제의 궤도에서는 견목 침목뿐만 아니라 연질목재 침목도 사용되며 그들이 반복하중을 받으므로, 설계목적으로 다음과 같은 점을 가정할 것이다.

$$\sigma_{all}^{(3)} = 200 \text{ lb} / \text{in}^2 \, (138 \text{ N/cm}^2)$$

(IX.6)

Basilov와 Chernishev (1972, p. 620)에 따르면, 러시아와 구소련의 그 밖의 나라에서 규정된 값은 285에서 500 lb/in²까지의 범위에 이른다.

IX.2.3 (가정된 침목간격을 검토하기 위한) 도상 위 침목에 대한 허용 지지응력

AREA 편람 (1996)에 따르면, 침목저면과 도상 간의 허용 지지압력은 다음과 같다.

$$\sigma_{all}^{(4)} = \begin{cases} 65 \text{ lb/in}^2 & \text{좋은 도상품질과 목침목에 대해(제16장, 10.2.23)} \\ 85 \text{ lb/in}^2 & \text{고품질 내마모 도상과 콘크리트침목에 대하여(제10장, 1.1.2.5.1.1.b)} \end{cases}$$

이렇게 상대적으로 큰 차이에 대하여는 분명한 정당화가 있다. 가능한 설명은 도상품질이 현재 사용되는 것만큼 좋지 않았던 수십 년 전에 65 lb/in^{2}의 값이 규정되었다는 점이다. 또 하나의 이유는 독립된 두 AREA 위원회가 이들의 $\sigma_{all}^{(4)}$ 값을 규정한 점 때문일 수도 있다. 규정된 침목-도상 접촉 면적(목-침목에 대하여 $(2/3) \times 1 \times b$와 콘크리트침목에 대하여 $1 \times b$이 다르다는 점을 유의하면 상태는 더욱 심화된다.

이와 관련하여 Basilov와 Chernishev (1972, p. 620)에 따르면 러시아 철도들에 상응하는 값은 3.5에서 5.0 kgf/cm^2 (50 내지 71 lb/in^2)까지의 범위에 이르며, 따라서 콘크리트침목에 대해 상기에 열거한 $\sigma_{all}^{(4)}$ 값보다 더 작다.

현재 대부분의 북미철도들은 목-침목 궤도에서도 고품질 도상을 사용한다. 따라서 나타낸 설계 예에 대하여

$$\sigma_{all}^{(4)} = 75 \text{ lb / in}^2 \ (52 \text{ N / cm}^2) \tag{IX.7}$$

이 명기되며, 침목-도상 접촉면적은 목-침목과 콘크리트침목 양쪽에 대하여 $(2/3) \times 1 \times b$이다(**그림 IX.9**).

IX.2.4 노반에 대한 허용 지지응력

노반의 지지응력은 흙의 유형, 압밀, 및 함수비와 같은 많은 요인에 좌우된다. AREA 편람 (1996, 제16장, 10.2.2.6)에 따르면, 강하고 잘 배수된 노반에 대해 도상이 가하게 될 최대 지지압력은 다음과 같다.

$$\sigma_{all}^{(5)} = 25 \text{ lb / in}^2 (17.3 \text{ N / cm}^2) \tag{IX.8}$$

그러나 약하고 배수되지 않는 노반의 지지력은 5 lb/in^{2}만큼 작을 수도 있다.

Basilov와 Chernishev (1972, p. 621)에 따르면 구소련의 철도들에서는 이 지지응력이 0.8 kgf/cm^2(11.4 lb/in^2)로 제한된다. Schramm (1942, p. 14)에 따르면, 독일에서는 이 값이 2 kgf/cm^2(28.45 lb/in^2)로 제한된다.

IX.2.5 허용 응력의 사정에 대한 설명

허용응력 $\sigma_{all}^{(n)}$을 비교할 때는 그들이 실제 현장조건의 역(back)-계산으로 (희망을 가지고) 사정된 "경험 값"이라는 점에 유의하라.

이와 관련하여, 대부분의 철도들이 기초에 관한 그들의 해석에서 방정식 (IV.7)로 나타낸 밀접하게 간격을 둔

선형 스프링에 체결된 레일로 이루어져 있는 같은 모델을 이용할지라도, 그들은 최대 지지응력 $\sigma_{max}^{(n)}$을 사정함에 있어 일반적으로 다른 절차를 사용한다. 예를 들어, AREA는 "목-침목 궤도"에 대한 압력이 대략 침목길이의 2/3에 걸쳐 분포한다고(**그림 IX.9**) 가정하는 반면에 DB는 그것이 더 크다고, 즉 **그림 V.8**에 나타낸 2(2*ü*)라고 가정한다. 그 밖의 얼마간의 철도들은 압력이 침목 "전체"에 걸쳐 균등하게 분포된다고 가정한다. 이것은 AREA에서도 "콘크리트침목 궤도"에 대해 기술된다. 더욱이, 도상-노반 응답의 비선형성 영향은 균등하게 고려되지 않는다. 이들의 사실은 다른 철도들이 규정한 $\sigma_{all}^{(n)}$ 값들을 비교할 때 고려되어야 한다.

철도당국이 (북미에서는 AREA가) 규정한 $\sigma_{all}^{(n)}$ 값들의 각 세트에 관하여 사용하려는 궤도설계 해석은 그들의 결정에 사용된 해석 방법론에 상응하여야 한다는 점이 상기의 설명으로부터 이해된다.

IX.2.6 속도-효과 계수

이동하는 열차는 차량과 기관차의 중량에 기인하는 "정하중"보다 더 큰 수직 동적 힘을 레일에 가한다. 이들의 힘은 일반적으로 궤도를 따른 궤도강성(요컨대, k)의 변동, 궤도를 따른 선형틀림, 및 이동하는 차량의 결함에 기인한다. 이들의 동적 힘을 사정하는 해석은 대단히 복잡하며 궤도에 따른 특성의 변동 때문에 실용적이지 못하다. 그러므로 많은 철도들은 다음과 같은 공식을 사용하고 있다.

$$P^{dyn} = \underbrace{(1+\theta)}_{\alpha} P^{static} \tag{IX.9}$$

여기서, 동적 계수 θ는 실제 현장시험으로부터 결정된다(되어야 한다).

AREA 편람 (1996, 제16장, 10.2.2.2)에 따르면, 권고된 속도-효과 계수는 다음의 공식으로 계산하기로 되어 있다.

$$\theta = 0.33 \frac{\text{열차속도}[mph]}{\text{차륜직경}[in]} = 0.33 \frac{v}{D} \tag{IX.10}$$

예를 들어, 만일 탁월 열차속도가 60 mph이고 차량 차륜직경이 $D = 36$ in이라면, 정적 윤하중을 확대하게 될 계수는 $\alpha = 1 + 0.33 \times 60 / 36 = 1.55$이다.

Schramm (1942, 1955)에 따르면, 1930년대에 사용된 초기의 공식은 $\theta = v^2/30,000$이었으며, 여기서 열차속도 v는 km/h이다. 그러나 궤도측정은 이 공식이 $v > 100$ km/h에 대하여는 계수를 너무 크게 예측한다는 점을 나타내었다. 그러므로 Schramm은 다음과 같은 관계를 제시하였다.

$$\theta = \frac{4.5}{100,000} v^2 - \frac{1.5}{100,000,000} v^3 \tag{IX.11}$$

이 공식은 여러 해 동안 DB [Schramm (1973, p. 49)]에서 사용되었다.

θ에 대한 상기의 공식들을 **그림 IX.3**에 그래픽으로 나타낸다. 또한, Eisenmann (1972)이 제안하고 DB에서 사용된 통계적 방법에 기초한 세 개의 점선 곡선을 포함한다. AREA 공식은 열차속도 $v > 40$ km/h에 대하여 "양호" 내지 "대단히 양호"한 궤도에 관해서는 Eisenmann (DB) 방법과 상당히 잘 부합되는 점에 주목하라.

여러 가지 그래프를 비교하면 그들의 모두가 경험적이며 물리학의 원리에 의거하지 않았다는 점을 알 수 있다. 그들 사용의 정당화는 고려중인 열차와 속도에 관한 시험데이터와 그들 간의 일치이다. 국제철도연합의 철도연구시험소 (1965), Doyle (1979, pp. 3-2 내지 3-16) 및 Shakhunyantz (1987, 제1.5절)는 얼마간의 그 밖의 해석을 수행하였다.

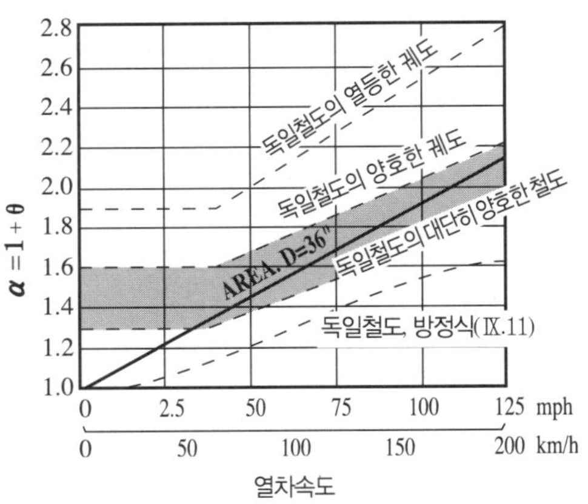

그림 IX.3 AREA와 DB에서 제안된 속도-효과 계수의 비교

IX.2.7 차량과 기관차 데이터

북미의 기관차와 차량에 관한 데이터는 "차량과 기관차 백과사전" (1997)에 제시되어 있다. 다음의 예에서 사용하려는 차량과 기관차 윤하중의 크기와 측정법을 **그림 IX.4**에 나타낸다.

GM F 40-C (또는 SD 45-2, 45-T2)

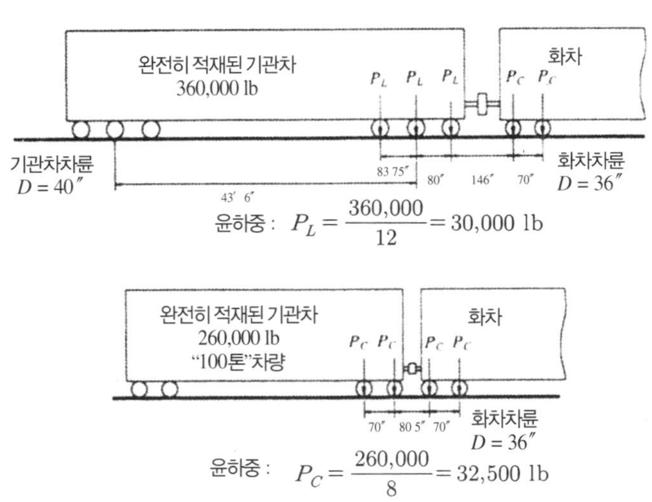

윤하중 : $P_L = \dfrac{360,000}{12} = 30,000$ lb

윤하중 : $P_C = \dfrac{260,000}{8} = 32,500$ lb

그림 IX.4 궤도 설계해석에 필요한 차량과 기관차 데이터 예

IX.3 첫 번째 설계 예

IX.3.1 예의 제시

다음이 주어진다 : 열차는 GM F 40-C 기관차 및 직경 36 in 차륜을 가진 2축 대차의 100톤 화차로 이루어져

있다.

침목 : 목-침목 7 in × 9 in × 8.5 ft ; 침목간격 : 19.5 in

계획된 정규 속도 : $v = 60$ mph

다음을 결정하라 : (1) 레일단면(AREA 강도기준을 사용하고 그 다음에 $w_{max} < 0.25$ in인지의 여부를 검토하라)

(2) 타이플레이트 크기

(3) 도상에 대한 침목압력(그것은 ≤ 75 lb/in²이어야 한다)

(4) 침목 아래에 요구된 도상깊이, h_{req} ($\sigma_{all}^{(5)} \leq 25$ lb/in²를 사용하라)

IX.3.2 서언

다음을 유의하라.

(1) 레일의 M_{max}를 결정하기 위해서는 (다짐 또는 봄철의 해빙 후에) 궤도를 따라 "가장 작은" k를 사용하여야 하며, 그 이유는 이것이 가장 큰 레일 휨모멘트를 초래하기 때문이다.

(2) 타이플레이트의 크기를 결정하기 위해서는 고려중인 궤도에서 "가장 큰" k를 사용하여야 하며(동결된 도상), 그 이유는 이것이 가장 큰 레일 좌면 힘 F_{max}를 초래하기 때문이다.

(3) 요구된 도상깊이 h_{req}를 결정하기 위해서는 여름철의 k 값을 사용하여야 한다. 높은 겨울철 k 값에 대해서는 더 높은 값 $\sigma_{all}^{(5)}$에 상당하는 점에 유의하라.

IX.3.3 레일크기의 결정

M_{max}를 결정하기 위해서는 다짐 직후의 궤도를 따라서 가장 작은 k 값, $k = 1,000$ lb/in²를 "가정한다." 처음의 시도로서, $I = 87.9$ in⁴의 132 RE 레일을 선택한다.

$k = 1,000$ lb/in²과 132 RE 레일에 대하여

$$\beta = \sqrt[4]{\frac{k}{4\,EI}} = \sqrt[4]{\frac{1,000}{4 \times 30,000,000 \times 87.9}} = 0.0175 \ \ 1/in$$

방정식 (IV.20)을 이용하여 M_{max}를 사정하기 위하여 여러 가지 차륜 배치에 대한 휨모멘트를 플롯하였다. 그들을 $P_C = 32,500$ lb와 $P_L = 30,000$ lb에 대하여 **그림 IX.5(1)** 내지 **IX.5(4)**에 나타낸다.

이들의 M 그래프로부터 레일의 최대 정적 휨모멘트는 다음과 같다는 점을 알 수 있다.

$$M_{max}^{static} = 383,000 \ \text{lb} \cdot \text{in}$$

방정식 (IX.9)와 (IX.10)에 따르면, "속도-효과 계수"는 다음과 같다.

$$\alpha = 1 + \theta = 1 + 0.33 \times \frac{60 \ \frac{mph}{}}{36 \ in} = 1.55$$

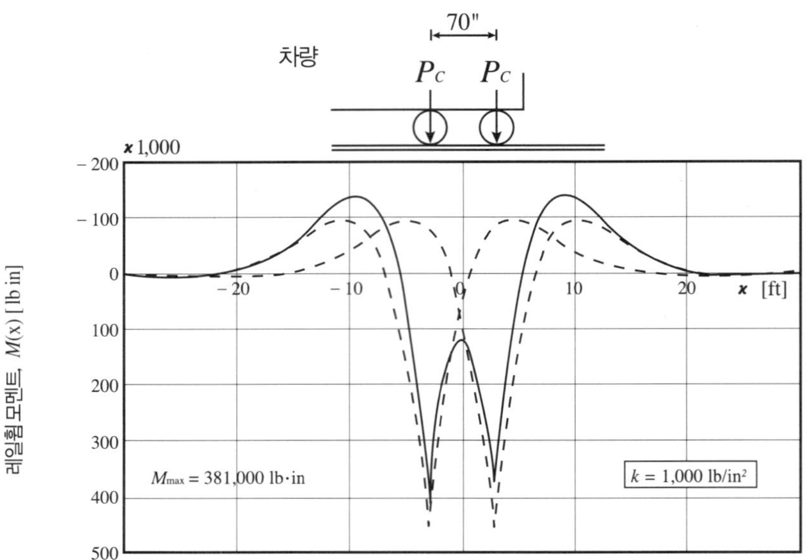

그림 IX.5(1) 열차의 마지막 대차 아래에서 레일 휨모멘트 [비고 : (″)는 인치를 의미함]

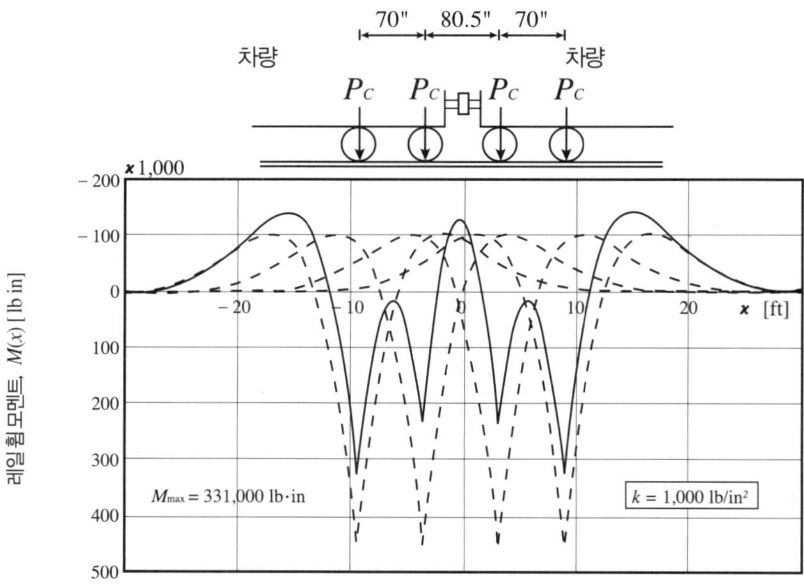

그림 IX.5(2) 인접하는 두 차량의 대차들 아래에서 레일 휨모멘트

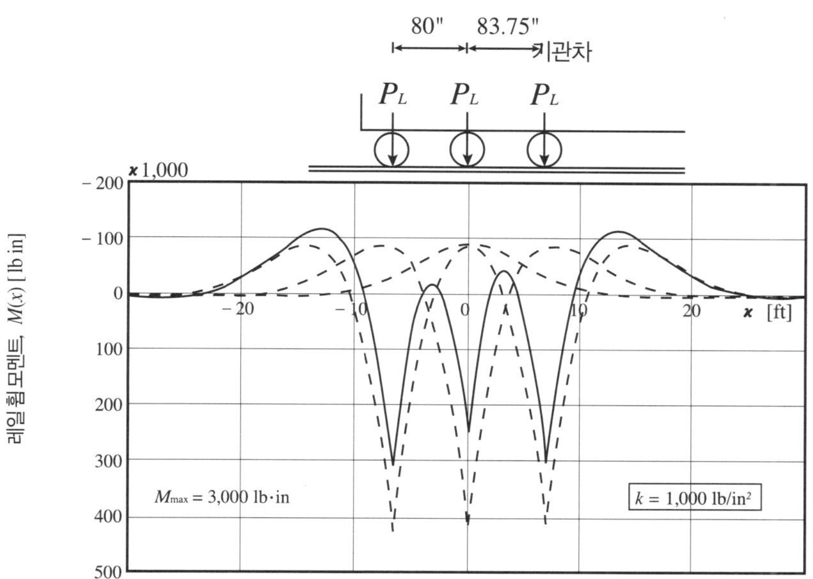

그림 Ⅸ.5(3) 기관차의 전방 대차 아래에서 레일 휨모멘트

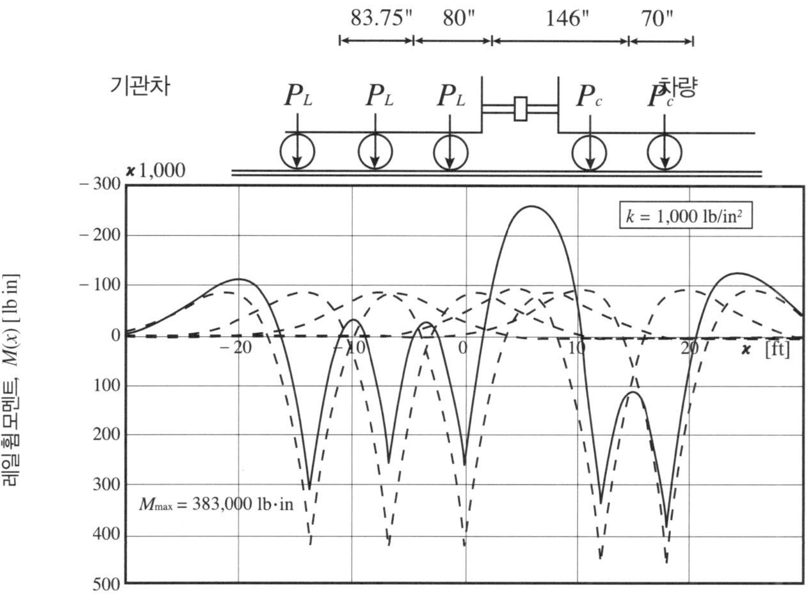

그림 Ⅸ.5(4) 기관차의 후방 대차와 첫 번째 차량의 전방 대차 아래에서 레일 휨모멘트

다음에, 필요한 레일단면을 사정한다. 방정식 (IX.5)에 따르면, 다음과 같이 된다.

$$Z_{req} \geq \frac{M_{max}^{dyn}}{\sigma_{all}^{(1)}} = \frac{1.55 \times 383,000}{25,000} = 23.75 \text{ in}^3 < \left(Z\right)_{132 \text{ bottom}} = 27.4 \text{ in}^3 \tag{IX.12}$$

결론 : "선택한 132 RE 레일은 강도기준, $\sigma_{max}^{(1)} \leq 25,000$ lb/in²를 충족시킨다," (특히, k는 대부분의 동안에 약 3,000 lb/in²일 것이며 다짐 직후에는 $v < 60$ mph의 속도제한이 있을 것이다).

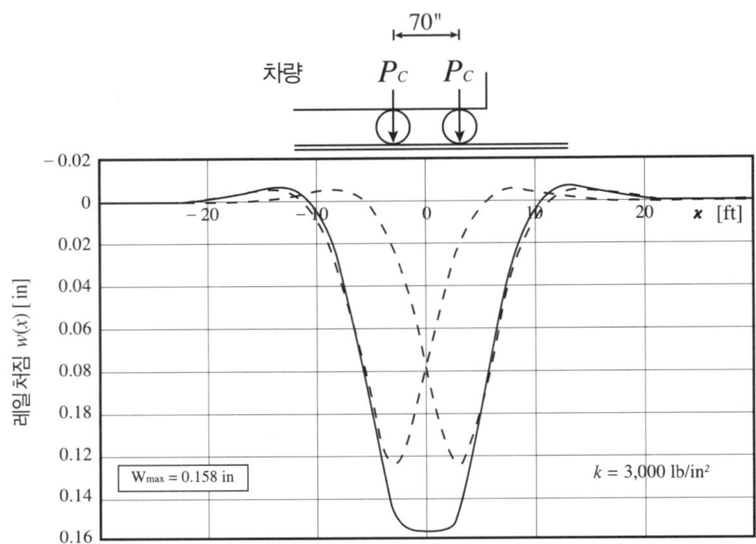

그림 IX.6(1) 열차의 마지막 대차 아래에서 레일 처짐 [비고 : (″)는 인치를 의미함]

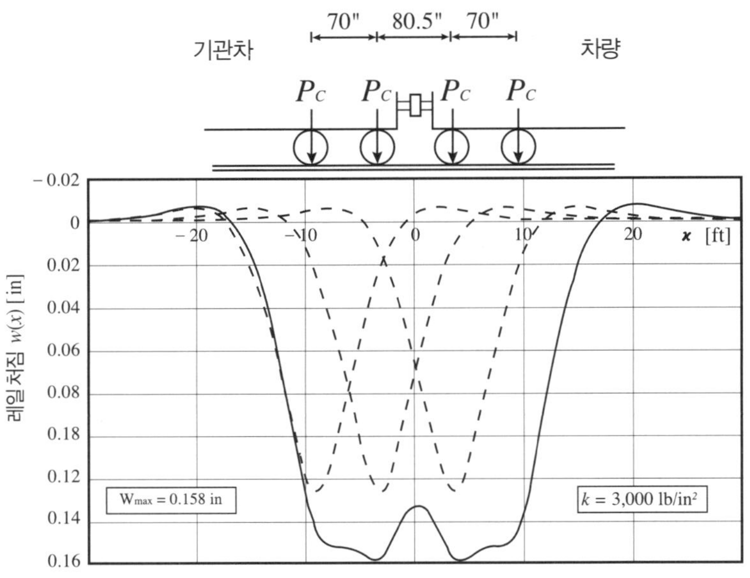

그림 IX.6(2) 인접하는 두 차량의 대차들 아래에서 레일 처짐

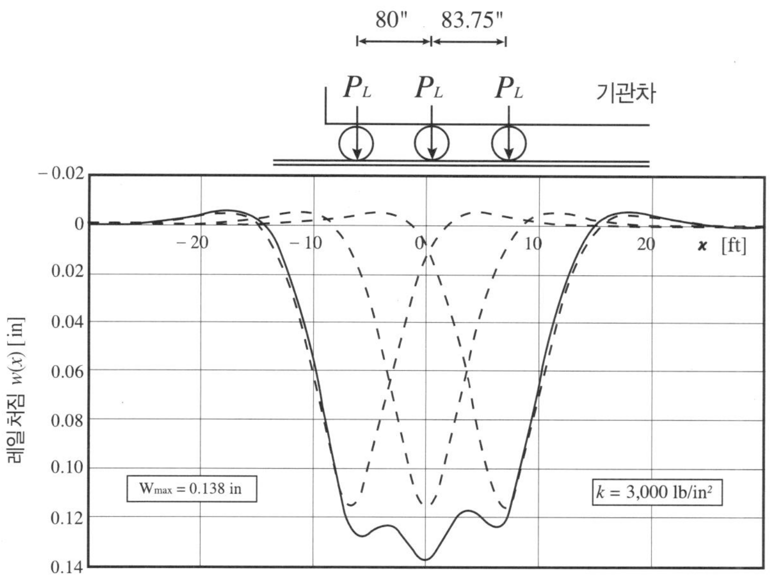

그림 Ⅸ.6(3) 기관차의 전방 대차 아래에서 레일 처짐

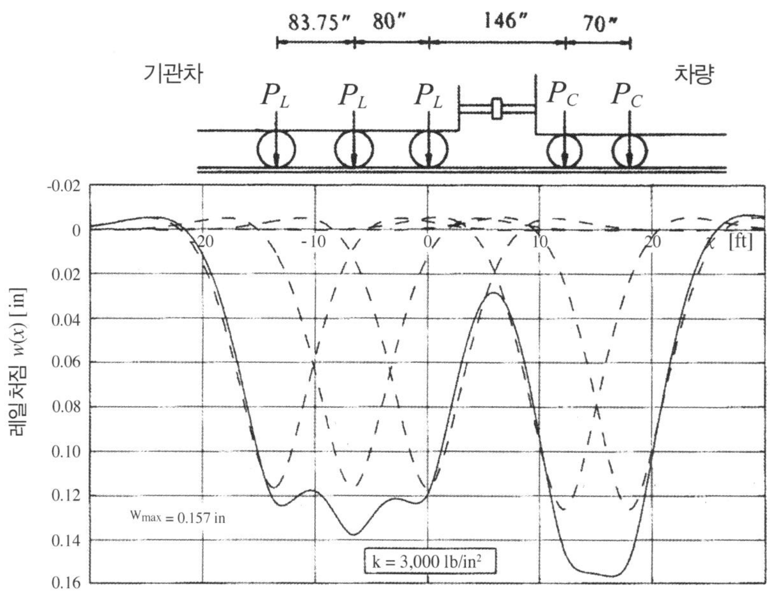

그림 Ⅸ.6(4) 기관차의 후방 대차와 첫 번째 차량의 전방 대차 아래에서 레일 처짐

"보수기준" w_{max}^{dyn} < 0.25 in이 충족되는지의 여부를 검토하기 위하여 통상적으로 이용되는, 궤도에 상당하는 k 값인 k = 3,000 lb/in²를 사용한다. w_{max}를 사정하기 위하여 상응하는 처짐 곡선을 **그림 Ⅸ.6(1)** 내지 **Ⅸ.6(4)**에 플롯한다. 이들의 그래프에서 w_{max}^{static} = 0.158 in을 알 수 있다. 상응하는 동적 값은 다음과 같다.

$$w_{max}^{dyn} = \alpha \times w_{max}^{static} = 1.55 \times 0.158 = 0.245 \text{ in} < 0.25 \text{ in} \qquad (\text{IX}.13)$$

따라서 보수기준도 또한 충족시킨다.

"상기의 계산은 AREA 편람에 따라 132 RE 레일이 계획된 교통에 대해 적합한 선택이었다는 점을 확인한다."

IX.3.4 타이플레이트 크기의 결정

타이플레이트의 목적은 레일이 목-침목에 가하는 접촉압력을 줄이는 것이다. 타이플레이트와 침목 간의 최대 지지압력이

$$\sigma_{max}^{(3)} = \frac{F_{max}^{dyn}}{A} \qquad (\text{IX}.14)$$

이며, 그리고 $\langle \sigma_{all}^{(3)}$이어야 하기 때문에 필요한 타이플레이트 면적은 다음과 같아야 하는 점이 뒤따른다.

$$A_{req} \geq \frac{F_{max}^{dyn}}{\sigma_{all}^{(3)}} \qquad (\text{IX}.15)$$

방정식 (IX.6)에 따르면, $\sigma_{all}^{(3)}$은 200 lb/in²로 선택되었으므로 상응하는 최대 레일좌면 힘 F_{max}^{dyn}을 사정하는 것이 필요하다. 이하에서는 이것을 행한다.

최대 F_{max}^{dyn}는 겨울철 동안 도상이 동결되었을 때에 일어난다. 또한, 이 기간 동안 목-침목이 더 손상되기 쉬우며 침목-플레이트 파먹음에 민감하다. 그러므로

$$k_{winter} \cong 3 \times k_{summer} = 9,000 \text{ lb/in}^2$$

의 값이 사용될 것이다 [Shakhunyants (1987, p. 235)]. 다음에 주목하라.

$$F_{max}^{dyn} = a \times p_{max}^{dyn} = a \times k_{winter} \times w_{max}^{dyn} \qquad (\text{IX}.16)$$

여기서, 침목중심 간격은 고려된 설계 예에서 연역적으로 $a = 19.5$ in로 명기하였다. a와 k_{winter}가 기지이므로 다음에는 $w_{max}^{dyn} = (1 + \theta)w_{max}^{static}$ 를 사정한다.

w_{max}^{static}을 정립하기 위하여 먼저 다음을 계산한다.

$$\beta = \sqrt[4]{\frac{k_{winter}}{4\,EI}} = \sqrt[4]{\frac{9,000}{4 \times 30,000,000 \times 87.9}} = 0.0304 \text{ 1/in}$$

여러 가지 대차하중 배치 하에서 상응하는 레일 처짐 곡선 $w(x)$를 **그림 IX.7(1)** 내지 **IX.7(4)**에 나타낸다. 이들의

그래프에 따르면, $w_{max}^{static} = 0.0578$ in이다. 따라서

$$w_{max}^{dyn} = (1 + \theta)w_{max}^{static} = 1.55 \times 0.0578 = 0.0896 \text{ in}$$

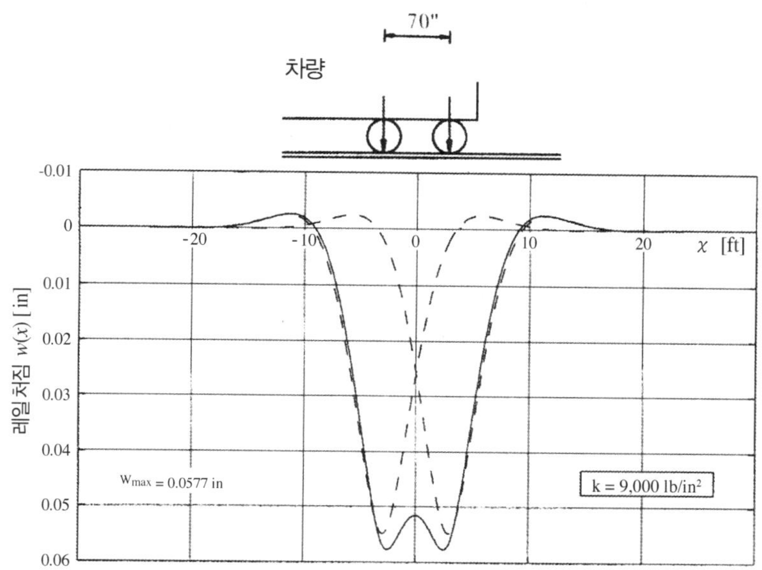

그림 IX.7(1) 열차의 마지막 대차 아래에서 레일 처짐 [비고 : (")는 인치를 의미함]

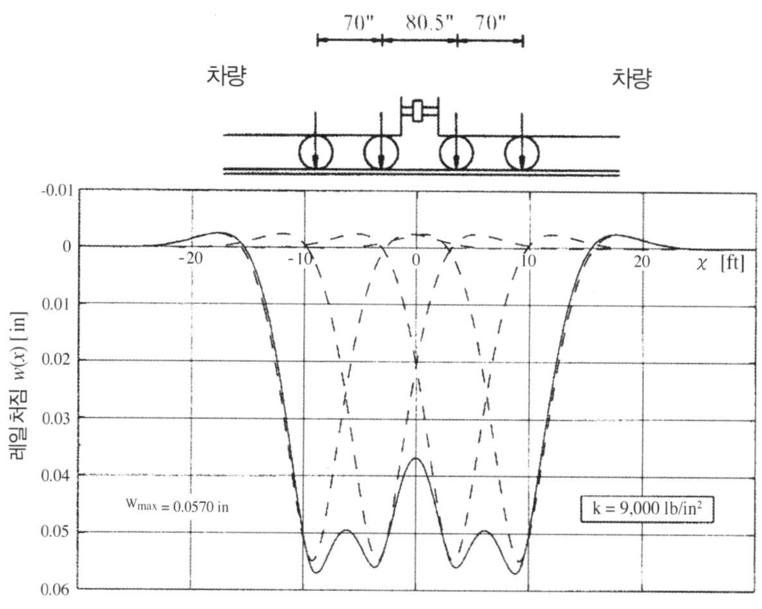

그림 IX.7(2) 인접하는 두 차량의 대차들 아래에서 레일 처짐

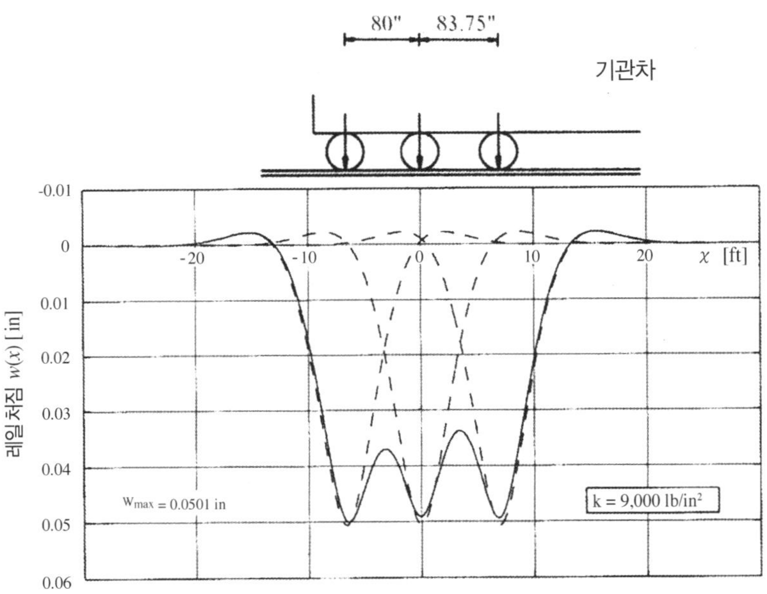

그림 IX.7(3) 기관차의 전방 대차 아래에서 레일 처짐

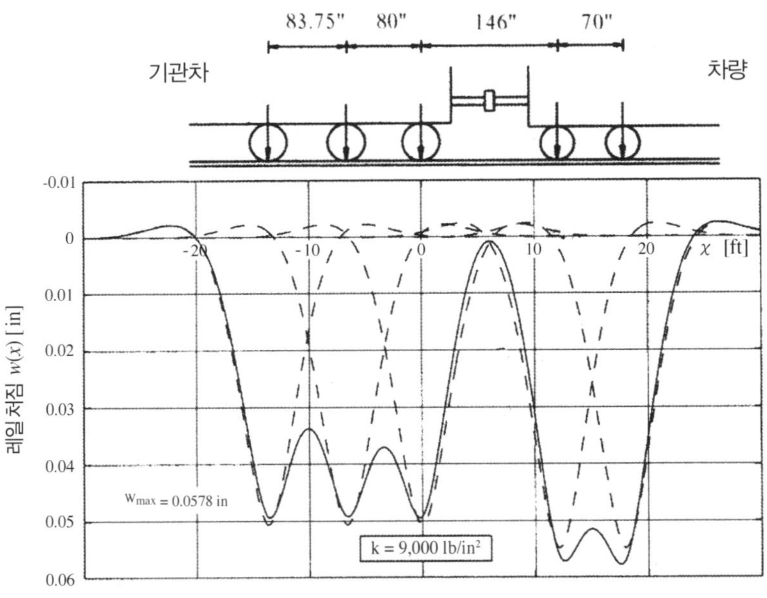

그림 IX.7(4) 기관차의 후방 대차와 첫 번째 차량의 전방 대차 아래에서 레일 처짐

제IV.5.2항에 따라 "기초의 비선형 딱딱해짐" 때문에 F_{max}는 1.5로 곱하여야 하는 점을 유의하면, 그것은 다음이 뒤따른다.

$$\left(F_{max}^{dyn}\right)_{nl} = a \times k_{winter} \times w_{max}^{dyn} \times 1.5 = 19.5 \times 9{,}000 \times 0.0896 \times 1.5 = 23{,}587 \ \ lb$$

그러므로

$$A_{req} \geq \frac{\left(F_{max}^{dyn}\right)_{nl}}{\sigma_{all}^{(3)}} = \frac{23{,}587}{200} \cong 118 \ \ in^2 \tag{IX.17}$$

목-침목의 표준 폭이 9 in이므로 타이플레이트의 폭은 8 in로 선택되었다(**그림 IX.8**). 그러므로 플레이트의 길이는 118/8 = 14.75 in이어야 한다. 따라서 요구된 타이플레이트 크기는 14.75 in × 8 in이다.

이것은 많은 북미 철도들이 사용하는 크기이다. 예를 들어, Norfolk Southern(NS)는 똑바른 궤도에 132 RE 레일과 함께 14.75 in × 7.75 in 타이플레이트를 사용하여 왔다. NS는 100톤 차량이 도입된

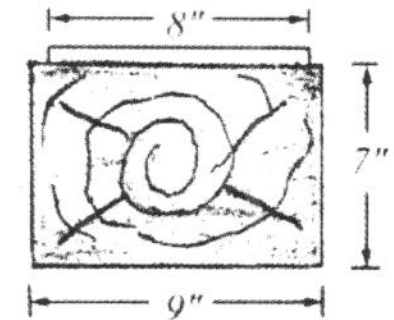

그림 IX.8 플레이트가 있는 침목

후에 레일과 침목의 마모를 최소화하기 위해 궤도 구성요소를 점차적으로 증가시킴으로써 이 타이플레이트의 크기와 132 RE 레일에 도달하였고 상기의 부합은 상기의 해석과 설계기준 $\sigma_{max}^{(3)} \leq \sigma_{all}^{(3)} = 200$ lb/in²가 타당하다는 점을 나타낸다.

IX.3.5 최대 침목-도상 압력이 $\sigma_{max}^{(4)} \leq \sigma_{all}^{(4)}$인지 여부의 검토

그림 IX.9에 나타낸, 가정된 단순화한 압력분포에 따르면 다음과 같이 된다.

$$\sigma_{max}^{(4)} = \frac{1.5 \times F_{max}^{dyn}}{L_{eff} \times b} \tag{IX.18}$$

여기서,

$$L_{eff} = l/3 \tag{IX.19}$$

l = 8 ft 6 in 및 b = 9 in.

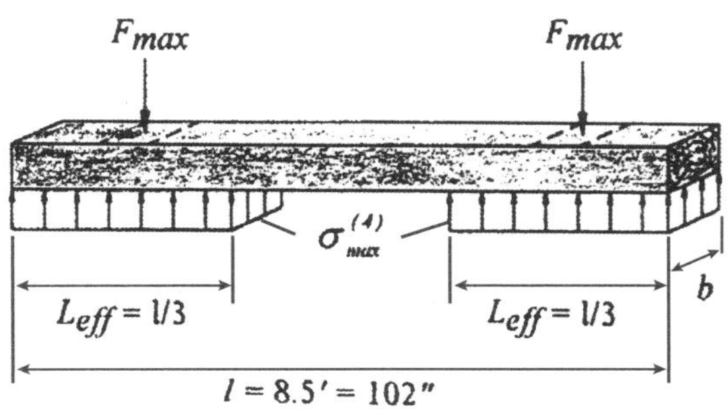

그림 IX.9 다짐 후에 가정된 단순화한 압력분포

이 분석에서 봄-여름-가을의 k 값, $k = 3,000$ lb/in²를 사용하면, 그리고 상응하는 w_{max}^{static} 가 상기(제**IX**.3.3항)에서 사정되었음에 유의하면, 다음과 같이 된다.

$$F_{max}^{dyn} = a \times p_{max}^{dyn} = a \times k \times w_{max}^{dyn} = 19.5 \times 3,000 \times 0.245 = 14,332\, \text{lb}$$

따라서

$$\sigma_{max}^{(4)} = \frac{1.5 \times 14,332}{34 \times 9} \cong 70.3\, \text{lb/in}^2 < 75\, \text{lb/in}^2.$$

이며 조건 (IX.7)이 충족된다. 이것은 가정된 침목-도상 접촉면적에 대하여 19.5 in의 선택된 침목간격이 충분하다는 점을 의미한다. 그러나 결정된 $\sigma_{max}^{(4)}$가 AREA 편람 (1996, 제16장, 10.2.2.3)에 열거되고 제**IX**.2.3항에서 사전에 기술한 65 lb/in²를 초과함에 유의하라.

IX.3.6 요구된 도상깊이의 결정

AREA 편람 (1996, 제16장, 10.2.2.6)에 따르면, 도상 층이 레일에 가하는 계산된 수직압력은 다음과 같아야 한다.

$$\sigma_{max}^{(5)} < \sigma_{all}^{(5)} = 25\, \text{lb/in}^2$$

침목-도상 접촉영역에서 평균압력 $\sigma_{max}^{(4)}$에 기인하는 침목 아래에서 요구된 도상깊이를 계산하는 하나의 접근법은 AREA 편람 (1996, 제16장, 10.3.2.1)에 열거된 Talbot 위원회 공식 (1919)에 의거한다.

$$\sigma_{zz}(h) = 16.8 \frac{\sigma_{max}^{(4)}}{\sqrt[4]{h^5}}\,, \qquad 4\ \text{in} < h < 30\ \text{in} \tag{IX.20}$$

여기서, h는 침목저면으로부터의 거리이다.

다섯 번째 강도기준 $\sigma_{zz}(h) \leq \sigma_{all}^{(5)}$을 사용하여 h에 대해 결과로써 생기는 (IX.20)의 방정식을 풀면 침목 아래에서 요구된 도상깊이에 대한 명백한 식이 산출된다.

$$h_{req} \geq \sqrt[5]{\left(16.8 \frac{\sigma_{max}^{(4)}}{\sigma_{all}^{(5)}}\right)^4} \tag{IX.21}$$

고려중인 설계문제에 대하여

$$h_{req} \geq \sqrt[5]{(16.8 \times 70.3/25)^4} = \sqrt[5]{4,980,792} = 21.85 \text{ in}$$

공식 (IX.20)은 도상 층 시험에서 기록된 수직응력을 "곡선 적합"시킴으로써 도출되었다. 이것은 궤도 파라미터들이 현재 사용되는 것들과 달랐던 수십 년 전에 행하여졌다. 또한, 실험실 시험은 실제의 현장시험과 부합되지 않았으며, 침목-도상 접촉압력이 침목저면 전체에 걸쳐 균등하게 분포되지 않는다는 점을 가정하였다. 따라서 방정식 (IV.21)은 충분히 정밀하지 않을지도 모른다. 그러므로 그 다음의 h_{req}는 **그림 IV.10**에 나타낸, Bathurst와 Kerr (1999)가 근래에 제시한 그래프로 사정된다. 그들은 자유 경계에서 수직 집중력을 받는 탄성 반-공간에 대한 Boussinesq (1885)의 해에 의거한다. 이들의 그래프는 침목크기, 침목간격, 침목-도상 압력분포, 및 부근 침목의 영향을 고려한다.

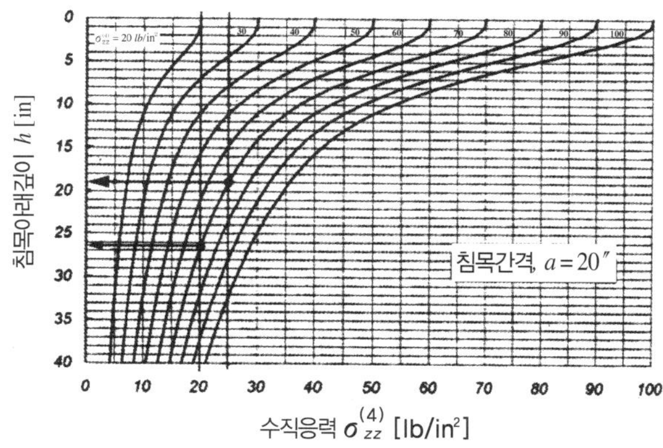

그림 IX.10 도상 층의 수직응력

침목간격은 고려중인 문제에 대해 연역적으로 $a = 19.5$ in로 가정하였다. 따라서 대략 20 in이다. **그림 IX.10**에 나타낸 그래프를 이용하면 $\sigma_{max}^{(4)} = 70.3$ lb/in²에 상당하는 곡선은 $h = 19$ in에서 $\sigma_{all}^{(5)} = 25$ lb/in²에 대한 수직선을 교차하는 점을 알 수 있다. 그러므로

$$h_{req} \cong 19 \text{ in}$$

그것은 상기에서 구한 값 21.85 in보다 더 적다. 이것은 요구된 도상깊이의 결정을 완료한다.

이상적으로는 결정된 19 in 두께의 층이 최고 품질의 도상으로 이루어져야 한다. 그러나 이것은 경제적으로 적합하지 않다. 이 경우에 수직압력 $\sigma_{zz}(h)$이 침목저면으로부터 깊이의 증가와 함께 급속히 줄어들으므로 도상은 두 개의 층으로 나눌 수 있다. 단단한 내마모 도상자갈로 이루어진 약 10 in의 상부 층과 낮은 편의 품질을 가진 도상자갈로 이루어진 9 in 두께의 하부 층(보조도상)을 **그림 IX.11**에 나타낸다.

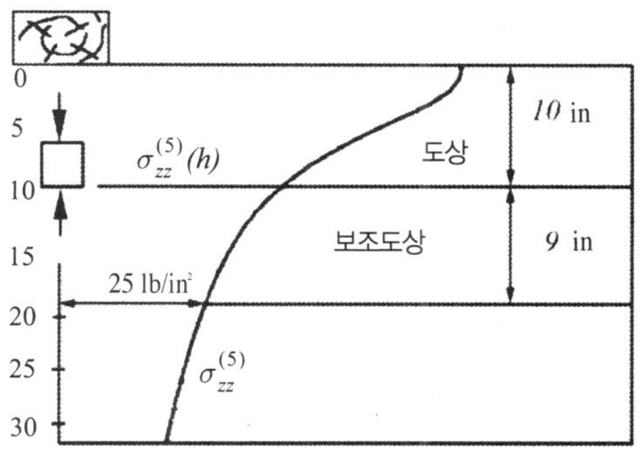

그림 IX.11 결정된 도상 층 깊이의 세분

"기존" 궤도의 경우로서 통상적으로 많은 보수 사이클을 받아온 오래된 궤도의 경우에 부분적으로 오염된 도상은 도상이 충분히 두꺼운 것을 조건으로 하여 보조도상으로 간주될 수 있다.

새로운 노반에 부설하려는 새로운 궤도에 대해서는 사정된 h_{req}가 규정 도상두께이어야 한다. 만일 사용된 도상 층이 충분히 두껍지 않다면, 이를테면 10 in이라면 도상이 노반에 과도한 압력을 줄 수 있으며(**그림 Ⅵ.50**), **그림 Ⅵ.51**에 나타낸 상태가 일어날 수 있다. 이것은 노반의 상부지역에서 강수의 집적과 노반강도의 감소로 이끌 것이다. 이것은 차례로 새로운 궤도의 가속된 면 틀림진행과 줄 틀림진행을 일으킬 것이다. 그러므로 이 유형의 문제를 피하도록 **충분한 도상깊이**를 마련하는 것이 필수적이다. 이것은 제 **Ⅸ.3.1절**에서 제시한 예를 완료한다.

AREA 편람 (1991, p. 23-3-23)이 $\sigma_{all}^{(5)}$ 값을 (25 lb/in² 대신에) 20 lb/in²로 열거한 점과 이 값에 대하여 상기에 기술된 두 방법 중 어느 쪽이든지에 따르면 **그림 Ⅸ.10**에 나타낸 것처럼 요구된 도상깊이가 각각 $h_{req} \cong$ 26 또는 27 in이 된다는 점에 유의하라.

만일 탁월 열차속도를 $v = 60$ mph에서 80 mph로 증가시킬 계획이라면, 상응하는 P^{dyn}은 다음과 같이 되고

$$P^{dyn} = \left(1 + 0.33 \frac{60}{36''} \times \frac{80}{60}\right) P^{static} = 1.73 \, P^{static}$$

이전에 계산된 w_{max}, M_{max}, 및 F_{max} 값은 1.73/1.55 = 1.12로 곱하기로 되어 있으며, 따라서 12 %만큼 증가된다.

Ⅸ.4 두 번째 예

Ⅸ.4.1 문제의 제시

다음이 주어진다 : 100톤 화차에 사용되는 132 RE 장대레일(CWR)의 기존 본선궤도에 125톤 화차의 고정편성 화물열차를 투입할 계획이다.

다음을 결정하라 : 사용된 132 RE 레일과 8 in × 14.75 in 타이플레이트가 증가된 차량중량에 충분한지의 여부. 만일 아니라면, AREA 편람에 따라 필요한 레일단면을 정립하고 레일좌면에서 침목열화의 증가를 피하기 위하여 필요한 타이플레이트 크기를 정립하라.

Ⅸ.4.2 문제 해석

궤도는 제Ⅸ.3절에서 결정한 것과 같다. 유일한 차이는 차량 윤하중 P^{static}이 제Ⅳ.3절에 나타낸 것처럼 32,500 lb(145 kN)에서 39,000 lb(174 kN)로 증가할 것이라는 점이다. 열차에서 차량과 기관차의 축거가 동일한 채로 있고 탁월 열차속도는 여전히 $v = 60$ mph이라고 가정된다.

증가된 차량중량의 영향에 관한 처음의 평가에서처럼 궤도의 해석이 P의 선형이기 때문에 (즉, 윤하중이 2배일 때 레일 처짐 w, 압력 p, 및 레일 휨모멘트 M도 그러할 것이다), **첫 번째 설계 예**에서 결정된 양은

39,000/32,500 = 1.20의 비율로 곱해질 것이다. 따라서 평가된 값들은 다음과 같다.

$$Z_{req} \cong 1.2 \times 23.75 = 28.5 \text{ in}^3 \rangle Z_{132} = 27.47 \text{ in}^3$$

$$w_{max}^{dyn} \cong 1.2 \times 0.245 = 0.294 \text{ in} \rangle 0.25 \text{ in}$$

$$A_{req} \geq 1.2 \times 118 = 142 \text{ in}^2 \rangle A_{avail} = 118 \text{ in}^2$$

$$\sigma_{max}^{(3)} \cong 1.2 \times 200 = 240 \text{ lb/in}^2 \rangle \sigma_{all}^{(3)} = 200 \text{ lb/in}^2$$

$$\sigma_{max}^{(4)} \cong 1.2 \times 70.3 = 84.36 \text{ lb/in}^2 \rangle \sigma_{all}^{(4)} = 75 \text{ lb/in}^2$$

그림 Ⅸ.10에 따르면, $\sigma_{max}^{(4)} = 84.36 \text{ lb/in}^2$와 $\sigma_{all}^{(5)} = 25 \text{ lb/in}^2$에 대하여 $h_{req} \cong 26 \text{ in}$이다.

더 정밀한 결과는 새로운 차량과 기관차의 더 큰 윤하중과 설계 데이터를 사용하여 이전 예의 절차에 따라 구할 수 있다.

Ⅸ.4.3 두 번째 예에 대한 결론

"모두 허용치를 넘는다." 그러므로 궤도틀림의 진행속도가 일반적으로 증가될 것이라고 예상된다.

염려되는 것은 영업이용 동안 최대 레일 처짐의 초과이다(0.294 in 대 AREA 편람에서 제한하는 0.25 in). 이것은 줄과 면 틀림진행의 증가된 속도, 더 짧은 보수주기, 및 더 높은 보수비로 이끌 것이다. 계산된 $Z_{req} = 28.5 \text{ in}^3$은 더 큰 레일, 이를테면 140 RE 레일을 사용하는 것이 필요함을 제시한다.

타이플레이트와 침목 간에서 지지압력의 초과도 또한 유의하여야 한다. 과도한 타이플레이트 파먹음을 피하기 위해서는 "타이플레이트 면적" A를 증가시켜야 한다. (**그림 Ⅸ.8**에 나타낸 9 in의 침목 폭 때문에) 8 in의 타이플레이트 폭을 계속 유지하면, 플레이트의 길이는 $A_{req}/8 = 142 \text{ in}^2/8 \text{ in} = 17.75 \text{ in}$이어야 한다. 따라서 상기의 해석은 현재 사용 중인 14.75 in × 8 in 대신에 140 RE 레일의 저부를 수용하도록 어깨 사이에 6 in을 가진 18 in×8 in의 사용을 제시한다. 요구된 도상깊이는 27 in이라는 점에 유의하라.

Ⅸ.5 세 번째 예

Ⅸ.5.1 문제의 제시

다음이 주어진다 : 목–침목 위에 115 RE 장대레일이 부설되고 가볍게 사용되는 지선을 50 mph로 이동하는 125톤 차량의 고정편성 화물열차가 사용하도록 업그레이드하려고 한다. 레일이 단지 연간 4 MGT만 받았고 마모와 피로누적을 거의 나타내지 않기 때문에 철도는 경제적인 이유로 가능한 한 궤도에서 레일을 계속 유지하기를 원한다. 이 목적을 달성하는 하나의 가능성은 궤도를 수직으로 딱딱하게 하는 것이다. (더 무거운 레일의 선택은 제Ⅹ장에서 나타내는 것처럼 적당한 해법이 아니다). 그러므로

   ⑴ 다음과 같은 AREA 레일기준을 충족시키기 위하여 유지하여야 할 레일지지계수 k(즉, 하나의 레일에 대한 궤도계수)를 "사정하라."

$$\sigma_{max}^{(4)} \leq \sigma_{all}^{(1)} = 25{,}000 \ \text{lb/in}^2 \text{와} \ w_{max} \leq w_{all} = 0.25 \ \text{in}$$

(2) 현재 사용 중인 14.75 in × 8 in의 타이플레이트가 과도한 침목손상을 방지하도록 충분히 큰지 여부를 "검토하라." 만일 아니라면 필요한 타이플레이트 크기를 사정하라.

IX.5.2 문제 해석

침목중심 간격이 19.5 in이고 잘 유지 관리된 목-침목 궤도의 k 값은 무거운 열차에 대해 더 큰 값과 함께(**그림 V.15**) 2,750과 3,000 lb/in²의 범위에 이르는 점을 경험으로부터 알고 있다. 그러므로 이하에서는

$$k = 3{,}000 \ \text{lb/in}^2$$

을 가정한 다음에, 언급된 AREA 레일기준이 계획된 교통에 대해 충족되는지의 여부를 검토한다.

이 k 값과 ($I = 65.9 \ \text{in}^4$인) 115 RE 레일에 대하여 다음과 같이 된다.

$$\beta = \sqrt[4]{\frac{k}{4EI}} = \sqrt[4]{\frac{3{,}000}{4 \times 30{,}000{,}000 \times 65.9}} = 0.024818 \ \text{/in}$$

사용하려는 기관차와 차량은 계획된 차량 윤하중이 제Ⅳ.3절에서 계산된 것처럼

$$P_C = 39{,}000 \ \text{lb}$$

일 것이라는 점을 제외하고 **그림 Ⅸ.4**에 나타내었다.

최대 레일 휨모멘트 M_{max}는 제Ⅸ.3절에 나타낸 절차에 따라 이하에서 사정한다. 여러 가지 대차 배치에 대한 정적 휨모멘트는 **그림 Ⅸ.5**에서처럼 플롯된다. 이들의 그래프에 따르면, 최대 레일 휨모멘트는 다음과 같다.

$$M_{max}^{static} \cong 314{,}000 \ \text{lb} \cdot \text{in}$$

고려중인 문제에 대하여 속도-효과 계수가 다음과 같으므로

$$\alpha = 1 + 0.33 \times \frac{50}{36} = 1.46$$

레일저부에서 최대 휨모멘트는 다음과 같이 된다.

$$\sigma_{max}^{(1)} = \frac{M_{max}^{dyn}}{Z} = \frac{1.46 \times 314{,}000}{22.0} = 20{,}800 \ \text{lb/in}^2 < \sigma_{all}^{(1)} = 25{,}000 \ \text{lb/in}^2$$

유사한 방법으로, 다짐 직후에 $k = 1{,}000 \ \text{lb/in}^2$이고 상응하는 $\beta = 0.0189 \ 1/\text{in}$일 때, $M^{static} = 418{,}000 \ \text{lb/in}$ 이라는 점을 나타낼 수 있다. 다짐 직후에 부과된 서행 운전명령이 $v = 10 \ \text{mph}$로 계획되어 있기 때문에 속도-효과는 더 작다. 즉, $\alpha = 1 + 0.33 \times 10/36 = 1.10$이다. 그러므로

$$\sigma_{max}^{(1)} = \frac{M_{max}^{dyn}}{Z} = \frac{1.10 \times 418{,}000}{22.0} = 20{,}900 \ \text{lb/in}^2 < \sigma_{all}^{(1)}$$

따라서 레일강도 기준은 k = 3,000 lb/in²일 때, 또는 k = 1,000 lb/in²일 때조차 충족된다.

레일 처짐 기준이 충족되는지의 여부를 검토하기 위하여 k = 3,000 lb/in²와 각종 대차 배치에 관한 처짐을 **그림 Ⅸ.6**에 나타낸 것처럼 플롯하였다. 이들의 그래프에서 최대의 정적 레일 처짐은 0.193 in이며 따라서 v = 50 mph에 대하여 다음과 같다고 결론지어진다.

$$w_{max}^{dyn} = 1.46 \times 0.193 = 0.28 \text{ in}$$

이것은 AREA 보수기준 w_{all} = 0.25 in을 초과한다.

이 기준을 충족시킬 하나의 가능성은 계획된 열차속도를 이를테면 30 mph로 줄이는 것이다. 그 때에는 다음과 같이 된다.

$$\alpha = 1 + 0.33 \times \frac{30}{36} = 1.275$$

와

$$w_{max}^{dyn} = 1.275 \times 0.193 = 0.246 \text{ in} \ < \ w_{all}$$

"상기의 해석에 따르면, 궤도계수 k = 3,000 lb/in²가 유지될 수 있고 열차속도가 30 mph로 제한되는 것을 조건으로 하여 115 RE 레일은 계획된 125톤 차량의 고정편성 화물열차에 대해 존속시킬 수 있다."

다음에는 이용할 수 있는 14 in × 8 in의 타이플레이트가 충분한 크기인지의 여부를 검토하여야 한다. 방정식 (**Ⅸ.16**)에 따라 k_{winter} = 9,000 lb/in²와 상응하는 β = 0.03266 1/in에 대하여 여러 가지 대차차륜 배치에 기인하는 레일 처짐을 **그림 Ⅸ.7**에 나타낸 것처럼 플롯하였다.

이들의 그래프에 따르면, w_{max}^{static} = 0.072 in이다. 따라서 v = 30 mph에 대하여 w_{max}^{static} = 1.275($= \alpha$) × 0.072 in = 0.092 in이다. 방정식 (**Ⅸ.14**)와 (**Ⅸ.17**)로부터 다음과 같이 된다.

$$\sigma_{max}^{(3)} = \frac{\left(F_{max}^{dyn}\right)_{nl}}{A_{tie\ plate}} = \frac{19.5 \times 9,000 \times 0.092 \times 1.5}{14 \times 8} = 216 \ \ \text{lb} \big| \text{in}^2 > 200 \ \text{lb} \big| \text{in}^2$$

겨울철 동안에는 궤도계수 k가 일반적으로 9,000 lb/in²보다 더 작을 것이므로 이 약간의 초과는 허용된다. 또한, 제**Ⅸ.2.2**항에 따르면, 규정된 $\sigma_{all}^{(3)}$ = 200 lb/in²는 여러 출처에서 권고된 상응하는 값보다 작다.

"k = 3,000 lb/in²가 경제적으로 가능하고 열차속도 v가 30 mph로 제한하는 경우에는" 마모된 115 RE 레일을 턱 사이에 6 in 공간이 있는 더 큰 타이플레이트를 필요로 하는 더 무거운 단면(132 RE 또는 136 RE)으로 바꾸는 것이 필요하게 될 때까지 "115 RE 레일과 14 in × 8 in의 타이플레이트가 계획된 125 톤의 고정편성 화물열차 교통에 대해 충분하다"는 점을 상기의 해석이 나타낸다.

Ⅸ.6 w_{max}, p_{max} 및 M_{max}의 결정에 대한 대안의 방법

상기의 설계 예뿐만 아니라 제**Ⅳ**장에서, 여러 대차차륜의 영향은 그래픽 용량을 가진 탁상 컴퓨터를 사용하여 각각의 w 곡선과 M 곡선을 겹쳐놓음으로써 사정된다. 근래까지의 상태였던 것처럼 그러한 컴퓨터가 없을 경우의 궤도해석은 **영향선 방법**을 이용하여 수행되었다. 이 접근법에서는 상기에서 행한 것처럼 전체 레일에 걸쳐 유효한 겹쳐놓음 대신에 단지 관심이 있는 "선택된 하나의 위치"에 여러 차륜에 상응하는 기여들이 겹쳐 놓여진다.

w_{max}, p_{max}, 및 M_{max}의 결정에 대한 이 대안의 방법을 이하에 나타낸다. 그것은 "영향선"으로 **그림 Ⅳ.5**에 나타낸 $\eta(\beta x)$와 $\mu(\beta x)$ 곡선의 이용에 기초한다. 이 방법은 구조역학에서, 특히 교량의 해석에서 잘 알려져 있다. 그것은 종-침목 궤도에 대해 Schwedler (1882)가 도입하였으며 그 다음에 Zimmermann (1887)이 광범위하게 소용되게 하였다. 그것은 수십 년 후에 횡-침목 궤도에 적용되었다. 그것은 현재까지 궤도해석에 사용되고 있다. 예에 관하여는 AREA 편람 (1996, 제22장 파트 3), Basilov와 Cherishev (1972, Vol. Ⅰ, 제Ⅸ장), Clarke (1957), Fastenrath의 Eisenmann (1981), Führer (1978, 제3장), 및 Shakhunyantz (1987, p. 238)를 참조하라.

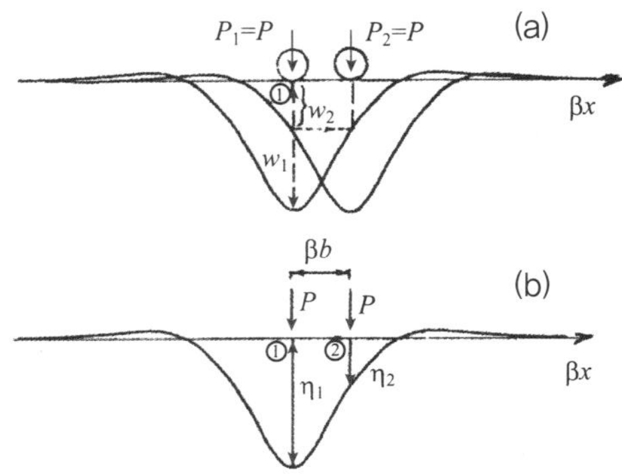

그림 Ⅸ.12 두 윤하중 P_1과 P_2에 기인하여
①에서생긴 w의 사정

이 방법을 설명하기 위해 2축 대차에 기인하여 ①에서의 "처짐" w를 사정하여 보자. 예로서, **그림 Ⅸ.6(1)**에서 이것은 두 차륜의 각각에 기인하는 레일 처짐 곡선을 겹쳐놓음(추가함)으로써 달성되었다. 현재의 방법에서는 관심이 있는 "한 점"에서만, 즉 **그림 Ⅸ.12**에서 나타낸 ①에서만 겹쳐놓음을 수행한다.

w_1만큼 ①에서의 P_1에 기인하는 ①에서의 레일 처짐

과

w_2만큼 ②에서의 P_2에 기인하는 ①에서의 레일 처짐

을 나타내면, $P_1 = P$와 $P_2 = P$에 기인하는 ①에서의 처짐은 $(w_1 + w_2)$이라는 점이 뒤따른다. 다음에, P_2에 기인하는 점①에서의 w_2는 점①에 대한 w곡선 상의 점②에서의 w_2와 같다는 점을 인지하라. 그러므로 이들 두 처짐의 겹쳐놓음은 다음과 같이 방정식 (Ⅳ.9)를 이용하여 해석적으로 설명될 수 있다.

$$w_① = w(0) = w_1 + w_2 = \frac{P\beta}{2k}\eta_1 + \frac{P\beta}{2k}\eta_2$$

또는

$$w_① = \frac{P\beta}{2k}(\eta_1 + \eta_2) \tag{Ⅸ.22}$$

η_1과 η_2의 의미는 **그림 Ⅸ.12(b)**에 나타낸다.

예로서, 132 RE 레일이 부설되고 하나의 레일에 대하여 $k = 3{,}000$ lb/in^{2}인 궤도 위에 서있는 윤하중 $P = 32{,}500$ lb의 2축 대차의 화차를 고찰하자. 상응하는 β는 다음과 같다.

$$\beta = \sqrt[4]{\frac{k}{4\,EI}} = \sqrt[4]{\frac{3{,}000}{4 \times 30{,}000{,}000 \times 87.9}} = 0.023 \ 1/in$$

그림 Ⅳ.5에서 수평좌표는 (x가 아닌) βx이고 축거가 $b = 70$ in이기 때문에 βb를 사용하여야 하는 점이 뒤따른다. 즉,

$$\beta b = 0.023 \times 70 = 1.61$$

그림 Ⅳ.5에 따르면, **그림 Ⅸ.13**에 나타낸 대차 위치에 상응하는 η값들은 다음과 같다.

$$\eta_1(0) = 1 \quad ; \quad \eta_2(1.61) = +0.18$$

그러므로 방정식 (Ⅸ.22)를 이용하면 점① = ⓝ에서 차축 아래의 레일 처짐은 다음과 같이 된다.

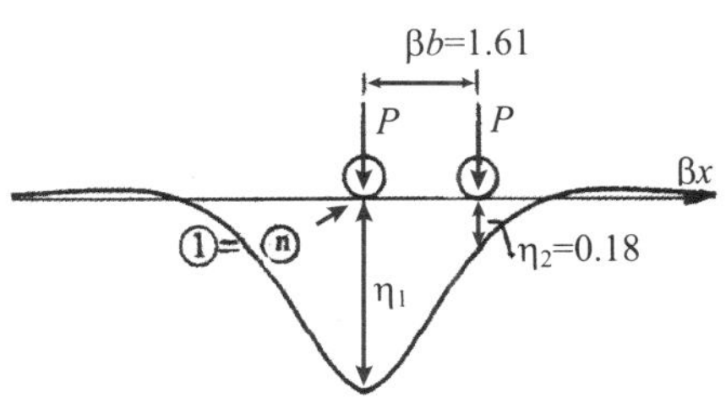

그림 Ⅸ.13

$$w_{ⓝ} = \frac{32{,}500 \times 0.023}{2 \times 3{,}000}(1 + 0.18) = 0.147 \ in$$

이 수치적 값은 **그림 Ⅸ.6(1)**에서 나타낸 왼쪽 차륜에서의 처짐과 일치한다. 두 번째 차륜은 ⓝ에서 단지 18 %만큼만 레일 처짐을 증가시키는 점에 유의하라.

그러나 **그림 Ⅳ.20**에 나타낸 것처럼 최대 처짐 w_{max}는 일반적으로 차륜 아래에서 일어나지 않는다. 예를 들어, $k = 1{,}000$ lb/in²와 같이 상대적으로 작은 k 값에 대해서는 그것이 2축 대차의 차륜들 가운데에서 일어난다. **그림 Ⅸ.6(1)**에 따르면 이것은 또한 132 RE 레일과 $k = 3{,}000$ lb/in²에 대해서도 일어난다.

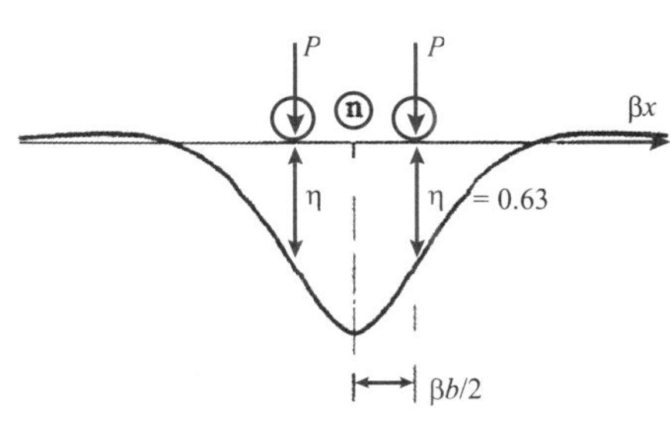

그림 Ⅸ.14

그러므로 다음에는 **그림 Ⅳ.14**에 나타낸 대차 위치에 대하여 점 ⓝ에서의 132 RE 레일의 처짐을 계산한다. β = 0.023 1/in에 대하여 사전에 다음과 같이 계산된다.

$$\beta b/2 = 0.023 \times 35 = 0.805$$

그림 Ⅳ.5로부터, 그 때에 $\eta(0.805) = 0.63$이라는 점이 뒤따르며, 방정식 (Ⅸ.22)에 따라

$$w_{ⓝ} = \frac{32{,}500 \times 0.023}{2 \times 3{,}000}\underbrace{(0.63 + 0.63)}_{1.26} \cong 0.157 \ in > 0.147 \ in$$

이다. $w_{(n)}$ = 0.157 in은 **그림 IX.6(1)**에서 차륜 중간의 처짐과 부합된다.

그러나 w_{max} = 0.158 in은 차륜에서가 아닐지라도 차륜에 근접하여 일어나는 점에 유의하라. 따라서 "영향선" 방법의 불편은 정확한 w_{max}를 사정하기 위하여 흔히 몇몇 윤축의 위치를 시도하여야 하는 점이다. 이것은 **그림 IX.6(4)**에 나타낸 기관차와 차량의 대차를 고려할 때 명백하게 된다. 연습으로서, 독자들은 **그림 IX.6(4)**의 w_{max} 값과 상응하는 최대 레일좌면 힘 F_{max}를 계산할 것을 제안한다.

두 개 또는 더 많은 윤하중에 기인하는 최대 "휨 모멘트" M_{max}의 사정은 **그림 IV.5**의 μ 값을 모멘트에 대한 "영향선"으로 사용하여야 하는 점을 제외하면 처짐에 대한 절차와 같다. 예로서, **그림 IX.15**에 나타낸 것처럼 (n)에 걸쳐 한 차륜이 위치하는 2축 대차에 기인하는 레일 점 (n)에서의 휨모멘트를 사정하여 보자.

방정식 (IV.20)을 이용하면 **그림 IX.12**에 따른 w에 대한 설명과 유사하게 (n)에서의 M은 다음과 같다고 할 수 있다.

$$M_{(n)} = M(0) = \frac{P}{4\beta}(\mu_1 + \mu_2) \qquad (IX.23)$$

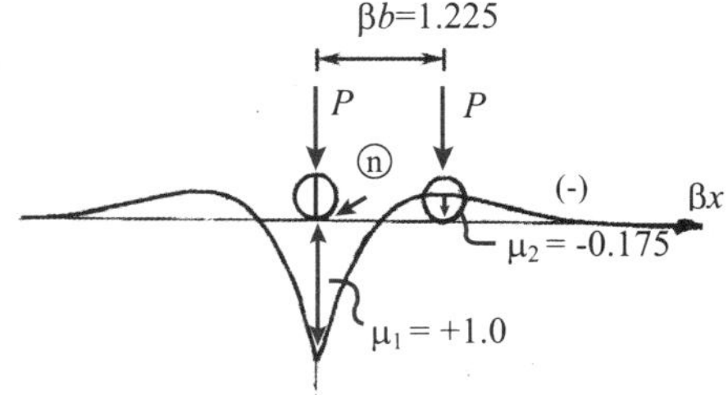

그림 IX.15

μ_1과 μ_2의 의미는 **그림 IX.15**에 나타낸다.

수치적 예로서, 132 RE 레일이 부설되고 하나의 레일에 대하여 k = 1,000 lb/in²인 철도궤도 위에 서있는 윤하중 P = 32,500 lb의 2축 대차 화차에 기인하는 (n)에서의 M을 사정하자. 상응하는 β는 $\beta = \sqrt[4]{k/(4EI)}$ = 0.0175 1/in이며, $\beta \times b = \beta \times 70$ in = 1.225이다. **그림 IV.5**에 따르면, 상응하는 μ 값들은 다음과 같다.

$$\mu_1(0) = 1.0 \quad ; \quad \mu_2(1.225) \cong -0.176$$

그러므로 (n)에서 레일 휨모멘트는 방정식 (IX.23)을 이용하여 다음과 같이 된다.

$$M_{(n)} = \frac{32.500}{4 \times 0.0175} \times \underbrace{(1.00 - 0.18)}_{0.82} = 380,714 \, \text{lb} \cdot \text{in}$$

이것은 **그림 IX.5(1)**의 상응하는 값과 부합된다.

"두 번째" 윤하중은 하나의 윤하중에 기인하는 (n)에서의 휨모멘트(따라서 최대 레일응력)를 증가시키는 대신에 "감소"시키는 점에 유의하라. 이것은 1축 대차의 사용을 계획할 때 고려되어야 한다.

(차륜이 (n)에 걸쳐 위치하지 않는) 레일의 그 외 어떠한 위치로도 대차차륜을 이동시킴으로써 2축 대차에 기인하여 (n)에서 결과로써 생기는 휨모멘트는 상기에서 계산된 것보다 더 작다는 점을 쉽게 입증할 수 있다. 예로서, 윤하중이 **그림 IX.16**에 나타낸 (n)에 관하여 대칭으로 위치하는 경우를 고찰하자.

이 경우에 $\beta b/2 = \beta \times 35$ in = 0.612이고, 상응하는 μ값들은 μ_1(0.612) = μ_2(0.612) = 0.132이며, (n)에서 레일 휨모멘트는 다음과

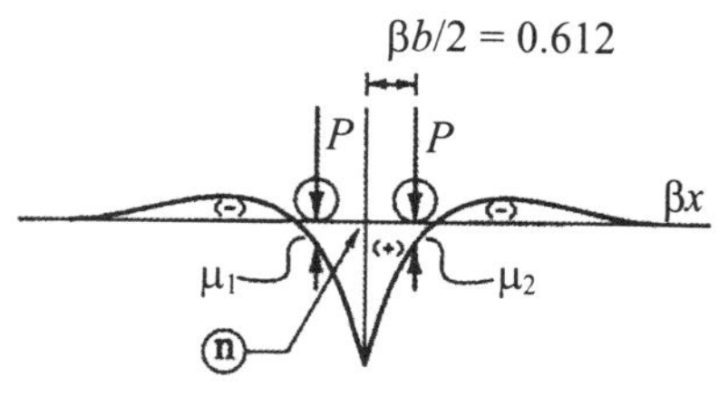

그림 IX.16

같다.

$$M_{ⓝ} = \frac{32.500}{4 \times 0.0175} \times \underbrace{(2 \times 0.132)}_{0.264 < 0.82} = 120,714 \text{ lb} \cdot \text{in}$$

따라서 상기에서 사정한 모멘트 $M_{ⓝ}$의 약 30 %뿐이다. 연습으로서, **그림 Ⅳ.5(1)**에서 이 $M_{ⓝ}$ 값을 위치시켜 보자.

만일 그 때에 m 개의 윤하중들을 포함하기로 되어 있다면, 방정식 (Ⅳ.22) 및 (Ⅳ.23)과 유사하게 다음과 같이 된다.

$$w_{ⓝ} = \frac{P\beta}{2k}(\eta_1 + \eta_2 + \eta_3 + \ldots + \eta_m) = \frac{P\beta}{2k}\sum_{i=1}^{m}\eta_i \tag{Ⅸ.22′}$$

및

$$M_{ⓝ} = \frac{P}{4\beta}(\mu_1 + \mu_2 + \mu_3 + \ldots + \mu_m) = \frac{P}{\beta}\sum_{i=1}^{m}\mu_i \tag{Ⅸ.23′}$$

예로서, $k = 1,000$ lb/in^{2}인 곳에서 3축 대차에 기인하는 ⓝ에서의 M_{max}를 사정하자. 상응하는 β는 $\beta = 0.0175$ 1/in이다. **그림 Ⅸ.17**로부터 기관차 대차는 ⓝ에서 M_{max}를 일으킬 것이라는 점이 명백하다.

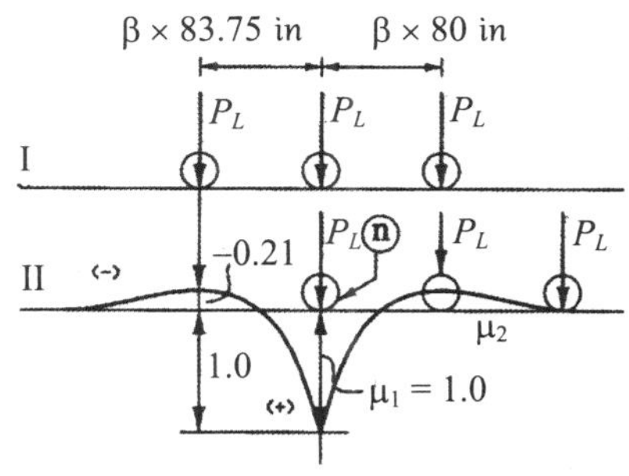

그림 Ⅸ.17

$$\beta \times 83.75 = 1.465 \rightarrow \mu = -0.21$$

및

$$\beta \times (83.75 + 80) = 2.865 \rightarrow \mu = -0.07$$

에 대해 다음이 뒤따른다.

$$M_{max} = \frac{P}{4\beta}\underbrace{(1 - 0.21 - 0.07)}_{0.72} = \frac{30,000}{4 \times 0.0175}(0.72) = 308,571 \text{ lb} \cdot \text{in}$$

이 값은 **그림 Ⅸ.5(3)**의 M_{max} 값과 잘 일치한다. 세 번째 차륜은 비록 감소는 대단히 작을지라도 M_{max}를 더욱 줄이는 점에 주목하라.

IX.7 결론 및 권고

제IX.6절에 나타낸 영향선을 사용하는 궤도계산은 Schwedler가 1882년에 그것을 도입한 이후 철도기술자들이 사용하여 왔다. 그러나 이 방법은 차량이나 기관차 차륜의 여러 가지 있음직한 배치를 사용하여 관심이 있는 지점의 최대치 w_{max}나 M_{max}의 사정을 필요로 하므로 대단히 귀찮다.

개념적으로 더 단순하고 더 직접적인 절차는 제IX.3절에 나타낸 첫 번째 설계 예에서 행한 것처럼 각 차륜에 대한 모든 곡선을 겹쳐놓는 것이다. 그래픽 용량을 가진 탁상 컴퓨터의 최근 이용성과 함께 이것은 명확히 더 적합한 접근법이다. 이 접근법을 이용하는 그 밖의 예는 제X장에 나타낸다.

궤도해석에서·자주 생기는 β의 계산을 단순화하기 위하여 그리고 여러 가지 궤도 파라미터에 대한 그것의 종속성을 나타내기 위하여 β를 표준레일과 $1,000 < k < 9,000 \ \mathrm{lb/in^2}$에 대하여 평가한 결과를 **그림 IX.18**에 나타낸다.

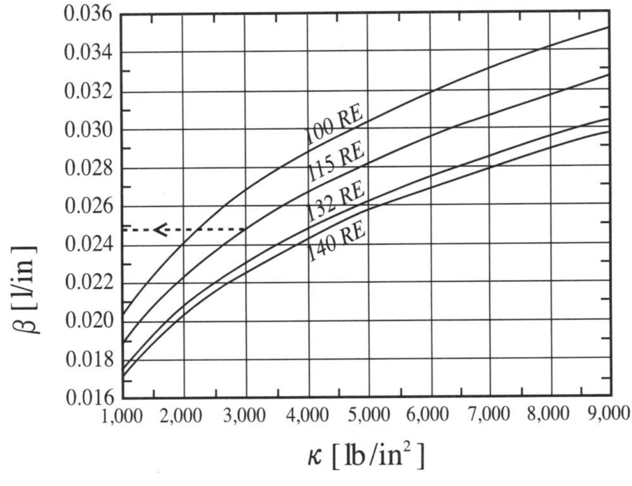

그림 IX.18 β 대 k 그래프

예를 들어, 주어진 k 값, 이를테면 $k = 3,000 \ \mathrm{lb/in^2}$와 규정된 레일단면, 이를테면 115 RE 레일에서 상응하는 β 값은 $\cong 0.0248$이다.

X. 갖가지 궤도문제와 해석

이 장은 철도 궤도문제에 관하여 일하는 기술자에게 관심이 있는 상기에 설명한 다수의 상태를 논의한다.

X.1 등한시되고 가볍게 사용된 궤도를 업그레이드하기 위한 선택의 검토

당면의 검토는 목침목과 115 RE 레일로 이루어져 있는, 즉 약 40 mph의 속도로 이동하는 열차가 이용하는 등한시된 지선을 고찰한다. 계획된 합병과 예상된 교통패턴의 변화 때문에 그 지선을 열차속도 v_{max} = 60 mph 의 두 기존선로에 연결될 "표준" 화물선로로 업그레이드하는 것이 필요할 것이다. 이 목표를 경제적으로 어떻게 달성하는가에 관하여 결정하여야 한다.

연결궤도에 대하여 (1) 있는 그대로 기존궤도의 사용, (2) 더 무거운 레일의 사용, (3) 기초지지의 개량, (4) (2) 와 (3)에 열거한 개량의 포함 등 4 개의 취사선택이 고려되고 있다. 사용된 해석의 방법과 구성은 상기의 제IX장 에 나타낸 것과 같다. 결과의 일부를 **표 X.1**에 나타낸다.

표 X.1 연결궤도를 취사선택하기 위한 해석의 결과

	레일크기	k [lb/in^2]	v_{max} [mph]	w_{max} [in]	$\sigma_{max}^{(1)}$ [lb/in^2]	h [in]	$\sigma_{max}^{(5)}$ [lb/in^2]
첫 번째 선택, 기존궤도	115 RE	1,400	60	0.518	22,370	15	39.45
두 번째 선택	136 RE	1,400	60	0.515	19,370	15	38.32
세 번째 선택	115 RE	3,000	60	0.249	18,431	23	24.42
네 번째 선택	136 RE	3,000	60	0.244	15,696	23	23.90
AREMA(제IX.2절)가 권고한 허용 값				0.25	25,000	·	25

첫 번째 줄은 115 RE 레일, 제V장에 나타낸 방법을 사용하여 경험적으로 결정된 $k \cong$ 1,400 lb/in^{2}의 궤도계

수 및 추측된 약 h = 15 in의 도상깊이 등 "기존궤도"에 대한 데이터를 나타낸다. 최대 처짐과 응력은 제IX장에서 행한 것처럼 열차속도 v_{max} = 60 mph에 대하여 계산하였다. 그들은 이탤릭체(사체)를 이용하여 첫 번째 줄에 나타낸다. 사정된 레일 처짐 w_{max}가 AREMA이 권고한 0.25 in의 허용 값보다 두 배 이상 큰 점과 노반이 상당한 과대응력을 받는 점, 즉 $\sigma_{max}^{(5)}$ = 39.45 lb/in² 대 $\sigma_{all}^{(5)}$ = 25 lb/in²에 유의하라. 그러므로 60 mph로 계획된 100톤 차량 교통에 대하여 이 궤도가 누적되는 교통과 함께 급속하게 질이 저하될 것이라고 예상하는 것이 합리적이다. 사정된 레일응력 $\sigma_{max}^{(1)}$ = 22,370 lb/in²는 25,000 lb/in²의 허용 값보다 약간 더 낮다.

"두 번째 선택"(115 RE 레일을 더 무거운 132 RE 레일로 교체하고 궤도의 나머지는 변화시키지 않은 상태) 및 계산된 상응하는 최대 처짐과 응력은 두 번째 줄에 나타낸다. 새 레일이 비록 궤도갱신의 요소로서 설치된 모든 종목 중에서 일반적으로 가장 비쌀지라도 개선이 대단히 작으며 거의 무의미한 점에 유의하라. 그것은 더 무거운 136 레일을 사용하는 선택이 효과적인 해법이 아니라는 점을 나타낸다.

"세 번째 선택"(레일은 변화되지 않은 상태로 두고, 나쁘게 질이 저하된 침목의 교체, 배수도랑의 개량, 자유배수의 단단한 도상자갈을 8 in만큼 추가)은 세 번째 줄에 나타낸, 계산된 최대 레일 처짐과 응력으로 귀착된다. 계획된 개량은 궤도계수가 $k \cong$ 3,000 lb/in²일 것이라는 가정을 정당화한다. 이제 최대 레일 처짐과 응력이 "AREMA 편람"에서 권고된 "허용범위 내"로 줄어들었다는 점에 유의하라. 즉, 계산된 최대 레일 처짐은 w_{max} = 0.249 in 대 w_{all} = 0.25 in이고, 최대 설계 레일 휨 응력은 $\sigma_{max}^{(1)}$ = 18,431 lb/in² 대 $\sigma_{all}^{(1)}$ = 25,000 lb/in²이며, 도상이 노반에 가하는 최대 지지압력은 $\sigma_{max}^{(5)}$ = 24.42 lb/in² 대 $\sigma_{all}^{(5)}$ = 25 lb/in²이다.

"네 번째 선택"(기초의 개량뿐만 아니라 레일단면도 증가)은 네 번째 줄에 나타내었다. 레일단면의 증가는 기초 조건의 갱신에 비교하여 작은 편의 궤도개선으로 이끈다는 점에 유의하라.

상기의 비교연구는 열등한 상태의 기존궤도를 업그레이드함에 있어 기초(침목, 도상, 배수설비 등)의 개량이 가장 효과적인 첫 걸음이라는 점을 분명하게 보여준다.

관련된 연구에 관하여는 Ahlf (1998, pp. 0~9 내지 0~14)를 참조하라.

X.2 2축 대차에 대한 3축 사용의 효과

철도차량과 기관차의 중량은 제II장과 제III.4절에서 기술한 것처럼 거의 2 세기 동안 점진적으로 증가되어 왔으며, 그것은 더 큰 레일 횡단면과 더 작은 침목간격을 사용하도록 이끌었다. 예를 들어, 차량의 중량은 근래의 수십 년 동안 70 ton에서 100 ton으로, 가장 최근에 125 ton으로 증가되었다. 제IV.3절에 나타낸 것처럼, 2축 대차 100톤 차량의 정적 윤하중은 약 32,500 lb이며 2축 대차 125톤 차량의 정적 윤하중은 39,000 lb이다.

차륜−레일 접촉영역이 대단히 작기(약 0.4 in²) 때문에 큰 차륜 힘은 39,000/0.4 $\cong$ 100,000 lb/in² 정도의 큰 정적 접촉응력을 발생시킨다. 동적 접촉응력이 더욱 더 크고(제IX장의 속도−효과 계수를 상기하라) 탄소 레일강의 항복강도가 70,000 lb/in²뿐이므로 레일두부가 윤하중의 증가에 따라 증가되는 열화를 경험하는 것은 놀라운 일이 아니다.

두부열화의 발생을 줄이는 명백한 수단은 **차륜−레일 접촉응력**을 줄이는 것이다. 이 목적을 달성하는 하나의 접근법은 차륜−레일 접촉면적을 증가시키기 위해 현재 사용하는 것보다 직경이 훨씬 더 큰 차륜을 사용하는 것이다. 이것은 여러 가지 이유 때문에 실용적이 아니다.

접촉응력을 줄이는 또 하나의 접근법은 얼마간의 기관차에서 행하여진 것처럼 화차에 **3축 대차**를 사용하는 것이다. 이하에서는 2축 대차에서 3축 대차로 전환할 때의 효과를 간결하게 논의한다.

이들의 두 선택에 대한 차륜배치를 **그림 X.1**에 나타낸다. 125톤 차량의 총중량(제Ⅳ.3절)이

$$W = 312,000 \text{ lb} \tag{X.1}$$

이므로, 2축 대차가 레일에 가하는 상응하는 "정적" 윤하중은 다음과 같으며

$$P_{(2)} = \frac{W}{2 \times 4} = 39,000 \text{ lb} \tag{X.2}$$

3축 대차의 상응하는 윤하중은 다음과 같다.

$$P_{(3)} = \frac{W}{2 \times 6} = 39,000 \text{ lb} \tag{X.3}$$

방정식 (X.2)으로부터의 W를 (X.3)에 대입하면, 3축 대차의 윤하중은 다음과 같이 된다.

$$P_{(3)} = \frac{2 \times 4 \times P_{(2)}}{2 \times 6} = \frac{2}{3} P_{(2)} \tag{X.4}$$

따라서 3축 대차를 사용함으로써 윤하중이 1/3만큼 줄어들으며, 그것은 차륜-레일 접촉응력의 상응하는 감소로 이끈다. 그것은 또한 타이플레이트가 목-침목에 가하는 지지응력과 목-침목이 도상에 가하는 지지응력의 감소로 귀착된다. 그러므로 그것은 "잘 설계된 3축 대차를 사용하면 2축 대차의 125톤 차량에 기인하는 궤도 열화진행을 감소시킬 것"이라는 점을 나타낸다.

단점은 제3 차축을 수용하기 위해 3축 대차가 더 길고 더 무거워져야 할 것이라는 점이다. 그러나 감소된 윤하중 때문에 차륜의 크기(즉, 차륜직경)와 대차의 축거는 현재 사용되는 2축 대차의 것보다 더 작을 수 있다. 또한, 최근에 개발된 고강도 경량 합성재료의 사용은 이들 대차의 구조용으로 고려된다.

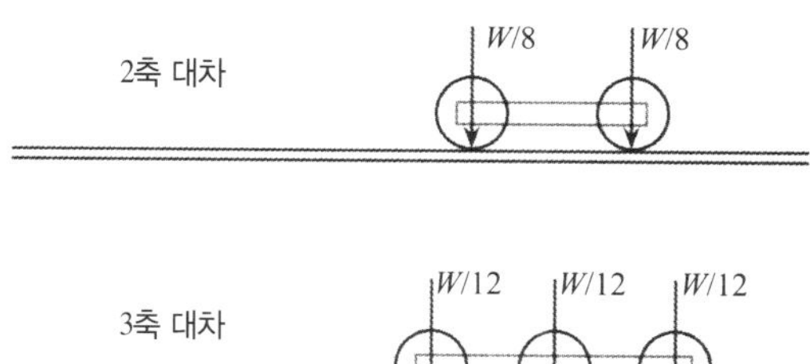

그림 X.1 고려중인 대차차륜 배치

X.3 장대레일 궤도에서 더 딱딱한 침목 삽입의 영향

철도궤도를 유지 관리할 때 나쁘게 질이 저하된 침목을 더 딱딱한 새 침목으로 교체하는 것이 궤도성능을 개량시킬 것인지의 여부에 의문이 생길 수 있다. 질이 저하된 목-침목 궤도에 콘크리트침목을 삽입하는 것은 그

러한 경우의 예이다.

이 유형의 문제를 해석적으로 연구하기 위하여 **그림 X.2**에 나타낸 상태를 고찰하자. 해석모델에서 딱딱한 콘크리트침목은 상수 κ를 가진 단 하나의 스프링으로 나타내며 궤도의 나머지는 제 Ⅳ장과 제Ⅸ장에서 행한 것처럼 궤도계수 k를 가진 Winkler 기초로 나타낸다.

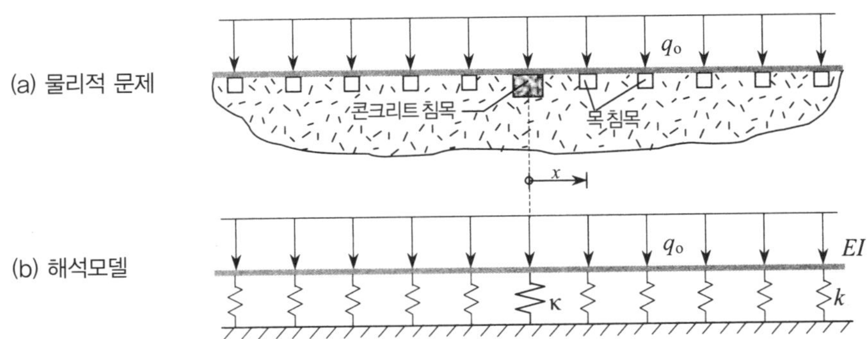

그림 X.2 목–침목 궤도에 삽입된 콘크리트침목의 효과

이하의 해석에서는 고려중인 궤도가 대단히 길다고 가정하며 균등하게 분포된 하중 q_0를 받는다고 가정한다. 좌표의 원점은 κ 스프링에 위치한다. 문제가 κ 스프링에 관하여 대칭이기 때문에 해석의 공식화는 다음과 같은 미분방정식으로 이루어져 있다.

$$EIw^{Ⅳ} + kw = q_0, \quad 0 < x < \infty \tag{X.5}$$

$x = 0$에서의 경계조건

$$\left. \begin{array}{l} w'(0) = 0 \\ w'''(0) + \dfrac{\kappa}{2EI}\, w(0) = 0 \end{array} \right\} \tag{X.6}$$

$x \to \infty$에서의 정칙성 조건

$$\lim_{x \to \infty}\{w, w'\} \to finite \tag{X.7}$$

방정식 (X.6)에서 두 번째 경계조건은 **그림 X.3**에 나타낸 자유물체도의 수직평형, 즉 다음의 식으로부터 얻어진다.

$$\lim_{\varepsilon \to 0}\{2V(\varepsilon) - \kappa w(0) + O(\varepsilon)\} = 0$$

$V(\varepsilon) = -EIw'''(\varepsilon)$에 유의하고 limit $\varepsilon \to 0$을 수행하면 방정식 (X.6)의 두 번째 경계조건으로 귀착된다.

$$-2EIw'''(0) - \kappa w(0) = 0$$

방정식 (X.5)의 일반해는 다음과 같다.

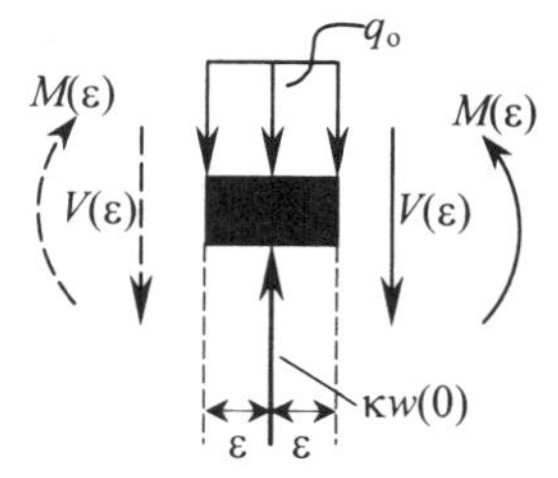

그림 X.3

$$w(x) = e^{-\beta x}\left(A_1\cos\beta x + A_2\sin\beta x\right) + e^{\beta x}\left(A_3\cos\beta x + A_4\sin\beta x\right) + q_0/k \qquad 0 < x < \infty \tag{X.8}$$

여기서,

$$\beta = \sqrt[4]{\frac{k}{4EI}} \tag{X.8$'$}$$

방정식 (X.7)의 정칙성 조건으로부터 다음이 뒤따른다.

$$A_3 = A_4 = 0 \tag{X.9}$$

남아있는 미지의 상수 A_1과 A_2는 (X.6)의 경계조건으로부터 결정된다.

$$A_1 = A_2 = -\frac{q_0}{k}\frac{\overline{\kappa}}{4\beta^3 + \overline{\kappa}} \tag{X.10}$$

여기서,

$$\overline{\kappa} = \frac{\kappa}{2EI} \tag{X.10$'$}$$

따라서 (X.8)의 레일 처짐 식은 다음과 같이 된다.

$$w(x) = \frac{q_0}{k}\left[1 - \frac{\overline{\kappa}}{4\beta^3 + \overline{\kappa}}e^{-\beta x}\left(\cos\beta x + \sin\beta x\right)\right] \qquad 0 < x < \infty \tag{X.11}$$

$\kappa = 0$일 때, (X.11)의 처짐 식은 $w(x) = q_0/k$로 줄어드는 점과 예상한대로 상응하는 $p(x)$가 $p(x) = kw(x) = q_0$인 점에 유의하라.

레일이 "콘크리트침목"에 가하는 상응하는 힘은 다음과 같다.

$$F_{c-t} = \kappa w(0) = \kappa\frac{q_0}{k}\left(1 - \frac{\overline{\kappa}}{4\beta^3 + \overline{\kappa}}\right) = \kappa\frac{q_0}{k}\left(\frac{4\beta^3}{4\beta^3 + \overline{\kappa}}\right) \tag{X.12}$$

콘크리트침목과 그 기초가 "딱딱할(rigid)" 때, 따라서 $\kappa \to \infty$일 때 레일좌면 힘은 다음과 같다.

$$F_{c-t} = 2q_0/\beta \tag{X.12$'$}$$

균등하게 분포된 하중 q_0를 받는 "목-침목"의 레일좌면 힘은 다음과 같다.

$$F_{q_0} = q_0 \times a \tag{X.13}$$

여기서, a는 침목중심 간격이다.

삽입된 콘크리트침목의 효과를 정립하기 위해 다음을 구성한다.

$$\frac{F_{c-t}}{F_{q_0}} = \frac{\kappa}{ak}\left(\frac{1}{1+\beta\kappa/(2k)}\right)$$

(X.14)

다음에, $I = 65.9 \text{ in}^4$의 115 RE 레일, 무시된 목-침목 궤도의 궤도계수 $k = 1,200 \text{ lb/in}^2$, 레일강의 영계수(탄성계수) $E = 30,000,000 \text{ lb/in}^2$, 침목중심 간격 $a = 20 \text{ in}$, 및 κ 값의 범위에 대하여 방정식 (X.14)를 이용하여 평가하여 본다. 이들의 κ 값은 방정식 (Ⅷ.48)을 사용하여 평가하였다. 즉, $\kappa = a \times k$. 다음의 예에서 κ는 $\kappa = 20 \times 1,200 = 24,000 \text{ lb/in}$ 내지 $\kappa = 20 \times 9,000 = 180,000 \text{ lb/in}$의 범위에서 선택된다. 선택된 κ 값 및 상응하는 정적 F_{c-t} / F_{qo}값을 **표 X.2**와 **그림 X.4**에 나타낸다.

표 X.2 선택된 κ 값 및 상응하는 정적 F_{c-t} / F_{qo} 값

κ [lb/in]	50,000	100,000	150,000	180,000
F_{c-t} / F_{qo}	1.475	2.290	2,801	3.207

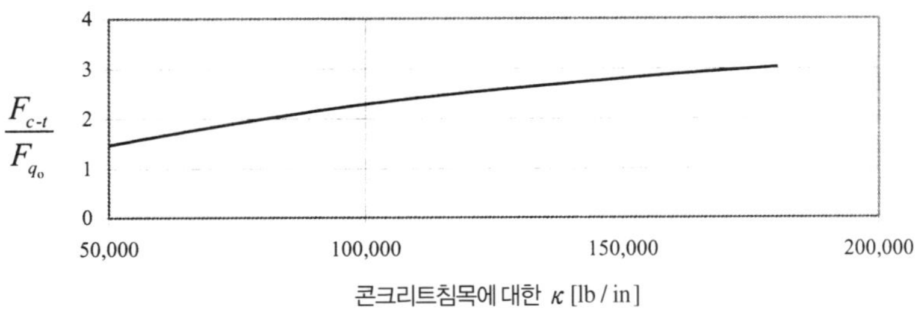

그림 X.4 콘크리트침목이 정적 레일좌면 힘에 미치는 영향

목-침목에 대한 정적 레일좌면 힘 $F_{qo} = q_0 \times a$이 일정한 반면에, 레일이 단 하나의 콘크리트침목에 가하는 힘은 침목과 기초 강성 κ의 증가에 따라서 증가된다. 고려된 κ 범위에 대하여 콘크리트침목에 대한 정적 레일좌면 힘은 2 배일 수 있다. 콘크리트침목과 그 지지가 "딱딱할(rigid)" 때는 $\lim_{\kappa \to \infty}\left\{F_{c-t} / F_{q_0}\right\} = 2/(\beta a) = 5.076$ 이며, 따라서 목-침목에 대한 힘보다 5 배만큼 더 크게 증가한다. 이 힘은 이동하는 차량의 동역학에 의해 더욱 증가될 것이다.

그러므로 "삽입된 콘크리트침목은 목-침목 궤도에 대해 상대적으로 원활한 승차감을 저해할 것이며 결국은 이동하는 차륜에 의해 손상될 것이다."

X.4 장대레일 궤도의 응답에 대한 레일파단의 영향

겨울이 가까워질 때와 장대레일 궤도의 레일이 초기 "중립온도" T_N으로부터 온도저하 $\Delta T°$를 받는 경우를 고찰하자.

축력에 대한 일반식은 다음과 같다.

$$\hat{N}(x) = EA(\hat{\varepsilon}_{xx} - \alpha\Delta T)$$

(X.15)

사용된 부호관례에서 온도저하 $\Delta T^\circ = -\Delta T^\circ$ 이라는 점에 유의하면, 레일에 발생된 일정한 "인장" 축력은 다음과 같다.

$$\hat{N}(x) = EA(\hat{\varepsilon}_{xx} + \alpha\Delta T)$$

(X.16)

여기서, A는 "한" 레일의 단면적이다.

고려중인 대단히 긴 "고정된" 레일에서는 $\hat{\varepsilon}_{xx} \equiv 0$에 상응한다. 그러므로 축력은 다음과 같다.

$$\hat{N}(x) = EA\,\alpha\Delta T$$

(X.17)

이 분포를 **그림** X.5에 나타낸다.

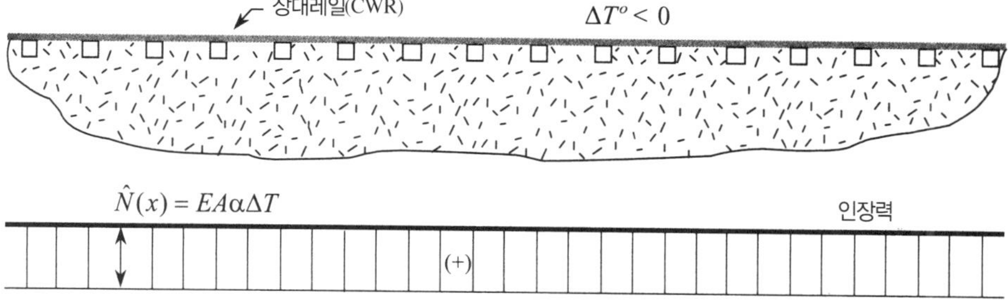

그림 X.5 온도저하에 기인하는 장대레일의 축력 분포

온도가 계속하여 저하됨에 따라서, 그것은 레일이 파단(즉, 절손)되는 값에 도달된다. 운영과 보수의 관점에서 파단에 기인하여 "형성된 틈의 크기"와 결과로써 생긴 장대레일의 축력분포를 사정하는 것이 중요하다.

저항력이 단위길이마다 일정한, 즉 r_0로 단순화한 경우는 제VII.2.4항에서 이미 논의하였다. 그러나 실제의 상태에서는 '저항력 대 축변위'가 **그림** X.6에 나타낸 것(점선)처럼 "비선형"일 것이다. 이 그림에서 "쌍(雙)선형 근사치"는 실선으로 나타내고 있다. 상응하는 기계적 모델을 **그림** X.7에 나타낸다.

우선 첫째로, 파단에 기인하여 결과로써 생긴 레일 축 변위는 대단

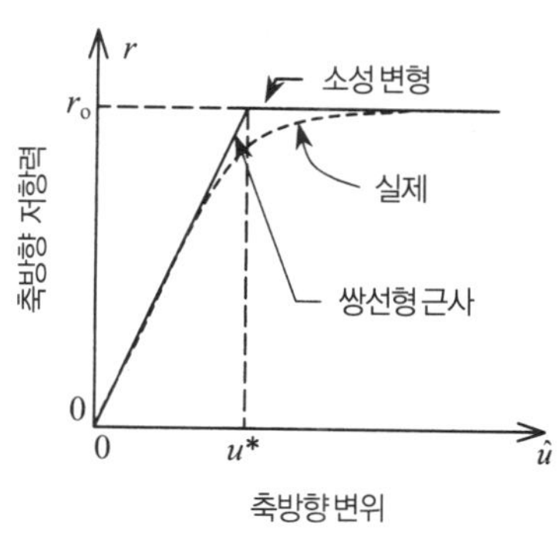

그림 X.6 r과 u 간의 관계

히 작은 경우 (a)에 대해, 즉 $\hat{u}_{max} < u^*$인 때를 고찰한다. 이 경우에 발생된 저항력은 **그림 X.7**의 마찰요소를 맞물리게 하기에는 너무 작으며 그러므로 연속적으로 탄성이다.

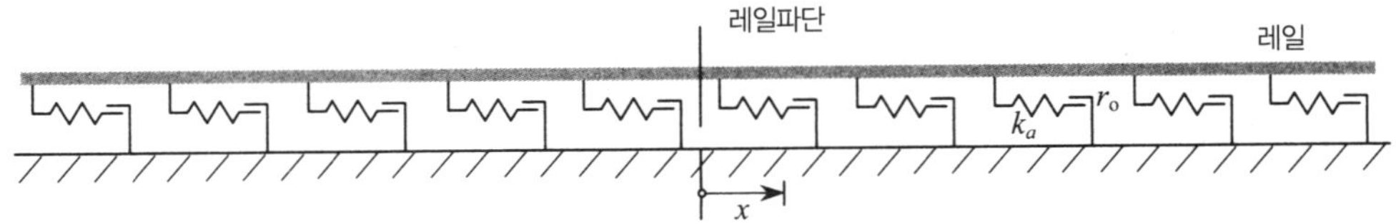

그림 X.7 탄성−소성 축 방향 기초 응답을 나타내는 기계적 모델

레일파단의 오른쪽(즉, $x > 0$) 레일에 대해 상응하는 해석 공식화는 다음의 미분방정식으로 이루어져 있다.

$$EA\hat{u}''(x) - (k_a/2)\hat{u}(x) = 0 \ , \qquad 0 < x < \infty \tag{X.18}$$

레일파단에서 먼 쪽의 경계조건은 다음과 같으며

$$\lim_{x \to \infty} \left\{ \hat{u}(x) \right\} \to finite \tag{X.19}$$

방정식 (X.16)에 유의하면, 레일파단에서의 경계조건은 다음과 같다.

$$\hat{N}(0) = 0, \text{ 따라서 } \hat{u}'(0) = -\alpha \Delta T \tag{X.20}$$

이 단순한 경계 값 문제의 해는 다음과 같이 된다.

$$\hat{u}(x) = \frac{\alpha \Delta T}{\kappa} e^{-\kappa x}, \ x > 0 \tag{X.21}$$

여기서, $k_a = r_o / u^*$이며 κ 는 다음과 같다.

$$\kappa = \sqrt{\frac{k_a/2}{EA}} \tag{X.22}$$

이 κ 가 **그림 X.2**에 나타낸, 방정식 (X.6)의 κ 와는 다른 물리적 의미를 갖고 있는 점에 유의하라.

왼쪽에 대한 해는 방정식 (X.21) 해의 경상(鏡像, 좌우대칭)이다. 그러므로 파단에 기인하는 틈의 크기는 다음과 같다.

$$\text{틈의 크기} = 2\hat{u}(0) = 2\frac{\alpha \Delta T}{\kappa} \tag{X.23}$$

파손된 레일에서 결과로써 생기는 레일축력의 분포는 방정식 (X.16), (X.21)에 따라서, 그리고 $\hat{\varepsilon}_{xx} = \hat{u}'(x)$ 임을 유의하면 다음과 같다.

$$\hat{N}(x) = EA(\hat{u}' + \alpha\Delta T) = EA\alpha\Delta T\left(1 - e^{-\kappa x}\right) > 0 \tag{X.24}$$

이 결과의 그래픽 표현을 **그림** X.8에 나타낸다.

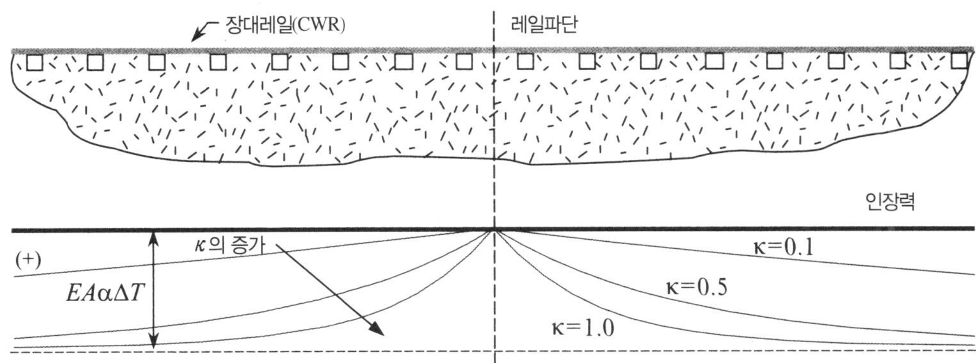

그림 X.8 $\hat{u}_{max} < u^*$일 때 파단에 기인하는 레일축력 분포

경우 (b)는 특히 파단 부근의 레일 축 변위가 상대적으로 클 때, 즉 $\hat{u}_{max} > u^*$일 때 일어난다. 축 방향 기선 저항력은 **그림** X.6에 따르면 $\hat{u}(0) = u^*$일 때, 따라서 방정식 (X.21)에 유의하면 다음 식과 같을 때 "소성"으로 바뀐다.

$$\Delta T = \Delta T^* = \frac{\kappa}{\alpha}u^* \tag{X.25}$$

다음으로, "파단"이 생긴 "후"의 상태를 고찰하자. 상응하는 해석모델과 결과로써 생기는 축 저항력(종 저항력) r의 분포를 **그림** X.9에 나타낸다.

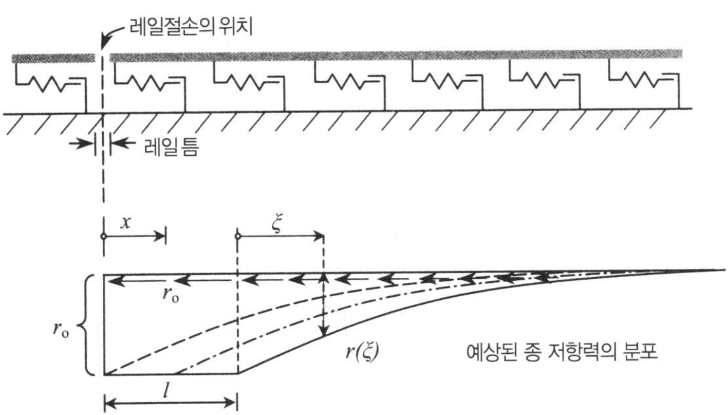

그림 X.9 $\hat{u}_{max} > u^*$일 때 파손된 레일의 기계적 모델과 상응하는 축 저항력

해석공식화는 두 미분방정식

$$
\left.
\begin{array}{ll}
EA\hat{u}''_x - r_0/2 = 0 & 0 < x < l \\
EAu''_\xi - k_a\hat{u}_\xi/2 = 0 & 0 < \xi < \infty
\end{array}
\right\}
\tag{X.26}
$$

과 4 개의 적분상수를 결정하기 위한 5 개의 경계조건

$$
\hat{N}_x(0) = 0 \quad \rightarrow \quad \hat{u}'_x(0) = -\alpha\Delta T
\tag{X.27}
$$

$$
\hat{u}_x(l) = u*
\tag{X.28}
$$

$$
\hat{u}_\xi(0) = u*
\tag{X.29}
$$

$$
\hat{N}_x(l) = \hat{N}_\xi(0) \quad \rightarrow \quad \hat{u}'_x(l) = \hat{u}'_\xi(0)
\tag{X.30}
$$

$$
\lim_{\xi\to\infty}\left\{\hat{u}_\xi\right\} \to finite
\tag{X.31}
$$

및 아직까지는 미지인 길이 l로 이루어져 있다.

방정식 (X.26)의 일반해는 다음과 같다.

$$
\left.
\begin{array}{l}
\hat{u}_x = \hat{u}(x) = +\dfrac{r_0 x^2}{2EA} + A_1 x + A_2 \\[2mm]
\hat{u}_\xi = \hat{u}(\xi) = A_3 e^{-\kappa\xi} + A_4 e^{+\kappa\xi}
\end{array}
\right\}
\tag{X.32}
$$

여기서,

$$
\kappa = \sqrt{\frac{k_a/2}{EA}}
\tag{X.22}
$$

네 개의 상수 A_1 내지 A_4 및 아직까지는 미지인 길이 l은 (X.32)의 식을 경계조건 (X.27) 내지 (X.31)에 대입함으로써 사정된다. 그들은 다음과 같다.

$$
\left.
\begin{array}{l}
A_1 = -\alpha\Delta T \quad ; \quad A_2 = u* + \alpha\Delta Tl - \dfrac{r_0 l^2}{2EA} \quad ; \quad A_3 = u* \quad ; \quad A_4 = 0 \\[3mm]
l = \dfrac{EA}{r_0}(\alpha\Delta T - \kappa u*)
\end{array}
\right\}
\tag{X.33}
$$

이들의 상수를 가지고 (X.26) 내지 (X.31)에 언급된 공식화의 해를 다음과 같이 쓸 수 있다.

$$
\left.
\begin{array}{l}
\hat{u}(x) = -\dfrac{r_0}{2EA}\left(l^2 - x^2\right) + \alpha\Delta T(l - x) + u* \qquad 0 < x < l \\[3mm]
\hat{u}(\xi) = u* e^{-\kappa\xi} = \dfrac{r_0}{k_a}e^{-\kappa\xi} \quad 0 < \xi < \infty
\end{array}
\right\}
\tag{X.34}
$$

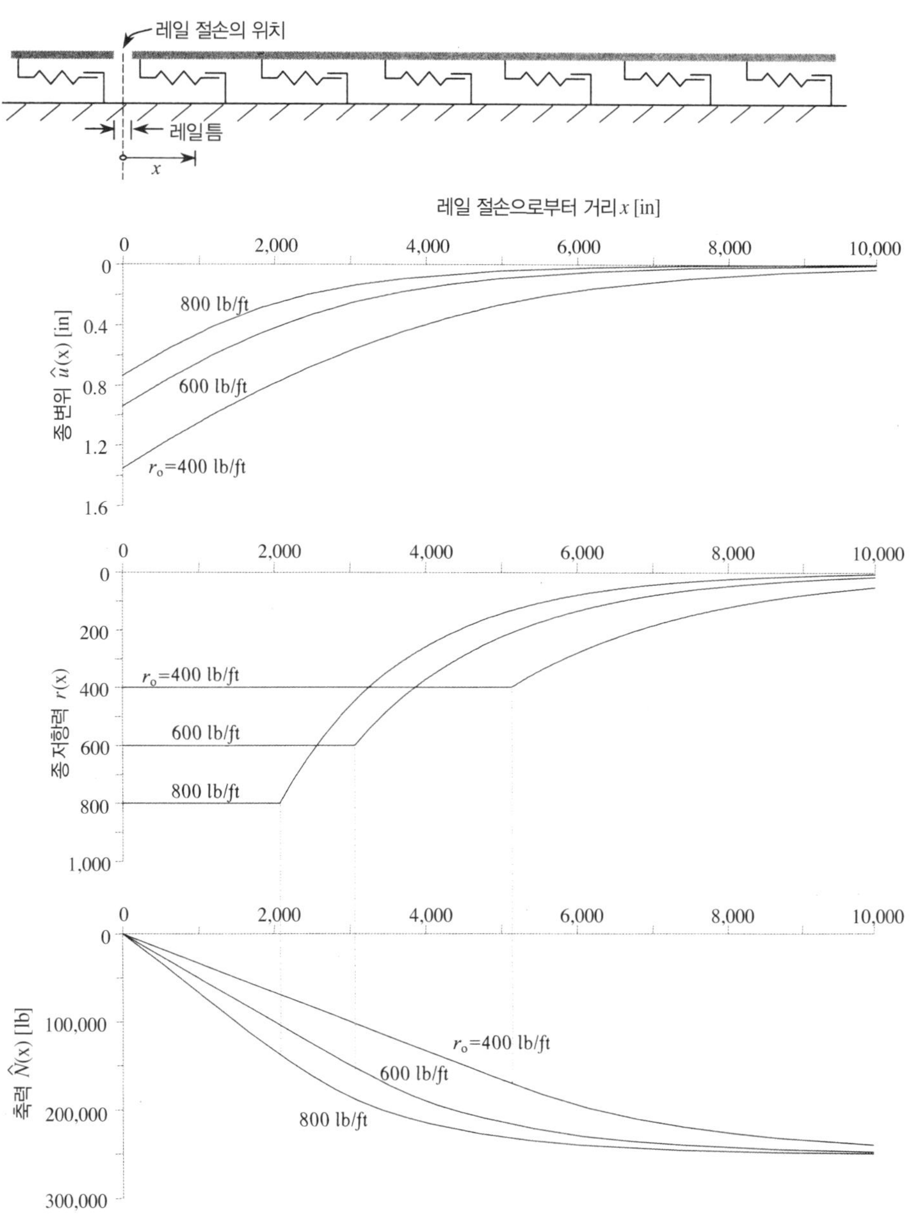

그림 X.10 132 RE 레일, $u^* = 0.25$ in, $\alpha = 6.5 \times 10^{-6}$ 1/℉, 및 $\varDelta T = 50$ ℉일 때 $\hat{u}$, $\hat{r}$ 및 $\hat{N}$의 분포

여기서, l은 방정식 (X.33)에 주어지며, $r_0 = k_a u^*$이다.

궤도(즉, 양 레일)에서 상응하는 축 저항력은 다음과 같다.

$$
\left.
\begin{array}{ll}
r_x = r(x) = +r_o & 0 < x < l \\
r_\xi = k_a \hat{u}(\xi) = k_a u^* e^{-\kappa\xi} = r_o e^{-\kappa\xi} & 0 < \xi < \infty
\end{array}
\right\}
\qquad (\text{X}.35)
$$

방정식 (X.25)에 따라 $\kappa u^* = \alpha\Delta T^*$ 이라는 점에 유의하면 양 레일의 축력은 다음과 같다.

$$N(x) = +r_0 x \qquad 0 < x < l$$
$$N(\xi) = EA\left(\hat{u}'_\xi + \alpha\Delta T\right) = EA\left(-\kappa u^* e^{-\kappa\xi} + \alpha\Delta T\right)$$
$$\left. = EA\alpha\left(\Delta T - \Delta T^* e^{-\kappa\xi}\right) \qquad 0 < \xi < \infty \right\} \tag{X.36}$$

이들의 해석결과를 **그림 X.10**에 그래픽으로 나타낸다.

마지막으로, 파단에 의해 형성된 **틈의 크기**는 다음과 같다는 점에 주목하라.

$$\text{틈의 크기} = 2\hat{u}_x(0) = l\left\{-\frac{r_0 l^2}{2EA} + \alpha\Delta Tl + u^*\right\} \tag{X.37}$$

여기서, $l = \dfrac{EA}{r_0}(\alpha\Delta T - \kappa u^*) = \dfrac{EA\alpha}{r_0}(\Delta T - \Delta T^*)$ 이다. $\Delta T \,\rangle\, \Delta T^*$ 이므로, 예상한 대로 l은 $\rangle\, 0$ 이다.

X.5 횡 궤도응답에 대한 체결장치 회전강성의 영향

"횡" 평면에서 콘크리트침목 궤도 응답의 해석은 레일−침목 구조(궤광)가 휨에서 두 보처럼 거동한다고 하는 가정에 흔히 의거한다. 따라서 정적인 경우에 사용된 방정식은 다음과 같다.

$$S\,\hat{v}^{IV} + \hat{N}\,\hat{v}'' = \hat{q}(x) \tag{X.38}$$

여기서, $\hat{v}(x)$는 점 x에서 궤도 중심선의 횡 변위이고, $(\ )' = d(\ )/dx$이며, S는 횡 평면에서 궤도구조의 휨 강성이고 $\hat{N}$는 일정한 (인장) 축력이며, $\hat{q}(x)$는 횡으로 분포된 하중이나 저항력, 또는 양쪽이다.

처음에, 다음을 가정한다.

$$S = 2EI \tag{X.39}$$

여기서, E는 레일강의 탄성계수이고 I는 수직 중심선에 관한 한 레일의 휨 단면2차 모멘트이다. 상기의 방정식은 체결장치의 비틀림 저항이 무시되고 있음을 의미한다. 이것은 대규모의 교통에 의하여 느슨해진 스파이크 체결장치의 궤도에서 정당화될 수 있다. 그것은 더 견고한 K 체결장치 또는 (팬드롤 e 클립이나 Mackey를 사용하는 체결장치처럼) 최근의 갖가지 스프링형 체결장치를 가진 궤도에서는 절대로 사실이 아니다.

다수의 연구 [Meier (1936, 1937), Martinet (1936), Mis-

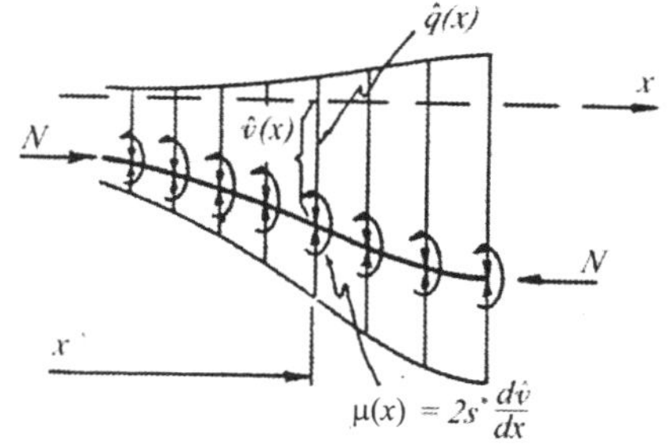

그림 X.11 횡 평면에서 궤도의 레일에
작용하는 가정된 힘

chchenko (1950), Rabb (1975) 및 Eisenmann (1975)]는 이 상태를 개선하기 위하여 방정식 (X.39)에 나타낸 $2EI$ 값보다 더 큰 S에 대한 "대용(代用)"의 휨 강성을 사용한다.

그 밖의 연구자들 [Pershin (1959), Nemesdy (1960), Bartlett (1960), Prud'homme (1967), 및 Frederick (1978)]은 항을 추가함으로써 방정식 (X.38)을 일반화하려고 시도하였다. 이 접근법의 예를 **그림 X.11**에 나타낸다.

(예를 들어, 1978년에 Frederick에 의해) 사용되어온 상응하는 미분방정식은 다음과 같다.

$$2EI\hat{v}^{\mathrm{IV}} + (\hat{N} - 2s^*)\hat{v}'' = \hat{q}(x) \tag{X.40}$$

여기서, s^*는 (레일의 단위길이 당) x에서 레일과 침목간의 회전각과 회전저항 모멘트 사이의 비례상수이다.

s^*를 사정하는 한 방법은 견고한 침목에 체결된 짧은 레일토막을 회전시켜 그 때에 체결장치에서 레일의 회전각에 관계된 가해진 회전모멘트의 종속성을 기록하는 것이다. 기록된 비례상수를 s로 나타내고 침목중심 간격을 a로 나타내면, 그것은 $s^* = s/a$로 명기된다. 그러나 방정식 (X.40)은 침목의 횡 휨 강성도 포함되어 있지 않고, 레일 간의 거리도 포함되어 있지 않기 때문에 이 방정식도 또한 명백한 단점을 나타낸다. 이것을 고려하려는 초기의 시도는 Lévi (1958)와 Engel (1961)이 나타내었다.

레일–침목 구조의 횡 응답에 대해 새로운 방정식의 체계적인 유도는 연식(軟式)의 이음매를 가진 긴 프레임형 구조(**그림 X.12**)로서 레일–침목 구조를 고려한 Kerr와 Zarembski (1981)가 제시하였다.

이 유도는 레일–침목 구조가 동일한 유니트의 반복된 패턴으로 이루어져 있으며 따라서 어떠한 하나의 내부 절점 n(레일과 침목 중심선의 교차점)에 대한 평형방정식도 모든 그 밖의 내부절점에 대한 것과 같은 형의 것이다. 필요한 방정식을 유도하기 위해 사용된 일반적인 절차는 다음과 같았다. (1) 절점 n에서 평형방정식을 세운다. (2) 경사–처짐 방정식을 사용하여 이들의 평형방정식을 "미분방정식"으로 전환한다(이들은 횡 평면에서 레일–침목 구조에 대해 "정확한" 방정식이다). (3) 침목간격이 영으로 향하는 평균과 극한 프로세스를 이용하여

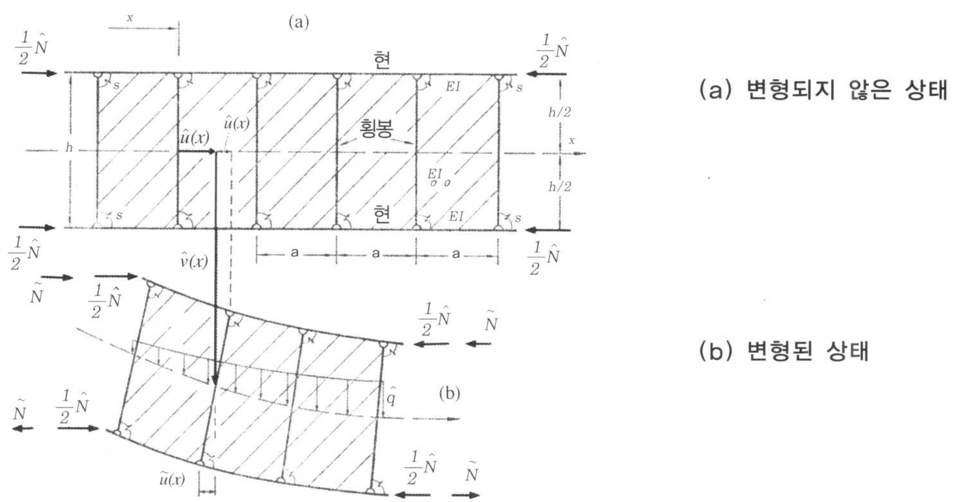

그림 X.12 Kerr와 Zarembski (1981)가 이용한 레일–침목 구조용 해석모델

차분방정식을 "미분방정식"으로 바꾼다.

이 접근법은 실제 궤도구조("궤도 보")의 기하 구조적 성질과 기계적 성질의 견지에서 잘 정의된 계수를 가진 레일-침목 구조에 대한 세 개의 미분방정식으로 귀착된다.

$$
\left.
\begin{aligned}
&2EI\hat{v}^{\text{IV}} + \left(\hat{N} - \kappa\right)\hat{v}'' + \frac{2\kappa}{h}\tilde{u}' = \hat{q} \\
&EA\tilde{u}'' - \frac{2\kappa}{h^2}\tilde{u} + \frac{\kappa}{h}\hat{v}' = 0 \\
&2EA\hat{u}'' = 0
\end{aligned}
\right\}
\tag{X.41}
$$

여기서, $\hat{v}(x)$와 $\hat{u}(x)$는 각각 "궤도 보" 중심선의 횡 변위와 축 변위이고, $\tilde{u}(x)$는 횡 휨 변형에 기인하는 점 x에서 각 "레일 좌표축"의 축 변위이며, $(\;)' = d(\;)/dx$이고, $\hat{N}$는 양 레일의 일정한 압축 축력이며, $\hat{q}$는 레일-침목 구조에 작용하는 분포 횡 하중이나 도상저항력, 또는 양쪽이고, E는 레일강의 탄성계수이며, I는 수직 중심선에 관한 한 레일의 휨 단면2차 모멘트이고, A는 한 레일의 단면적이며 h는 레일 중심선 간의 거리이다.

$$
\kappa = \frac{12K^* s^*}{3K^* + s^*}\,, \quad \text{여기서} \quad K^* = \frac{E_\circ I_\circ}{ah} \quad \text{및} \quad s^* = \frac{s}{a}
\tag{X.42}
$$

$E_o\,I_o$는 횡 평면에서 각 침목의 휨 강성이고, s는 방정식 (X.40)과 관련하여 상기에 기술한 것처럼 한 체결장치의 회전강성이며, a는 침목중심 간격이다. 추가의 전개에 관하여는 Kerr와 Accorsi (1985, 1987)를 참조하라.

횡-침목의 횡 휨 강성 $E_o\,I_o$와 체결장치 회전강성 s가 **하나의 강성 파라미터 κ로** 지배 미분방정식에 포함되는 점에 유의하라. 또한, 더 정확한 방정식 (X.41)에서는 κ가 $\hat{v}$의 2계 미분계수로 곱해지는 반면에 방정식 (X.38)에서는 S가 $\hat{v}$의 4계 미분계수로 곱해지기 때문에 방정식 (X.38)에서 더 큰 "대용(代用)"의 S를 사용하는 것은 정확하지 않다고 처음의 방정식 (X.41)이 암시하는 점에 유의하라.

Kerr와 Zarembski (1981, p. 272)가 나타낸 것처럼, 레일-침목 구조의 내력은 변위 $\hat{v}(x)$, $\hat{u}(x)$, $\tilde{u}(x)$으로 논의할 수 있다. 즉, "궤도 보"의 압축 축력은

$$
\hat{N} = -2EA\hat{u}'
\tag{X.43}
$$

이고, 레일-침목 구조의 횡 휨에 기인하는 "레일"의 부가 축력은

$$
\widetilde{N}(x) = -EA\tilde{u}'(x)
\tag{X.44}
$$

이며, "궤도 보"의 상응하는 휨모멘트는

$$
\hat{M}(x) = M_b(x) + \widetilde{M}(x) = -2EI\hat{v}''(x) - hEA\tilde{u}'(x)
\tag{X.45}
$$

이고, 상응하는 전단력은 다음과 같다.

$$\hat{V}(x) = -2EI\hat{v}''' - \left(\hat{N} - \kappa\right)\hat{v}' - \frac{2\kappa}{h}\tilde{u} \tag{X.46}$$

방정식 (X.45)에서 첫 번째 항 $M_b(x) = -2EI\hat{v}''(x)$는 **그림 X.13**에 나타낸 것처럼 두 레일의 휨모멘트를 나타내며 두 번째 항 $\tilde{M}(x) = h\tilde{N}(x) = -hEA\tilde{u}'(x)$은 축력 $\tilde{N}$에 의해 흡수된 휨모멘트를 나타낸다.

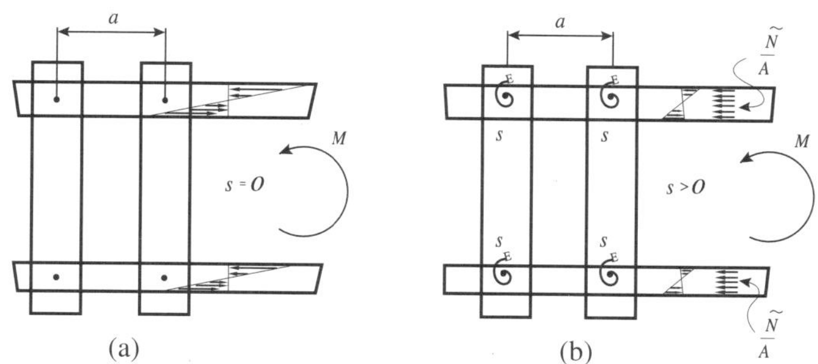

그림 X.13 레일응력에 대한 체결장치 회전강성 s의 효과 (주 : $s^* = s/a$)

"체결장치 회전강성"이 레일-침목 구조의 횡 변위 $\hat{v}(x)$에 미치는 영향을 입증하기 위하여 방정식 (X.41)의 해에 관하여 다음과 같은 성질을 가진 S54 레일[*]과 목-침목(20 × 16 cm)으로 이루어져 있는 길이 $L = 20$ m 의 단순 지지된 레일-침목 궤광과 여러 가지 s 값을 이용하여 평가하였다 [kerr와 Zarembski (1986)].

$$\left.\begin{array}{lll} E = 2.1 \times 10^7 \text{ tons/m}^2 \ ; & E_o = 1.0 \times 10^6 \text{ tons/m}^2 \\ I_{yy} = 3.59 \times 10^{-6} \text{m}^4 \ ; & I_o = 2.35 \times 10^{-4}\text{m}^4 \\ A = 6.948 \times 10^{-3}\text{m}^2 \ ; & h = 1.51 \text{ m} \ ; & a = 0.61 \text{ m} , \end{array}\right\} \tag{X.47}$$

이들 계산의 결과를 **그림 X.14**에 나타낸다.

"s가 레일-침목 궤광의 횡 변위에 대해 강한 영향을 끼친다"는 점에 유의하라. 즉, s의 증가에 따라서 상응하는 횡 방향 휨이 강하게 감소된다. 예를 들어, $s = 20$ ton · m/rad에 대한 횡 변위는 $s = 0$에 대한 상응하는 값의 1/10보다 적다.

다음에, 궤광의 "모멘트 분포"를 고찰하자. 방정식 (X.45)에 나타낸 것처럼 $\hat{M}$을 M_b와 $\tilde{M}$로의 분할에 미치는 s의 효과를 정립하기 위하여 방정식 (X.41)의 해에 관하여 방정식 (X.47)에 열거한 파라미터를 이용하여 수치적으로 값을 구한 결과를 **그림 X.15**에 나타낸다.

"s 값의 증가에 따라서 $\tilde{M}$의 기여가 상당히 증가한다"는 점에 유의하라. 따라서 체결장치 회전강성 s의 증가와 함께 상응하는 레일의 휨 응력이 줄어들며, 그것은 구조의 도처에서 응력의 레벨을 감소시킨다. $\tilde{N}$ 힘은 상대적으로 작은 s 값에 대하여 조차 전체 모멘트 $\hat{M}(x)$의 큰 부분을 감당하는 점에 주목하라.

방정식 (X.41)의 유효성을 정립하기 위한 **시험의 결과**는 kerr와 Zarembski (1986)가 나타내었다. 시험과 해

---

[*] S54 레일은 독일 레일명칭이다. 이 레일은 54 kgf/m이며, 109 lbf/yd와 동등하다.

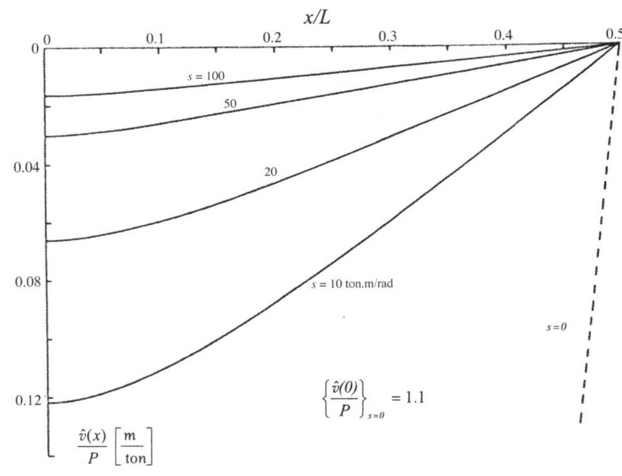

그림 X.14 체결장치 회전강성이 횡 변위에 미치는 효과

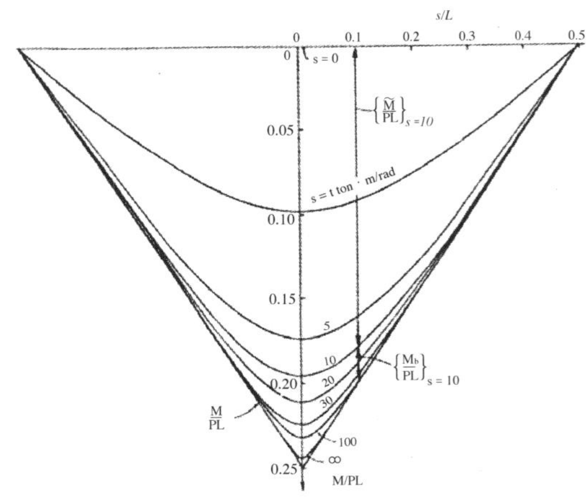

그림 X.15 체결장치 회전강성 s가 모멘트 분포 $\widetilde{M}_b$와 M에 미치는 효과 [kerr와 Zarembski (1986)]

석결과는 밀접하게 부합하였으며, 그것은 스프링-클립 체결장치를 가진 궤도의 해석에 대한 이들의 새로운 방정식의 적합성을 제시한다.

궤광의 횡 강성은 침목 파라미터 $E_o\,I_o$의 영향도 또한 받는다. $E_o\,I_o$의 감소는 궤광의 횡 강성을 감소시킨다. 이 사실은 모노블록 침목보다 상당히 더 낮은 $E_o\,I_o$ 값을 가진 듀오블록 콘크리트침목을 평가할 때 중요할지도 모른다.

이들의 연구 및 관련된 일반화의 상세는 kerr와 Zarembski (1981, 1986), Kerr와 Accorsi (1985, 1987), kerr와 EI-Sibaie (1987) 및 Shenton (1997)을 참조하라.

철도궤도 연구의 여러 가지 양상에 관한 문헌의 유용한 수집은 Zarembski (1993)가 소개하였다.

XI. 강 야금, 레일제조, 레일용접 및 그들이 레일성능에 미치는 영향

XI.1 레일야금의 요소

강과 주철은 본질적으로 철–탄소 합금이다. 강도 및 경도와 같은 레일강의 성질을 이해하기 위해서는 "강 야금"에 관한 얼마간의 관련된 사실을 아는 것이 본질적이다. 이하에서는 그들에 관하여 간결하게 논의한다.

응고된 강은 결정으로 구성되어 있다. 하나의 보통금속 결정구조는 **그림 XI.1(a)**에 나타낸 것처럼, 모두 8 개의 코너에 위치한 원자와 입방의 중앙에 위치한 한 개의 원자를 가진 입방단위 셀을 갖고 있다. 이것은 **체심 격자입방**(BCC) 결정구조라고 부른다.

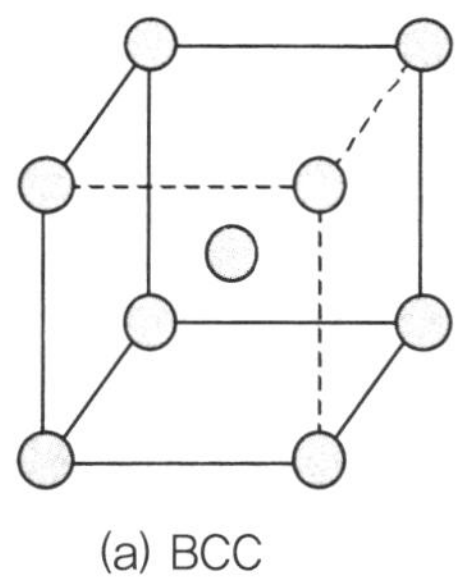

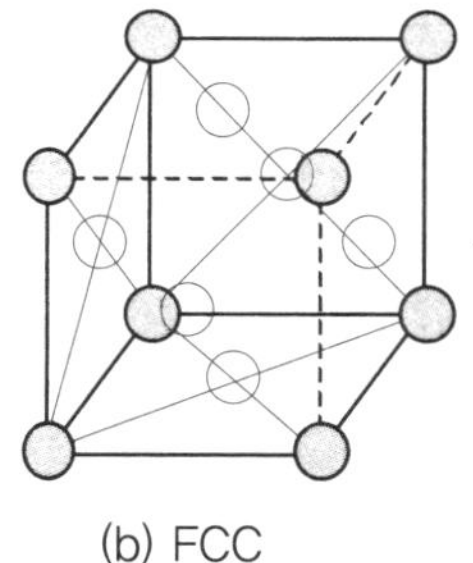

그림 XI.1 철의 결정구조의 단위 셀

그것은 낮은 온도에서 안정성이 있으며 "페라이트"(α 철)이라 부른다. 금속에서 발견되는 또 하나의 결정구조는 **그림 XI.1(b)**에 나타낸 것처럼, 코너의 각각과 모든 입방표면의 중앙에 위치한 원자를 가진 단위 셀을 갖고 있다. 그것은 **면심격자입방**(FCC) 결정구조라 부른다. 그것은 높은 온도에서 안정성을 갖고 있으며 오스테나이트(γ 철)이라 부른다.

이해하여야 하는 중요한 특징은 "(철과 탄소와 같은) 일정한 화학성분의 강은 강이 받은 냉각속도와 그 온도에 좌우되어 다른 결정학적인 구조를 갖는다(그러므로 다른 강도와 경도 성질을 나타낸다)"는 점이다.

온도의 효과는 일반적으로 **그림 XI.2**에 나타낸 소위 **상태도**로 나타낸다. 이 다이어그램은 용융금속으로부터 아주 느리게 냉각시킴으로써 산출된 여러 가지 상태의 도면이다. 이하에서는 이 다이어그램의 의미와 중요성을 설명한다.

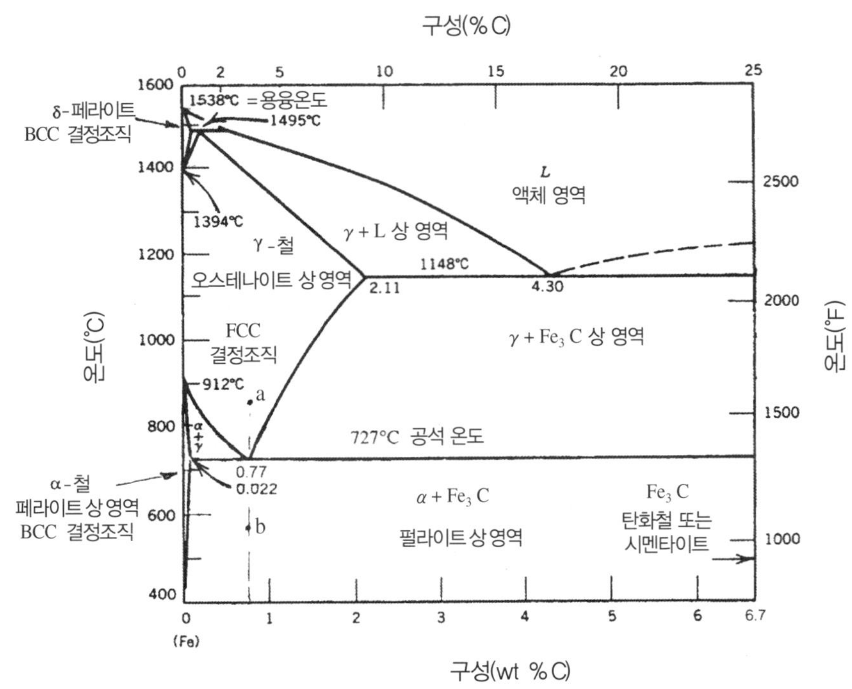

그림 XI.2 철 탄화철 상태도 [W. D. Callister, Jr (1991, p.278)에서 개조]

주어진 온도에서 어떤 상태를 나타내는가를 정립하는 것은 상대적으로 단순하다. 온도-합성 점을 다이어그램에 위치시키고 상응하는 상태지역을 확인하라. 처음에, 좌표 왼쪽에 나타낸 0 % C[1]의 순철(Fe)을 고찰하자. 약 1,538 ℃(2,800 °F)에서 응고 직후에 철은 "δ 페라이트"라 부르는 BCC 구조를 형성한다. 더욱 냉각하여 1,394 ℃(2,541 °F)에서 철은 "γ 철" 또는 "오스테나이트"라 부르는 FCC 구조로 변환된다. 마지막으로, 냉각이 계속됨에 따라 912 ℃(1,674 °F)에서 철은 "α 철" 또는 "페라이트"라 부르는 BCC 구조로 다시 변환된다. 따라서 "철의 결정학적 구조와 이에 따른 기계적 성질은 그 온도에 좌우된다."

다음에, 정의에 의하여 중량으로 0.77 % C를 함유하는 **공석(共析) 합성의 철-탄소 합금**을 고찰하자. 냉각 프로세스는 0.77 % C에 상당하는 수직점선 ab로 나타낸다. 예를 들어, 점 a에서, 즉 약 900 ℃(1,832 °F)의 온도에서 시작하자. 이 온도범위에서 이 합금은 전적으로 **그림 XI.2**에 나타낸 γ 철(오스테나이트 상태)로 구성되어 있다. 합금이 냉각됨에 따라 "공석온도" 727 ℃(1,341 °F)에 도달할 때까지 변화가 생기지 않는다. 이를테면 점 b까지 이 온도를 서서히 넘음과 동시에 γ철은 "α 철(페라이트)"과 "탄화철(Fe₃C)"로 분해됨으로써 변환된다. Fe₃C는 "시멘타이트"라고도 부른다. 결과로써 생기는 강의 미세조직은 **그림 XI.3**에 나타낸 것처럼, 변환되는 동안에 동시에 형성되는 α와 Fe₃C 두 상태의 얇은 판이 교호하는 층으로 이루어져 있다. 그것은 **펄라이트**라고

---

[1] 0 % C에서 문자 C는 탄소를 의미하는 반면에 ℃에서의 C는 온도의 척도인 섭씨 또는 백분도(섭씨)를 의미하는 점에 유의하라.

부른다. Fe₃C는 극히 경질(hard)이며 취성(brittle)이다. 그 양, 크기, 및 형상을 컨트롤함으로써 분산강화의 정도와 강의 성질이 컨트롤된다.

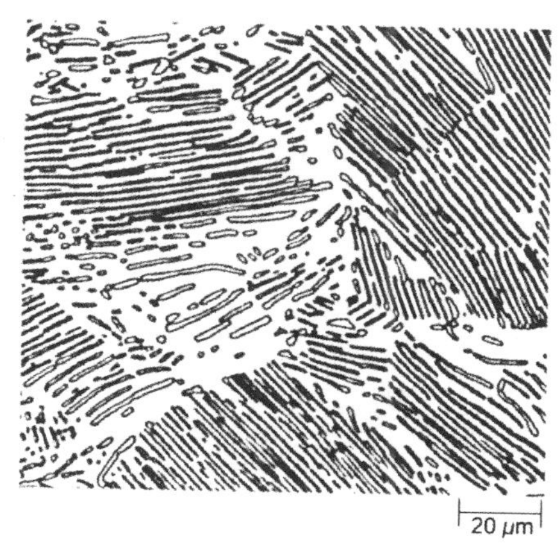

그림 XI.3 밝은 상태의 α 철과 어둡게 보이는 얇은 층의 Fe₃C가 교호하는 층으로 이루어져 있는 펄라이트 미세조직을 나타내는 공석강의 현미경 사진 [Callister (1991, p.282)]

그림 XI.2에 나타낸 상태도로부터 "금속의 온도가 바뀜에 따라 한 상태로부터 또 하나의 상태로의 변환을 일으킬 수 있으며", 또는 상태의 출현이나 소멸을 일으킬 수 있는 점이 뒤따른다. 상태도의 상세한 논의는 Askeland (1984, 2p11장)와 Callister (1991, 제9장)를 참조하라.

그림 XI.2의 상태도는 "주어진 **온도**에서 **철-탄소 합금**의 **평형특성**에 관한 정보"를 제공한다. 그러나 그것은 새로운 평형상태를 바꾸는데 필요한 시간을 나타내지 않으며, 결과로써 생기는 야금학적 구조 및 그러므로 관련된 기계적 성질에 미치는 냉각속도의 효과도 또한 나타내지 않는다.

시간과 온도에 대한 이들 변환의 종속성을 논의하기에 편리한 방식은 **온도-시간-변환 플롯**(흔히 TTT 플롯이라 부른다)을 이용하는 것이다. 합금의 온도가 반응의 지속기간 내내 일정하게 유지되는(등온선 반응) 변환에 대하여 공석 철-탄소 합금(0.77 % C를 가진 것)에 관한 예를 **그림 IV.4**에 나타낸다. 그것은 상부 그래프에 나타낸 유형의 변환시간 측정으로부터 작도한 두 고체의 곡선을 포함한다. 한 곡선은 변환을 시작하는데 필요한 시간을 나타내며 다른 곡선은 변환의 종료를 나타낸다. "시작" 변환곡선의 왼쪽에는 **오스테나이트만이 존재**하는 반면에 "종료" 곡선의 오른쪽에는 **펄라이트만이 존재**한다. 이들 곡선 사이에는 오스테나이트가 펄라이트로 변환하는 프로세스에 있으며 따라서 양쪽의 미세조직이 존재한다.

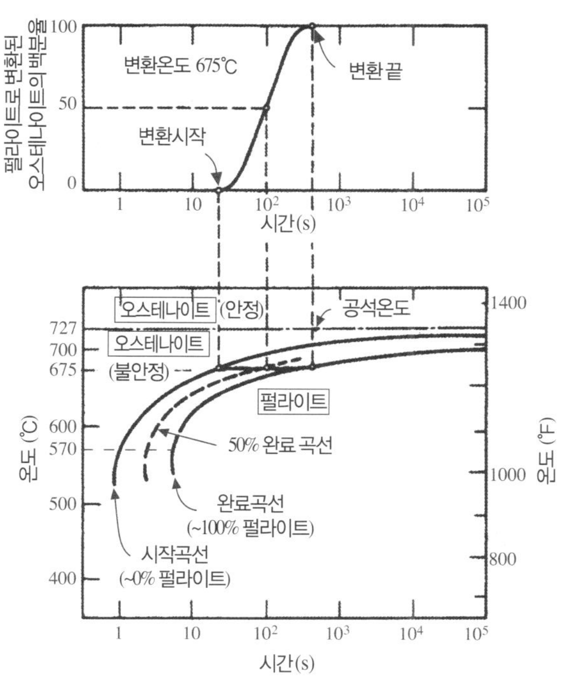

그림 XI.4 TTT 플롯의 구성
[Callister (1991, p.307)]

양 곡선이 거의 평행한 점과 그들이 점근적으로 727 ℃(1,431 ℉)에서 공석온도 선에 접근하는 점에 주목하라. "공석 바로 아래 온도에서는 오스테나이트로부터 펄라이트로 변환을 완료하는데 대단히 긴 시간이 요구"되며, 따라서 이들의 온도에서는 반응속도가 대단히 느리다. 온도가 감소됨에 따라서 변환속도는 빨라진다. 예를 들어, 675 ℃(1,274 ℉)의 재료온도에서는 오스테나이트로부터 펄라이트로 변환을 완료하는데 약 180 초가 필요하지만, 570 ℃(1,000 ℉)에서는 약 8 초만이 필요하다.

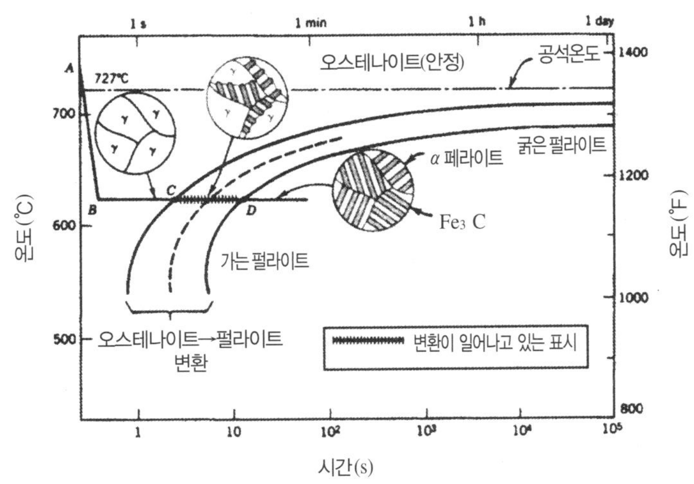

그림 XI.5 공석-철-탄소 합금에 대한 등온선의 변환도 [Callister (1991, p.309)]

다음에, "실제상의" 열처리 곡선 $\overline{ABCD}$가 철-탄소 합금의 TTT 플롯에 도입된, **그림 XI.5**에 나타낸 경우를 고찰하자. 오스테나이트의 대단히 빠른 냉각은 거의 수직인 선 $\overline{AB}$로 나타내어지며 다음의 등온선의 상태는 수평 선분 $\overline{BCD}$로 나타내어진다. 오스테나이트에서 펄라이트로의 변환은 대략 3.5 초 후에 "시작"곡선과의 교점인 점 C에서 시작하며 약 15 초 후에 "완료" 곡선의 점 D에서 끝낸다. **그림 XI.5**는 또한 반응진행 동안 여러 시간에서의 도식적인 미세조직을 나타낸다.

"펄라이트에서 형성된 α페라이트와 시멘타이트(Fe_3C) 층의 두께는 등온선의 변환이 일어나는 온도에 좌우된다." 공석 바로 아래 온도(상당히 높은 온도)에서는 페라이트와 Fe_3C 양쪽 상태의 상대적으로 두꺼운 층이 산출된다. 이 미세조직은 **굵은 펄라이트**라고 부른다. 온도가 감소됨에 따라서 층은 점진적으로 얇아져간다. 540 ℃의 부근에서 산출된 얇은 미세조직은 **가는 펄라이트**라고 부른다. 이들의 층을 나타내는 현미경사진에 관하여는 **그림 XI.3**을 참조하라.

펄라이트 대신에 또 하나의 미세조직은 오스테나이트로부터 산출될 수 있다. 그것은 **베이나이트**라고 부른다. 그것은 펄라이트가 형성되는 온도 아래의 온도에서 생긴다. 그것의 대단히 가는 미세조직은 "페라이트"(α 철)와 "시멘타이트"(Fe_3C)로 이루어져 있다. 아래쪽 온도도 포함된 등온선의 변환도를 **그림 XI.6**에 나타낸다.

양 곡선은 C 형상이고 점 N에서 "선단(nose)"을 갖고 있으며, 그곳은 곡선 간의 (시간) 간격이 가장 작기 때문에 변환의 속도가 가장 빠르다. "펄라이트"는 선단(nose) 위로 약 720 내지 540 ℃(1,341 내지 1,000 ℉)의 온도범위에서 형성되는 반면에 "베이나이트"는 약 540 내지 215 ℃(1,000 내지 420 ℉) 사이의 온도범위에서 산출된다. 합금의 얼마간의 부분이 일단 펄라이트나 또는 베이나이트로 변환되면, 다른 또 하나의 미세조직으로의 변환은 "오스테나이트"를 형성할 만큼의 재가열이 없이는 가능하지 않다는 점이 발견되었다.

오스테나이트 철–탄소 합금이 (대기온도에 가까이) 상대적으로 낮은 온도로 (예를 들어, 담금질에 의해) 빠르게 냉각될 때는 **마르텐사이트**라 부르는 다른 미세조직이 형성된다. 마르텐사이트 변환은 담금질 속도가 탄소 확산을 방지하도록 충분히 빠를 때(예를 들어, 냉각 곡선이 TTT 다이어그램의 선단(nose) 앞을 통과할 때)에 일어난다. 이 변환은 확산을 포함하지 않으므로 거의 순간적으로 일어난다.

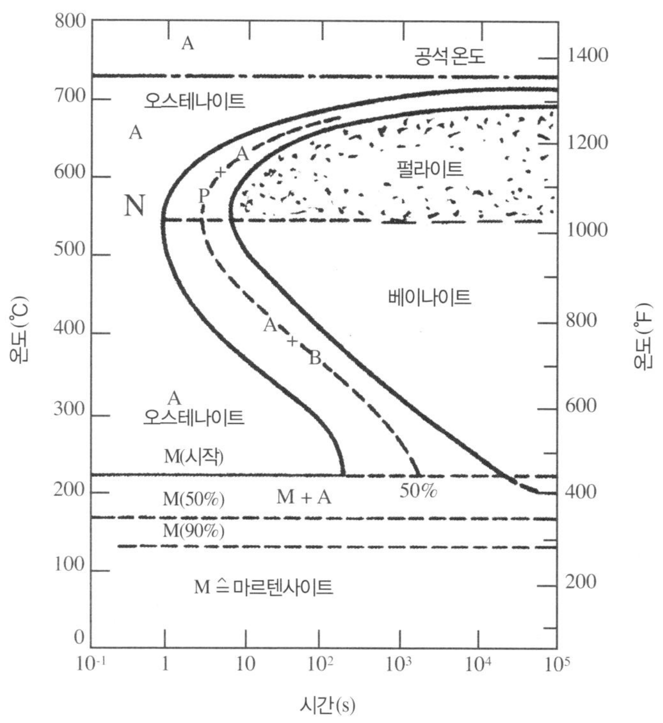

그림 XI.6 오스테나이트에서 펄라이트로의 변환과 오스테나이트에서 베이나이트로의 변환을 포함하는 공석합성의 철–탄소 합금에 대한 등온선의 변환도 [Callister (1991, p.315)]

오스테나이트에서 마르텐사이트로의 변환은 **그림** XI.6으로부터 명백하다. 이 변환은 순간적이므로 펄라이트나 베이나이트 반응처럼 이 다이어그램에 나타나지 않는다. 이 변환의 시작은 M(시작)으로 표시한 수평선으로 나타낸다. M(50 %), M(90 %)라고 표시한 그 밖의 두 점선은 오스테나이트에서 마르텐사이트로 변환의 완성 백분율을 나타낸다. 이들 선의 수평 본질은 "마르텐사이트로의 변환이 시간에 무관하다"는 점을 나타낸다. 그것은 합금이 담금질되는 온도에만 좌우된다. 이것과 관련 주제의 상세한 논의는 Callister (1991, 제10장)를 참조하라.

등온선의 "열처리"는 상기에서 기술한 것처럼 일반적으로 제조공장의 실행에 적합하지 않다. 강 레일은 그곳에서 일반적으로 **연속 냉각**된다. 상응하는 변환곡선은 **그림** XI.6에 나타낸 일반적인 형상을 유지하지만 더 긴 시간과 더 낮은 온도로 이동한다. 그러나 기본 프로세스는 여전히 등온선의 경우와 같다. 결과로써 생긴 두 고체 곡선은 **"연속 냉각 변환"** 다이어그램(CCT)을 형성한다. 공석 합성의 철–탄소 합금(0.77 % C)에 대한 등온선과 CCT의 비교를 **그림** XI.7에 나타낸다.

결과로써 생기는 강의 미세조직에 미치는 **냉각속도**의 영향을 설명하기 위해 적당히 빠르고 느린 곡선을 **그림**

XI.7의 CCT 다이어그램에 도입하였다. 그들을 **그림 XI.8**에 나타내었다.

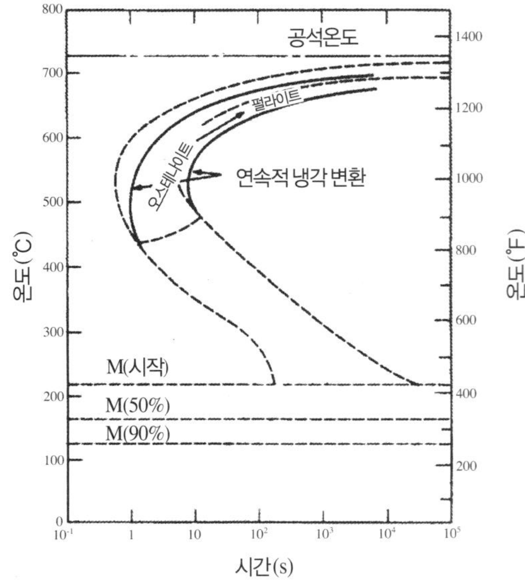

그림 XI.7 공석 철-탄소 합금에 대한 등온선과 CCT의 비교 [Callister (1991, p.318)]

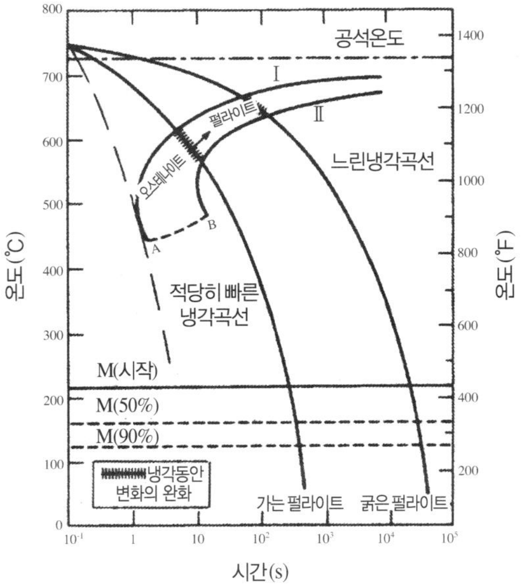

그림 XI.8 공석 철-탄소 합금의 CCT 다이어그램에 겹쳐놓은 냉각곡선 [Callister (1991, p.319)]

변환은 냉각곡선과 시작 반응곡선의 교점에 상당하는 시간 후에 개시하여(Ⅰ) 냉각곡선이 완료 변환곡선을 가로지를 때 끝내었다(Ⅱ). **그림 XI.8**에 나타낸 것처럼, "적당히 **빠른**" 냉각곡선에서의 미세조직 생성물은 "가는 펄라이트"이며 "늦은" 냉각곡선에서는 "굵은 펄라이트"이다.

펄라이트 강의 기계적 성질은 주로 Fe_3C 얇은 층간의 간격, 그들의 두께, 그들의 입자크기에 지배된다(**그림 XI.3**). 예를 들어, "가는 입자의 펄라이트 강은 굵은 입자의 펄라이트 강보다 더 질기다." 또한, 얇은 층간의 간격이 줄어들음에 따라서 항복점과 인장강도가 증가된다. 그러므로 "인장강도, 항복점, 경도, 및 인성을 증가시키는 우선의 방법은 얇은 펄라이트 층간의 간격을 줄이는 것"이다. 이것은 베이나이트와 마르텐사이트를 형성함이 없이 최저 온도실행에서 오스테나이트를 변환함으로써 달성할 수 있다.

베이나이트는 일반적으로 "공석합성의 합금", 또는 임의의 "보통 탄소강"이 실내온도까지 연속적으로 냉각될 때는 형성되지 않을 것이다. 이것은 베이나이트 변환이 가능하게 될 때까지 모든 오스테나이트가 펄라이트로 변환될 것이기 때문이다. 오스테나이트-펄라이트 변환을 나타내는 영역은 **그림 XI.8**에서 곡선 AB로 나타낸 것처럼 "선단(nose)" 아래에서 끝난다. AB를 통과하는 어떠한 곡선에 대하여도 변환이 교차의 점에서 멈춘다. 처리되지 않은 오스테나이트는 냉각이 계속됨에 따라 M(개시)선을 가로지름과 동시에 마르텐사이트로 변환되기 시작한다.

강 합금의 연속 냉각에 관해서는 **전적으로 마르텐사이트 조직**을 산출하는 임계 담금질 속도(빠른 냉각속도)가 존재한다. 점선곡선으로 **그림 XI.8**에 포함된 이 임계 냉각속도는 펄라이트 변환이 시작되는 "선단(nose)"에 조금 못 미친다. 임계 냉각속도보다 더 큰(더 **빠른**) 담금질 속도에서는 마르텐사이트만이 산출되는 점에 유의하라.

다른 한편, 대단히 느린 냉각속도(즉, 느린 냉각)에서는 전적으로 펄라이트 조직이 전개된다.

마르텐사이트는 대단히 경질(hard)로 될 뿐만 아니라 너무 취성(brittle)이므로 대부분의 적용에 사용할 수 없다. 또한, 담금질 동안 도입될 수 있는 어떠한 내부응력도 약화시키는 영향을 갖고 있다. "뜨임(템퍼링)[1]"으로 알려진 열처리를 이용하여 재료의 "연성(延性)[2]"과 "인성(靭性)[3]"을 높이고 응력을 경감시킬 수 있다. 이 처리는 확산 프로세스에 의하여 상당히 개량된 인성과 연성 성질을 가진 **뜨임을 한 마르텐사이트**의 형성을 허용한다.

XI.2 레일 경도시험

레일 강을 논의할 때는 흔히 경도라는 용어를 접하게 된다. 경도는 관입, 긁힘, 마모, 마멸, 및 깎임에 저항하는 레일의 기계적 성질에 관련된다. "냉간가공"이나 "열처리"와 같은 프로세스는 요구된 레벨까지 재료의 경도를 변화시키기 위해 흔히 사용된다.

이 성질을 정량화하기 위하여 과거에 다수의 **경도시험**이 고안되었다. 그들은 (작고 딱딱한 球와 같이) 작은 물체를 시험하려는 재료의 표면에다 내리누르는 관입방법이며, 그것은 접촉영역에 **소성변형**을 일으킨다. 그들은 요구된 경도 레벨이 산출됨을 보장하고 제조되거나 열처리된 레일의 균등한 품질이 유지됨을 보장하는 단순한 검사도구이다.

그림 XI.9에 나타낸 **브리넬 경도시험**에서는 직경 10 mm의 단단한 강구를 3,000 kgf(30 kN 또는 6,614 lb)의 힘으로 재료의 표면에다 내리누른다. **브리넬 경도 수**(BHN)는 kgf의 하중과 표면에 남아있는 "영구" 구형 압흔 면적(mm²)의 비이다. 그것은 다음과 같이 정의된다.

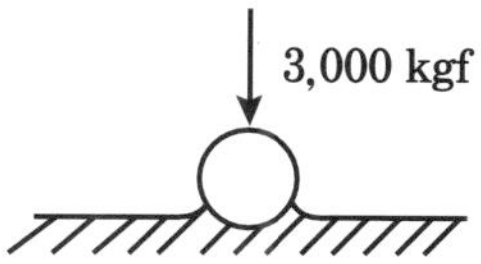

그림 XI.9 브리넬 경도시험

$$BHN = \frac{3{,}000\,[\mathrm{kgf}]}{압흔면적\,[\mathrm{mm^2}]} \tag{XI.1}$$

시험되고 있는 레일이 단단할수록 3,000 kgf의 일정한 하중에 대한 관입 압흔의 면적이 더 작으며 따라서 BHN이 더 크다. 예로서, CF&I Steel Corp.이 생산한 레일의 BHN을 **그림 XI.10**에 나타낸다.

표준 탄소 레일과 합금 레일 간의 **레일두부** 경도의 차이가 약 50 BHN이라는 점에 주목하라. 훨씬 더 높은 경도 수는 다음 절에서 기술하는 것처럼 최근에 표준 탄소 레일에서도 달성되어 왔다.

다음에 **로크웰 경도시험**을 고찰하자. 그들도 역시 관입시험이다. 사용되는 자국 내기 도구는 소프트한 재료용 작은 직경의 강구와 더 단단한 재료용 다이아몬드 콘이다(**그림 XI.11**).

---

[1] "뜨임"은 재료의 경도를 줄이기 위하여 사용되는 낮은 온도의 열처리이다. 그것은 특정한 시간 동안 공석 아래의 온도까지 마르텐사이트 강을 가열함으로써 이루어진다. 보통은 250과 650 ℃(480과 1,200 ℉) 사이의 온도에서 뜨임이 수행된다. 그러나 내부응력은 200 ℃(390 ℉)만큼 낮은 온도에서 제거될 수 있다.

[2] "연성"은 파괴되기 전에 상대적으로 큰 소성변형을 경험하는 재료 능력의 척도이다.

[3] "인성"은 예를 들어 재료가 파괴될 때에 충격강타 동안 에너지를 흡수하는 재료의 능력이다. 그것은 흔히 재료의 인장응력-스트레인 다이어그램 아래의 총면적과 상호관계가 있다.

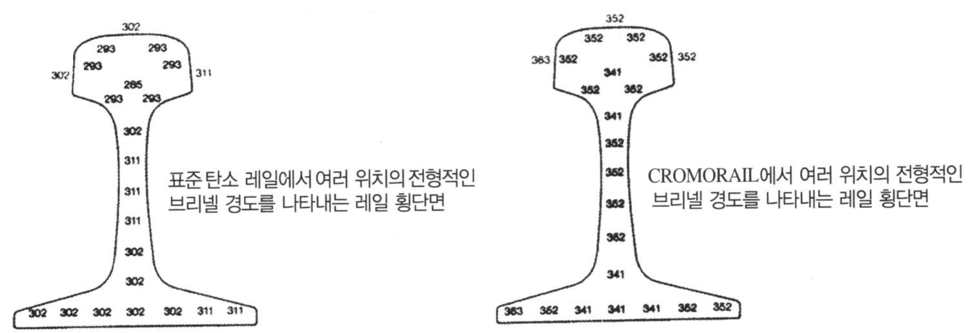

그림 XI.10 CF&I 레일의 브리넬 경도 수(회사 팸플릿에서)

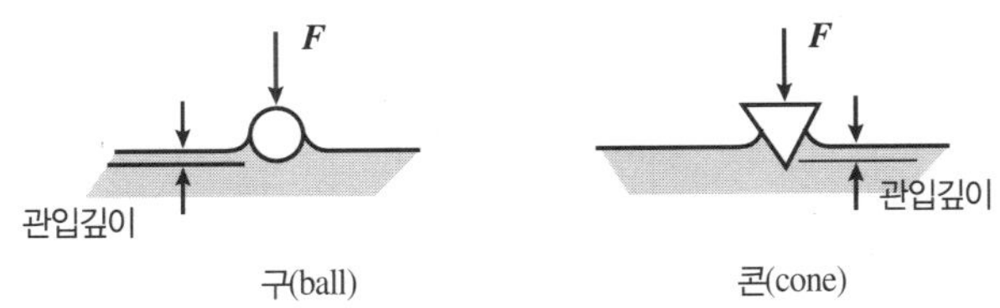

그림 XI.11 로크웰 경도시험

로크웰 경도시험의 세 유형을 **표 XI.1**에 나타낸다. 각 시험의 결과는 **로크웰 경도수**이다.

표 XI.1 로크웰 경도시험의 세 유형

시험	자국 내기 도구	하중 F [kgf]	적용
로크웰 A	콘	60	대단히 단단한 강
로크웰 B	1/16″ 강구	100	낮은 강도의 강
로크웰 C	콘	150	고강도의 강

그 밖의 두 경도시험 기술은 **비커스**와 **누프**(Knoop)가 행한 것이다. 이들은 미소(微小)경도 시험이다. 각 시험에 대하여 피라미드 선형을 갖고 있는 대단히 작은 직경의 자국 내기 도구는 대상으로 하는 재료의 표면에다 강제로 눌려진다. 사용된 하중은 대단히 작다. 결과로써 생기는 영구 압흔을 현미경으로 관찰하고 측정한다.

이들 경도시험의 상세는 Askeland (1984, 제6-21절)와 Callister (1991, 제6.10절)를 참조하라.

XI.3 레일강 야금 및 야금이 레일성능에 미치는 영향

제 II 장에서 기술한 것처럼, 1700년대 말기에 목재 종-침목의 상면에 붙인 "주철" 레일은 단단한 마모저항 층으로써 사용되었다. 1800년대 초기에 증기기관차, 따라서 더 무거운 하중과 더 빠른 속도의 도입과 함께 주철은

"가단철(wrought iron)"에게 양보되었다. 마지막으로, 1856년에 베세마 프로세스의 발명과 사용 후에 가단철은 "강"에게 양보되었다. 1800년대 말까지는 펄라이트 강이 레일재료로서 확립되었다.

"레일강의 염기화학과 미세조직은 지나간 세기(1900년대) 동안 거의 변화되지 않았다." 그러나 레일제조는 이 기간 내내 **펄라이트강의 성질**을 **개량**하는 기술을 개발하고 있었다. 예를 들어, "마모저항"은 **두부경화 프로세스**를 사용하여 미세조직을 정련함으로써 개량되었다. 두부경화는 펄라이트 간격(**그림 XI.3**)을 개량함으로써 화학적 견지에서 본질적으로 표준 레일강(중량으로 약 0.75 % C)인 400 브리넬에 이르기까지의 경도를 산출하였다.

이 개발의 예로서, 다수의 레일제조자 및 모두 고-경도 프리미엄 펄라이트 레일인 그들의 최근 생산품을 **표 XI.2**에 열거한다.

표 XI.2 새로운 레일강 [Davisand Sawley (1998.p.15)]

제조자	종류	경도(브리넬)
Nippon Steel Corp.	HS : 합금강	384
Nippon Steel Corp.	HE : 과공석(過共析) 펄라이트	383
Nippon Steel Corp.	DH37 : 깊은 두부경화	375
Pennsylvania Steel Tech.	HH : 두부경화	348
Rocky Mountain Steel Mills	DHH : 깊은 두부경화	377
NKK(일본)	TH37N : 질긴 두부경화	379
NKK(일본)	TH37A	392

시험은 **경도와 인장강도** 간의 관계를 나타내었다. 예를 들어, Askeland (1984, p. 145)와 Callister (1991, p. 140)에 따르면, 다음과 같은 관계가 있다.

$$인장강도 = 500 \times BHN \text{ psi} \tag{XI.2}$$

따라서 $BHN = 300$인 강에 대하여 인장강도는 $500 \times 300 = 150,000$ psi인 것으로 추정된다.

브리넬 경도수는 상기의 공식을 이용하여 다음과 같이 나타낼 수도 있다.

$$BHN = \frac{레일\ 인장강도}{500} \tag{XI.3}$$

이 관계는 레일강의 인장강도가 높을수록 레일의 경도가 더 크며, 따라서 상응하는 마모가 더 작다는 점을 나타낸다.

이 연구결과는 유럽 철도문헌과 실행에서 광범위하게 이용되고 있으며, 그곳에서는 "인장강도가 레일 등급을 분류하는데 본질적인 파라미터라고 간주된다." 그것은 예를 들어 "'마모'에 대한 레일두부의 저항력은 레일강의 '인장강도'에 밀접하게 관련된다"는 Heller (1981, p. 129)와 "높은 차축하중을 받는 레일의 마모는 고-인장(강도) 레일을 사용함으로써 낮게 유지할 수 있다"는 Esveld (1989, p. 159)의 설명에 반영되어 있다. 이 양상에 관한 상세는 상기의 참고문헌을 참조하라.

강 청결도의 큰 개량은 그와 동시에 다음 절에 기술하는 레일제조의 **연속주조** 프로세스를 도입함으로써 달성되었다. 이 방법은 재래의 주괴 레일강에 비하여 불순물의 수를 상당히 줄인다. 이 **청결한 프리미엄 레일**은 표준레일보다 훨씬 더 좋은 마모저항을 줄 뿐만 아니라 (제Ⅳ.9절과 Ⅳ.10절에서 논의한 것처럼, 이들 함유물과 불순물이 응력집중과 그 다음에 피로파손을 일으키기 때문에) 내부결함에 기인하는 파손의 감소로 이끈다.

레일 교체비용이 철도보선 지출예산의 큰 몫에 상당하므로 근래의 수십 년 동안 펄라이트 레일강의 품질을 개량하고 사용 중인 레일을 신중하게 관리하기 위하여 철도들과 공급자들이 집중적인 노력을 하고 있다. 그것은 바람직한 레일 성질이 다음과 같다는 점에 일반적으로 부합된다.

(1) **높은 마모저항.** 이것은 강의 충분한 "경도"를 필요로 한다. 상기에서 기술한 것처럼, 최근에 펄라이트 강의 레일마모는 인장강도가 증가됨에 따라서 감소되는 점이 정립되었다. 상세는 Heller (1981, pp. 129, 169)를 참조하라. 따라서 고-인장강도는 레일강의 바람직한 기계적 성질이다.

(2) **높은 항복점.** 이것은 주행표면에서와 주행표면 아래에서 생기는 큰 점진적인 소성변형을 줄이기 위하여 필요하다. 이것은 또한 레일 파상마모도 포함한다. Heller (1981, p. 125)에 따르면, 펄라이트 강에서 증가된 인장강도는 "항복점"의 증가도 수반된다(**그림 XI.12**).

(3) **피로손상에 대한 저항.** 제Ⅳ.10절에서는 레일피로에 대한 입문적인 사항을 나타내었다. 수십 년 동안은 레일강의 마모저항을 증가시키는 것이 레일의 사용수명을 연장시키는 비결이라고 가정하였다. 그러나 "피로손상"은 근래의 레일 기름칠(도유)의 도입 및 결과로써 생긴 레일두부 마모의 감소와 함께 레일두부 상부의 최대 전단응력(**그림 Ⅳ.49** 내지 Ⅳ.51) 및 특히 화물철도에서 주된 "레일교체 기준"으로 판명된 굵은 비금속 함유물 근처의 응력집중에 기인하였다. 그러므로 장기 피로손상을 피하기 위해서는 레일의 제조 동안 비금속 함유물로부터 높은 청결도가 유지되어야 한다. 불순물 레벨은 초음파로 검출할 수 있는 것 이하이어야 한다[Heller (1981, p. 129)].

피로손상은 또한 제Ⅳ.9절에서 논의한 것처럼 볼트구멍, 긁힘, 또는 예리한 노치 근처의 응력집중 때문에 마찬가지로 생길 수 있다. 레일의 어떠한 부분에서도 예리한 홈이나 깊은 긁힘이 제거되어야 한다. 장대레일을 형성하기 위해 함께 용접하려는 재사용 레일의 볼트구멍도 마찬가지로 적용된다.

시험은 "인장강도의 증가가 피로강도의 증가도 또한 수반한다"는 점을 나타내었다(**그림 XI.13**). 이것은 "고-인장 강도가 어째서 바람직한 레일성질"인가의 또 하나의 암시이다.

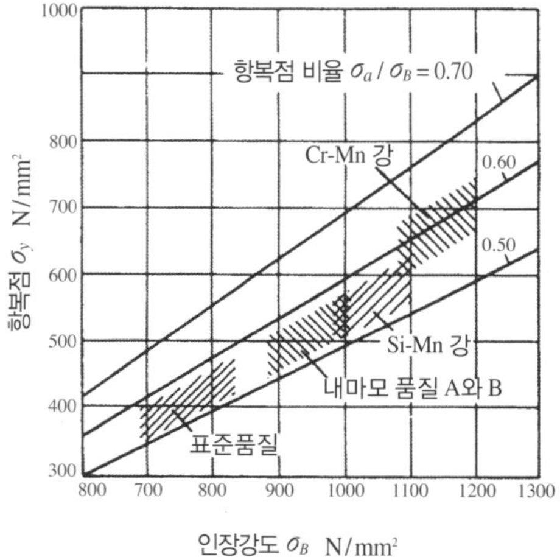

그림 XI.12 레일강의 인장강도와 항복점

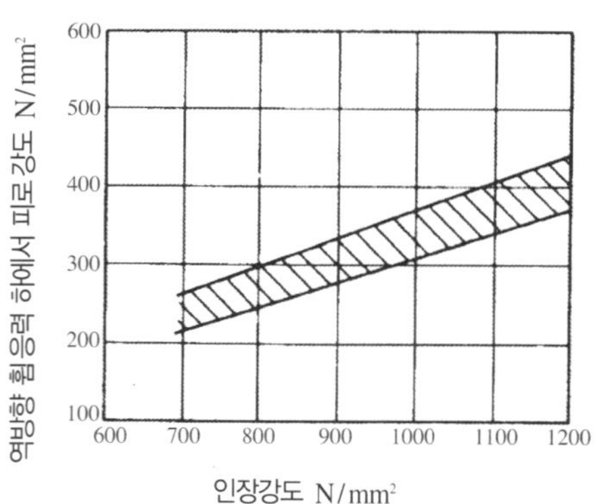

그림 XI.13 인장강도와 피로강도간의 관계
[Heller (1981, p. 129)]

줄곧 증가되는 윤하중과 열차속도 및 궤도보수에 관련된 경제성을 더욱 개량하려는 추구 때문에 궤도 내 레일의 성능을 더욱 개량하기 위한 가지각색의 연구가 수행되고 있다. 이 노력의 소개에 관하여는 Heller와 Schweitzer (1980), Davis, Scholl, 및 Shehitoglu (1997), Steele (1997), 및 Davis와 Sawley (1998)을 참조하라.

차륜-레일 접촉응력은 대단히 작은 접촉면적 때문에 일반적으로 레일재료의 항복점을 초과한다. 그러나 합리적으로 큰 윤하중에 따라 교통 통과톤수가 누적되는 경우에 "**레일두부**의 **상부** 층이 **가공경화**된다." 이것은 차례로 레일 상층에서 경도의 일반적인 증가와 레일두부에서의 마모를 감소시킨다. 예를 들어, 1930년대에 부설된 탄소 레일강은 원래 240~285 BHN 범위에 있었지만 누적된 교통과 함께 그들의 표면경도는 약 100 브리넬 포인트만큼 증가하였다. 이들의 레일이 궤도에 부설된 시기의 윤하중은 근래의 화물선로에서 사용된 것들보다 더 가벼웠으며 따라서 레일은 그들의 경도를 점진적으로 전개시킬 수가 있었다. 근래에 널리 사용된 무거운 윤하중 하에서 300 BHN보다 더 소프트한 레일은 충분히 가공경화되는 기회를 얻기 전에 손상되었다.

특히, 곡선에서의 **레일 마모**는 차륜-레일 접촉영역에서 소성흐름과 마멸의 결합에 기인한다. 또한, "레일 파상마모"는 레일두부 층 상부의 소성흐름에 강하게 영향을 받는다. 그러므로 "레일강의 항복강도, 경도, 및 인성을 증가시킴으로써 레일의 사용수명을 증가시킬 수가 있다." 이 목적을 달성하기 위해 (1) 열처리하여 레일을 단단하게 하거나 (2) 합금으로 레일성질을 개량하는 등 두 방법이 고안되었다.

열처리하여 레일을 단단하게 하는 첫 번째 방법은 전체 레일단면이든지 단지 레일두부만이든지에 적용할 수 있다. 두부경화의 선택은 인성 성질이 레일복부와 저부에서 유지되는 반면에 레일두부의 인장응력은 $1,200{\sim}1,350 \text{ N/mm}^2(174,000{\sim}195,800\text{lb/in}^2)$의 범위까지 증가한다는 장점을 갖고 있다. 공식 (**XI**.3)에 따르면, 상응하는 BHN 값은 350과 390 사이의 범위에 이르며 그것은 대단히 높은 레일두부 마모저항을 나타낸다.

레일두부는 두부가 경화되는 동안 850~950 ℃의 오스테나이트화 온도까지 2 내지 6 분 동안 유도에 의해 가열된다. 그 다음에, 두부는 650~500 ℃에 이르기까지 압축공기로 가속된 냉각을 받는다. 이 온도는 충분한 펄라이트 조직에 도달될 때까지 유지된다. 냉각곡선에 관련된 상응하는 TTT 다이어그램을 **그림 XI.14**에 나타낸다.

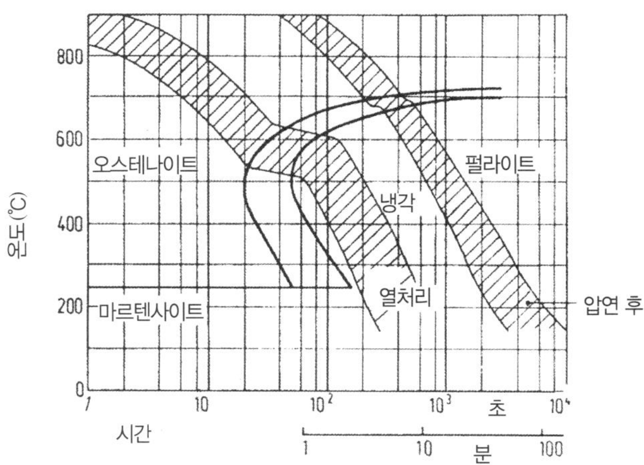

그림 XI.14 열처리에 대한 냉각곡선이 있는 UIC 900A급의 TTT 다이어그램 [Esveld (1989, p. 155)]

두 번째 방법은 강의 **합금**이다. 보통의 탄소강에서는 탄소가 가장 중요한 합금 성분인 반면에, 그 밖의 합금성분은 기계적 성질을 개량하고 열처리 프로세스를 촉진하기 위하여 특정한 양을 포함시킬 수 있다. **그림 XI.21**과 **XI.22**에 나타낸 CTT 다이어그램에 미치는 그들의 영향에 주목하라. 사용된 합금원소는 망간(Mn), 실리콘(Si), 니켈(Ni), 크롬(Cr), 몰리브덴(Mo), 및 바나듐(V)이다.

레일강 합금을 평가할 때는 다음의 사실에 유의하여야 한다. "탄소" 함유량이 증가됨에 따라 레일강의 인장강도, 경도, 및 항복점이 증가된다. 그러나 전성은 감소된다. "망간"은 강도, 인성, 및 탄성을 증가시킴으로써 강이 마멸저항에 더 저항하도록 만든다. "실리콘(규소)"의 높은 백분율은 더 조밀한 강을 산출한다. 바나듐, 크롬, 및 몰리브덴도 또한 유효한 합금이다.

"인"(P)은 레일이 냉각될 때 부서지기 쉽게 만들고, 따라서 충격에 저항하는 레일의 능력을 감소시키므로 레일강에서 가장 해로운 불순물이다. 이 이유 때문에 인의 함유량은 상당히 낮게 유지되어야 한다. 또한, 근소한 양의 "황"(S)은 열간압연 프로세스 동안 레일의 균열에 미치는 영향 때문에 레일강에서 유해하다. 따라서 슬래그와 가스뿐만 아니라 이들의 불순물을 제거하도록 크게 주의하여야 한다. 레일제조에 관한 상세는 "궤도 백과사전"(1985, 제11장)을 참조하라. AREA 편람 (1996, 제4장)은 레일강에 대하여 **표 XI.3**의 화학성분을 권고한다.

표 XI.3 AREA 편람에서 권고하는 레일강의 화학성분

	화학 분석, 중량 %	
	공칭 90 내지 114	중량 115 lb/yd와 그 이상
탄소	0.67 ~ 0.80	0.72 ~ 0.82
망간	0.70 ~ 1.00	0.80 ~ 1.10
인, 최대	0.035	0.035
규소	0.10 ~ 0.50	0.10 ~ 0.50
황, 최대	0.037	0.037

XI.4 레일 제조

"레일제조"는 4 개의 주요 단계로 분류할 수 있다. 그들은 (1) 원재료로부터 "용강"의 생산, (2) "주괴"나 "연속주조 블룸"을 형성하도록 용강의 주조, (3) 주괴나 블룸으로부터 규정된 횡단면의 레일을 형성하는 "압연 프로세스", (4) 레일 냉각, 똑바로 펴기, 규정된 길이로 절단, 구멍천공, 및 최종 검사로 이루어져 있는 "레일 마무리"이다.

단계 (1), 레일재료의 제조는 지난 수십 년 동안 주요한 개량을 경험하여 왔다. 현재 레일용 강은 안 쓰이게 되어가는 강제조의 구식방법인 Bessemer와 Siemens 평로 제강법을 포함하여 "염기성 산소 제강법"이나 "전기 아크로 제강법"으로 생산한다.

염기성 산소 제강법은 용광로로부터 내화물[1]로 안을 댄 베셀(전로) 안으로 따라지는 녹은 선철과 스크랩(중량으로 약 30 %)의 혼합물 표면에 대한 산소 송풍으로 이루어져 있다. 반응은 즉시 시작되며 전로의 온도는 약 1,536 ℃(3,000 ℉)까지 올라간다. 계속되는 반응 동안 탄소, 망간, 및 규소가 산화되어 요구된 레벨로 줄어든다. 석회와 용제가 추가되며, 그것은 인 및 황과 같은 불순물을 슬래그의 형으로 구속한다. 그 다음에 슬래그를 제거한다.

단계 (1)을 수행하는 또 하나의 가능성은 **전기 아크(arc)로(爐) 제강법**을 사용하는 것이다. 이 프로세스에서는 가열목적으로 전류가 사용된다. 하나의 주요 장점은 (온도나 산화와 같은) 노 환경을 오퍼레이터가 면밀히 컨트롤할 수 있는 점이며, 그것은 높은 순도와 품질이 산출되도록 허용한다. 전기 아크로 제강법은 1900년대 초기에 제강산업에 도입되었으며 처음에는 도구 강의 제조에 사용되었다. 그 다음에, 스텐리스와 망간강의 생산뿐만 아니라 자동차와 항공기 산업용 전범위의 저-합금강 생산에 이용되어 왔다. 이 프로세스에서는 대단히 높은 백분율의 강 스크랩을 사용하여 강을 생산할 수 있다. 노는 주로 스크랩과 상대적으로 작은 양의 선철과 석회로 충전된다. 전극은 스크랩 재료의 안으로 내려져서 스크랩과 전극 사이에서 아크를 발하는 전류가 용융 프로세스를 시작한다. 충만한 "히트"에 필요한 양을 생산하도록 스크랩이 더 추가된다. 프로세스 동안 요구된 화학적 성질을 보장하기 위해 히트에 여러 가지 성분이 추가된다. 히트가 완전히 녹은 후에는 전기를 차단하고 전극을 들어올린다.

다음의 **단계 (2)**는 **주괴**이든지 **연속주조 블룸**을 형성하는 용강의 주조이다. 노가 기울어지고 용강이 노로부터 레이들로 따라지며 그 다음에 그곳에서 "주괴몰드 안에 채워지거나" 또는 연속적인 주물공을 공급하는 "턴디시" 안으로 컨트롤된 속도로 흐르도록 허용된다. 레이들 단계는 화학적 성질, 산소제거, 탈황, 및 용강 온도의 더 정밀한 컨트롤을 허용한다. 예를 들어, "불활성 가스 교반"은 균등한 화학적 성질과 온도를 달성하고 슬래그에다 비금속 함유물의 부유를 포함함으로써 강의 청정도를 촉진하기 위해 염기성 산소 제강법이나 전기 아크로 제강법으로부터 용강을 따른 직후에 사용된다. 아르곤은 일반적으로 레일강용 불활성 가스로서 사용된다.

염기성 산소 제강법과 전기 아크로 제강법 양쪽은 레일로 압연할 준비가 된 고품질의 강 재료를 산출한다. 이들의 프로세스는 평로 제강법에서의 7 내지 10 시간을 40 내지 60 분으로 줄인다. 그들은 현재 큰 양의 강을 생산하기 위해 사용된다.

다음의 **단계 (3)**은 **압연 프로세스**이다. 염기성 산소 제강법으로 생산된 주괴는 냉각되어 응고된 후에 몰드에서 꺼내어져 약 1,288 ℃(2,350℉)의 균등하게 분포된 규정 압연온도로 다시 가열되는 균열로로 보내진다. 그 다음에는 주괴가 1차 압연 또는 분괴압연 실로 이동된다. 예를 들어, 현행의 CF&I 분괴압연 작업은 총 15 패스로 이루어져 있으며 그것은 주괴를 10 in × 12 in의 횡단면을 가진 단일 27 ft 길이의 블룸으로 변형시킨다. 그 다음에는 블룸의 단부를 잘라내며, 그 이유는 이들의 부분이 통상적으로 높은 레벨의 불순물을 함유하기 때문이다.

이 점에서 주괴로부터 형성된 블룸이나 연속주조 프로세스로부터 직접의 블룸을 사용하는 최종 레일형상으로의 레일압연은 동일하다. 압연 프로세스 마지막의 레일온도는 일반적으로 1,038℃(1,900 ℉) 미만이다.

마지막 **단계 (4)**는 다수의 과정으로 이루어져 있는 **레일 마무리**이다. 생산된 레일(약 17.5 ft 길이)의 각각은 압연이 완료된 후에 규정 길이의 "더 짧은 레일로 절단"되어 냉각베드로 이동되며, 그곳에서는 레일이 약 538

---

[1] 이들은 노에서 열을 제한하고 슬래그의 냉각작용에 견디어낼 능력이 있는 재료이다. 그들은 자연적으로 생긴 암석과 광물에서 주로 생산된다.

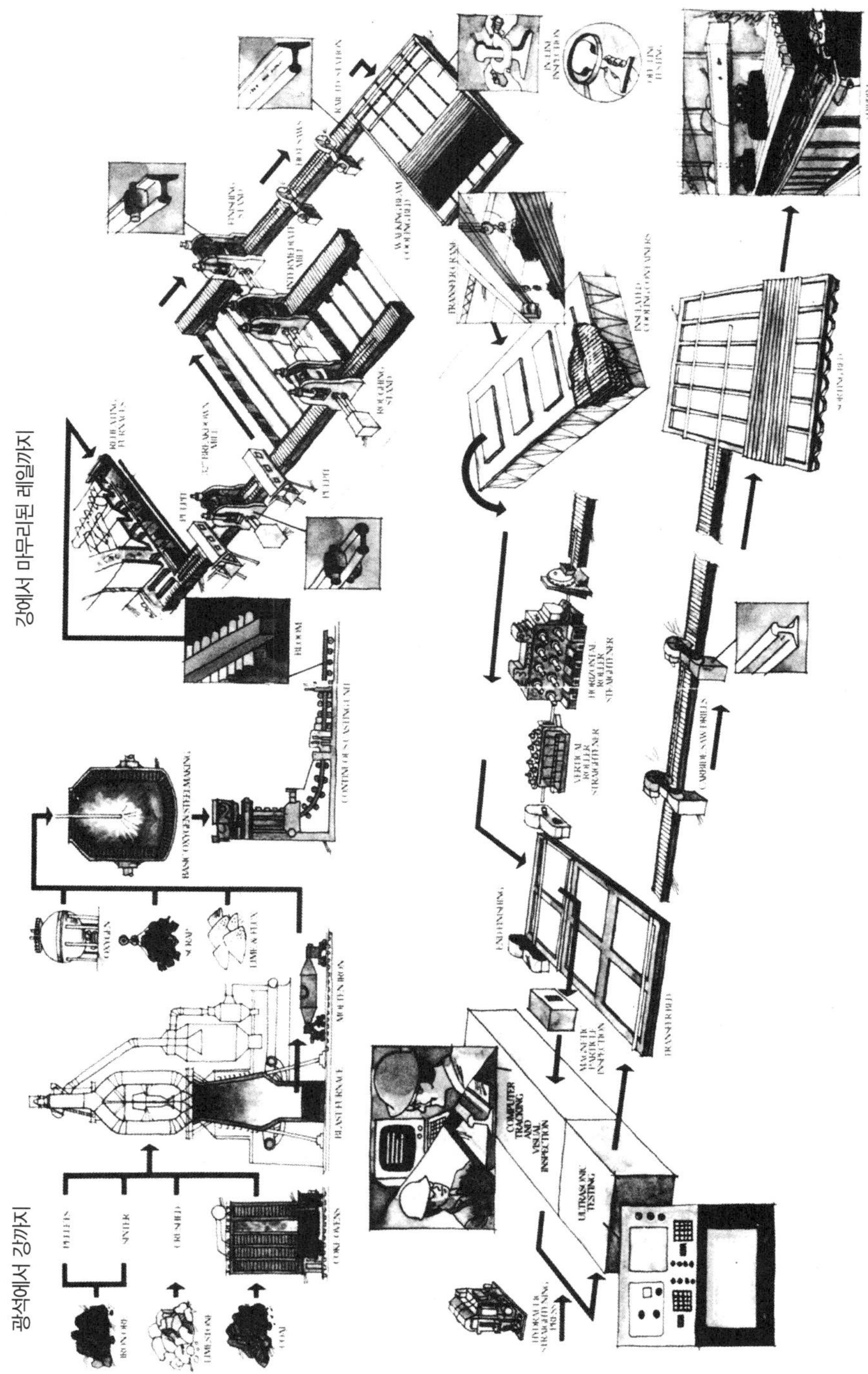

그림 XI.15 레일제조의 단계(Algoma 팸플릿에서)

주괴가 냉각된 후에 그들은 몰드에서 꺼내어져 도처에서 균등한 압연온도로 될 때까지 다시 가열되는 균열로로 보내진다.

레일이 냉각되었을 때 똑바르게 되도록 레일이 압연라인을 벗어나서 냉각베드로 밀려 움직임에 따라 레일이 위로 휘어진다. 마무리된 레일은 냉각을 위해 워킹 빔 냉각베드에 쌓인다.

레일이 냉각베드의 상부에 도달되었을 때는 레일이 옮겨져 냉각박스 적재지역으로 이동된다.

제조의 가장 크리티컬한 영역의 하나는 레일의 똑바르기이다. 이 레일 똑바르기는 미국에서 가장 큰 첫 번째 레일 성질이다. 정밀한 롤러는 100 내지 180 톤의 똑바르게 하는 힘으로 레일의 모든 평방인치를 작업한다.

레일이 적재되기 전에 총 5 가지 검사에 대해 CF&I와 구매자가 어떤 마지막 시간에 레일을 검사한다.

그림 XI.16 레일생산의 여러 단계를 설명하는 사진(CF&I Steel Corp. 팸플릿에서)

℃(1,000℉)로 냉각된다. 그 다음에, 이들의 레일은 절연된 컨테이너로 이동되어 "컨트롤 냉각"된다. 컨트롤 냉각의 한 목적은 수소의 함유량을 줄이는 것이다. 또 하나의 이유는 레일강의 내부 (결정학상의) 조직을 바꿈으로써 레일의 강도와 마모저항(경도)을 개선하는 것이다. 레일은 컨트롤 냉각 컨테이너를 벗어난 후에 하나씩 롤러

를 통과하여 수직과 횡으로 똑바로 펴진다. 이들의 엄밀한 롤러는 180 톤만큼 큰 힘을 레일에 가한다. 레일은 똑바로 펴지는 동안 소성적으로 변형되며 잔류응력이 도입된다. 레일은 똑바로 펴진 후에 연속 검사 프로세스를 통과한다. 마지막 과정에서는 레일이 단부 천공기를 통과하여 저장과 출하용 분류 베드에 놓인다.

그림 XI.15는 레일의 제조를 요약한 것으로 원재료를 마무리된 레일로 변화시키는 주요 과정의 다이어그램을 도해적으로 나타낸다. 레일생산의 여러 단계를 설명하는 다수의 사진을 **그림 XI.16**에 나타낸다.

용강은 강 제작에 사용된 원재료로부터와 공기로부터 많은 양의 수소가 흡수된다. 응고된 강에서 수소의 가용성은 대조적으로 대단히 낮다. 감금된 이 수소가 분쇄균열, 취성, 및 공극과 같은 유해한 현상을 일으킬 수 있다는 점이 분명히 파악되었다. 그러므로 수소 함유량은 충분히 감소시켜야 한다. 수소를 제거하는 데는 현재 세 가지 방법이 있다. (1) 상기에 기술한 것처럼, 압연 후 레일의 **컨트롤 냉각**(이 절차에서는 레일이 최소 10 시간 동안 냉각 컨테이너에 머물러야 하며 온도가 7 시간이상 동안 199 ℃(300 °F) 이상이어야 한다. 이 긴 냉각기간은 가스가 밖으로 발산되도록 허용한다), (2) **진공 탈 가스**는 강으로부터 가스의 누출을 촉진하는 저압 환경에 용강이 노출되는 프로세스이다, 그리고 (3) 열간 압연 이전에 **블룸의 컨트롤 냉각**. 레일제조에 관한 상세는 "궤도 백과사전"(1985, 제11장 p. 154)을 참조하라.

XI.5 레일 용접

XI.5.1 보통의 용접방법

장대레일(CWR)은 새로운 또는 사용된 유한의 레일구간을 용접함으로써 산출된다. 레일용접은 레일파단을 수선할 때, 응력제거 절차의 일부로서, 및 그 밖의 레일관리 작업의 일부로서 레일손상을 제거하는 데도 이용된다. 북미에서 가장 일반적인 용접방법은 (1) "테르밋" 방법과 (2) "전기 플래시 버트" 방법이다.

테르밋 용접은 주조방법이다. **그림 XI.17**과 **XI.18(a)**에 나타낸 이 프로세스는 1900년대 초기에 도입되었으

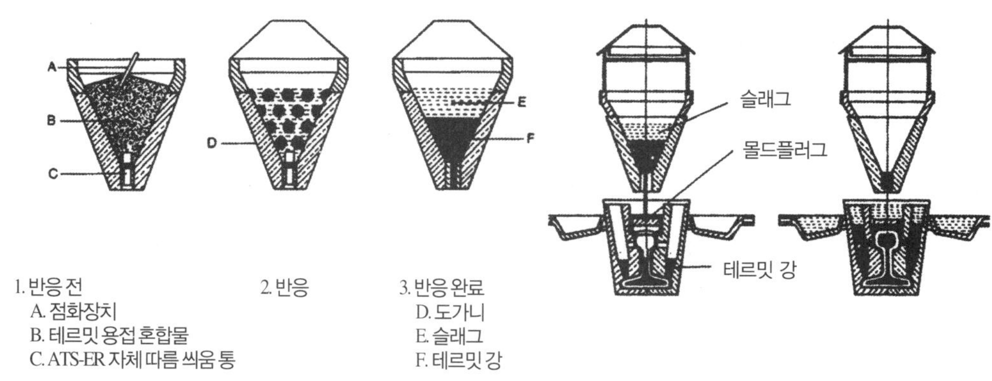

그림 XI.17 테르밋 반응(Orgo Thermit 회사 팸플릿에서)

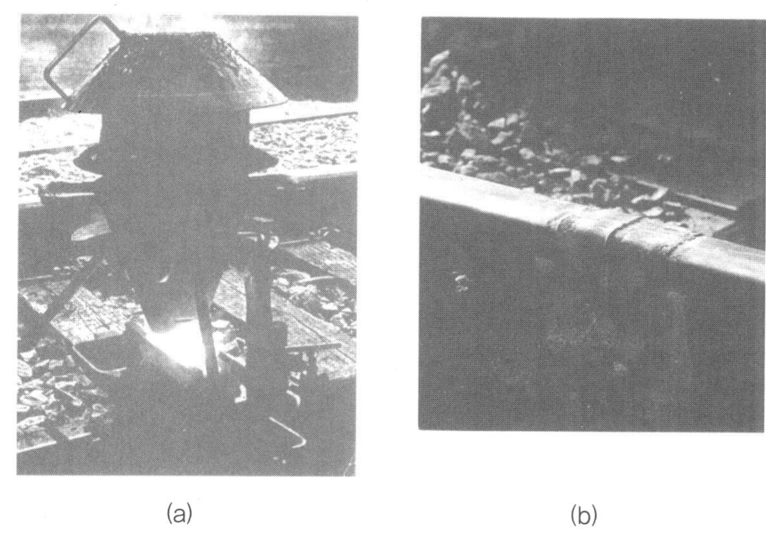

(a)   (b)

그림 XI.18 테르밋 용접절차에서 두 단계

며, 세밀하게 분배된 알루미늄과 산화철을 함유한 혼합물은 레일 틈 위에 놓인 도가니에서 용강과 슬래그를 형성하도록 점화되어 반응한다. 그 다음에 이 용강은 **그림 XI.17**과 **XI.18(a)**에 나타낸 것처럼, 레일 틈을 둘러싼 모래몰드 안으로 흘러간다. 용강은 장대레일 이음을 형성하도록 틈을 채우고 예열된 레일단부와 융합된다. 약 20 분의 냉각 후에 용접금속을 삭정하고 레일 몰드박스를 철거한다(**그림 XI.18(b)**). 초과량은 적합한 레일윤곽을 형성하도록 연삭한다.

주조금속은 강할지라도 전성이 제한되며 그러므로 다음에 기술하는 전기 플래시 버트 용접의 금속만큼 강하지 않다. 그것은 일반적으로 많은 가스 포켓(미소기공)과 산화함유물을 내포하고 있다 [Steele (1997, p. 76)].

테르밋 용접의 근본적인 문제는 레일금속과 유사한 특성을 갖고 있는 용접금속을 개발하는 것이다. 또한, 테르밋 용접이 기존의 레일에다 금속을 추가하는 점에 유의하여야 하며, 이것은 레일파단 후에 장대레일의 응력을 제거할 때 중요한 고려사항이다.

그림 XI.19 schlatter 저항 플래시 버트 용접기

플래시 버트 용접은 단조작업 절차이다. 용접은 고정(또는 포터블) 용접기계로 수행된다. 처음에는 양쪽 레일 단부를 정렬한다. 그 다음에 용접프레임의 집게(그립퍼) 전류 패드로 레일을 동시에 붙잡는다. 그 다음에 레일단부들을 간헐적으로 단락 접촉시키며 이것은 양 레일단부를 용해온도에 이르게 한다. 레일단부가 녹은 다음에는 레일들이 함께 밀려진다. 양 레일단부들에서 녹은 금속은 함께 융합되며 이것은 용접부 둘레에 업세트 지역을 산출한다. 그 다음에 레일단면의 모든 둘레의 초과금속을 깎아내며, 원래의 레일윤곽을 회복하고 응력 상승요인을 제거하기 위하여 용접지역을 연삭한다. 그러한 용접기계의 도해적 그림을 **그림 XI.19**에 나타낸다. 플래시 버트 용접은 테르밋 용접과는 다르게 기존레일의 재료를 줄이는 점에 유의하라.

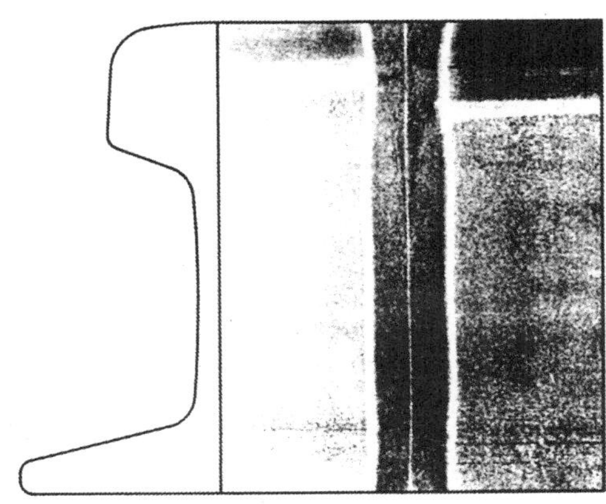

그림 XI.20 플래시 버트 용접부위를 통한 종 방향 절단

레일에 관한 정류기 장치의 대칭배치 때문에, 뜨거운 강이 전체 레일단면에 걸쳐 동등하게 단조되도록 예열과 플래싱 동안 균등하게 열의 영향을 받은 지대(HAZ)가 만들어진다. **그림 XI.20**은 열처리 레일의 용접 후에 취한 닦은 종 방향 단면을 나타낸다. 그것은 좁고 균등한 열 영향 지대를 나타낸다. 저항 플래시 버트 용접기는 일반적으로 믿을 수 있는 고품질의 용접을 산출한다. 레일의 플래시 버트 용접에 대한 상세는 Schweitzer, Hörmann, 및 Baldeau (1981)를 참조하라.

XI.5.2 냉각속도가 용접특성에 미치는 영향

펄라이트 레일조직은 원래의 기계적 성질을 유지하도록 용접의 열 영향 지대(HAZ)에서 변하지 않고 유지되는 것이 필요하다. 이 지대의 부분은 용접되는 동안 "펄라이트"가 "오스테나이트"로 변환되게 하는 727 ℃(공석온도) 위로 가열된다. 그 후의 냉각 동안에 오스테나이트가 원 상태의 펄라이트로 변환되는 것이 본질적이다. 그러나 이것은 주로 "냉각속도"에 좌우된다. 바람직한 냉각속도는 **그림 XI.8**에 나타낸 유형의 상응하는 "연속냉각변환(CCT)" 다이어그램으로부터 사정된다.

플래시 버트 용접과 테르밋 용접의 전형적인 냉각속도를 **그림 XI.21**에 나타낸다.

"테르밋 용접"에 대한 냉각진로는 냉각속도가 상대적으로 느리다면 일반적으로 문제를 일으키지 않는 점에 주목하라. 오스테나이트는 완전히 펄라이트로 변환된다. 그러나 작업온도가 더 작은 공장 "플래시 버트 용접"의 냉각속도는 합금레일에서 베이나이트나 마르텐사이트를 산출할 만큼 빠를 수 있다. 가능한 정정 수단은 냉각속도를 늦추는 예열이다 **(그림 XI.22)**.

레일용접 기술과 절차의 광범위한 논의는 Fastenrath (1981, 파트 7, p. 132), Esveld (1981, 제8.4절) 및 Steele (1997, "철도레일의 야금"에 관한 장, 레일용접 절, p.72)를 참조하라.

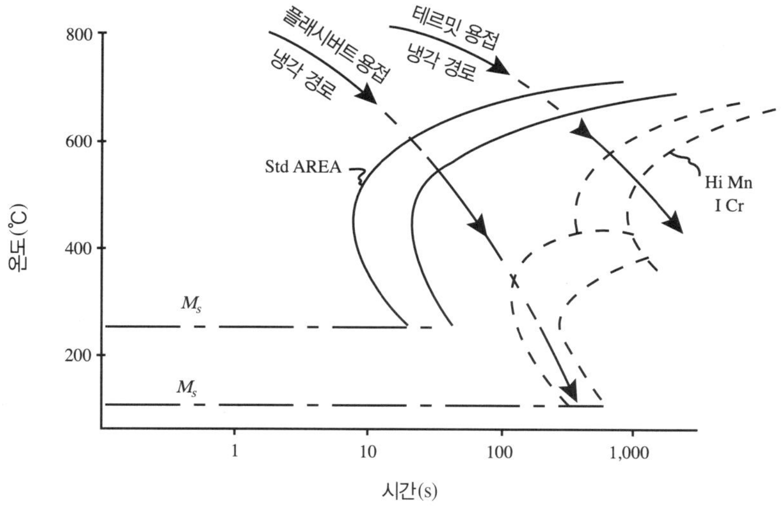

그림 XI.21 CCT 다이어그램과 레일용접 냉각의 영향 (Steele, 1997)

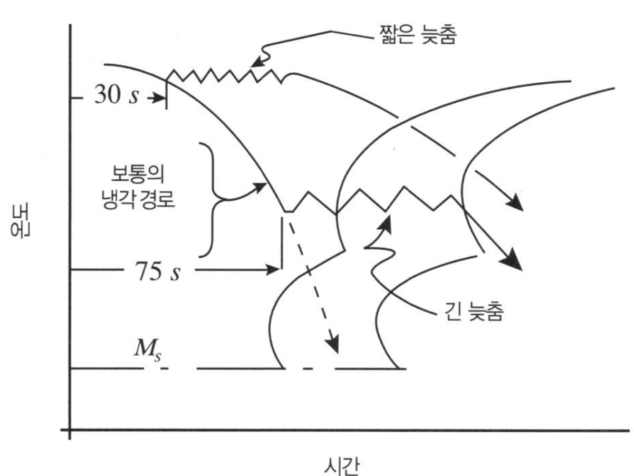

그림 XI.22 예열의 적용 (Steele, 1997)

XI.6 레일 문제와 관리

열등하게 관리된 이음매에서 굽은 레일과 같은 다수의 레일문제는 제IV.3절에서 논의하였다. 쉐링, 플래킹, 갈라진 두부, 두부와 복부의 분리 등과 같은 많은 레일손상의 요약은 Sperry 철도 서비스의 팸플릿 "레일손상편람" (1977)에 나타내고 기술되어 있다.

수십 년 전에는 **레일마모**가 레일교체의 주된 원인이었다. 레일마모를 줄이는 근래의 개선책은 특히 곡선에서 레일과 차륜 접촉영역에 **기름칠**(도유)하는 것이었다. 이 수단은 마모를 감소시켰지만 지배적인 레일 교체척도로서 **레일두부 피로**의 발생으로 이끌었다. 이 양상에 관한 정보는 Zarembski (1993, 제III절)을 참조하라.

그러므로 내부 피로손상에 대한 레일의 시험은 어떠한 레일보수 프로그램에서도 본질적인 요소로 되었다. 이것은 탐상차나 소형 탐상기로 수행된다. 주된 탐상방법은 **초음파**와 **자기유도**이다. 추가의 상세에 관하여는 Garcia와 Reiff (1999)를 참조하라. 충분히 큰 손상이 위치할 때는 그것을 잘라내고 그 곳에 새로운 레일토막(플러그)을 용접하여야 한다. 또 하나의 접근법은 "넓은 틈"의 테르밋 용접을 이용하는 것이다.

레일 주행표면의 **파상마모**는 철도에서 뿐만 아니라 노면전차의 레일에서 1 세기 이전에 걸쳐 관찰되었다. 파상마모의 예를 **그림 XI.23**에 나타낸다.

레일 파상마모는 일반적으로 파장에 따라 두 그룹으로 분류된다. **장파장 파상마모**는 한 침목간격의 절반정도 파장(10 내지 20 in)을 갖고 있다. 북미의 철도들에서는 무거운 화물열차를 받는 궤도에서 장파장 파상마모가 일어난다. **단파장 파상마모**는 1 내지 4 in의 범위의 파장을 갖고 있다. 그들에 기인하는 큰 소음과 진동 때문에 그들은 때때로 "시끄러운" 레일이라 부른다. 이들의 파상마모는 여러 해 동안 유럽에서 상당한 관심을 받아왔다.

지난 수십 년 동안 레일 파상마모의 발생을 설명하는 많은 가설이 제시되었을지라도 오늘날까지 파상마모의 발생에 대한 이유를 명백하게 설명하는 일반적으로 용인된 이론은 없다.

일반적으로 용인된 이론의 결여 때문에 그들의 발생을 방지하는 수단을 궁리하는 합리적인 원칙이 없었다. 그러므로 철도들은 일찍부터 **연삭**으로 파상마모를 제거하는 것에 의지하였다. 이것은 연삭열차의 성능을 높이는 정교한 컨트롤과 함께

그림 XI.23 레일 파상마모의 예

많은 연삭숫돌을 포함하는 연삭열차의 개발로 이끌었다. 연삭열차의 또 하나의 사용은 (공전상과 이음매 배터와 같은) "레일표면 손상의 제거"이다. 레일연삭의 광범위한 논의는 Funke (1986)가 나타내었다.

이들의 연마기는 시간이 지남에 따라 **레일 단면형상 다시 다듬기**(re-profiling)에도 적용할 수 있다는 점을 실현하였다. 이것은 차륜과 레일 간의 접촉을 최적화하고 차륜-레일 시스템의 곡선통과 능력을 높이기 위해 레일두부 주행표면의 형상을 다듬는 기술이다.

단위의 환산

(1) SI, CGS 계 및 중력계 단위의 비교표

단위계 \ 량	길이 L	질량 M	시간 T	가속도	힘	응력	압력	에너지
SI	m	kg	s	m/s^2	N	Pa 또는 N/mm^2	Pa	J
CGS계	cm	g	s	gal	dyn	dyn/cm^2	dyn/cm^2	erg
중력계	m	$kgf \cdot s^2/m$	s	m/s^2	kgf	kgf/m^2	kgf/m^2	$kgf \cdot m$

(2) 길이

	cm	m	in ($''$)	ft ($'$)	yd
1 cm =	1	0.010 00	0.393 70	0.032 80	0.010 93
1 m =	100.000	1	39.370 7	3.280 89	1.093 63
1 in =	2.539 95	0.02539	1	0.083 33	0.027 77
1 ft =	30.479 4	0.304 79	12.000 00	1	0.333 33
1 yd =	91.438 3	0.914 38	36.000 00	3.000 00	1

1 km = 0.621 38 mile,　　1 mile = 1.609 31 km

(3) 면적
1 cm^2 = 0.155 00 in^2,　　1 in^2 = 6.451 6 cm^2

(4) 질량
1 kg = 2.204 62 lb,　　1 lb = 0.453 592 kg

(5) 힘 · 중량

	N	kgf	1bf
1 N =	1	$1.019 716 \times 10^{-1}$	0.224 808 9
1 kgf =	9.806 65	1	2.2.04 622
1 1bf =	4.448 222	0.453 592 43	1

(6) 응력
1 psi (lbf/in^2) = 6.894 kPa,　　1 Pa = $1.019 716 \times 10^{-5}$ kgf/cm^2,

(7) 속도
1 km/h = 0.2778 m/s = 0.6214 mile/h
1 mile/h = 1.609 km/h

(8) 온도
x℃ = (9x/5 + 32)℉ ,　　　　　x℉ = 5(x - 32)/9 ℃

참고문헌

AAR Research Report (1963). "Design of Tie-Plates." *Proceedings AREA*, Vol. 64.

Ahlbeck, D.R., Meacham, H.C., and Prause, R.H. (1978). "The Development of Analytical Models for Railroad Track Dynamics." In *Railroad Track Mechanics and Technology*. Edited by A.D. Kerr. Pergamon Press.

Ahlf, R.E. (1998). "The Behavior of Railroad Track and the Economical Practices of its Maintenance and Rehabilitation." Class notes presented at the Institute for Railroad Engineering. Wilmington, Delaware. November short course.

Albrekht, V.G. and Bromberg, E.M., eds. (1982). *Besstykovoi Put* (Jointless track, in Russian). 'Transport' Publishing House, Moscow, Russia.

Allen, W.L. (1991). "Subsurface Drainage of Pavement Structures." U.S. Army Corps of Engineers. CRREL Report 91-22.

Amelin, S.V. and Danovskii, L.M. (1972). *Put' i Putevoe Khozyaistvo* (Track and track management, in Russian). 3rd ed. 'Transport' Publishing House, Moscow, Russia.

Amelitsev, I.V., Serebrennikov, V.V., Komyanko, A.I., and Bogoslovskii, V.A. (1979). "Novyi Standard na Zhelezobetonnye Shpaly" (New standard for reinforced concrete ties, in Russian). *Put' i Putevoe Khozyaistvo*. Vol. 23, pp. 10-11.

Ammann, O. and von Gruenewaldt, C. (1932). "Versuche über die Wirkung von Längskräften im Gleis" (Tests of the effect of axial forces in track, in German). *Organ für die Fortschritte des Eisenbahnwesens*, Heft 6.

Andrews, M.G. and Kerr, A.D. (2003). "Generalized Analysis of Railroad Tracks Subjected to Vertical Loads." University of Delaware, Dept. of Civil and Environmental Engineering Research Report.

AREA Committee on Rails (1908). "Principles of Design for ARA Rails." *Proceedings AREA*, Vol. 9, pp. 431-432.

AREA Tie Committee (1922). "Effect of Design of Tie Plates and Track Spikes on the Durability of Cross-Ties, and Results of Improperly Protecting Ties from Mechanical Wear." *Proceedings AREA*, Vol. 23.

Armstrong, J.H. (2000). *The Railroad: What It Is, What It Does*. 3rd ed. Simmons-Boardman Books, Omaha, Nebraska.

Arter, M. (1992). "DM&E Solves Slippery Subgrade Problem." *Progressive Railroading*. September issue.

Askeland, D.R. (1984). "The Science and Engineering of Materials." Brooks/Cole Engineering Division of Wadsworth Inc., Monterey, California.

Baas, T.R. (1995). "Geosynthetics in Railroad Applications." *Proceedings AREA*, Vol. 96.

Babinski, A. and Kerr, A.D. (1995). "Rail Creep According to the Johnson Hypothesis." Research Report No. 95-2, Dept. of Civil and Environmental Engineering, University of Delaware.

Bailey, R.M. (1977). "Concrete Ties on CN: The Scenario Behind the Decision." *Railway Track and Structures*. August issue.

Bartlett, D.L. (1960). "The Stability of Long Welded Rails." Parts I-IV, Civil Engineering and Public Works Review, England. Also "Stabilität durchgehend verschweisster Gleise." *Eisenbahntechnische Rundschau*, 1961, Heft 1/2.

Basilov, V.V. and Chernishev, M.A., eds. (1972). *Spravochnik Inzheniera-Puteitsa* (Manual of the Railway Engineer, in Russian), Vols. I & II. 'Transport' Publishing House, Moscow, Russia.

Bathurst, L.A. and Kerr, A.D. (1999). "An Improved Analysis for the Determination of Required Ballast Depth." *Proceedings of the Annual AREMA Conference.*

Bathurst, R.J., Raymond, G.P., and Jarrett, P.M. (1986). "Performance of Geogrid-Reinforced Ballast Railroad Track Support." *Proceedings, Third International Conference on Geotextiles*, Vol. I. Vienna, Austria.

Berg, G. and Henker, H. (1986). *Weichen* (Turnouts, in German). 2nd ed. Transpress, VEB Verlag für Verkehrswesen, Berlin, Germany.

Beskow, G. (1936). "Frostbildung und Frosthebung" (Frost formation and frost heave, in German). *Der Strassenbau*, Heft 4.

Bianculli, A.J. (2003). *Trains and Technology: The American Railroad in the Nineteenth Century*. Volume III. University of Delaware Press, Newark, Delaware.

Birk, A. (1926). "Zur Frage der Schwellenlänge" (To the question of crosstie length, in German). *Die Gleistechnik*, No. 2.

Birmann, F. (1957). "Neuere Messungen an Gleisen mit Verschiedenen Unterschwellungen" (New measurements on tracks with different ties, ballast and subgrade, in German). *Eisenbahntechnische Rundschau*, Vol. 6, Heft 7.

———— (1965/66). "Track Parameters, Static and Dynamic." *Proceedings of the Institution of Mechanical Engineers*, Vol. 180, Part 3F.

(1969). "German Federal Railway Experiments with Concrete Track Beds." *The Railway Gazette.*

(1978). "Recent Investigations of the Dynamic Modulus of Elasticity of the Track in Ballast with Regard to High Speeds." In *Railroad Track Mechanics and Technology.* Edited by A.D. Kerr. Pergamon Press.

——— (1981). "Rail Flows from Operating Stresses and their Effects." In *Railway Track; Theory and Practice.* Edited by F. Fastenrath. Frederick Ungar Publishing Co., New York. Translated by W. Grant from the German original. Published by Wilhelm Ernst & Sohn, Berlin, in 1977.

Birmann, F. and Raab, F. (1960). "Zur Entwicklung Durchgehend Verschweisster Gleise – Ergebnisse bei Versuchen auf dem Karlsruher Prüfstand: Ihre Auswertung und Deutung" (To the development of the continuously welded tracks – Test results of the Karlsruhe test facility: Their analysis and interpretation, in German). *Eisenbahntechnishe Rundschau.* August issue.

Blacklock, J.R. and Lawson, C.H. (1977). "Handbook for Railroad Track Stabilization Using Lime Slurry Pressure Injection." *FRA Report* FRA/ORD-77/30.

Bloss, A. (1927). *Oberbau und Gleisverbindungen* (Railroad superstructure and fasteners, in German). Springer Verlag, Berlin.

Bosserman, B.N. (1980). "Ballast Shoulder Results...." *Railway Track and Structures.* August issue.

(1982). "Ballast Experiments at FAST, Status Report." Federal Railroad Administration Report No. FRA/TTC-82/08, Washington D.C.

Bramall, B. (1978). "The Mechanics of Rail Fasteners for Concrete Slab Tracks." In *Railroad Track Mechanics and Technology.* Edited by A.D. Kerr. Pergamon Press.

Bromberg, E.M. (1966). *Ustoichivost Besstykogo Puti* (The stability of the jointless track, in Russian). 'Transport' Publishing House, Moscow, Russia.

Buchholz, Th. (1927a). "Der Rippenplatten-Oberbau auf Holzschwellen" (The rippenplatten-track on wood ties, in German). *Die Gleistechnik,* No. 7.

——— (1927b). "Erwiderung auf die Kritik des K-Oberbaues" (Reply to the critic of the K-track, in German). *Die Gleistechnik,* No. 14.

Bussert, R. and Bothe, G. (1978). "Zur Optimirung elastischer Schienenunterlagen" (To the optimization of the rail supports, in German). *Die Eisenbahntechnik,* Vol. 26, No. 5.

Callister, W.D. Jr. (1991). *Materials Science and Engineering: An Introduction*. 2nd ed. John Wiley & Sons Inc., New York.

The Car and Locomotive Cyclopedia (1997). 6th ed. Simmons-Boardman Books, Inc., Omaha, Nebraska.

Cervi, G. (1991). "Thirty Years of Experience with Continuously Welded Rail on the French National Railroads." *Transportation Research Record* No. 1289. Transportation Research Board, Washington, D.C.

Chatkeo, Y. (1985). "Die Stabilität des Eisenbahngleises im Bogen mit Engen Halbmessern bei Hohen Axialdruckkräften" (The stability of tracks in curves that are subjected to large axial compression forces, in German). Technische Universität München, *Mitteilugen* des Prüfamtes für Bau von Landverkehrswegen, Heft 46.

Clarke, C.W. (1957). "Track Loading Fundamentals." *The Railway Gazette*, Parts 1 to 7. January to April.

Daniels, L.E., ed. (1992). "Symposium on Elastic Track Fasteners." *Proceedings of a Special Session*, American Railway Engineering Association, Committee 5, Washington, D.C.

Davis, D., Scholl, M., and Shehitoglu, H. (1997). "Development of Binitic Frogs for HAL Service." *Railway Track and Structures*. December issue.

Davis, D.D. and Sawley, K. (1998). "Track Steels: Past, Present, and Future." *Railway Track and Structures*. November issue.

Deischl, F. (1973). "Ein Beitrag zur Optimalen Bemessung von Holzschwellen" (A contribution to the optimal dimensioning of wooden cross-ties, in German). Dr.-Ing. Dissertation. Technical University of Munich, Germany.

Dirnberger, E. and Pospischil, R. (1989). "Ermittlung der Optimalen Länge von Spannbetonschwellen" (Determination of the optimal length of prestressed concrete ties, in German). Technische Universität München, *Mitteilungen* des Prüfamtes für Bau von Landverkehrswegen, Heft 55.

Dogneton, P. (1978). "The Experimental Determination of the Axial and Lateral Track-Ballast Resistance." In *Railroad Track Mechanics and Technology*. Edited by A.D. Kerr. Pergamon Press.

Donley, M.G. and Kerr, A.D. (1987). "Thermal Buckling of Curved Tracks." *International Journal of Mechanical Sciences*, Vol. 22.

Doyle, N.F. (1979). "Railway Track Design – A Review of Current Track Design Practice." BHP Melbourne Research Lab Report No. C76/79/052(2).

Driessen, Ch. H.J. (1937). "Die Einheitliche Berechunug des Oberbaues im Verein Mitteleuropäischer Eisenbahnverwaltungen" (The standardized analysis of tracks in the Union of Central European Railroads, in German). *Organ für dir Fortschritte des Eisenbahnwesens*, Vol. 92, Heft 7.

Duffy, D.G. (1990). "The Response of an Infinite Railroad Track to a Moving, Vibrating Mass." *Journal of Applied Mechanics*, Vol. 57. March issue.

Eberhardt, A.W. (1987). "Stresses, Displacements, and the Onset of Lift-Off Due to One and Two Axle Trucks." Master's thesis. Dept. of Civil Engineering, University of Delaware, Newark, Delaware.

Edeling, G. (1982). "Normalspur: Spurgeführter Fahrweg von den Etruskern bis Heute" (Guideways from the Etruscans till the present, in German). *Die Bundesbahn*, pp. 220-222.

Eisenmann, J. (1972). "Eisenbahnoberbau für hohe Geschwindigkeiten" (Railway tracks for high speeds, in German). *Eisenbahntechnische Rundschau*, No. 6.

    — (1975). "Lagestabilität des Gleises bei Hohen Geschwindigkeiten" (Position stability of the rail-tie structure at high speeds, in German). *Eisenbahningenieur*, Vol. 25, No. 5.

    (1978). "Railroad Track Structure for High Speed Lines." In *Railroad Track Mechanics and Technology*. Edited by A.D. Kerr. Pergamon Press.

    —— (1981). "The Rail as Support and Roadway: Theoretical Principles and Practical Examples." In *Railroad Track: Theory and Practice*. Edited by F. Fastenrath. Frederick Ungar Publishing Co., New York. Translated by W. Grant from the German original. Published by Wilhelm Ernst & Sohn, Berlin, in 1977.

Eisenmann, J., ed. (1984). "30 Jahre Gesellschaft zur Förderung der Spannbetonschwelle e.V." Collection of Papers. *Mitteilungen* des Prüfamtes für Bau von Landverkehrswegen. Technische Universität München, Germany. Heft 42, 108 pages.

Eisenmann, J. and Leykauf, G. (2002). "Feste Fahrbahn für Schienenbahnen" (Rigid pavements for railway tracks, in German). *Beton Kalender*. Ernst & Sohn Verlag, Berlin.

Eisenmann, J. and Mattner, L. (1988). "Gleisverwerfung Grossversuche im Gleis und Theoretische Analyse" (Track buckling tests and theoretical analysis, in German). Technische Universität München, *Mitteilugen* des Prüfamtes für Bau von Landverkehrswegen, Heft 52.

Emmerich, O. (1956). "Railway Tracks on Concrete Slabs. A Permanent Way for High-Speed Traffic." *Bulletin, International Railway Congress Association*. November issue.

Emperger, F. (1928). "Eisenbahnschwellen" (Railroad ties, in German). *Beton und Eisen*, Vol. 27, Heft 11.

Engel, E. (1960*a*). "Die Lagesicherheit Lückenloser Eisenbahn Gleise" (Stability of continuously welded tracks, in German). *VDI Zeitschrift*, Vol. 120, No. 10.

_____ (1960*b*). "Stabilität Gekrümter, Lückenloser Eisenbahngleise" (Stability of curved, jointless tracks, in German). *Österreichischer Ingenieur Archiv*, Vol. 14, Heft 2.

_____ (1961). "Die Bedeutung der Schienbefestigung für die Lagesicherheit Lückenloser Eisenbahngleise" (The effect of fastener stiffness on the position safety of jointless railway tracks, in German). *Glasser Annalen*, Vol. 85, Heft 2.

Esveld, C. (1989). *Modern Railway Track*. MRT-Productions, Duisburg, Germany.

European Rail Research Institute (1999). "Bridge Ends/Embankment Structure Transition, State of the Art Report," ERRI D. 230.1/RP3.

Fastenrath, F., ed. (1981). *Railroad Track: Theory and Practice*. Frederick Ungar Publishing Co., New York. Translation from original German edition. Published in 1977 by Wilhelm Ernst & Sohn, Berlin, München, Düsseldorf.

Felbeck, D.K. and Atkins, A.G. (1984). *Strength and Fracture of Engineering Solids*. Prentice-Hall, Inc., Engelwood Cliffs, New Jersey.

Filippov, A.P. (1961). "Ustanovivshisiya Kolebaniya Beskonechno Dlinnoi Balki, Lezhashchei na Uprugem Prostranstvie, pod Deisdviem Dvizhushcheisiya Sily" (Vibrations of an Infinite Beam on an Elastic Base, Subjected to a Moving Load, in Russian). *Izvestiya AN SSSR OTN*, Makhanika i Mashinostroenie, Vol. 6, pp. 58-64.

Filippov, A.P. and Kokhmanyuk, S.S. (1967). *Dinamicheskoe Vozdeistvie Podvizhnykh Nagruzok na Sterzhni* (Dynamic effects of moving loads on beams, in Russian). Naukova Dumka Publishers, Kiev, USSR.

Flamache, A. (1904). "Researches on the Bending of Rails." *Bulletin, International Railway Congress Association* (English ed.), Vol. 18.

Florida East Coast Railway (1977). *The Florida East Coast Railway Company and the Concrete Crosstie*. Office of Chief Engineer, St. Augustine, Florida.

Fluet, J.E., Jr. (1984). "Geogrids Enhance Track Stability." *Railway Track and Structures*. June issue.

Frank, E.E. (1986). "Evolution of the Rail-Bound Manganese Frog." *Transportation Research Record* No. 1071. Transportation Research Board, Washington, D.C.

Frederick, C.O. (1978). "The Effect of Lateral Loads on Track Movement." In *Railroad Track Mechanics and Technology*. Edited by A.D. Kerr. Pergamon Press.

Frishman, M.A., Voloshko, Yu D., and Shardin, N.P. (1968). *Raschety Puti na Prochnost i Ustoichyvost* (Analyses of track for strength and stability, in Russian). 2nd ed. Published by Dniepropetrovsk Inst. Inzh. Zheleznodorozhnogo Transporta, Dniepropetrovsk, USSR.

Frýba, L. (1972). *Vibration of Solids and Structures Under Moving Loads*. Noordhoff International Publishing, Groningen, The Netherlands.

Funke, H. (1986). *Rail Grinding*. Transpress, VEB Verlag für Verkehrswesen, Berlin, Germany.

Führer, G. (1978). *Oberbauberechnung* (Analysis of tracks, in German). Transpress, VEB Verlag für Verkehrswesen, Berlin, Germany.

— (1987). *Gleiskonstruktionen* (Railway structures, in German). Transpress, VEB Verlag für Verkehrswesen, Berlin, Germany.

Gailer, J.E. (1987). "Synthetic 'Web' Solidifies Track." *Railway Track and Structures*. June issue.

Garcia, G. and Reiff, R. (1999). "Pueblo Facility Tests Advances in Rail-Defect Detection Technologies." *Railway Track and Structures*. March issue.

Gillespie, W.M. (1853). *The Principles and Practice of Road-Making* (Roads and Railroads). 8th ed. A. S. Barnes & Co., New York.

Göbel, C. and Richter, F. (1988). *Eisenbahnunterbau* (Railway substructure, in German). Transpress, VEB Verlag für Verkehrswesen, Berlin, Germany.

Grissom, G.T. and Kerr, A.D. (2003). "Analysis of Lateral Track Buckling Using New Frame-Type Equations." University of Delaware, Dept. of Civil and Environmental Engineering Research Report.

Haarmann, A. (1891). *Das Eisenbahn-Geleise* (The railroad track, in German). Geschichtlicher Teil. Wilhelm Engelmann Publisher, Leipzig, Germany.

— (1902). *Das Eisenbahngleis* (The railroad track, in German). Kritischer Teil. Wilhelm Engelmann Publisher, Leipzig, Germany.

Hamilton, W.R. (1980). "The Direct Fixation Fastener at Work." *Railway Track and Structures*. October issue.

Hampton, R.D. (1991). "Concrete Ties: A Case Study." *Modern Railroads*. January issue.

Hanker, R. (1925). "Über die Länge der Querschwellen von Hauptbahnen" (On the length of cross-ties on main lines, in German). *Verkehrstechnische Woche.*

——— (1935). "Einheitliche Langträgerberechnung des Eisenbahnoberbaues" (Standardized analysis of railroad tracks, in German). *Organ für die Fortschritte des Eisenbahnwesens,* Vol. 90, Heft 5.

——— (1938). "Die Entwicklung der Oberbauberechnung" (The evolution of track analyses, in German). *Organ für die Fortschritte des Eisenbahnwesens,* Vol. 93, Heft 3.

——— (1952). *Eisenbahnoberbau* (The railroad track, in German). Springer Verlag, Vienna, Austria.

Hartung (1926). "Die Reichsoberbauarten G, O und K in näherer Betrachtung" (A closer consideration of the G, O, and K Tracks, in German). *Die Gleistechnik,* No. 10.

——— (1927). "Betrachtungen über die Angebliche Vorteile des K-Oberbaues" (Thoughts on the claimed advantages of the K-track, in German.). *Die Gleistechnik,* No. 11.

Hay, W.W. (1982). *Railroad Engineering.* 2nd ed. John Wiley & Sons, New York.

Heinrich (1926). "Der Federklemmplattenoberbau im Vergleich mit den Versuchsoberbauarten K_m und K_o," (The spring-fastener track in comparison with the K_m and K_o fastener systems, in German). *Die Gleistechnik,* No. 5.

Heinz, D. and Ludwig, U. (1987). "Mechanism of Secondary Ettringite Formation in Mortars and Concretes Subjected to Heat Treatment." *Proceedings of the Katharine and Bryant Mather International Conference on Concrete Durability,* SP 100-105. Atlanta, Georgia.

Heller, W. (1981). "Fabrication, Properties, and Operating Behavior of Rail Steels." In *Railroad Track: Theory and Practice.* Edited by F. Fastenrath. Frederick Ungar Publishing Co., New York. Translated by W. Grant from the German original. Published by Wilhelm Ernst & Sohn, Berlin, in 1977.

Heller, W. and Schweitzer, R. (1980). "High-Strength Pearlitic Steel Does Well in Comparative Tests of Alloy Rails." *Railway Gazette International.* October issue.

Hetényi, M. (1947). *Beams on Elastic Foundation.* The University of Michigan Press, Ann Arbor, Michigan.

Hoffmann, R. (1930). "Die Geotechnischen Arbeitsmethoden der Schwedischen Staatsbahnen" (The geotechnical methods of the Swedish railways, in German). *Der Bauingenieur,* Vol. 11, Heft 41.

Holzinger, R. (1991). "Better Trains on Better Track." *International Railway Journal.* March issue.

Hough, B.K. (1957). *Basic Soil Engineering*. The Ronald Press Company, New York.

Ignjatic, D. (1969). "Ist die Lagesicherheit des Durchgehend Geschweissten Eisenbahngleises im Bogen Geringer als in der Geraden?" (Is the stability of continuously welded track in a curve smaller than in a straight section? in German). *Archiv für Eisenbahntechnik*, Folge 24. October issue.

Japanese National Railways (1958). "The Test on Buckling of Curved Tracks." *The Permanent Way Society of Japan*, No. 1.

Judge, T. (2001). "NYC Transit Solves Frog Problem with Redesign." *Railway Track and Structures*. July issue.

Kaess, G., and Gottwald, D. (1979). *Die neue Berechnung der Deutschen Bundesbahn* (The new analysis of the German railways DB, in German). *Elsners Taschenbuch der Eisenbahntechnik*, Tetzlaff Verlag, Darmstadt.

Kaess, G. and Mattner, L. (1989). "Gleisverwerfungsversuche zur Verifizierung einer erweiterten Lagestabilitätstheorie" (Track buckling tests for the verification of an expanded buckling theory, in German). *Eisenbahntechnische Rundschau*, Vol. 38, Heft 3.

Kaess, G. and Schultheiss, H. (1986). "Oberbau auf den Neubaustrecken der Deutschen Bundesbahn" (Track of the Neubaustrecken of the DB, in German). *Elsners Taschenbuch der Eisenbahntechnik*. Tetzlaff Verlag Darmstadt.

Keil, K. (1954). *Ingenieurgeologie and Geotechnik* (Engineering geology and geotechnics, in German). VEB Wilhelm Knapp Verlag, Halle (Saale), Germany.

Kerr, A.D. (1964). "Elastic and Viscoelastic Foundation Models." *Journal of Applied Mechanics*, Vol. 31. September issue.

—— (1972). "The Continuously Supported Rail Subjected to an Axial Force and a Moving Load." *International Journal of Mechanical Sciences*, Vol. 14.

—— (1973). "A Model Study for Vertical Track Buckling." *High Speed Ground Transportation Journal*, Vol. 7, No. 3.

—— (1974a). "On the Stability of the Railroad Track in the Vertical Plane." *Rail International*. February issue.

—— (1974b). "The Stress and Stability Analyses of Railroad Tracks." *Journal of Applied Mechanics*, Vol. 41, No. 4.

—— (1976a). "On the Stress Analysis of Rails and Ties." *Proceedings of the American Railway Engineering Association*, Vol. 78.

– (1976*b*). "On the Derivation of Well Posed Boundary Value Problems in Structural Mechanics." *International Journal of Solids and Structures*, Vol. 12.

——— (1978*a*). "Lateral Buckling of Railroad Tracks Due to Constrained Thermal Expansions – A Critical Survey." In *Railroad Track Mechanics and Technology*. Edited by A.D. Kerr. Pergamon Press.

——— (1978*b*). "Analysis of Thermal Track Buckling in the Lateral Plane." *Acta Mechanica*, Vol. 30.

– (1979*a*). "Improved Stress Analysis for Cross-Tie Tracks." *ASCE Engineering Mechanics*, EM 4.

——— (1979*b*). "On Thermal Buckling of Straight Railroad Tracks and the Effect of Track Length on its Response." *Rail International*, No. 9.

– (1980). "An Improved Analysis for Thermal Track Buckling." *International Journal of Non-Linear Mechanics*, Vol. 15.

——— (1981). "Continuously Supported Beams and Plates Subjected to Moving Loads – A Survey." *Solid Mechanics Archives*, Vol. 6, Issue 4. December issue.

– (1983). "A Method for Determining the Track Modulus Using a Locomotive or Car on Multi-Axle Trucks." *Proceedings AREA*, Vol. 84.

– (1985). Discussion of paper "Beam Elements on Two-Parameter Elastic Foundation" by Feng Zhaohua and R.D. Cook. *ASCE Journal of Engineering Mechanics*, Vol. 111, No. 4.

——— (1987). "On the Vertical Modulus in the Standard Railway Track Analysis." *Rail International*. November issue.

——— (1992). "Upgrading (Railroad) Engineering Education." *Progressive Railroading*. April issue.

——— (1995). "Analysis of Continuously Supported Structures." Lecture notes. University of Delaware.

——— (2000). "On the Determination of the Rail Support Modulus k." *International Journal of Solids and Structures*, Vol. 37.

Kerr, A.D. and Accorsi, M.L. (1985). "Generalization of the Equations for Frame-Type Structures: a Variational Approach." *Acta Mechanica*, Vol. 56.

——— (1987). "Numerical Validation of the New Track Equations for Static Problems." *International Journal of Mechanical Sciences*, Vol. 29, No. 1.

Kerr, A.D. and Babinski, A. (1997). "Rail Travel (Creep) Caused by Moving Wheel Loads." *Proceedings American Railway Engineering Association*, Vol. 98.

Kerr, A.D. and Bassler, S.B. (1982). "Effect of Rail Lift-Off on the Analysis of Railroad Tracks." *Rail International*, No. 10.

Kerr, A.D. and Bathurst, L.A. (2000). "Pads Ease Track Transitions." *Railway Track and Structures*. August issue.

———— (2001). "A Method for Upgrading the Performance at Track Transitions for High-Speed Service." DOT/FRA Report RDV-02/05.

Kerr, A.D. and Cox, J.E. (1999). "Analysis and Tests of Bonded Insulated Joints Subjected to Vertical Wheel Loads." *International Journal of Mechanical Sciences*, Vol. 41.

Kerr, A.D. and Eberhardt A.W. (1992). "The Stress Analysis of Railroad Tracks with Nonlinear Base Response." *Rail International*. March issue.

Kerr, A.D. and El-Sibaie, M.A. (1987). "On the New Equations for the Lateral Dynamics of a Rail-Tie Structure." *ASME Journal of Dynamic Systems, Measurements, and Control*, Vol. 109.

Kerr, A.D. and Moroney, B.E. (1993). "Track Transition Problems and Remedies." *Proceedings AREA*, Vol. 94.

Kerr, A.D. and Shenton, H.W., III (1985). "On the Reduced Area Method for Calculating the Vertical Track Modulus." *Proceedings AREA*, Vol. 86.

———— (1986). "Railroad Track Analysis and Determination of Parameters." *Proceedings ASCE, Journal of Engineering Mechanics*, Vol. 112.

Kerr, A.D. and Zarembski, A.M. (1981). "The Response Equations for a Cross-Tie Track." *Acta Mechanica*, Vol. 40.

———— (1986). "On the New Equations for the Cross-Tie Track Response in the Lateral Plane." *Rail International*, Vol. 17, No. 6.

Kish, A. and Samavedam, G. (1991). "Dynamic Buckling of Continuously Welded Rail Tracks: Theory, Tests, and Safety Concepts." *Transportation Research Record* No. 1289. Transportation Research Board, Washington, D.C.

Kish, A., Samavedam, G., and Jeong, D. (1982). "Analysis of Thermal Buckling Tests on U.S. Railroads." Federal Railroad Administration, Office of R & D, Washington, D.C. Report No. DOT/FRA/ORD-82/45.

Klaren, J.W. and Loach, J.C. (1965). "Lateral Stability of Rails, Especially of Long Welded Rails." ORE Question D14. Interim Report No. 1.

Klassen, M.J., Clifton, A.W., and Walters, B.R. (1987). "Track Evaluation and Ballast Performance Specifications." *Transportation Research Board*, Washington, D.C. January.

Klugar, K. (1978). "A Contribution to Ballast Mechanics." In *Railroad Track Mechanics and Technology*. Edited by A.D. Kerr. Pergamon Press.

Knothe, K., and Grassie, S.L. (1993). "Modeling of Railway Track and Vehicle Track Interactions at High Frequencies." *Vehicle System Dynamics* 22 (3 and 4), pp. 209-262.

Koerner, R.M. (1998). *Designing with Geosynthetics*. 4th ed. Prentice-Hall, Upper Saddle River, New Jersey.

Korenev, B.G. and Ruchimskii, M.N. (1955). "Some Dynamic Problems of Beams on an Elastic Base" (in Russian). Tsentralnyi Nauchno-Issled. Inst. Promyshlennykh Sooruzhenii, *Nauchnoe Soobshchenie*, Vypusk 20. Moscow, Russia.

Kuptsov, V.V. (1973). "Uprugost Relsovykh Nitiei v Zavisimosti ot Parametrov Promezhutochnykh Skreplenii" (The elasticity of rail strings and their dependence on the fastener parameters, in Russian). *Vestnik. Tsentralnyi Nauchno-Issled, Inst. Zh/D Transporta* (CNII MPS), No. 3.

Kurek, E.G. (1981). Vehicle and Rail, Information and Discussions Regarding the Effects of Forces, Wear, and Derailment Safety. *Railroad Track: Theory and Practice*. Edited by F. Fastenrath. Part 3. Frederick Ungar Publishing Co., New York.

Labra, J.J. (1975). "An Axially Stressed Railroad Track on an Elastic Continuum Subjected to a Moving Load." *Acta Mechanica*, Vol. 22.

Lévi, R. (1949). "Deformation of the Permanent Way by Heat." *Bulletin, International Railway Congress Association*. August issue.

———- (1958). "Influence of Transverse Rigidity of the Track on the Risk of Deformation Due to Longitudinal Compression." *Bulletin, International Railway Congress Association*. July issue.

Leykauf, G. (1989). "Oberbauinstadhaltung bei einer Festen Fahrbahn" (Maintenance of track on a rigid base, in German). *Eisenbahntechnische Rundschau*, Vol. 38, Heft 3, pp. 139-144.

Leykauf, G. and Mattner, L. (1990). "Elastisches Verformungsverhalten des Eisenbahnoberbaus" (The elastic response of the railroad track, in German). *Der Eisenbahningenieur*, Heft 3.

Luber, H. (1962). "Ein Beitrag zur Berechnung des elastisch Gelagerten Eisenbahnoberbaues bei Vertikaler Belastung" (A contribution to the analysis of an elastic railroad track subjected to vertical loads, in German). *Mitteilungen* des Instituts für Eisenbahnbau und Strassenbau der Technischen Hochschule München, Germany, Heft 1.

Lucas, J.C., Lindsay, D., and Aitken, W.K. (1969). "Experimental Concrete Track-Bed at Radcliffe." *The Railway Gazette.*

Magee, G.M. (1946). "Tie Plates. What Size and Design?" *Railway Engineering and Maintenance.* December issue, pp. 1291-1293 and 1304-1305.

Mair, I.R. (1976). "The Rail as a Beam on a Stiffening Elastic Foundation." *Rail International,* No. 8.

Martinet, A. (1936). "Flambement des voies sans joints sur ballast et rails de grande longueur" (Buckling of the jointless track on ballast and very long rails, in French). *Revue Genérale des Chemin de Fer,* No. 10.

Mattner, L. (1988). "Die Stabilität des Eisenbahngleises im Bogen und in der Geraden – Erweiterte Theory von Chatkeo und Versuche in Betriebsgleisen der DB" (Track stability in a curve and in a straight section – Expanded theory of Chatkeo and tests on the tracks of the DB, in German). Technische Universität München, *Mitteilugen* des Prüfamtes für Bau von Landverkehrswegen, Heft 60.

Meeker, L.E. and Warnock, D.H. (1992). "Ballast Testing Research for Quarries Serving Southern Pacific Lines." *Proceedings AREA,* Vol. 93.

Meier, H. (1934). "Die Stabilität des Lückenlosen Vollbahngleises" (The stability of the jointless railway track, in German). *Zeitschrift des Vereins Deutscher Ingenieure,* Vol. 18.

————— (1936). "Beitrag zur Frage der Rahmensteifigkeit des Gleisrostes" (Contribution to the notion of the frame stiffness of the rail-tie structure, in German). *Organ für die Fortschritte des Eisenbahnwesens,* Vol. 91, Heft 8.

————— (1937). "Ein Vereinfachtes Verfahren zur Theoretischen Untersuchung der Gleisverwerfung" (A simplified theoretical method for investigating track buckling, in German). *Organ für die Fortschritte des Eisenbahnwesens,* Vol. 92, Heft 20.

————— (1951). "Die Neuen Spannbetonschwellen der Deutschen Bundesbahn" (The new prestressed concrete ties at the German railways, in German). *Beton und Stahlbetonbau,* Vol. 46, Heft 8 and 9.

————— (1955). "Betrachtungen zur Problematik der Betonschwelle" (Thoughts on the problems of concrete ties, in German). *Eisenbahntechnische Rundschau,* Heft 8.

- (1957). "Grundsetzliches zur Betonschwelle" (Some basics on the concrete tie, in German). *Beton und Stahlbetonbau*, Heft 6.

Mishchenko, K.N. (1950). *Bestykovyi Relsovyi Put* (Jointless railway track, in Russian). Gos. Transp. Zh/D Izdatelstvo, Moscow, Russia.

Mitchell, F.S. (1985). "New Perspectives on Special Trackworks." *Railway Track and Structures*. December issue.

Miura, S. (1991). "Lateral Track Stability: Theory and Practice in Japan." *Transportation Research Record* No. 1289. Transportation Research Board, Washington, D.C.

Miyamoto, T. (1976). "Maintenance-Saving Track." *Japanese Railway Engineering*, Vol. 16, No. 2.

Morgenschweis, O. (1981). "Modern Switch Design." In *Railroad Track: Theory and Practice*. Edited by F. Fastenrath. Frederick Ungar Publishing Co., New York. Translated by W. Grant from the German original. Published by Wilhelm Ernst & Sohn, Berlin, in 1977.

Mundrey, J.S. (1988). *Railway Track Engineering*. Tata McGraw-Hill Publishing Company, New Delhi, India.

Nagel, H. (1961). "Messverfahren zur Prüfung der Gleisbettung" (Measuring methods for testing of track response, in German). *Eisenbahntechnische Rundschau*, Vol. 10, No. 7, Section 4.

Nawy, E.G. (1989). *Prestressed Concrete: A Fundamental Approach*. Prentice-Hall, Englewood Cliffs, New Jersey.

Nemcsek, J. (1933). "Versuche der Königlich Ungarischen Staatsbahnen über die Standsicherheir des Gleises" (Tests of the royal Hungarian national railroads on track stability, in German). *Organ für die Fortschritte des Eisenbahnwesens*, Heft 6.

Nemesdy, E. (1960). "Berechnung Waagerechter Gleisverwerfungen nach den neuen Ungarishen Versuchen" (Analysis of horizontal track buckling in accordance with the new Hungarian tests, in German). *Eisenbahntechnische Rundschau*, No. 12.

Nield, B.J. and Goodwin, W.H. (1969). "Dynamic Loading at Rail Joints." *Railway Gazette*. August issue.

Novichkov, V.P. (1955). "Vliyanie Uprugikh Elementov na Rabotu Puti" (Effect of elastic components on the track response, in Russian). Doctoral dissertation. MIIT, Moscow.

Numata, M. (1960). "Buckling Strength of Continuous Welded Rail." *Bulletin International Railway Congress Association*. January issue.

Ogden, P.R. (1991). "Maintenance Procedures for Lateral Track Stability." *Transportation Research Record* No. 1289. Transportation Research Board, Washington, D.C.

Ogden, P.R., Farmer, J.W., II, and Mitchell, M.B. (1993). "Norfolk Southern Zeros in on the Causes of Track Buckling." *Railway Track and Structures*. October issue.

Pandrol (1990). "Concrete Sleeper Rail Seat Erosion." *The Journal of Pandrol International*. Published by Pandrol International Ltd, 63 Station Road, Addlestone Weybridge, Surrey, England.

Pangborn, J.G. (1894). *The World's Rail Way*. Bramhall House, New York.

Parzefall, B. (1986). "Die Spannbetonschwellen B55 and B70. Eine kritische Wertung der Belastungsannahmen, der Schwellenbemessung und der Schwellenprüfung" (The prestressed concrete ties B55 and B70. A critical evaluation of the assumed loads, tie dimensions, and tie testing, in German). Dipl.-Ing. Thesis. Technische Universität München, Heft 51, Germany.

Patil, S.P. (1987). "Natural Frequencies of a Railroad Track." *Journal of Applied Mechanics*, Vol. 54.

———— (1988). "Response of Infinite Railroad Track to Vibrating Mass." *ASCE Journal of Engineering Mechanics*, Vol. 114, No. 4.

Paul, B. (1978). "A Review of Rail-Wheel Contact Stress Problems." In *Railroad Track Mechanics and Technology*. Edited by A.D. Kerr. Pergamon Press.

Pershin, S.P. (1959). "Method Rascheta Relsovoi Kolei na Ustoichivost" (Analysis method for stability of railroad track, in Russian), *Vestnik Vsesoyuznyi Nauchno-Issledovatelski Institut Zh/D Transporta*, No. 3.

Pirath, C. (1934). "Die Verarbeitung der Kraftangriffe in Hölzernen Eisenbahnschwellen" (The redistribution of forces in wood-tie tracks, in German). *Organ für die Fortschritte im Eisenbahnwesen*, p. 263.

Portland Cement Association (1937). *Concrete Supported Railway Tracks*. Report published by PCA, Chicago, Illinois.

Prentice, J.E. (1990). *Geology of Construction Materials*. Chapman and Hall, London, England.

Profillidis, V.A. (1995). *Railway Engineering*. Avebury Technical, England, pp. 84-86.

Progressive Railroading (1976). "The Black Mesa Comes Back." April issue.

Prud´homme, A. (1967). "The Resistance of the Permanent Way to the Transversal Stresses Exerted by the Rolling Stock." *Bulletin of International Railway Congress Association.* November issue.

Prud´homme, A. and Janin, G. (1969). "The Stability of Tracks Laid with Long Welded Rails." Part I and II, *Bulletin International Railway Congress Association.*

Pubrick, M.C. and Cope, G.H. (1981). "The Development of the Prestressed Concrete Monoblock Sleepers by British Railways 1945-1980." *Proceedings 4th International Rail, Track and Sleeper Conference.* Adelaide, Australia.

Raab, F. (1959). "Die Biegesteifigkeit eines Gleisjoches" (The bending stiffness of a rail-tie structure, in German). *Eisenbahntechnische Rundschau.* No. 3.

Rail Defect Manual (1989, 1997). Compiled by Sperry Rail Service. Danbury, Connecticut.

Railway Age (1938). "Derailment on Concrete Roadbed Caused by Breaking Bolts." *Railway Age*, Vol. 104, No. 8.

Rao, D.K. (1976). "Response of an Axially Compressed Beam on Viscoelastic Foundation Subjected to a Moving Force." *High Speed Ground Transportation Journal*, Vol. 10, No. 1.

Raymond, G.P. (1986*a*). "Geotextiles Need Good Drainage Too." *Railway Track and Structures.* June issue.

(1986*b*). "Installation Factors that Affect Performance of Railroad Geotextiles." *Transportation Research Record* No. 1071. Transportation Research Board, Washington, D.C

——— (1991). "AISF 1980 El Dorado Line Change Failure/Rehabilitation." *ASCE Journal of Geotechnical Engineering*, Vol. 117. August issue.

Read, D., Matsumoto, N., and Wakui, H. (1999). "FAST Testing Japanese-Developed Ladder Sleeper System." *Railway Track and Structures.* April issue.

Redden, J.W.P., Selig, E.T., and Zarembski, A.M. (2002). "Stiff Track Modulus Considerations." *Railway Track and Structures.* February issue.

Reiff, R.P. (1995). "An Evaluation of Remediation Techniques for Concrete Tie Rail Seat Abrasion in the FAST Environment." *Proceedings AREA*, Vol. 96.

Rein, G. (1930). "Die Anwendung von Asphalt im Eisenbahnbau" (The utilization of asphalt in railway track, in German). *Die Gleistechnik*, 6 Jahrgang, No. 23.

Reiner, I.A. (1977). "Lateral Resistance of Railroad Track." Federal Railroad Administration Report No. FRA/ORD-77/41. Washington, D.C.

Reinschmidt, A.J. (1991). "Rail-Seat Abrasion: Causes and the Search for the Cure." *Railway Track and Structures*. July issue.

Rose, J.G. (1986). "Performance and Economic Evaluation of Hot-Mix-Asphalt Trackbeds," *Proceedings of the 98th Annual Conference* of the Roadmasters' and Maintenance of Way Association of America.

Rose, J.G. and Hensley, M.J. (1991). "Performance of Hot-Mix-Asphalt Railway Track Beds." TRB *Transportation Research Record, No. 1300.*

RT&S (1997). "Advancing Spring-Frog Designs: Bigger and Better." *Railway Track and Structures*. June issue.

Rzhanitsyn, A.R. (1968). *Theory of Creep* (in Russian). Izdatelstvo Literatury po Stroitelstvu, Moscow, Russia, Chapter VI.

Saller, H. (1921). *Einfluss bewegter Last auf Eisenbahnoberbau und Brücken* (Influence of moving wheel loads on railway track and bridges, in German). C. W. Kreidel's Verlag, Berlin and Wiesbaden, Germany.

———— (1928). *Der Eisenbahnoberbau im Deutschen Reich* (The railway tracks in Germany, in German). Berlin, Germany.

———— (1932). "Einheitliche Berechnung des Eisenbahnoberbaues" (Standardized analysis of railroad tracks, in German). *Organ für die Fortschritte des Eisenbahnwesens*, Vol. 87, Heft 1.

———— (1934). "Grundsätzliches zur Eisenbahnschwellenfrage" (Fundamental thoughts to the railroad tie issue, in German). *Zeitschrift des Vereins Mitteleuropäischer Eisenbahnverwaltungen*, p. 367.

Samavedam, G. (1979). "Buckling and Post Buckling Analyses of CWR in the Lateral Plane." *R & D Division Railway Technical Centre*. File No. 261-202-34. Derby, England.

Samavedam, G., et al. (1995). "Improved Knowledge of Forces in CWR Track (including Switches)." *European Rail Research Institute Reports* D202/RP2 and RP3.

Samavedam, G. and Kish, A. (1991). "Continuous Welded Rail Track Buckling Safety Assurance Through Field Measurements of Track Resistance and Rail Force." *Transportation Research Record* No. 1289. Transportation Research Board, Washington, D.C.

Sauer, S.J. (1990). "Swing Nose Frogs and Tangential Geometry Turnouts on the Burlington Northern Railroad." *Proceedings AREA*, Vol. 91. May issue.

Sawley, K. and Jian Sun (1997). "Advanced Rail Steels: Investigating the Bainitic Option." *Railway Track and Structures*. March issue.

Schmitt, N. (1987). "Die Entwicklung des Eisenbahnoberbaues Innerhalb der Bahntechnik" (Development of the track as part of railway technology, in German). Dipl.-Ing. Thesis. Technische Universität München, Heft 50. Germany.

Schoen, A. (1967). *Der Eisenbahnoberbau* (The railway track, in German). Transpress, VEB Verlag für Verkehrswesen, Vol. I, Chapter 11. Berlin, Germany.

Schramm, G. (1942). "Oberbauberechnung" (Track analysis, in German). *Gleistechnik und Fahrbahnbau*, Heft 5/6.

————— (1955). "Raddurchmesser und Spurkranzhöhe" (Wheel diameter and wheel flange height, in German). *Eisenbahntechnische Rundschau*, Vol. 4.

————— (1973). *Oberbautechnik und Oberbauwirtschaft* (Railway technology and economics, in German). Otto Elsner Verlagsgesellschaft, Darmstadt, Germany.

Schrewe, F. (1987). "Design of Neubaustrecken Exploits Latest Engineering Techniques." *Railway Gazette International*, No. 3.

Schrinivasan, M. (1969). *Modern Permanent Way*. Somaiya Publications, Bombay, India.

Schultheiss, H. (1981). "Dreissig Jahre Betonschwellen bei der Deutschen Bundesbahn" (Thirty years of concrete ties at the German railways, in German). *Die Bundesbahn*.

Schultheiss, H. and Morgenschweis, O. (1982). "Erstmals bei der DB: Weiche auf Spannbetonschwellen" (A first at the German railways: A turnout on prestressed concrete ties, in German). *Die Bundesbahn*.

Schwedler, J.W. (1882). "On the Iron Permanent Way." *Proceedings Institution of Civil Engineers*. London, pp. 95-118.

Schweitzer, R., Hörmann, A., and Baldeau, K.H. (1981). "Flash-Butt Welding of Rails" (in German and English). *Stahl*. 3rd ed. 1981.

Selig, E.T. and Li, D. (1994). "Track Modulus – Its Meaning and Factors Influencing It," *Transportation Research Record*, No. 1470, Transportation Research Board, Washington, D.C.

Selig, E.T. and Waters, J.M. (1994). *Track Geotechnology and Substructure Management*. Thomas Telford, London, England.

Semioli, W., ed. (1988). "Great Salt Lake at Bay!" *Railway Track and Structures*. March issue.

Shakhunyants, G.M., ed. (1965). "Rabota Puti s Zhelezobetonnymi Shpalami pod Nagruzkoi" (Response of track on concrete ties subjected to loads, in Russian). Trudy MIIT, Vypusk 170.

Shakhunyants, G.M. (1987). *Zheleznodorozhnyi Put'* (Railroad track, in Russian). 3rd ed. 'Transport' Publishing House. Moscow, Russia.

Shakhunyants, G.M. and Demidov, A.A. (1971). "Nekotorye Voprosy Issledovaniya Raboty Rezinovykh Prokladok Povyshennoi Uprugosti Dlia Puti s Zhelezobetonnymi Shpalami" (Some investigations on the response of rubber pads of increased elasticity for a track with concrete ties, in Russian). Sbornik Trudov MIIT, Vypusk 354, Izd. Transport, pp. 3-76.

Shakhunyants, G.M., Demidov, A.A., and Gassanov, A.I. (1978). "K Voprosu ob Effektivnosti Primenieniya Nashpalnykh Rezinovykh Prokladok Povyshennoi Uprugosti v Skrepleniyakh KB" (On the effectiveness of using rubber pads of increased elasticity in the KB fastener, in Russian). Trudy MIIT, Vypusk 607, pp. 36-55.

Shchepotin, K.N. (1964). "O Prirode Formirovaniya Modulya Uprugosti Relsovogo Osnovaniya" (On the nature of composing the elastic track modulus, in Russian). Trudy MIIT, Vypusk 40. Edited by V.G. Albrekht. Novosibirsk.

Shenton, H.W., III (1997). "Analysis of Crosstie Track in Lateral Plane using New Track Equations." *ASCE Journal of Transportation Engineering*, Vol. 123, No. 3. May/June.

Shulga, V.Ya. and Bolotin, A.V. (1975). "Vliyanie Prokladok Povyshennoi Uprugosti na Ekspluatatsionny Vykhod Elementov Besstykogo Puti s Zhelezobetonnymi Shpalami" (Effect of pads of increased elasticity on the performance of the elements of jointless tracks with reinforced concrete ties, in Russian). *Trudy MIIT*, Vypusk 505.

Shulga, V.Ya and Bolotin, A.V. (1977). "Fakticheskaya Effektivnost Besstykovogo Puti s Zhelezobetonnymi Shpalami pri Prokladkakh Povyshennoi Uprugosti" (Factual effectiveness of jointless tracks with concrete ties that use pads of increased elasticity, in Russian). *Trudy MIIT*, Vypusk 556.

Simon, R.M., Edgers, L., and Errico, J.V. (1983). "Ballast and Subgrade Requirements Study: Railroad Track Substructure-Materials Evaluation and Stabilization Practices." U.S. DOT FRA Report No. FRA/ORD-83/04.1.

Smirnov, A.I., ed. (1964). "Ratsionalnyie Tipy Verkhnogo Stroeniya Puti Uzkokoleinykh Zhelezodorozhnykh Dorog" (Rational types of railway tracks of narrow gauge, in Russian). Collected papers. Trudy VNIIZhT, Vypusk 271. 'Transport' Publishing House.

Sonneville, R. (1961). *The Role of the Steel Industry in the Modernization of Railway Tracks*, based on a lecture presented at the Luxembourg conference, May 9, 1959. Published by Editions de la Capitelle, Uzés (Gard), France, 66 pages.

Stahl, W. (1998). "Anpassung des Schotteroberbaus auf die Anforderungen des Hochgeschwindigkeitsverkehrs durch die Verwendung von hochelastischen Zwischenlagen und einer Schiene mit breiterem Fuss" (Adjusting of ballasted track to the requirements of high-speed traffic by utilizing highly elastic pads as well as rails with a wider base, in German). *Mitteilungen* des Prüfamtes für Bau von Landverkehrswegen. Technische Universität München, Germany, Heft 74.

Steele, R.K. (1980). "Fatigue Crack Growth and Fracture Mechanics Considerations for Flaw Inspection of Railroad Rail." *Materials Evaluation*. Journal of the American Society for Nondestructive Testing, Vol. 38, No. 10. October issue.

————— (1997). *Railroad Rail*. Class notes presented at the Institute for Railroad Engineering, Wilmington, Delaware. November short course.

Stover, J.F. (1993). "One Gauge: How Hundreds of Incompatible Railroads Became a National System." *Invention and Technology*. Winter issue.

Talbot Reports (1918, 1919, 1922, 1925, 1929, 1933, 1940). "ASCE-AREA Special Committee on Stresses in Railroad Track." *Proceedings AREA*. Reprinted in 1980 as one volume entitled *Stresses in Railroad Track-The Talbot Reports* by the American Railway Engineering Association.

Terzaghi, K. and Peck, R.B. (1948). *Soil Mechanics in Engineering Practice*. John Wiley & Sons, New York.

Thompson, W.C. (1991). "Union Pacific's Approach to Preserving Lateral Track Stability." *Transportation Research Record* No. 1289. Transportation Research Board, Washington, D.C.

Timoshenko, S.P. (1915). "K Voprusu o Prochnosti Rel's" (To the strength of rails, in Russian), *Transactions of the Institute of Way and Communications*, St. Petersburg, Russia.

————— (1926). "Method of Analysis of Statical and Dynamical Stresses in Rails," *Proceedings of the 2nd International Congress for Applied Mechanics*, Zürich, Switzerland.

————— (1954). *Strength of Materials*, Part II, 2nd ed., D. van Norstrand Company, New York.

Timoshenko, S.P. and Langer, B.F. (1932). "Stresses in Railroad Track." *Transactions ASME, Applied Mechanics*, Vol. 54.

The Track Cyclopedia (1985). 10th ed. Simmons-Boardman Books, Inc., Omaha, Nebraska.

Tylecote, R.E. (1976). "A History of Metallurgy." *The Metals Society*. London, England.

van Hook, B., Armstrong, M., Hestermann, D., and Goodall, S. (2002). "Track Stability Manual." Published by Burlington Northern Santa Fe Railway, U.S.A.

Verbeeck, H. (1973). "Present Knowledge of Adhesion and its Utilization." *Rail International*. June issue.

von Littrow, H. (1927). "Zur Geschichte der Spurweiten" (To the history of track gauge, in German). *Die Gleistechnik*, 5 Jahrgang, Heft 16.

von Schrenk, H. (1928). "Mechanical Wear of Ties." *Proceedings AREA*, Vol. 30. Included in the 'Track Research Compendium,' published by Transportation Research Board, Washington, D.C., in 1982.

Wakui, H. and Matsumoto, N. (1996). "Development of Ladder Sleeper and System Change for Railway Structure Innovation." *Proceedings of ERRI Interactive Conference*. Paris, France.

Wasiutynski, A. (1937). "Recherches Experimentales sur les Déformations Elastiques et la Travail de la Superstructure des Chemins de Fer" (Experimental research on the elastic deformations and stresses in a railroad track, in French). *Annales de L'Academie des Sciences Techniques à Varsavie*, Vol. IV. Dunod, Paris. English translation available as FRA report FRA-ORD 76-10, 1976.

Watkins, J.E. (1890). "Development of the American Rail and Track." *Transactions ASCE*, Vol. 22.

Wattmann, J. (1957). *Längskräfte im Eisenbahngleis* (Axial forces in railroad track, in German). Otto Elsner Verlagsgesellschaft. Darmstadt, Germany.

Webb, H.G. (1991). "Lateral Track Stability: How Santa Fe Railway Achieves it Today." *Transportation Research Record* No. 1289. Transportation Research Board, Washington, D.C.

Webb, W.L. (1911). *Railroad Construction-Theory and Practice*. 4th ed. John Wiley & Sons, New York.

Weber, J.W. (1978). "Development of the Prestressed Concrete Tie in the USA." In *Railroad Track Mechanics and Technology*. Edited by A.D. Kerr. Pergamon Press.

Weigelt, H. (1985). "Die Vorgeschichte der Eisenbahn in Entwicklungslinien und Synchronopse" (The early epochs of railway history, in German). *Eisenbahntechnische Rundschau*, Vol. 34, Nos. 1 and 2.

— (1986). *Fünf Jahrhunderte Bahntechnik* (Five centuries of railway technology, in German). Hestra Verlag, Darmstadt, Germany.

Wickersham, D.T. (1991). "Effectiveness of Southern Pacific Lines in Controlling the Behavior of Continuously Welded Track." In *Transportation Research Record* No. 1289. Transportation Research Board, Washington, D.C.

Willbrandt, B.G. (1991). "Methods and Procedures for Laying and Maintaining Continuously Welded Rail to Attain Lateral Track Stability." In *Transportation Research Record* No. 1289. Transportation Research Board, Washington, D.C.

Winkler, E. (1867). *Die Lehre von der Elasticität und Festigkeit* (Elasticity and Strength, in German). Verlag von H. Dominicus, Prague.

———— (1871). *Vorträge über Eisenbahnbau* (Lectures on the building of railways, in German). Band 1: Der Eisenbahn-Oberbau. 2 Aufl. Verlag von H. Dominicus, Prague.

—— (1875). *Der Eisenbahn-Oberbau* (The railroad tracks, in German). 3rd ed. Verlag von H. Dominicus, Prague.

Zambrow, J.L. and Fontana, M.G. (1949). "Mechanical Properties, Including Fatigue, of Aircraft Alloys at Very Low Temperatures." *Transactions ASME*, Vol. 41, p. 498.

Zarembski, A.M. (1993). *Tracking R&D*. Section III, Rail Wear and Lubrication. Simmons-Boardman Books, Inc., Omaha, Nebraska.

Zarembski, A.M. and Choros, J. (1980). "On the Measurement and Calculation of Vertical Track Modulus." *Proceedings AREA*, Vol. 81.

Zarembski, A.M. and Palese, J. (2003). "Transitions Eliminate Impact at Crossings." *Railway Track and Structures*. August issue.

Zimmermann, H. (1887). *Die Berechnung des Eisenbahnoberbaues* (The analysis of railroad tracks, in German). Verlag W. Ernst & Sohn, Berlin. (Republished in 1930 as 2nd ed. and in 1941 as 3rd ed.)

Zolotarskii, A.F. (1980). *Zhelezobetonnyie Shpaly dlya Relsovogo Puti* (Reinforced concrete ties for railway tracks, in Russian). 'Transport' Publishing House, Moscow.

Zolotarskii, A.F., Balashov, A.A., Isaev, N.M., Serebrennikov, V.V., and Fedulov, V.F. (1967). *Zhelezodorozhnyi Put' na Zhelezobetonnykh Shpalakh* (Railway track on reinforced concrete ties, in Russian). 'Transport' Publishing House, Moscow.

Zreik, D.A., Germaine, I.T., and Ladd, C.C. (1997). "Undrained Strength of Ultra-Weak Cohesive Soils: Relationship Between Water Content and Effective Stress." *Soil and Foundations*, Vol. 37, No. 3.